清华计算机图书·译丛

Network Security Essentials

Applications and Standards, Sixth Edition

网络安全基础

应用与标准（第6版）

[美] 威廉·斯托林斯（William Stallings） 著

白国强 等译

清华大学出版社

北 京

图书在版编目（CIP）数据

网络安全基础：应用与标准（第 6 版）/（美）威廉•斯托林斯（William Stallings）著；白国强等译. —北京：清华大学出版社，2020.1（2024.8重印）

（清华计算机图书译丛）

书名原文：Network Security Essentials: Applications and Standards, Sixth Edition

ISBN 978-7-302-54011-3

Ⅰ. ①网…　Ⅱ. ①威…　②白…　Ⅲ. ①计算机网络–网络安全　Ⅳ. ①TP393.08

中国版本图书馆 CIP 数据核字（2019）第 230335 号

责任编辑： 龙启铭
封面设计： 傅瑞学
责任校对： 胡伟民
责任印制： 沈　露

出版发行： 清华大学出版社
网　　址： https://www.tup.com.cn，https://www.wqxuetang.com
地　　址： 北京清华大学学研大厦 A 座　　**邮　　编：** 100084
社 总 机： 010-83470000　　**邮　　购：** 010-62786544
投稿与读者服务： 010-62776969，c-service@tup.tsinghua.edu.cn
质 量 反 馈： 010-62772015，zhiliang@tup.tsinghua.edu.cn
课 件 下 载： https://www.tup.com.cn,010-83470236
印 装 者： 三河市铭诚印务有限公司
经　　销： 全国新华书店
开　　本： 185mm×260mm　　**印　　张：** 22.75　　**字　　数：** 565 千字
版　　次： 2007 年 3 月第 1 版　2020 年 1 月第 6 版　　**印　　次：** 2024年 8月第 7 次印刷
定　　价： 59.00 元

产品编号：079656-01

译 者 序

由 William Stallings 编著的《网络安全基础：应用与标准》教材，自从译者 2007 年首次将其翻译为中文出版以来，深受国内读者的欢迎。目前它已是国内网络安全领域少有的影响最广的教材之一，被国内大量高校网络与信息安全专业采用，同时也受到其他对网络安全知识渴求读者的喜爱。现在我们继续把它的最新第 6 版翻译为中文并推荐给读者，希望它在我国网络安全基础知识普及和网络与信息安全专业人才培养方面继续发挥应有作用。

与第 5 版相比，第 6 版在整体结构上没有大的变化，仍维持原来 12 章篇幅且各章主题不变。但是，在第 6 版大部分章节内容变化不大情况下，仍有部分章节内容得到了极大的扩充和加强，最主要的变化有：

（1）在第 1 章的引言中增加了攻击面和攻击树概念。

（2）充实了第 5 章关于云计算安全的内容，以反映它的重要性和最新进展。

（3）彻底重写了第 8 章关于电子邮件安全的内容。这是改动最大的一章，包括新增了电子邮件威胁，安全解决方法和各种具体防护协议等等。

全书 12 章内容仍被划分为三个部分，分别是密码学、网络安全应用和系统安全。

在本书第 5 版出版的这几年里，互联网应用的深入发展，仍然在深刻地影响着我们每个人的生活，改变着我们的社会。网络使我们的生活变得既丰富多彩又便利快捷，使我们的社会管理效率得到了空前提高。当然，在每个人享受网络为我们带来好处的同时，我们最关心的问题仍然是安全。可以肯定地说，在未来的就业领域、专业学习、技术开发和学术研究等方面，网络安全仍将是大众最为关注的热门主题。而本书的出版发行，能够较好地满足读者对网络安全基础知识的需求。

网络安全的知识既包括一般原理性知识，也包括特定算法、协议和工业标准的内容。在本书涉及的算法、协议和工业标准等内容中，除一部分是国际通行内容外，也有大量是国外政府和组织公布的算法和标准。在可替换的密码算法方面，过去我国没有自己的算法标准，只能选讲国外算法。近年来在国内各方努力下，我国政府和一些机构也正在陆续推出我们自己的密码算法标准（如 SM2，SM3 和 SM4 等）、网络安全协议和行业应用标准等，并且这些标准和协议正在逐步地被新开发的产品和技术采用，其影响力也正处于快速积累和提高中。这是我国近年整体经济实力提高和影响力增强的具体体现。相信未来情况会更好。为此，建议使用本书作为教材的老师，在讲到密码算法和相关应用标准时，可以考虑更多地讲授一些与我们自己有关的内容。

本书重点讲述网络安全的基础知识，对大学一、二年级本科生和计算机网络知识有一般了解的读者，完全可以阅读本书。

参加本书部分初稿翻译的有田雪梅和丁茹。翻译过程中，我们对原书中一些明显的错误做了改正，对打印错误做了更正，对个别叙述不清楚的地方做了解释说明。清华大学出版社的龙启铭编辑对本书的翻译出版给予了大力支持和帮助，在此表示感谢。

限于译者水平，书中难免有错误和不妥之处，恳请读者批评指正。

译　者

2020 年 1 月

于北京清华园

前　　言

在这样一个全球电子互连、计算机病毒和电子黑客充斥、电子窃听和电子欺诈肆虐的时代，安全问题必须开始重视。两大趋势使本书所讨论的内容显得尤为重要。第一，计算机系统及其网络互连的爆炸性增长已经增强了机构和个人对利用这些系统存储与交换信息的依赖程度。这样，进一步又使得人们意识到保护数据和资源免遭泄露，保障数据和信息的真实性，以及保护基于网络的系统免受攻击等问题的必要性。第二，密码学和网络安全已经成熟，并正在开发实用而有效的应用来增强网络安全。

第 6 版新增内容

自第 5 版出版的四年来，这个领域仍在持续创新和提高。这一版中，我试图捕捉这些变化，同时希望仍能够广泛和全面地覆盖这个领域。在开始修订的时候，第 5 版的内容已经被许多讲授这门课程的教授以及在这个领域工作的专业工作者详细地审查了。在本版许多地方，叙述得更加清楚和紧凑，图解效果也有所提高。

除了这些细化内容可以提高教学和用户友好程度，整本书有许多改变的地方。所有章节的组织结构大体没有改变，但修订了许多内容，添加了一些新内容。最值得一提的改变如下：

- **基本安全设计准则**：第 1 章包括了新的一节，专门讨论由美国信息保障/网络防御学术卓越中心作为基础而列出的安全设计原理。美国国家信息保障/网络防御学术卓越中心的主管部门是美国国家安全局和美国国土安全部。
- **攻击面和攻击树**：第 1 章也包括新的一节描述这两个概念。这两个概念对安全威胁进行评估和分类时有用。
- **RSA 的实际用途**：第 3 章增加了 RSA 加密和 RSA 数字签名讨论，以说明如何进行填充以及其他使用 RSA 提供实际安全的有关技术。
- **用户认证模型**：第 4 章包括了用户认证一般模型的新描述，它可以帮助我们把用户认证各种方法的讨论统一起来。
- **云安全**：对第 5 章关于云安全的材料进行了更新和扩展，以反映它的重要性和最新进展。
- **传输层安全（TLS）**：更新和重新组织了第 6 章 TLS 的内容，提高了清晰度并增加了对最新 TLS 版本 1.3 的讨论。
- **E-mail 安全**：彻底重写了第 8 章，以提供一个关于 E-mail 安全最详尽和最新的讨论。它包括：
  - **新增**：E-mail 威胁讨论和 E-mail 安全的详尽方法。
  - **新增**：关于 STARTTLS 的讨论，它为 SMTP 提供保密和认证。

- **修改**：极大地对 S/MIME 进行了扩充和更新，以反映其最新版本 3.2。
- **新增**：DNSSEC 和它在支持 E-mail 安全所扮演角色的讨论。
- **新增**：命名实体基于 DNS 认证（DANE）的讨论和这种方法在 SMTP 与 S/MIME 证书使用中加强安全的应用。
- **新增**：发送策略架构（SPF）讨论，它是一个给定域中发送域识别和确定邮件发送者的标准方法。
- **修改**：修改了域名密钥识别邮件（DKIM）。
- **新增**：基于域的邮件身份验证、报告和一致性（DMARC）讨论，它允许在如何处理其邮件和在接收者返回报告的类型与这些报告返回的频次方面自定策略。

本书目的

本书的目的是对网络安全应用与标准提供一个实用的概览。其重点在于已广泛使用在 Internet 和公司网络中的应用和标准（尤其是 Internet 标准）。

ACM/IEEE 2013 计算科学课程支持

这本书是为专业读者而编写的。作为教科书，可以作为密码学和网络安全、计算机工程、电气工程等专业大学生一个学期的课程教材。本版的修订是为 ACM/IEEE 2013 计算科学课程（CS2013）的草案提供支持。CS2013 为当前的推荐课程增加了信息保证和安全（IAS）作为计算科学领域的知识。该文档说明了 IAS 在计算科学教学中的关键作用。IAS 现在是推荐课程的一部分。CS2013 将所有的课程分为三类：核心层 1（所有主题都应被包含在该课程中），核心层 2（应该包括所有或者大部分主题），可选层（提供的深度和宽度可选）。在 IAS 领域，CS2013 推荐在核心层 1 和 2 中的基本概念和网络安全，密码主题是可选的。本书涵盖了 CS2013 列出的所有主题。

本书同样可以作为自学者的一个基本参考书籍。

本书组成

本书由如下三部分组成。

第一部分，密码学。该部分简要概述密码算法和用于网络安全的密码协议，包括加密、Hash 函数、消息认证和数字签名。

第二部分，网络安全应用。该部分介绍了各种重要的网络安全工具和应用，包括密钥分配、Kerberos、X.509v3 数字证书、可扩展认证协议、S/MIME、IPSec、SSL/TLS、IEEE 802.11i Wi-Fi 安全和云安全等。

第三部分，系统安全。该部分简述了系统级安全问题，包括恶意软件、网络入侵和病毒的威胁与对策，防火墙应用等。

本书包含了一些教学属性，包括通过大量图表使表述更清晰。此外，本书还附有参考文献。每章包括了关键词、思考题、习题等，而且每章都为教师提供了题库。

教师教学辅助材料

这本书的主要目标是对这一令人兴奋和快速变化的学科为教师教学提供一个尽可能有效的教学工具。这个目标在本书的结构和支持材料上都有反映。为帮助教师教学，我们还提供了下列材料：

- **习题答案**：包括每章后的思考题和习题的答案。
- **项目指南**：建议的项目作业，随后按一定分类列出。
- **PPT 幻灯片**：适合授课用的各章 PPT 幻灯片。
- **PDF 文件**：专门制作的书中所有图和表的 PDF 文件。
- **题库**：每一章节的问题集合以及答案。
- **示例教学大纲**：书中包括了多于一个学期学完的内容。因此向老师提供了一些示例教学大纲，可以在有限的时间内好好利用这本书。这些示例教学大纲都是第 5 版讲授时的切身经验。

项目和其他学生练习

对于很多教师来说，讲授密码学或安全课程的一个重要组成是一个项目或一组项目，学生通过完成这些项目可以得到直接的训练，以加深学生对书中概念的理解。为此，本书提供了不同层次的支持，包括不同程度的项目。本书不仅包括如何构思和指定这些项目，也包括了一组能够广泛覆盖教材内容的项目建议如下：

- **黑客项目**：设计这个练习的目的是希望阐明入侵检测和保护中的关键问题。
- **实验训练**：能够涉及本书概念的一系列编程和实验项目。
- **研究项目**：一系列的研究型作业，引导学生就 Internet 的某个特定题目进行研究并撰写一份报告。
- **编程项目**：能够涉及广泛主题的一系列编程项目。这些项目都可以用任何语言在任何平台上实现。
- **实际安全评估**：一组用于检查当前一个已存在组织的安全设备及实际状况。
- **防火墙项目**：提供了一个可移动网络防火墙可视化模拟器，以及为讲授防火墙基本概念而准备的习题。
- **案例学习**：真实世界案例的集合，包括学习目标、案例描述和一系列案例讨论问题。
- **写作作业**：按章给出的一组写作作业。
- **阅读/报告作业**：来自文献的一组论文，每章一篇，可以指定让学生阅读，然后撰写一份短的报告。

各种各样的项目集和其他学生练习可以使老师能将这本书作为丰富学习经验的一部分，

同时可以裁剪教学计划，从而满足老师和学生的特殊要求。更多详细内容见附录 B。

学生在线文档

这次新版，数量巨大的第一手辅助材料按照下面的分类，分别放在两个网站上。作者网站 WilliamStallings.com/NetworkSecurity（单击学生资源链接），包括按章组织的相关链接列表以及本书的勘误表。

本书与《密码学与网络安全》的关系

本书改编自《密码学与网络安全（第 7 版）》（CNS7e）。CNS7e 更侧重于密码编码学、密钥管理、用户认证等内容的阐述，包括详细的算法分析和重要的数学基础，全书将近 500 页。本书（NSE6e）仅在第 2 章到第 4 章对这些内容作了简要概述。同时，NSE6e 不仅包括了 CNS7e 其余的全部内容，也增加了 CNS7e 中没有的 SNMP 安全。因此，NSE6e 更希望为那些主要兴趣在网络安全应用而又不需要或不希望对密码编码学理论与原理涉足更深内容的专业人士或学院课程提供一个教本。

致　　谢

本书新版得益于不少专业人士的慷慨奉献。下列人士审阅了本书全部或大部分手稿: Marius Zimand（Towson State University）、Shambhu Upadhyaya（University of Buffalo）、Nan Zhang（George Washington University）、Dongwan Shin（New Mexico Tech）、Michael Kain（Drexel University）、William Bard（University of Texas）、David Arnold（Baylor University）、Edward Allen（Wake Forest University）、Michael Goodrich（UC-Irvine）、Xunhua Wang（James Madison University）、Xianyang Li（Iliinois Institute of Technology）和 Paul Jenkins（Brigham Young University）。

还要对很多提供一章或多章详细技术审查的人给予感谢：Martin Bealby、Martin Hlavac（Department of Algebra, Charles University in Prague, Czech Republic）、Martin Rublik（BSP Consulting and University of Economics in Bratislava）、Rafael Lara（President of Venezuela's Association for Information Security and Cryptography Research）、Amitablh Saxena 以及 Michael Spatte（Hewlett-Pachard Company）。我要特别感谢 Nikhil Bhargava（IIT Delhi）对本书各章进行了详细的审阅。

Nikhil Bhargava（IIT Delhi）建立了网上家庭作业及其答案。Dakota State University 的 Sreekanth Malladi 教授建立了黑客攻击练习。普渡大学的 Ruben Torres 建立了放在 IRC 上的实验室练习题。

下面是对项目作业做出贡献的人：Henning Schulzrinne（Columbia University）、Cetin Kaya Koc（Oregon State University）和 David Balenson（Trusted Information Systems and

George Washington University）。Kim Mclaughlin 建立了测试包。

最后，我还要感谢负责本书出版的人。所有这些人都出色地完成了他们的日常工作。他们包括培生出版社的职员，特别是我的编辑 Tracy Dunkelberger，项目经理 Carole Snyder 和产品经理 Bob Engelhardt。还要感谢培生出版社市场和销售部的全体员工，没有他们的努力这本书是到不了你手上的。

作者介绍

William Stallings 编写出版了 17 部著作，经修订再版累计超过 40 本，这些书的内容涉及计算机安全、计算机网络和计算机体系结构。他的作品已经无数次出现在 ACM 和 IEEE 出版物中，包括 *Proceedings of the IEEE* 和 *ACM Computer Reviews*。

他已经 11 次获得了由教材与学术作者协会颁发的最佳计算机科学教材年度奖。

在过去的 30 年里，他曾在该领域的数个高科技企业中担任技术骨干、技术管理者和技术执行领导。他设计和实现了适用于从微型机到大型机的各种类型的计算机和操作系统，既基于 TCP 协议，又基于 OSI 协议。

在超过 30 年该领域工作的时间里，他一直是技术贡献者、技术管理者和一些高技术企业的运营者。他在不同计算机和操作系统上，小到微计算机，大到大型机上，已经设计和实现了既基于 TCP/IP 的协议，又基于 OSI 的协议。他作为顾问，为政府部门、计算机及软件供应商和广大用户提供包括设计、选用和网络软件及产品的使用的咨询服务。

他创立和维护着计算机科学学生资源网站：WilliamStallings.com/studentSupport.html。

该网站为计算机科学学生（和专业人士）在该领域的各个方面提供文档和网络连接。他是专注于密码学各个方面的学术性期刊 *Cryptologia* 的编委会成员。

William Stallings 是麻省理工学院（MIT）计算机科学的博士，是 Notre Dame 电气工程的学士。

目　录

第 1 章　引言 1

1.1　计算机安全概念 2

1.1.1　计算机安全的定义 2

1.1.2　计算机安全挑战 5

1.2　OSI 安全体系结构 6

1.3　安全攻击 7

1.3.1　被动攻击 7

1.3.2　主动攻击 7

1.4　安全服务 9

1.4.1　认证 9

1.4.2　访问控制 10

1.4.3　数据机密性 10

1.4.4　数据完整性 10

1.4.5　不可抵赖性 11

1.4.6　可用性服务 11

1.5　安全机制 11

1.6　基本安全设计准则 12

1.7　攻击面和攻击树 15

1.7.1　攻击面 15

1.7.2　攻击树 16

1.8　网络安全模型 18

1.9　标准 19

1.10　关键词、思考题和习题 20

1.10.1　关键词 20

1.10.2　思考题 20

1.10.3　习题 20

第 2 章　对称加密和消息机密性 22

2.1　对称加密原理 22

2.1.1　密码体制 23

2.1.2　密码分析 24

2.1.3　Feistel 密码结构 25

2.2　对称分组加密算法 27

2.2.1　数据加密标准 27

2.2.2 三重DES......28
2.2.3 高级加密标准......29
2.3 随机数和伪随机数......32
2.3.1 随机数的应用......32
2.3.2 真随机数发生器、伪随机数生成器和伪随机函数......33
2.3.3 算法设计......34
2.4 流密码和RC4......35
2.4.1 流密码结构......35
2.4.2 RC4算法......36
2.5 分组密码工作模式......38
2.5.1 电子密码本模式......38
2.5.2 密码分组链接模式......39
2.5.3 密码反馈模式......40
2.5.4 计数器模式......40
2.6 关键词、思考题和习题......42
2.6.1 关键词......42
2.6.2 思考题......43
2.6.3 习题......43
第3章 公钥密码和消息认证......47
3.1 消息认证方法......47
3.1.1 利用常规加密的消息认证......48
3.1.2 非加密的消息认证......48
3.2 安全散列函数......51
3.2.1 散列函数的要求......51
3.2.2 散列函数的安全性......52
3.2.3 简单散列函数......52
3.2.4 SHA安全散列函数......54
3.3 消息认证码......56
3.3.1 HMAC......56
3.3.2 基于分组密码的MAC......58
3.4 公钥密码原理......60
3.4.1 公钥密码思想......61
3.4.2 公钥密码系统的应用......62
3.4.3 公钥密码的要求......63
3.5 公钥密码算法......63
3.5.1 RSA公钥密码算法......63
3.5.2 Diffie-Hellman密钥交换......66
3.5.3 其他公钥密码算法......70
3.6 数字签名......70

3.6.1 数字签名的产生和验证 71
3.6.2 RSA 数字签名算法 72
3.7 关键词、思考题和习题 73
3.7.1 关键词 73
3.7.2 思考题 73
3.7.3 习题 73
第 4 章 密钥分配和用户认证 79
4.1 远程用户认证原理 79
4.1.1 NIST 电子用户认证模型 80
4.1.2 认证方法 81
4.2 基于对称加密的密钥分配 81
4.3 Kerberos 82
4.3.1 Kerberos 版本 4 83
4.3.2 Kerberos 版本 5 91
4.4 基于非对称加密的密钥分配 94
4.4.1 公钥证书 94
4.4.2 基于公钥密码的秘密密钥分发 94
4.5 X.509 证书 95
4.5.1 证书 96
4.5.2 X.509 版本 3 99
4.6 公钥基础设施 101
4.6.1 PKIX 管理功能 102
4.6.2 PKIX 管理协议 103
4.7 联合身份管理 103
4.7.1 身份管理 103
4.7.2 身份联合 104
4.8 关键词、思考题和习题 108
4.8.1 关键词 108
4.8.2 思考题 108
4.8.3 习题 108
第 5 章 网络访问控制和云安全 113
5.1 网络访问控制 113
5.1.1 网络访问控制系统的组成元素 114
5.1.2 网络访问强制措施 115
5.2 可扩展认证协议 116
5.2.1 认证方法 116
5.2.2 EAP 交换协议 117
5.3 IEEE 802.1X 基于端口的网络访问控制 119
5.4 云计算 121

5.4.1 云计算组成元素 121
5.4.2 云计算参考架构 123
5.5 云安全风险和对策 125
5.6 云端数据保护 127
5.7 云安全即服务 130
5.8 云计算安全问题 132
5.9 关键词、思考题和习题 133
5.9.1 关键词 133
5.9.2 思考题 133
5.9.3 习题 133
第 6 章 传输层安全 134
6.1 Web 安全需求 134
6.1.1 Web 安全威胁 135
6.1.2 Web 流量安全方法 135
6.2 传输层安全 136
6.2.1 TLS 体系结构 136
6.2.2 TLS 记录协议 138
6.2.3 修改密码规格协议 139
6.2.4 警报协议 140
6.2.5 握手协议 141
6.2.6 密码计算 146
6.2.7 心跳协议 148
6.2.8 SSL/TLS 攻击 148
6.2.9 TLSv1.3 149
6.3 HTTPS 150
6.3.1 连接初始化 150
6.3.2 连接关闭 150
6.4 SSH 151
6.4.1 传输层协议 151
6.4.2 用户身份认证协议 155
6.4.3 连接协议 156
6.5 关键词、思考题和习题 159
6.5.1 关键词 159
6.5.2 思考题 160
6.5.3 习题 160
第 7 章 无线网络安全 162
7.1 无线安全 162
7.1.1 无线网络安全威胁 163
7.1.2 无线安全措施 163

7.2 移动设备安全 164
7.2.1 安全威胁 165
7.2.2 移动设备安全策略 166
7.3 IEEE 802.11 无线局域网概述 168
7.3.1 Wi-Fi 联盟 168
7.3.2 IEEE 802 协议架构 169
7.3.3 IEEE 802.11 网络组成与架构模型 170
7.3.4 IEEE 802.11 服务 171
7.4 IEEE 802.11i 无线局域网安全 172
7.4.1 IEEE 802.11i 服务 173
7.4.2 IEEE 802.11i 操作阶段 173
7.4.3 发现阶段 175
7.4.4 认证阶段 177
7.4.5 密钥管理阶段 178
7.4.6 保密数据传输阶段 181
7.4.7 IEEE 802.11i 伪随机数函数 182
7.5 关键词、思考题和习题 183
7.5.1 关键词 183
7.5.2 思考题 184
7.5.3 习题 184
第 8 章 电子邮件安全 186
8.1 互联网邮件体系架构 186
8.1.1 邮件组成 187
8.1.2 电子邮件协议 188
8.2 邮件格式 190
8.2.1 多用途互联网邮件扩展类型 190
8.3 电子邮件威胁和综合电子邮件安全 196
8.4 S/MIME 198
8.4.1 操作描述 198
8.4.2 S/MIME 消息内容类型 201
8.4.3 已授权的加密算法 201
8.4.4 S/MIME 消息 203
8.4.5 S/MIME 证书处理过程 205
8.4.6 增强的安全性服务 206
8.5 PGP 206
8.6 DNSSEC 207
8.6.1 域名系统 207
8.6.2 DNS 安全扩展 209
8.7 基于 DNS 的命名实体认证 210

8.7.1 TLSA 记录 210
8.7.2 DANE 的 SMTP 应用 211
8.7.3 DNSSEC 的 S/MIME 应用 211
8.8 发送方策略框架 212
8.8.1 发送方 SPF 212
8.8.2 接收方 SPF 213
8.9 域名密钥识别邮件 214
8.9.1 电子邮件威胁 214
8.9.2 DKIM 策略 215
8.9.3 DKIM 的功能流程 216
8.10 基于域的邮件身份验证、报告和一致性 218
8.10.1 标识符对齐 218
8.10.2 发送方 DMARC 219
8.10.3 接收方 DMARC 219
8.10.4 DMARC 报告 220
8.11 关键词、思考题和习题 222
8.11.1 关键词 222
8.11.2 思考题 223
8.11.3 习题 223
第 9 章 IP 安全 225
9.1 IP 安全概述 226
9.1.1 IPSec 的应用 226
9.1.2 IPSec 的好处 227
9.1.3 路由应用 228
9.1.4 IPSec 文档 228
9.1.5 IPSec 服务 228
9.1.6 传输模式和隧道模式 229
9.2 IP 安全策略 230
9.2.1 安全关联 230
9.2.2 安全关联数据库 231
9.2.3 安全策略数据库 231
9.2.4 IP 通信进程 233
9.3 封装安全载荷 234
9.3.1 ESP 格式 234
9.3.2 加密和认证算法 235
9.3.3 填充 236
9.3.4 防止重放服务 236
9.3.5 传输模式和隧道模式 237
9.4 安全关联组合 240

9.4.1 认证加保密 240
9.4.2 安全关联的基本组合 241
9.5 因特网密钥交换 242
9.5.1 密钥确定协议 243
9.5.2 报头和载荷格式 245
9.6 密码套件 249
9.7 关键词、思考题和习题 250
9.7.1 关键词 250
9.7.2 思考题 250
9.7.3 习题 251
第 10 章 恶意软件 252
10.1 恶意软件类型 253
10.1.1 恶意软件的分类 253
10.1.2 攻击套件 254
10.1.3 攻击源头 254
10.2 高级持续性威胁 254
10.3 传播-感染内容-病毒 255
10.3.1 病毒本质 255
10.3.2 病毒分类 258
10.3.3 宏病毒与脚本病毒 259
10.4 传播-漏洞利用-蠕虫 260
10.4.1 目标搜寻 261
10.4.2 蠕虫传播模式 261
10.4.3 莫里斯蠕虫 262
10.4.4 蠕虫病毒技术现状 263
10.4.5 恶意移动代码 263
10.4.6 客户端漏洞和网站挂马攻击 263
10.4.7 点击劫持 264
10.5 传播-社会工程-垃圾邮件与特洛伊木马 264
10.5.1 垃圾（未经同意而发送给接收方的巨量）邮件 265
10.5.2 特洛伊木马 265
10.6 载荷-系统破坏 266
10.6.1 实质破坏 266
10.6.2 逻辑炸弹 267
10.7 载荷-攻击代理-僵尸病毒与机器人 267
10.7.1 机器人的用途 267
10.7.2 远程控制设备 268
10.8 载荷-信息窃取-键盘监测器、网络钓鱼与间谍软件 268
10.8.1 证书窃取、键盘监测器和间谍软件 268

10.8.2 网络钓鱼和身份窃取 269
10.8.3 侦察和间谍 269
10.9 载荷-隐身-后门与隐匿程序 270
10.9.1 后门 270
10.9.2 隐匿程序 270
10.10 防护措施 271
10.10.1 恶意软件防护方法 271
10.10.2 基于主机的扫描器 272
10.10.3 边界扫描方法 274
10.10.4 分布式情报搜集方法 275
10.11 分布式拒绝服务攻击 276
10.11.1 DDoS 攻击描述 276
10.11.2 构造攻击网络 279
10.11.3 DDoS 防护措施 279
10.12 关键词、思考题和习题 280
10.12.1 关键词 280
10.12.2 思考题 280
10.12.3 习题 281
第 11 章 入侵者 284
11.1 入侵者概述 284
11.1.1 入侵者行为模式 285
11.1.2 入侵技术 287
11.2 入侵检测 288
11.2.1 审计记录 289
11.2.2 统计异常检测 291
11.2.3 基于规则的入侵检测 293
11.2.4 基率谬误 295
11.2.5 分布式入侵检测 295
11.2.6 蜜罐 297
11.2.7 入侵检测交换格式 298
11.3 口令管理 300
11.3.1 口令的脆弱性 300
11.3.2 使用散列后的口令 301
11.3.3 用户口令选择 303
11.3.4 口令选择策略 305
11.3.5 Bloom 滤波器 306
11.4 关键词、思考题和习题 308
11.4.1 关键词 308
11.4.2 思考题 308

11.4.3　习题 308
第 12 章　防火墙 312
12.1　防火墙的必要性 312
12.2　防火墙特征与访问策略 313
12.3　防火墙类型 314
12.3.1　包过滤防火墙 314
12.3.2　状态检测防火墙 317
12.3.3　应用层网关 318
12.3.4　链路层网关 319
12.4　防火墙载体 319
12.4.1　堡垒主机 320
12.4.2　主机防火墙 320
12.4.3　个人防火墙 320
12.5　防火墙的位置和配置 322
12.5.1　停火区网段 322
12.5.2　虚拟私有网 322
12.5.3　分布式防火墙 324
12.5.4　防火墙位置和拓扑结构总结 325
12.6　关键词、思考题和习题 326
12.6.1　关键词 326
12.6.2　思考题 326
12.6.3　习题 326
附录 A　一些数论结果 330
A.1　素数和互为素数 330
A.1.1　因子 330
A.1.2　素数 330
A.1.3　互为素数 331
A.2　模运算 331
附录 B　网络安全教学项目 334
B.1　研究项目 334
B.2　黑客项目 335
B.3　编程项目 335
B.4　实验训练 336
B.5　实际安全评估 336
B.6　防火墙项目 336
B.7　案例学习 336
B.8　写作作业 337
B.9　阅读/报告作业 337
参考文献 338

第1章　引　　言

1.1　计算机安全概念
1.2　OSI 安全体系结构
1.3　安全攻击
1.4　安全服务
1.5　安全机制
1.6　基本安全设计准则
1.7　攻击面和攻击树
1.8　网络安全模型
1.9　标准
1.10　关键词、思考题和习题

学习目标

学习完这一章节，你应该能够：

- 描述机密性、完整性、可用性的关键安全要素。
- 描述 OSI X.800 安全体系结构。
- 阐述安全威胁和攻击的类型，给出应用到不同类别的计算机和网络评估的威胁和攻击的类型实例。
- 解释基本安全设计准则。
- 探讨攻击面和攻击树的用处。
- 列出并能概述涉及密码学标准的主要机构。

在过去的几十年中，机构内部对**信息安全**的要求经历了两个重大的变革。在广泛应用数据处理设备之前，对机构非常重要的信息安全保障主要是靠物理和管理方法来实现的。前者的一个例子是用于存储敏感文档的带有组合锁的档案柜。而后者的一个例子是在聘用过程中使用人事屏蔽步骤。

在引入计算机之后，对于用来保护存储在计算机上的文件和其他信息的自动工具的需求变得重要。对于共享系统（例如分时共享系统）则更是如此，对于能通过公共电话网络、数据网络或者互联网访问的系统而言，这种需求甚至更加迫切。用于保护数据安全和防范黑客的工具集合的通用名称便是**计算机安全**。

第二个影响安全的重大变革是分布式系统的引入，网络以及在计算机终端用户与计算机之间、计算机与计算机之间进行通信的工具应用。在数据传输过程中，需要使用网络安全措施来保护数据。事实上，**网络安全**这个术语在某种程度上存在一些误导性，因为实际上所有的商务、政府以及学术机构都是通过互连的网络集合与其数据处理设备进行互连的。

这样一种集合通常是指互连网[1]（internet），因而通常使用术语**互连网安全**。

这两种安全范畴之间没有明确的界定。例如，当一种病毒到达一个系统的闪存盘或光盘后，它就有可能被物理地导入系统，随后会被加载到计算机上。病毒同样可以通过网络进行传播。无论如何，一旦病毒感染了计算机系统，内部计算机安全工具便需要去检测病毒感染并进行恢复。

本书集中讨论互连网安全，它包含阻止、预防、检测和纠正信息传输的安全冲突的各种措施。这是一个涵盖许多可能性的宽泛表述。为了使读者对所讨论的范畴有一个直观的认识，请考虑以下安全冲突的范例。

（1）用户A发送文件给用户B。这份文件包含需要防止被泄露的敏感信息（例如，工资记录）。没有被授权阅读这份文件的用户C能够监视该文件的整个传输过程并在传输过程中获得一份文件副本。

（2）网络管理员D需要在他的管理下发送一条消息给计算机E。这条消息指示计算机E更新一份包含一系列可以访问这台计算机的新用户属性的授权文件。用户F截取了这条消息并改变了其中的内容（如添加或删除一些条目），之后把修改后的消息发送给计算机E。后者接收这份消息并认为它来自网络管理员D，之后相应地更新授权文件。

（3）用户F直接编撰了一份自己的消息而不是截取消息，并且把编撰的消息以管理员D的名义发送给计算机E。计算机E接收了消息并且相应地更新授权文件。

（4）某个雇员毫无征兆地被解雇了。人事经理发送一条消息给系统服务器以注销该雇员的账户信息。当注销过程完成后，服务器会向该雇员的档案中发送一份通知以确认这个过程。被解雇的雇员能够截取这条消息并且将该消息延迟足够长的时间以便能够最后一次访问系统并取回敏感信息。之后，这份消息被送到服务器，服务器发送确认通知。可能在相当长的时间内，都不会有人察觉到这个被解雇的雇员的行为。

（5）把一份包含有对若干交易进行指示的消息从一个客户发送到一个股票经纪人。后来投资失败，同时客户否认曾经发送过该消息。

虽然上述范例不可能穷举所有可能的安全冲突的类型，但却阐明了网络安全涉及的范畴。

本章提供本书余下部分所涉及的与该种结构有关的一个内容概述。我们将从网络安全服务和机制，以及其中攻击类型的一般性讨论开始，然后提出一个能够概括和解释安全服务和安全机制的总模型。

1.1 计算机安全概念

1.1.1 计算机安全的定义

NIST计算机安全手册[NIST95]如下定义了计算机安全这一术语：

---

1 互连网（internet），是指任意互连的网络结构，公司内部的局域网便是互连网；而互联网（Internet）是由一个机构或组织用来构建其互连网的工具。

计算机安全

对某个自动化信息系统的保护措施，其目的在于实现信息系统资源的完整性、可用性以及机密性（包括硬件、软件、固件、信息/数据、电信）。

这个定义包括三个关键的目标，它们组成了计算机安全的核心内容。

- **机密性**：这个术语涵盖了如下两个相关的概念：
  - **数据[1]机密性**：保证私有的或机密的信息不会被泄露给未经授权的个体。
  - **隐私性**：保证个人可以控制和影响与之相关的信息，这些信息有可能被收集、存储和泄露。
- **完整性**：这个术语涵盖了如下两个相关的概念：
  - **数据完整性**：保证只能由某种特定的、已授权的方式来更改信息和代码。
  - **系统完整性**：保证系统正常实现其预期功能，而不会被故意或偶然的非授权操作控制。
- **可用性**：保证系统及时运转，其服务不会拒绝已授权的用户。

这三个概念组成了 **CIA 三元组**。它们体现了对于数据和信息计算服务的基本安全目标。例如，NIST 的美国联邦信息安全分级标准与信息系统（FIPS199）指出，机密性、完整性和可用性是信息和信息系统的三个安全目标。FIPS199 从需求和安全损失角度，分别给出了对这三个目标的描述。

- **机密性**：维持施加在数据访问和泄露上的授权限制，包括保护个人隐私和私有信息的措施。机密性损失是指非授权的信息泄露。
- **完整性**：防范不当的信息修改和破坏，包括保证信息的认证与授权。完整性损失是指未经授权的信息修改和破坏。
- **可用性**：保证及时且可靠地获取和使用信息。可用性损失是指对信息或信息系统访问或使用的中断。

尽管 CIA 三元组对安全目标的定义有其根据，但有人认为，在安全领域有必要再加入一些额外概念以给出一个全面的场景（如图 1.1）。其中两个最常被提及的是：

- **真实性**：可以被验证和信任的属性，或对于传输、信息、信息发送方的信任。这意味着要验证使用者的身份以及系统每个输入信号是否来自可靠的信息源。
- **可计量性**：这个安全目标要求每个实体的行为可以被唯一地追踪到。它支持不可否认、威慑、错误隔离、入侵侦测和防范、恢复和合法行为。由于真正意义上的安全系统还不是一个可以实现的目标，我们必须能够追踪安全违规的责任方。系统必须记录自己的活动，使得以后可以用于法庭分析、追踪安全违规或者处理交易纠纷。

1 在 RFC 4949 中对“信息”进行了如下定义：“能够被表示为各种不同形式数据的事物和方法”。同时，对“数据”进行了如下的定义：“信息的一种特定的物理表示形式，通常是一个具有特定含义的符号序列，特别是能够在计算机上处理或者生成的信息的表示形式。”在安全文献中并没有特别对定义加以区分，所以本书也不加区分。

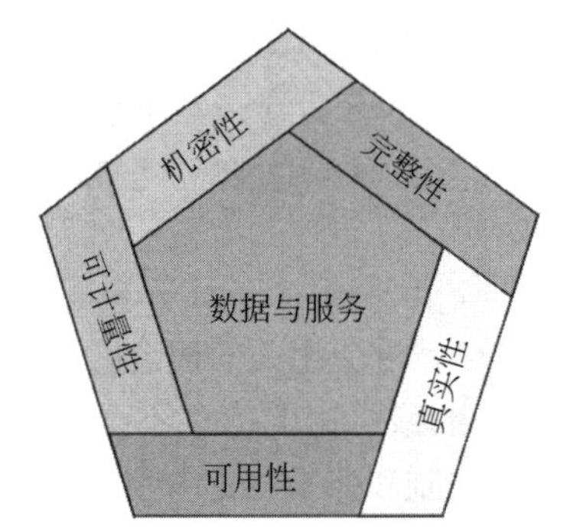

图 1.1 基本的网络与计算机安全需求

例子

下面举出几个应用中的例子来解释前面列举的要求[1]。对于这些例子，将安全违规（机密性损失、完整性损失或者可用性损失）对个人或组织的影响，分成三种等级。这些等级定义在 FIPS199 中。

- **低级**：对于组织的运转、资产或者个人的负面影响造成的损失有限。有限的负面影响是指，例如，机密性、完整性、可用性的损失可能会（i）在一定程度上引起任务处理能力以及组织完成主要功能时性能的退化，且功能的有效性明显降低；（ii）造成组织资产的轻微损失；（iii）造成轻微的财政损失；或者（iv）对个人造成轻微的伤害。
- **中级**：给组织的运转、资产或者个人带来严重的负面影响。严重的负面影响是指，例如，损失可能（i）在一定程度上引起任务处理能力以及组织完成主要功能时性能的严重退化，且功能的有效性显著地降低；（ii）造成组织资产的严重损失；（iii）造成严重的财政损失；或者（iv）对个人造成严重伤害，但不至于失去生命或者造成致命伤。
- **高级**：给组织的运转、资产或者个人带来巨大或灾难性的负面影响。巨大或灾难性的负面影响是指，例如，损失可能（i）在一定程度上引起任务处理能力以及组织完成主要功能时性能的巨大退化或者丧失；（ii）造成组织资产的巨大损失；（iii）造成巨大的财政损失；或者（iv）对个人造成毁灭性伤害，失去生命或者造成致命伤害。

机密性　学生的成绩信息是一种资产，学生们非常重视它的机密性。在美国，这种信息的公布是由“家庭教育权利和隐私活动”（FERPA）组织管理的。成绩信息只能被学生、家长以及需要这些信息来进行工作的员工获得。学生的入学信息可能具有中级的机密性，尽管它们也是由 FERPA 来管理，这些信息可以被更多的人看到，并且不太容易被人关注，如果公布也不会引起太大的损害。通信录信息（例如学生、教员名单或者院系列表）可能被分为低机密级或者无机密级。这些信息可以从学校的网站被公众获得。

完整性　完整性的某方面可以用数据库中医院病人的过敏信息来解释。医生应该能够相信这些信息是正确并且没有过时的。现在假设一个被授权查看和更新这些信息的雇员（例如一名护士），故意伪造数据来对医院造成危害。数据库需要被迅速恢复到一个可信的基点，

1　这些例子来源于美国普渡大学信息技术安全与保密办公室发布的安全策略文献。

并且应该可以追踪到责任人。病人的过敏信息是一个需要高度完整性的例子。不准确的信息会对病人造成严重的伤害甚至导致其死亡，并且使医院承担巨大的责任。

一个中级完整性需求的例子是一个为注册用户提供论坛，从而可以讨论特定话题的网站。注册用户或者黑客都可以伪造一些入口或者丑化网站。如果论坛只是为了用户的娱乐，几乎没有广告收入，并且没有重要意义（比如用于研究），那么潜在的危害并不严重。网站所有者可能会经历一些数据、财政和时间上的损失。

一个低级完整性需求的例子是匿名的网络民意测验。许多网站（例如新闻组）会为用户提供民意测验，但几乎没有安全措施。然而这种民意测验的不准确性与不科学性是可以理解的。

可用性 组件或服务越关键，需要的可用性等级越高。考虑一个为关键系统、应用和设备提供认证服务的系统。服务的中断会导致顾客无法访问计算资源，员工无法访问他们完成关键工作所需的资源。由于雇员生产效率降低以及潜在的客户流失，服务的中断会造成很大的财政损失。

一个中级可用性需求的例子是大学的公共网站。它提供当前和未来的学生和捐赠者信息。这样的网站并不是大学信息系统的关键组成部分，但是它的不可用性会带来一些尴尬。

一个在线的电话通信录查找程序可能被分类为低级可用性需求。尽管暂时的不可用会很恼人，但是有其他方法来获得信息，比如硬拷贝目录或者接线员。

1.1.2 计算机安全挑战

计算机和网络安全令人着迷却复杂多变，其中一些原因如下。

（1）安全问题并不像初学者所见的那样简单。要求看上去很简单，事实上大多数重要的安全服务要求都可以用含义明确的词来表示，比如，机密性、认证性、不可抵赖性、完整性。然而符合这些要求的机制可能非常复杂，要充分理解它们可能会涉及相当深奥的论证推理。

（2）在开发一种特定安全机制或算法时，必须时刻考虑对这些安全特性的潜在攻击。很多情况下，成功的攻击往往是通过一种完全不同的方式来观察问题的，因此利用了机制中没有预料到的弱点。

（3）鉴于上述原因，用来提供特定服务的程序通常是违反直觉的。不能单纯地通过特定服务的要求来判定某种精心设计的方法是否可用。只有当考虑过各种威胁后，所设计的这些安全机制才有意义。

（4）对于已经设计出的多种安全机制，决定这些机制的使用场合是非常必要的。在物理位置上（例如，在网络的哪些位置上这种特定安全机制是必须的）和逻辑意义上（例如，在网络结构的哪一层或者哪几层上，比如 TCP/IP，需要应用特定的安全机制）都是非常重要的。

（5）安全机制通常包含不止一种特定算法或者协议。它们通常要求参与者拥有一些机密信息（例如，加密密钥），这就出现了一系列诸如产生、分配和保护这种机密信息之类的问题。这里存在对通信协议的信任问题，这些协议可能会将开发安全机制的任务复杂化。例如，如果安全机制的适当功能要求设置从发送方到接收方的消息传输时限，那么任何引入各种不可预见延迟的协议或网络都可能导致时限毫无意义。

（6）计算机和网络安全本质上来说是企图发现漏洞的犯罪者与企图弥补这些漏洞的设计者或管理者之间的一场智力较量。攻击者的有利之处在于他或她只要发现一个弱点就可以了，而设计者则必须发现和堵塞所有的弱点使其达到完全安全。

（7）用户和管理者中有一种自然的倾向就是，直到灾难发生前他们总觉得在安全方面的投入是没什么利益可图的。

（8）安全需要定时地甚至经常地监控。这对于今天的短期性和超负荷环境来说是困难的。

（9）安全仍然是一种事后的考虑，也就是说，它在设计结束之后才被引入到一个系统中，而不是作为设计中的一部分在设计该过程中就加以考虑的。

（10）很多用户（甚至是安全管理员）认为，强化安全性对一个信息系统或信息的使用而言在有效性和易操作方面是一种障碍。

上述种种难题，本书将在考察各种安全威胁和安全机制的过程中，通过多种方式加以讨论。

1.2　OSI 安全体系结构

为了有效地评估某个机构的安全需求，并选择各种安全产品和策略，负责安全的管理员需要一些系统性方法来定义安全需求，以及满足这些安全需求的方法。这在集中式数据处理环境中是非常困难的；在局域网和广域网的应用上，这个问题也非常复杂。

ITU-T[1] 推荐标准 X.800（OSI 安全体系结构）定义了一种系统级方法[2]。对于管理员来说，OSI 安全体系结构作为一种组织提供安全服务的途径是非常有效的。更为重要的是，因为这个结构用作国际标准，计算机和通信厂商已经开发出符合这个结构化服务和机制标准的产品和服务安全特性。

OSI 安全模型为本书将要涉及的许多概念提供了一种有效的、简要的概览。OSI 安全模型关注安全攻击、机制和服务。这些可简单地定义如下：

- **安全攻击**：任何可能会危及机构的信息安全的行为。
- **安全机制**：用来检测、防范安全攻击并从中恢复系统的机制。
- **安全服务**：一种用来增强组织的数据处理系统安全性和信息传递安全性的服务。这些服务是用来防范安全攻击的，它们利用了一种或多种安全机制来提供服务。

在科技文献中，术语威胁和攻击通常用来表达同一个意思。表 1.1 中的定义在“互联网安全术语表”（RFC 4949）中给出。

1　国际电信联盟（ITU）电信标准部门（ITU-T）是由联合国发起的机构，用来制定与电讯通信以及开放系统互联（OSI）相关的标准，称为推荐标准。

2　OSI 安全体系结构是在 OSI 协议体系结构的内容上发展而来。本章节中，对 OSI 协议体系结构的理解并不作要求。

表 1.1　威胁和攻击（RFC 4949）

威　胁	攻　击
当出现可能会妨害安全并造成损害的环境、能力、行为或事件时，存在的一种潜在的安全威胁。也就是说，威胁是一种可能会造成攻击的潜在危险	从智能的威胁中衍生的对系统安全的袭击；也就是说，是一种故意逃避安全服务（特别是从方法和技术上）并且破坏系统安全策略的智能行为

1.3 安全攻击

一种有用的划分安全攻击的方法是使用**被动攻击**和**主动攻击**的划分方法，X.800 和 RFC 4949 均采用这种划分方法。被动攻击企图了解或利用系统信息但是不影响系统资源。主动攻击则试图改变系统资源或影响系统操作。

1.3.1 被动攻击

被动攻击（见图 1.2（a））的本质是窃听或监视数据传输。攻击者的目标是获取传输的数据信息。被动攻击的两种形式是**消息内容泄露攻击**和**流量分析攻击**。

消息内容泄露攻击很容易理解。电话交谈、电子邮件消息和传输文件中都有可能包含敏感或机密信息。我们需要防止攻击者获悉这些传输信息。

另一种被动攻击即**流量分析攻击**更加巧妙。假设有一种方法可以掩盖消息内容或其他信息，使得即使攻击者获得了消息，他们也不能从消息中提取出有用的信息。通常，用来掩盖内容的方法是加密。如果已经适当地做了加密保护，攻击者仍然有可能观察到这些消息的模式。攻击者可以推测出通信双方的位置和身份，并且观察到交换信息的频率和长度。这些信息对于猜测发生过的通信的一些性质很有帮助。

被动攻击非常难以检测，因为它们根本不改变数据。典型情况是消息传输的发送和接收都工作在一个非常正常的模式下，因此不论是发送方还是接收方都不知道有第三方已经阅读了消息或者观察到了流量模式。尽管如此，防范这些攻击还是切实可行的，通常使用加密的方法来实现。因此，对付被动攻击的重点是防范而不是检测。

1.3.2 主动攻击

主动攻击（见图 1.2（b））包含改写数据流的改写和错误数据流的添加，它可以划分为 4 类：**假冒**、**重放**、**改写消息**和**拒绝服务**。

假冒发生在一个实体假冒成另一个不同实体的场合（图 1.2（b）路径 2 是活跃的）。假冒攻击通常包含其他主动攻击形式中的一种。例如，攻击者首先捕获若干认证序列，并在发生一个有效的认证序列之后重放这些捕获到的序列，这样就可以使一个具有较少特权的经过认证的实体，通过模仿一个具有其他特权的实体而得到这些额外的特权。

重放涉及被动获取数据单元并按照它之前的顺序重新传输，以此来产生一个非授权的效应（路径 1、2、3 是活跃的）。

简单地说**改写消息**是指合法消息的某些部分被篡改，或者消息被延迟、被重排，从而产生非授权效应（路径 1、2 是活跃的）。例如，一条含义为“允许 John Smith 读取机密文件 accounts”的消息被篡改为“允许 Fred Brown 读机密文件 accounts”。

拒绝服务可以阻止或禁止对通信设备的正常使用或管理（路径 3 是活跃的）。这个攻击可能有一个特殊的目标：比如一个实体可能禁止把所有消息发到一个特定的目的地（例如，安全审计服务）。另一种拒绝服务的形式是对整个网络的破坏，使网络瘫痪或消息过载从而丧失网络性能。

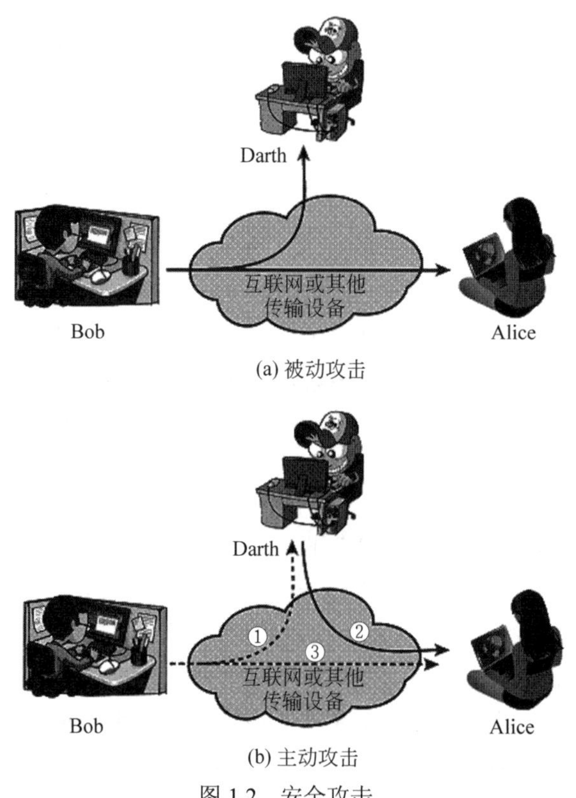

(a) 被动攻击

(b) 主动攻击

图 1.2　安全攻击

简单地说，**改写消息**是指合法消息的某些部分被篡改，或者消息被延迟、被重排，从而产生非授权效应（路径 1、2 是活跃的）。例如，一条含义为“允许 John Smith 读取机密文件 accounts”的消息被篡改为“允许 Fred Brown 读取机密文件 accounts”。

拒绝服务可以阻止或禁止对通信设备的正常使用或管理（路径 3 是活跃的）。这个攻击可能有一个特殊的目标：比如一个实体可能禁止把所有消息发到一个特定的目的地（例如，安全审计服务）。另一种拒绝服务的形式是对整个网络的破坏，使网络瘫痪或消息过载从而丧失网络性能。

主动攻击表现出与被动攻击相反的特征。被动攻击虽然难以检测，却有方法来防范它。而防范主动攻击却是非常困难的，因为这样做需要一直对所有通信设备和路径进行物理保护。但检测主动攻击并恢复主动攻击造成的损坏和延迟却是可行的。由于检测本身具有威慑作用，它同样可以对防范做出贡献。

1.4 安全服务

X.800对安全服务的定义为：由通信开放系统的协议层提供的，并能确保系统或数据传输足够安全的服务。RFC 4949中的定义也许更为清晰：由系统提供的对系统资源进行特定保护的处理或通信服务。安全服务实现了安全策略，而安全机制实现了安全服务。

X.800将这些服务划分为5类和14种特定的服务（见表1.2）。下面来依次查看每一类服务[1]。

表1.2 安全服务（X.800）

认证	数据完整性
确保通信实体就是它所声称的那个实体	确保被认证实体发送的数据与接收到的数据完全相同（例如，无篡改、插入、删除或重放）
对等实体认证	**带有恢复的连接完整性**
同逻辑连接一起使用，用以提供对连接双方实体的机密性保证	确保连接中所有用户数据的完整性，检测实体数据序列中任意的改写、插入、删除或者重放，并且尝试恢复数据
数据源认证	**无恢复的连接完整性**
在非连接传输中，确保数据来源与所声称的一致	如上所述，但是仅提供不带恢复数据尝试的检测
访问控制	**选择域连接的完整性**
防止对资源的非授权使用（例如，此项服务控制谁能访问资源，在哪种条件下可以进行访问以及访问资源允许做什么）	在一个连接中，提供对传输数据块中用户数据选择域的完整性保证，并且裁决选择域中的数据是否被篡改、插入、删除或重放
数据机密性	**无连接的完整性**
防止非授权的数据泄露	对单一无连接数据块提供完整性保证并且可能对数据篡改进行检测。此外，也可以提供有限的重放数据检测**选择域无连接的完整性**
连接机密性	对单一无连接数据块中选择域提供完整性保证，裁决选择域是否被篡改
对连接中所有用户数据的保护	**不可抵赖性**
无连接机密性	提供对被全程参与或部分参与通信的实体拒绝的防范
对单一数据块中所有用户数据的保护	**不可抵赖性，源**
选择域机密性	证明消息由特定一方发出
在连接或单一数据块上的用户数据中的选择域的机密性	**不可抵赖性，目的地**
流量机密性	证明消息由特定一方接收
对可能从流量中获取的信息的保护	

1.4.1 认证

认证服务与确保通信可信是密切相关的。就单条消息（如警告信号）来说，认证服务的功能就是向接收方保证消息是来自它所要求的源。如果是一次正在进行的交互，例如终端与主机之间的连接，则需要双方参与。首先，连接初始化时，认证服务确保了两个实体

1 在安全文献中，关于这里的很多术语都没有统一的约定。例如，术语完整性有时用来表示信息安全领域的所有方面。术语认证有时用来表示身份认证以及本章列出的完整性范畴内的各种功能。这里使用的术语与X.800与RFC 2828规范一致。

都是可信的，也就是说，每个实体都是对方所要求连接的一方。其次，认证服务必须要确保连接不会受非法第三方的干扰，这样的第三方为了收发非授权信息而假冒成合法的任意一方实体。

在标准中定义了如下两种特定的认证服务。

- **对等实体认证**：在联系中确认对等实体的身份。对等实体是在不同系统中应用同样协议的两个实体，例如，通信系统中的两个 TCP 模块。此种认证使用在连接的建立阶段或者数据传输阶段中。它提供对实体的确认以保证该实体没有假冒或者重放上次连接的非授权数据。
- **数据源认证**：提供对数据单元来源的确认。但它不提供对数据单元复制或改写的保护。这种服务类型支持像电子邮件这样在通信双方之间事先未进行交互的应用程序。

1.4.2 访问控制

在网络安全的环境中，访问控制是指限制和控制通过通信链路来访问主机系统和应用程序的能力。为达到这个目的，每个试图获取访问权限的实体必须先要被识别或认证，这样才能把访问权限赋予这些实体。

1.4.3 数据机密性

机密性是保护被传输的数据不会遭受被动攻击。就传输数据的内容来说，保护可以分为几个层次。最广义的服务保护在一定时期内两个用户之间传输的所有数据。例如，当两个系统之间建立了 TCP 连接之后，这种完全保护措施会防止在 TCP 连接之上传输的任何用户数据的泄露。狭义的服务形式包含对单个消息甚至是消息内特定字段的保护。这些限制不如广义方法有效，而且实现起来可能更加复杂和昂贵。

机密性的另一个方面是防止流量数据遭受窃听分析。这就要求攻击者不能探测到数据源、数据目的地、数据频率、数据长度或者其他在通信设施上传输数据的特征。

1.4.4 数据完整性

正如机密性一样，数据**完整性**同样可以被应用于消息流、单个消息或消息内部的所选字段。同样，最有效和直接的方法是对整个消息流的保护。

处理消息流的面向连接的完整性服务确保消息接收时与发送时一致，未被复制、插入、改写、重排序或者重放。数据的破坏同样包含在此项服务保护当中。因此，面向连接的完整性服务主要致力于防止消息流改写和拒绝服务。另一方面，处理单个消息而不考虑任何更大环境的无连接的完整性服务一般只提供针对消息改写的保护措施。

可以区分带或不带数据恢复措施的服务。因为完整性服务与主动攻击相关，相对于防范而言我们更关心检测。如果检测到完整性被破坏，那么此项服务便会报告被破坏，并且需要软件的某个部分或者人工干涉以便从这些破坏中恢复数据。同样存在有效的机制去恢复丢失的数据，后面会谈到这部分内容。总的来讲，自动恢复机制是更加吸引人的选择。

1.4.5　不可抵赖性

不可抵赖性防止发送方或接收方否认一个已传输的消息。因此，当消息发送之后，接收方能够证明发送方发送了此条消息。同样，在消息接收之后，发送方也能证明接收方的确接收了此条消息。

1.4.6　可用性服务

X.800 与 RFC 4949 都将**可用性**定义为系统的性质，或者定义为在接收到授权系统实体的命令时，系统资源根据系统性能规范所表现出来的可访问性和可用性（例如，无论用户何时需要，系统总能提供服务，那么这个系统就是可用的）。多种攻击可能导致可用性缺失或者下降。系统可以对其中一些攻击采用自动对策进行修正，例如认证和加密；而其他的攻击则需要物理措施来防止分布式系统元件的可用性缺失，并对其进行恢复。

X.800 认为可用性是一种同各种安全服务相关联的重要属性。因此，呼吁可用性服务便十分有意义。可用性服务保护系统以确保它的可用性。这项服务主要致力于解决拒绝服务攻击引起的安全问题，它与适当的管理和控制系统资源有关，因此也与访问控制服务和其他安全服务有关。

1.5　安 全 机 制

表 1.3 列出了 X.800 定义的安全机制，从中可以看出安全机制被划分为在特定协议层上执行的机制以及没有指定特定协议层或安全服务的机制。这些机制将在本书中的相关章节重点介绍，因此除密码编码的定义外，不对其他内容展开介绍。X.800 区分了可逆密码编码机制和不可逆密码编码机制。可逆密码编码机制简单而言是指对数据进行加密之后可以进行解密的加密算法。不可逆密码编码算法包括散列算法和消息认证码，这在数字签名和消息认证应用中使用非常广泛。

表 1.3　安全机制（X.800）

特定安全机制	普适的安全机制
为提供 OSI 安全服务，可能合并到适当的协议层中 **加密** 使用数学算法将数据转换为不能轻易理解的形式。这种转换和随后的数据恢复都依赖于算法本身以及零个或者更多的加密密钥 **数字签名** 为了允许数据单元接收方证明数据源和数据单元的完整性，并且防止数据伪造（例如，通过接收方）而将数据附加到数据单元中或者对数据单元进行密码变换	没有指定特定 OSI 安全服务或者协议层的机制 **可信功能** 相对于某个标准而言正确的功能（例如，由安全策略建立的标准） **安全标签** 绑定在资源（可能是数据单元）上的记号，用来命名或者指定该资源的安全属性 **事件检测** 与安全相关事件的检测

续表

特定安全机制	普遍的安全机制
访问控制 强制执行对资源的访问权限的各种机制 **数据完整性** 确保数据单元或者数据单元流完整性的各种机制 **认证交换** 通过信息交换以确保一个实体身份的一种机制 **流量填充** 通过填充数据流空余位的方式来干扰流量分析 **路由控制** 支持对某些数据的特定物理安全通道的选择，并且允许路由改变，特别是当安全性受到威胁时 **公证** 使用可信第三方以确保某种数据交换的属性	**安全审计跟踪** 收集可能对安全审计有用的数据，它对系统记录和活动进行单独的检查和分析 **安全恢复** 处理来自机制的请求，例如事件处理和管理功能，并且采取恢复措施

表 1.4 是基于 X.800 中的一个表，指出了安全服务和安全机制之间的关系。

表 1.4 安全服务与机制之间的关系

服　务	加密	数字签名	访问控制	数据完整性	认证交换	流量填充	路由控制	公证
对等实体认证	Y	Y			Y			
数据源认证	Y	Y						
访问控制			Y					
机密性	Y						Y	
流量机密性	Y					Y	Y	
数据完整性	Y	Y		Y				
不可抵赖性		Y		Y				Y
可用性				Y	Y			

1.6 基本安全设计准则

尽管已有多年的研究和发展，但是要开发一种安全设计及其能够系统排除安全漏洞与阻止所有未经授权行为的实现技术仍然是不可能的。在没有这种万无一失的技术的情况下，有一系列被广泛认可并能指导保护机制发展的设计准则是非常有用的。因此，美国国家信息保障/网络防御学术卓越中心，一个由美国国家安全局和美国国土安全部联合赞助的机构，列出了如下的基本安全设计准则[NCAE3]：

- 机制的经济性
- 默认的安全失效
- 完全仲裁
- 开放设计

- 权限分离
- 最小权限
- 最不常见的机制
- 心理可接受性
- 隔离
- 封装
- 模块化
- 分层
- 最小惊讶准则

前八个列出来的设计准则最初在[SALT75]上被提出来并且经受住了时间的考验。下面对每一准则做一简要讨论。

机制的经济性意味着嵌入进所有硬件和软件中的安全措施的设计应该尽可能简单和小。这个准则的动机是，相对简单和小的设计更容易测试和验证。对于复杂的设计，黑客会有更多的机会去发现那些提前很难察觉到的细小的漏洞并利用它。机制越复杂，越容易产生可利用的缺陷。简单机制意味着少的可利用缺陷和少的维护需求。而且，因为简化了配置管理问题，更新或者替代一个简单的机制变得不那么频繁。在实践中，这可能是最难以实现的准则。在硬件和软件中对新功能有着不断的需求，这种更新可以用来完成安全设计任务。最好是在系统设计时能在脑海里有这种设计准则，这样可以消除不必要的复杂性。

默认的安全失效是指访问决策应该基于许可机制而不是排除机制。也就是说，默认情况是不允许访问，而保护方案能够识别允许访问的条件。这种方法相比于之前那种默认允许访问方法展现了更好的故障模式。在显式允许访问机制中一个设计或者实现错误可以通过拒绝访问而阻止，这意味着一个安全的情况能够被快速地检测到。在另一方面，在显式排除访问机制中一个设计或者实现错误，会因允许访问而被忽略，亦即一种错误能在正常使用中走很远而未被注意到。例如，大多数的文件访问系统都在这个原理上工作，几乎所有的客户端/服务器系统上的受保护的服务都以这种方式工作。

完全仲裁是指每次访问都必须根据访问控制机制进行检查。系统不能依赖缓存访问决定。这种准则要求，一个旨在持续运作的系统，如果访问决定被存储以备将来使用，那么需要仔细考虑认证被传播到这个本地存储中的改变情况。文件访问系统似乎提供了使用这种准则的一个例证。 然而一般情况下，一旦使用者打开了文件，是没有检查机制去查看权限是否更改的。为充分实施完全仲裁，用户每次读取一个文件中的域或记录，或数据库中的数据项时，系统必须执行访问控制。这种消耗资源的方法很少被使用。

开放设计是指安全机制的设计应该公开而不是保密。例如，虽然密钥必须保密，但是密码算法应该向公众开放并经受审查。算法应该经过很多专家的审查，这样使用者才能相信这些算法。这是美国国家标准与技术研究院（NIST）的标准化加密和哈希算法背后的理念，这种理念导致了 NIST 批准算法的广泛采用。

权限分离在[SALT75]中被定义为一种实践，这种实践需要多个权限属性来实现对受限资源的访问。这方面一个很好的例子就是多因素用户身份验证，它要求使用多种技术，如密码和智能卡来给使用者授权。该术语现在也应用于许多技术中，在这些技术中，程序被分成多个部分，这些部分被限定于特权中，而这些特权是它们为了执行特定任务而要求的。

这可以用来减少计算机安全攻击的潜在危害。该原理后一种解释的一个例子是将高权限操作移除到另一个进程并使用执行其任务所需的更高权限来运行该进程。常用端口在较低权限进程中执行。

最小权限是指系统中的每一个进程和每一个使用者应该采用执行任务所必需的一系列最小的权限来运行该系统。运用该原理的一个最好的例子是基于角色的访问控制，这在第4章有讲述。系统安全政策能够识别和定义不同角色的使用者或者不同的进程。每个角色仅分配执行其功能所需的权限。每个权限指定对特定资源的允许访问权限（例如对一个特定文件或者字典的读写访问，对给定主机和端口建立连接访问等）。除非明确授予权限，否则使用者或者进程不能访问受保护的资源。更一般的是，任何访问控制系统都应该允许每个用户只有该用户授权的权限。最小权限原则还有一个时间方面的问题。例如，具有特殊权限的系统程序或管理员只有在必要时拥有这些权限；当他们正在做一些常规活动时，特权应该被收回。如果不收回特权的话会发生危险。

最不常见的机制是指设计应该最大限度地减少多个用户共同使用的功能，提供交互安全。这种原则帮助减少了意想不到的通信路径，减少了用户依赖的软硬件数量，因此验证是否会存在任何不良的安全隐患将变得很容易。

心理可接受性是指安全机制在不过度地干扰用户的工作的同时，满足授权访问人的需要。如果安全机制阻碍了资源的可用性和可访问性，然后用户可以选择关掉这些机制。在可能的情况下，安全机制应该对系统的用户透明或者至多引入最小阻塞。除了不被入侵或者不烦琐，安全程序必须反映用户的保护心理。如果保护程序对用户没有意义或者如果用户必须把他保护的图片翻译成一个基本不同的协议，用户很有可能出错。

隔离是一个应用在如下三个背景下的原则。第一，公共访问系统应该从重要的资源（数据，进程等）中分离出来以防被泄露或者篡改。在一些案例中，信息的敏感性或者重要性很高，组织者想限制存储了这些数据的系统的数量然后隔离它们，这样做既不合逻辑也不符合物理规律。物理隔离包括确保组织的公共访问信息资源和重要信息之间无物理连接。如果采用逻辑隔离解决方案，应该在负责保护重要信息的公共系统和安全系统之间建立起安全服务和机制层。第二，个人用户的进程和文件应该相互隔离，除非它们之间有明确的关联。所有的现代操作系统都支持这种隔离操作，以至于个人用户有独立的、分离的处理空间，存储空间和文件空间，能阻止未经授权的进程。最后，在某种意义上阻止访问这些机制的安全机制应该被隔离。例如，逻辑访问控制可能提供一种从主机系统的其他部分隔离加密软件的方法，并且保护加密软件被篡改和密钥被替换和泄露。

封装可以看作是一种特殊形式的基于物质导向功能的隔离，通过将一组过程和数据对象封装在自己的域中来提供保护，使得数据对象的内部结构只有受保护子系统的程序才能访问，并且只能在指定的域入口点调用过程。

模块化是指在安全性环境中将安全功能开发为单独的受保护模块，以及将模块化体系结构用于机制设计和实现。关于单独的安全模块的使用，这里的设计目标是提供普通的安全功能和服务（例如加密功能）作为普通模型。例如，众多的协议和应用使用加密功能。不是在每个协议或者应用程序中使用这些功能，而是通过开发可由多种协议和应用程序调用的通用加密模块来提供更安全的设计。然后，设计和实施工作可以专注单个加密模块的安全设计和实现，并且包括保护模块免受篡改的机制。关于模型结构的设计，每一个安全机制都应该能够支持迁移到新技术或升级新功能而无须重新设计整个系统。安全设计应该模块化，以便可以升级安全设计的各个部分，而不需要修改整个系统。

分层是指使用多种重叠的保护方法来解决信息系统的人员、技术和操作。通过使用多种重叠的保护方法，任何个人保护方法的失败或规避将使系统受到保护。我们将在本书中看到，分层方法通常用于在对手和受保护的信息或者服务之间提供多重保障。该技术通常被称为纵深防御。

最小惊讶准则是指程序或者用户界面应该始终以最不可能使用户惊讶的方式响应。例如，授权机制应该对用户足够透明，使得用户对安全目标如何映射到提供的安全机制上有一个直观的理解。

1.7 攻击面和攻击树

在1.3节，我们概述了计算机网络系统面临的安全威胁和攻击范围。11.1节将详细介绍攻击的性质以及存在安全威胁的攻击者类型。这一节详细阐述两个在评估和分类威胁方面很有用的概念。

1.7.1 攻击面

在一个系统中，一个攻击面由其中可达到的和可利用的漏洞组成[MANA11,HOWA03]。攻击面举例如下：

- 在面向外部的Web和其他服务器上打开端口，并在这些端口上侦听代码。
- 防火墙内部可用的服务。
- 处理传入的数据、电子邮件、XML、Office文档和行业特定的自定义数据交换格式的代码。
- 接口、SQL和Web表单。
- 员工能够访问易受社会工程攻击的敏感信息。

攻击面可以按照以下方式分类：

- 网络攻击面：此类别是指企业网、广域网和因特网上的漏洞。此类别中包含网络协议漏洞，例如那些用于拒绝服务攻击，以及通信链路中断和各种形式的入侵攻击的攻击。
- 软件攻击面：这是指在应用、效用或者操作系统代码中的漏洞。此类别中特别关注的是Web服务器软件。
- 人类攻击面：这种类别是指雇员或外人制造的漏洞，例如社会工程、人类错误和值得信赖的内幕。

攻击面分析有助于评估系统威胁的规模和严重程度。对脆弱点的系统分析使开发人员和安全分析师意识到哪些地方需要安全机制。一旦一个攻击表面被定义，设计者可以找到方法使表面更小，这样使得对手的工作变得更困难。攻击面也为测试、增强安全措施或修改服务和应用等方面提供指导。

正如图 1.3 所示，层的使用、纵深防御和攻击表面的减少相互补充来降低安全风险。

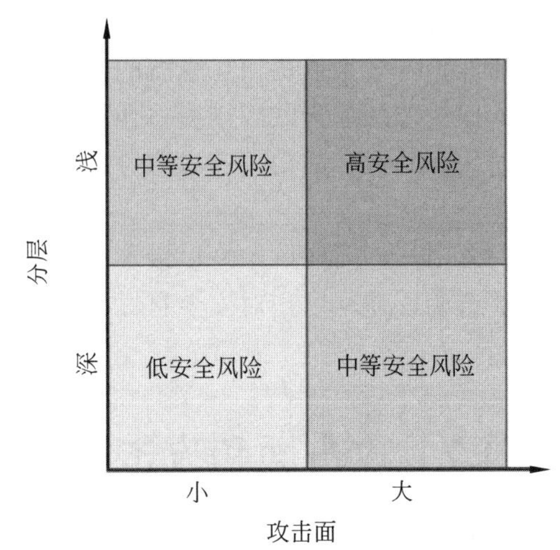

图 1.3 防御深度和攻击面

1.7.2 攻击树

一颗攻击树是一个带分支的、分层的数据结构，是利用安全漏洞的潜在技术集合[MAUW05,MOOR01,SCHN99]。攻击的目标是安全事件，它作为树的根节点，攻击者实现该目标的方式被交替地、递增地表示为树的分支和子节点。每一个子节点定义了一个子目标，每一个子目标下也会有它自己的子目标。从根部向外的路径上的最终节点是叶节点，代表了不同的攻击发起方式。叶子以外的每个节点要么是一个“与节点”，要么是一个“或节点”。为了实现一个“与节点”代表的目标，由该节点的所有子节点表示的子目标必须实现，为了实现“或节点”，至少得实现一个子目标。分支可以加上难度、成本或者其他攻击属性标签，以便对各种不同攻击进行比较。

使用攻击树的初衷是能高效地利用攻击模板中的有用信息。美国计算机安全应急响应组织（CERT）发布了安全建议，这些安全建议使得关于一般攻击模式和特定攻击模式的知识体系得以发展。安全分析师以一种能揭露密钥漏洞的结构化形式把攻击树用于文件安全攻击中。攻击树既能对系统设计及其应用提供指引，也能对对策的强度和选择提供帮助。

图 1.4 是基于[DIMI07]中图的一颗攻击树的例子，它分析了互联网银行认证应用。树根是攻击者的目标，即破坏用户的账户。树上阴影框是子节点，它代表了构成攻击的事件。在此例中，此树上除了子节点之外的所有节点都是“或节点”。生成此树的分析考虑了身份验证中涉及的树组件。

- 使用终端和使用者（UT/U）：这些攻击针对用户设备，包括可能涉及的令牌，例如智能卡、密码生成器以及用户的行为。
- 通信信道（CC）：这种类型的攻击主要聚焦于通信连接。
- 网上银行服务器（IBS）：这种类型的攻击是针对托管网上银行应用程序的服务器的离线攻击。

生成树定义 5 个整体攻击策略，每一种都利用了上述三个组件中的一个或多个。5 个整

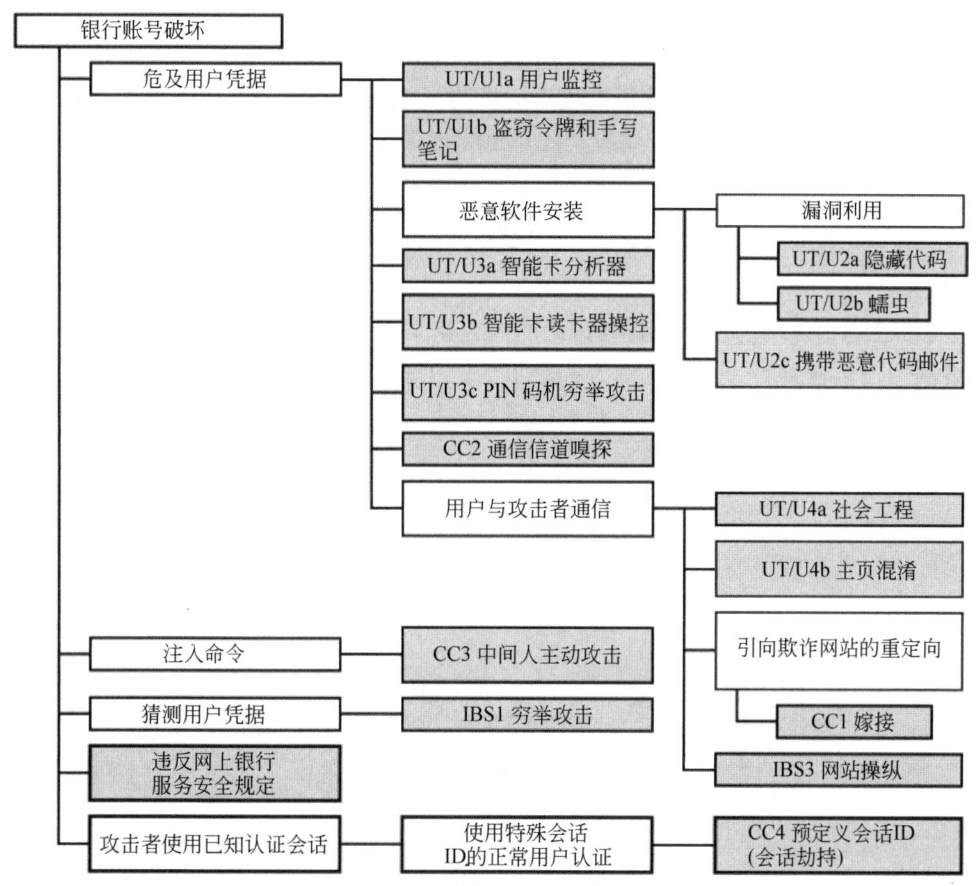

图 1.4 用于网络银行认证的攻击树

体攻击策略如下所示：

- 危及用户凭据：这种策略可用于应对攻击表面的许多元素。存在许多程序攻击，例如监视一个用户的行为去查看 PIN 码或者其他的凭据，或者盗用用户的令牌或手写笔记。敌方也可能利用各种令牌攻击工具去危及令牌信息，例如折断智能卡片或者使用穷举方法去猜 PIN 码。另一种可能的策略是植入恶意软件去危及用户的密码和注册信息。敌方也可能试图通过通讯信道（嗅探）来获取凭据信息。最后，敌人可能使用各种方法与目标用户取得联系，正如图 1.4 所示。
- 注入命令：在这种类型的攻击中，攻击者能够干扰 UT 和 IBS 之间的通信。可以使用各种方案来模仿有效用户，从而获得对银行系统的访问权。
- 猜测用户凭据：据报道，在[HILT06]中通过发送随机的用户名和密码来穷举攻击一些银行认证方法是完全可行的。攻击机制基于分布式僵尸电脑，托管基于用户名或密码计算的自动程序。
- 违反网上银行服务安全规定：例如，违反银行的安全政策，结合脆弱访问控制和注册机制，员工可能导致内部安全事件，暴露客户的账户。
- 攻击者使用已知认证会话：这种类型的攻击说服或者迫使用户使用预设的会话 ID 与 IBS 建立联系。一旦用户在服务器上完成认证，攻击者将利用已知的会话 ID 给

IBS 发送数据包，骗取用户的身份。

图 1.4 提供了对网上银行认证应用中的不同类型的攻击的全面认识。使用这三个组件作为开始点，安全分析师可以评估每次攻击的风险，使用前一节中概述的设计原则，设计一个综合安全设施。此设计工作的结果，[DIMI07]提供了很好的证明。

1.8 网络安全模型

图 1.5 中用很通用的术语为将要讨论的内容建立了一个模型。消息将通过某种类型的互连网络从一方传输到另一方。这两方都是事务的**主体**，必须合作以便进行消息交换。可以通过在互连网络上定义一条从信息源到信息目的地之间的路由以及两个信息主体之间使用的某种通信协议（例如，TCP/IP），来建立一条逻辑信息通道。

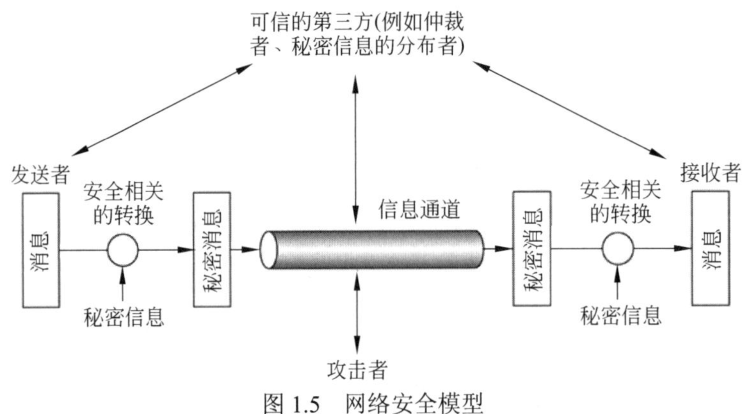

图 1.5 网络安全模型

当需要或者希望防范可能对信息机密性、真实性等产生威胁的攻击者的时候，安全方面的因素便会起作用。所有用于提供安全性的技术都包含以下两个主要部分：

- 对待发送信息进行与安全相关的转换。其示例包括消息加密，它打乱了消息，使得对于攻击者而言该消息不可读；以及建立在消息内容上面的附加码，它可以用来验证发送方的身份。
- 两个主体共享一些不希望被攻击者所知的秘密信息。其示例包括在消息变换中使用的加密密钥，它在传输之前用于打乱消息而在接收之后用于恢复消息[1]。

为了达到安全传输可能需要可信的第三方。例如，第三方可能需要负责分发秘密信息给两个主体，同时对攻击者隐藏这些信息，或者第三方可能需要仲裁在两个主体之间引起的关于消息传输认证的纷争。

这个通用模型表明，设计特定的安全服务时有如下 4 个基本的任务。

（1）设计用来执行与安全相关的转换的算法，这种算法应该是不会被攻击者击破的。

（2）生成用于该算法的秘密信息。

（3）开发分发和共享秘密信息的方法。

（4）指定一种能被两个主体使用的协议，这种协议使用安全算法和秘密信息以便获得

---

1 第 3 章讨论一种加密形式，即公钥加密，在这种形式中只需要其中一个主体拥有秘密信息。

特定的安全服务。

本书的第 2 部分重点介绍符合图 1.5 所示模型的安全机制和服务类型。然而，还有一些其他的与安全相关的情形，它们不能完全适合该模型，但也在本书的考虑范围之内。对于这些其他情形的通用模型在图 1.6 中示出，该图反映了对于保护信息系统免遭有害访问所做的考虑。大多数读者对黑客产生的影响非常熟悉，这些黑客企图入侵到能够通过网络进行访问的系统。黑客可以是一些没有恶意的人，他们仅仅是通过破坏或进入一个计算机系统获得满足。另一方面，入侵者也可以是因为不满而想搞破坏的员工或者为了经济利益（例如，获取信用卡号或者进行非法金融交易）试图通过访问计算机来获得经济收入的罪犯。

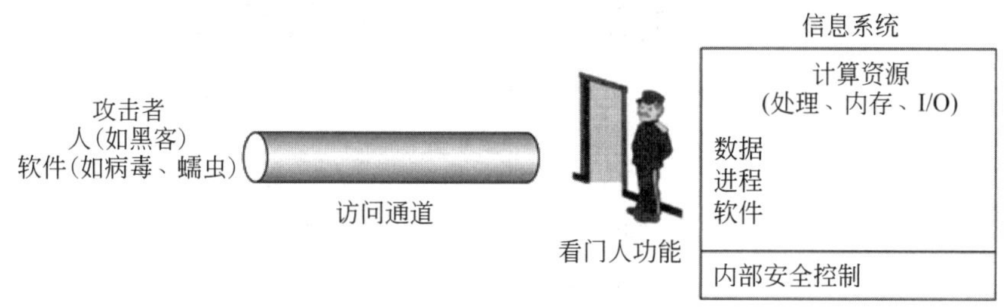

图 1.6 网络访问安全模型

另一种有害访问是利用计算机系统逻辑上的弱点，这不仅能够影响应用程序，而且还能够影响实用工具，例如编辑器和编译器。程序存在两种形式的威胁：

- **信息访问威胁**：本不该访问某些数据的用户截取或修改数据。
- **服务威胁**：利用计算机的服务缺陷阻止合法用户的使用。

病毒和蠕虫是软件攻击的两个具体示例。由于磁盘的有用软件中可能隐藏着有害逻辑，因此可以通过这些包含有害逻辑的磁盘将这种攻击引入系统。它们同样可以通过网络进入到系统中。后一种机制在网络安全中更受关注。

解决有害访问的**安全机制**主要有两大范畴（见图 1.6）。第一类范畴是看门人功能。它包含基于口令的登录过程，它们设计成拒绝除授权用户外的所有访问，另一类安全机制是屏蔽逻辑，它们设计用来检测和拒绝蠕虫、病毒以及其他类似的攻击。一旦任意一个有害的用户或者有害的软件获得访问权，第二道防线（包含各种监测活动的内部控制）就能够监视和分析存储的信息，以此来监测有害入侵者的存在。这部分内容将会在第 3 部分中详细介绍。

1.9 标 准

本书中叙述的许多安全技术和应用已经被标准化。另外，也有很多标准是关于管理实践和安全机制的总体架构与服务的。本书中介绍已在使用或正在进行中的关于密码学与网络安全的最重要标准。各种组织参与了这些标准的制定或改进提高。其中，（就当前来说）最重要的两个组织是：

- **美国国家标准与技术研究所（NIST）**：NIST 是美国联邦政府的一个机构，负责处理计量科学、标准以及政府部门使用的技术，也处理能够提高私人部门创新的技术。尽管它是国家性质的，但NIST出版的**美国联邦信息处理标准（FIPS）**和**特别出版物（SP）**却具有全球性影响。

- **互联网协会（ISOC）**：ISOC是由机构和个体会员组成的一个全球性的专业协会。它领导处理困扰Internet未来发展的问题，同时，它也是负责Internet结构性标准部分组织的上级机构。下属机构包括互联网工程任务组（IETF）和互联网架构委员会（IAB）。这些机构制定互联网标准及其规范，并以**RFC**（Request for Comment，**请求注解**）的形式发布。

1.10 关键词、思考题和习题

1.10.1 关键词

访问控制	拒绝服务	被动攻击
主动攻击	加密	重放
认证	完整性	安全攻击
真实性	入侵者	安全机制
可用性	假冒	安全服务
数据机密性	不可抵赖性	流量分析
数据完整性	OSI安全体系结构	

1.10.2 思考题

1.1 什么是OSI安全体系结构？
1.2 被动攻击和主动攻击之间有什么不同？
1.3 列出并简要定义被动攻击和主动攻击的分类。
1.4 列出并简要定义安全服务的分类。
1.5 列出并简要定义安全机制的分类。
1.6 列出并简要定义基本安全设计准则。
1.7 说明攻击面和攻击树之间的区别。

1.10.3 习题

1.1 考虑一台自动取款机，需要用户提供个人身份证号码和一个账号。给出关于这个系统机密性、完整性和可用性需求的例子。在每个例子中，指出需求的等级。
1.2 考虑一个电话开关系统，它根据打电话者要求的电话号码在开关网络中引导通话。重复习题1.1中的问题。
1.3 考虑一个为不同组织提供文件的桌上型印刷系统。
    a. 举出一种印刷品的例子，其中储存数据的机密性需求是最重要的。

b. 举出一种印刷品的例子，其中数据的完整性需求是最重要的。

c. 举出一个例子，其中系统可用性需求是最重要的。

1.4 对于下面各个资产，分别从机密性、完整性和可用性角度分配低级、中级、高级，并说明你的回答。

a. 一个在网络服务器上管理公众信息的组织。

b. 一个管理极度敏感的调查信息的法律强制组织。

c. 一个管理常规经营信息的财政组织（无关隐私信息）。

d. 一个包含敏感合同和常规管理信息的系统。评估两部分数据分别存储以及作为一个完整系统时的影响。

e. 一个包含监控管理和数据获取（SCADA）系统的发电站，它控制着一个大型军事装置的电力分配。SCADA 系统包含实时传感器数据以及常规管理信息。评估两部分数据分别存储以及作为一个完整系统时的影响。

1.5 仿照表 1.4 画出安全服务和攻击的关系。

1.6 仿照表 1.4 画出安全机制和攻击的关系。

1.7 构造一颗旨在获取物理安全内容访问的攻击树。

1.8 考虑坐落在一个独立院子里两栋建筑物内运营的公司：其中一栋建筑是总部大楼，另一栋建筑包括网络和计算机服务系统。该独立院子通过四周围墙与外界隔离。唯一进入院子的方式是通过围墙的入口。而要到达围墙，物理上有一个由保安把守的前门。网络用户通过防护墙链接到 Web 服务器。拨号上网用户通过网络服务器的 LAN 特殊服务器接入。构造一颗攻击树使其树根代表公司专有秘密的获取，包括物理的、社会工程的和技术的攻击。该攻击树可以既包括“与节点”，也包括“或节点”。构造一颗至少包括 15 个叶子节点的攻击树。

1.9 阅读所有本书推荐读物部分所列本章经典论文。推荐读物可在作者主页 williamstallings.com/NetworkSecurity 上找到。论文可以在 box.com/NetSec6e 上找到。组织一篇 500～1000 字的论文（或者 8～12 页的幻灯片展示），总结这些论文中出现的关键概念，重点强调大多数或者全部论文中出现的概念。

第 2 章　对称加密和消息机密性

2.1　对称加密原理
2.2　对称分组加密算法
2.3　随机数和伪随机数
2.4　流密码和 RC4
2.5　分组密码工作模式
2.6　关键词、思考题和习题

学习目标

学习完这一章后，你应该能够：

- 给出对称密码学中主要概念的概述。
- 解释密码分析和蛮力攻击之间的区别。
- 总结 DES 功能。
- 给出 AES 概述。
- 解释随机数中随机性和不可预测性的概念。
- 理解真随机数生成器、伪随机数生成器和伪随机函数之间的区别。
- 给出流密码及 RC4 的概述。
- 比较 ECB、CBC、CFB 和计数器模式之间的区别。

对称加密也称为常规加密、私钥或单钥加密，在 20 世纪 70 年代末期[1]公钥加密开发之前，是唯一被使用的加密类型。现在，它仍然属于最广泛使用的两种加密类型之一。

本章首先探讨对称加密过程的通用模型，这会让我们理解算法使用的场合；然后会探讨 3 种重要的分组加密算法：DES、三重 DES 以及 AES；接着讨论随机和伪随机数的生成；接下来，介绍对称流加密，并描述广泛使用的流密码 RC4；最后介绍分组密码的工作模式这一重要内容。

2.1　对称加密原理

一个**对称加密**方案由 5 部分组成（见图 2.1）：

- **明文**：这是原始消息或数据，作为算法的输入。
- **加密算法**：加密算法对明文进行各种替换和转换。

1　公钥加密第一次公开的书面描述出现在 1976 年，美国国家安全局（National Security Agency, NSA）声称在几年前就发现了它。

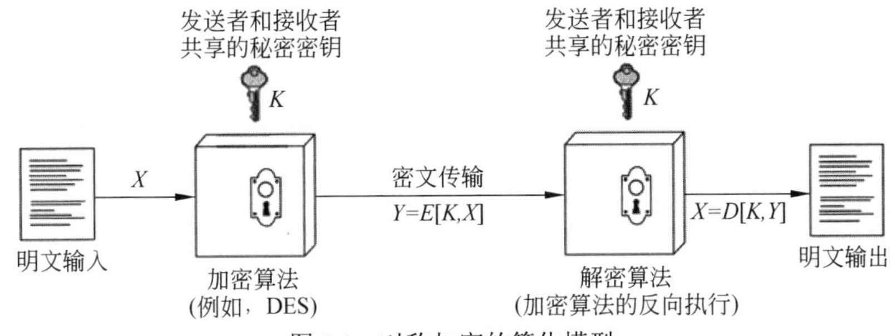

图 2.1　对称加密的简化模型

- **秘密密钥**：秘密密钥也是算法的输入。算法进行的具体替换和转换取决于这个密钥。
- **密文**：这是产生的已被打乱的消息输出。它取决于明文和秘密密钥。对于一个给定的消息，两个不同的密钥会产生两个不同的密文。
- **解密算法**：本质上是加密算法的反向执行。它使用密文和同一密钥产生原始明文。

对称加密的安全使用有如下两个要求：

（1）需要一个强加密算法。至少希望这个算法能够做到，当攻击者知道算法并获得一个或多个密文时，并不能够破译密文或者算出密钥。这个要求通常有一个更强的表述形式：甚至当攻击者拥有很多密文以及每个密文对应的明文时，他依然不能够破译密文或者解出密钥。

（2）发送方和接收方必须通过一个安全的方式获得密钥并且保证密钥安全。如果别人发现了密钥并且知道了算法，所有使用这个密钥的通信都是可读的。

有必要指出，对称加密的安全取决于密钥的保密性而非算法的保密性，即通常认为在已知密文和加密/解密算法的基础上不能够破译消息。即不需要使算法保密，只需要保证密钥保密。

对称加密的这个性质使它能够在大范围内使用。算法不需要保密也就意味着生产商能开发出实现数据加密算法的低成本芯片，而它们已经这么做了。这些芯片都被广泛地使用，并集成到很多产品里。使用对称密码时主要的安全问题一直都是密钥的保密性。

2.1.1　密码体制

密码体制一般从以下 3 个不同的方面进行分类。

（1）**明文转换成密文的操作类型**。所有加密算法都基于两个通用法则：替换——明文的每一个元素（比特、字母、一组比特或字母）都映射到另外一个元素；换位——明文的元素都被再排列。最基本的要求是没有信息丢失（即所有的操作都可逆）。大多数体制或称为乘积体制包括了多级替换和换位组合。

（2）**使用的密钥数**。如果发送方和接收方都使用同一密钥，该体制就是对称、单钥、秘密密钥或者说传统加密。如果发送方和接收方使用不同的密钥，体制就是不对称、双钥或者说公钥加密。

（3）**明文的处理方式**。**分组密码**一次处理一个输入元素分组，产生与该输入分组对应的一个输出分组。**流密码**在运行过程中连续地处理输入元素，每次产生一个输出元素。

2.1.2 密码分析

试图找出明文或者密钥的工作被称为密码分析或破译。破译者使用的策略取决于加密方案的固有性质以及破译者掌握的信息。

基于攻击者掌握的信息量，表 2.1 概括了各种攻击类型。最困难的是所掌握的信息只有密文的情况，即**唯密文**情况。在某些情况下，甚至加密算法都是未知的，但一般可以假设攻击者确实知道加密算法。在这些条件下一种可能的攻击是尝试所有可能密钥的穷举方法。如果密钥空间非常大，这种方法就不可行。因此，攻击者必须依靠对密文本身的分析，通常是对它进行各种统计测试。要使用这个方法，攻击者必须对隐蔽明文的类型有一个大致的了解，例如英语或法语文本、一个可执行文件、一个 Java 源代码清单、一个审计文件等。

表 2.1 对加密消息的攻击类型

攻击类型	密码破译者已知的信息
唯密文	● 加密算法 ● 要解密的密文
已知明文	● 加密算法 ● 要解密的密文 ● 一个或多个用密钥产生的明文-密文对
选择明文	● 加密算法 ● 要解密的密文 ● 破译者选定的明文消息，以及使用密钥产生的对应密文
选择密文	● 加密算法 ● 要解密的密文 ● 破译者选定的密文，以及使用密钥产生对应的解密明文
选择文本	● 加密算法 ● 要解密的密文 ● 破译者选定的明文消息，以及使用密钥产生对应的密文 ● 破译者选定的密文，以及使用密钥产生对应的解密明文

唯密文攻击是最容易抵抗的，因为攻击者掌握的信息量最少。但是，在很多情况下，攻击者有更多信息。攻击者在知道加密算法的同时还可能得到一个或多个明文，或者可能知道在消息中会出现的特定明文模式。例如，用 Postscript 格式编码的文件通常用同样的开头模式，又如电子资金转账消息可能有一个标准的标题或标语等。所有这些是**已知明文**的例子。通过这些知识，破译者基于已知明文转换方式也许能够推出密钥。

与已知明文攻击很相近的攻击是所谓的可能字攻击。如果攻击者对付的是一般性文本消息的加密，他可能几乎不清楚消息里会出现什么。但是，如果攻击者跟踪一些非常特定的信息，那么消息的某些部分可能是已知的。例如，如果传输整个会计文件，攻击者可能知道文件标题里特定关键字的位置。又如，一个公司开发的程序的源代码也许在某个标准化的位置包含了版权声明。

如果攻击者能够得到源系统，在其中插入自己选定的消息，那么就可能做出**选择明文**

攻击。通常，如果攻击者能够选择加密的消息，那么攻击者就会有目的地选取能够揭示密钥结构的消息样本。

表 2.1 还列出了另外两个攻击类型：选择密文和选择文本。它们在密码破译中是不常用的，但毕竟是一种可能的攻击途径。

只有相对较弱的算法才不能抵挡唯密文攻击。一般地，加密算法被设计成能抵挡已知明文攻击。

当加密方案产生的密文满足下面条件之一或全部条件时，则称该加密方案是**计算安全的**：

- 破解密文的代价超出被加密信息的价值。
- 破解密文需要的时间超出信息的有用寿命。

不幸的是，成功破译密文需要付出的努力是很难定量评估的。但是，假设算法没有固有数学弱点，那么就只剩下穷举攻击方法了，并且能够对其成本和时间做合理的评估。穷举方法尝试所有可能的密钥直到把密文翻译成可理解的明文。平均说来，一般必须尝试所有可能密钥的一半才能够成功。也就是说，如果有 x 个不同的密钥，攻击者在获得真正密钥之前大约要进行 $x/2$ 次尝试。值得注意的是，蛮力攻击并不仅仅是进行穷举密钥那么简单。除非提供了已知明文，否则分析者必须能够辨别明文。如果明文消息是英文的，那么结果很容易产生，尽管辨别英文的任务应该自动完成。如果文本消息在加密之前进行了压缩，那么辨别任务会变得更困难。如果消息是更通用类型的数据，比如数字文件，而且该文件已经被压缩，辨别任务会变得更难以自动化。因此，为了进行蛮力攻击，对将要处理的明文有一定了解是必须的，同时，从混乱的文字中自动区分明文的手段也是需要的。

2.1.3　Feistel 密码结构

对于很多对称分组加密算法（包括 DES），其结构由 IBM 的 Horst Feistel 在 1973 年首次详细描述[FEIS73]，如图 2.2 所示。加密算法的输入是长度为 $2w$ 比特的明文分组及密钥 K。明文分组被分为两半：L_0 和 R_0。这两半数据通过 n 轮处理后组合成密文分组。第 i 轮输入为 L_{i-1} 和 R_{i-1}，由前一轮产生，同时子密钥 K_i 由密钥 K 产生。通常，子密钥 K_i 与 K 不同，子密钥相互之间也各不相同，它们都是由密钥通过子密钥产生算法生成的。图 2.2 中采用了 16 轮处理，而实际上任意的轮数都是可以实现的。图 2.2 的右半部分描述了解密的过程。

所有轮都具有相同的结构。左半边数据要做一个替换，具体过程是先对右半边数据使用**轮函数** F，然后将函数输出同原来的左半边数据做异或（XOR）。每个轮迭代的轮函数都有相同的结构，但会以每轮对应的子密钥 K_i 为参数变化。在这个替换之后，再将这两半数据对换。

Feistel 结构是所有对称分组密码都使用的更通用结构的一个特例。通常，一个对称分组密码包含一系列轮迭代，每轮都进行由密钥值决定的替换和置换组合。对称分组密码的具体操作取决于以下参数和设计属性：

- **分组大小**：越大的分组意味着越高的安全性（所有其他条件都相同），但减小了加密/解密速率。128 比特大小的分组是一个合理的折中并且几乎是近来分组密码设计的普遍选择。

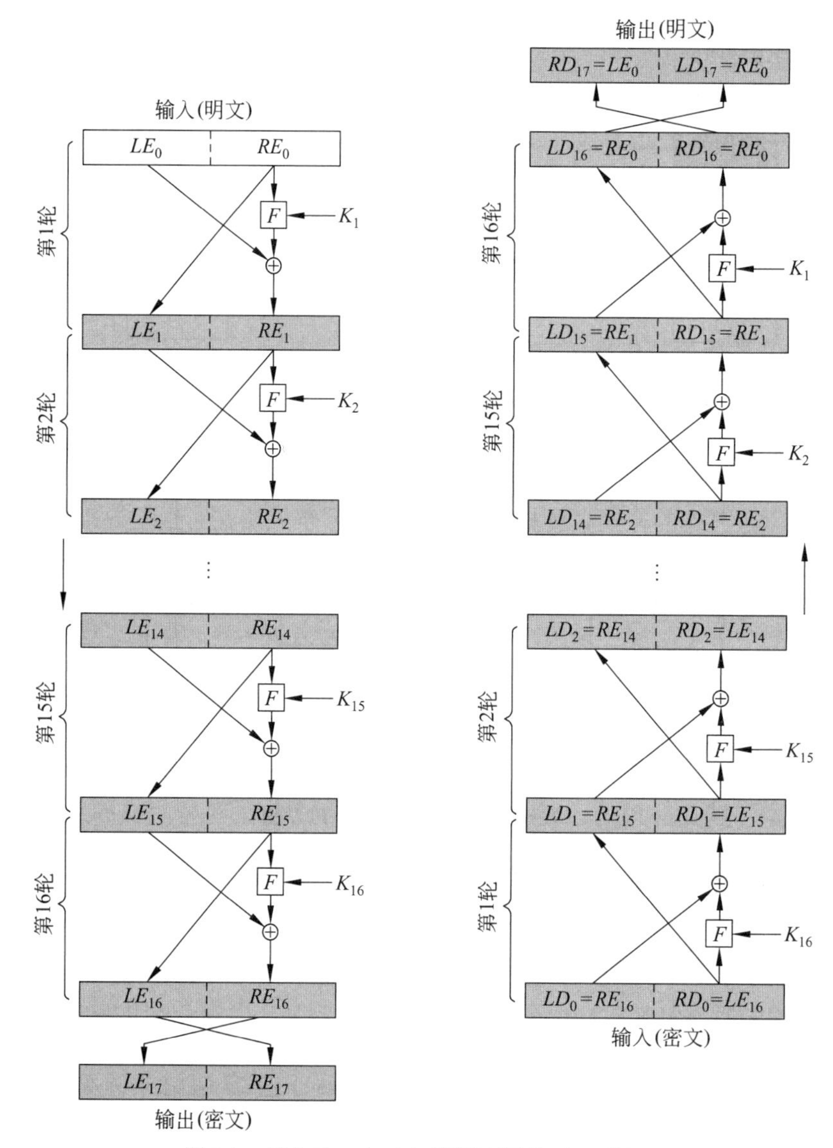

图 2.2　经典的 Feistel 加密解密网络（16 轮）

- **密钥大小**：越长的密钥意味着越高的安全性，但也许会减小加密/解密速率。现代算法最普遍的密钥长度为 128 比特。
- **迭代轮数**：对称分组密码的本质是单轮处理不能提供充分的安全性，多轮处理能提供更高的安全性。迭代轮数的典型大小是 16。
- **子密钥产生算法**：此算法复杂度越高，密码破译难度就越高。
- **轮函数**：同样，越高的复杂度意味着对破译越高的阻力。

在对称分组密码设计中还有两个其他的考虑因素：

- **快速软件加密/解密**：在很多情况下，密码通过这种方法嵌入在应用程序或实用工具中以避免用硬件实现。因此，软件执行速度成为一个重要因素。
- **容易分析**：尽管希望算法尽可能地难以攻破，但使算法容易分析有很大的好处。这是因为，如果算法能被简明清楚地解释，则容易分析该算法的弱点并因此给出对其强度更高级别的保障。例如，DES 不具有容易分析的性质。

对称分组密码的解密过程本质上和加密过程相同。规则如下：使用密文作为算法的输入，但是逆序使用子密钥 K_i。即在第一轮迭代使用 K_n，第二轮迭代使用 K_{n-1}，依次类推直到最后一轮迭代使用 K_1。这是一个好的性质，因为它意味着不需要实现两个不同的算法：一个用于加密、一个用于解密。

2.2　对称分组加密算法

最常用的对称加密算法是分组密码。**分组密码**处理固定大小的明文输入分组，且对每个明文分组产生同等大小的密文分组。本节重点介绍三个重要的对称分组密码：数据加密标准（DES）、三重数据加密标准（triple DES，3DES），以及高级加密标准（AES）。

2.2.1　数据加密标准

在 2001 年推出高级加密标准（AES）之前，最广泛使用的加密方案是基于**数据加密标准（DES）**的，DES 由原美国国家标准局（现美国国家标准与技术研究所，NIST）于 1977 年采用，以美国联邦信息处理标准 FIPS PUB 46 发布。这个算法本身被称为数据加密算法（DEA）[1]。

算法描述

明文长度为 64 比特，密钥长度为 56 比特；更长的明文被分为 64 比特的分组来处理。DES 结构在图 2.2 所示的 Feistel 网络的基础上做了微小的变化。它采用 16 轮迭代，从原始 56 比特密钥产生 16 组子密钥，每一轮迭代使用一个子密钥。

DES 的解密过程在本质上和加密过程相同。规则如下：使用密文作为 DES 算法的输入，但是子密钥 K_i 的使用顺序与加密时相反。即第一次使用 K_{16}，第二次使用 K_{15}，依次类推直到第 16 次也就是最后一次使用 K_1。

DES 的强度

对 DES 强度的分析可以分解为两部分：对算法本身的分析和对使用 56 比特密钥的分析。前一种情况指的是通过研究算法的性质而破译算法的可能性。这些年来，有很多试图寻找和研究该算法的弱点，这使得 DES 是现存加密算法中被研究得最彻底的一个。尽管进行了那么多尝试，迄今为止仍然没有人成功找到 DES 的致命缺陷[2]。

另外一个更重要的考虑是密钥长度。56 比特的长度有 2^{56} 个可能的密钥，约为 7.2×10^{16} 个。因此，从表面看来，穷举攻击是不可行的。穷举攻击时假设平均情况下必须有一半的

1　此术语有一点令人混淆。直到最近，DES 和 DEA 两个词还可以互换使用。但是，DES 文档的最新版本包含了这里描述的 DEA 的规范再加上接下来描述的三重 DEA（3DES）。DEA 和 3DES 都是数据加密标准（Data Encryption Standard）的一部分。另外，直到最近采用了官方词语 3DES，三重 DEA 算法典型情况下指三重 DES 并写作 3DES。为方便起见，将使用 3DES。

2　至少，没有人公开承认有这样的发现。

密钥空间要被穷举，那么每微秒做一次 DES 加密的一台机器需要超过 1000 年的时间来破解密文。

但是，每微秒做一次加密的假设过于保守了。DES 最终被确定为不安全是在 1998 年 7 月，电子前哨基金会（EFF）宣布使用一个制造费用少于 250 000 美元的专用“DES 破解机”就能够破解 DES 加密，所需的攻击时间不超过 3 天。EFF 公布了对这个机器的详细描述，使得其他人能够制造他们自己的破解机[EFF98]。当然，硬件的价格将随着速度的提升而持续下降，使 DES 变得没有实际价值。

使用当前的技术，甚至不需要使用特殊的专用硬件即可破解 DES。相反地，商业的速度和现成的处理器威胁 DES 的安全。希捷科技股份有限公司[SEAG08]的一篇论文暗示对现在的多核计算机来说，1 秒钟进行 10 亿次密钥组合是合理的。最新的产品也证实了这一观点。Intel 和 AMD 处理器都提供基于硬件的指令，以加速 AES 的使用。在现在的 Intel 多核机器进行的测试表明，加密速率可以达到 5 亿次每秒[BASU12]。另一个最新的分析表明，使用现在的超算技术，1 秒钟进行 10^{13} 次加密是合理的[AROR12]。

考虑到这些结果，表 2.2 给出了蛮力攻击各种不同大小的密钥所需要花费的时间。从该表中可以看到，一台普通 PC 可以在一年内破解 DES；如果多台 PC 并行，时间会明显缩小。现在的超级计算机可以在一个小时之内找到正确密钥。对长度 128 位或者更大的密钥来说，仅仅使用蛮力攻击方法不能有效的破解密钥。即便将攻击系统的速度提高 10^{12} 倍，仍然需要花费多余 100 000 年的时间去破解密钥长度为 128 位的算法。

幸运的是，现在有很多 DES 的替代算法，最重要的两个是 3DES 和 AES，将在该节的剩余部分介绍。

表 2.2 穷举搜索密钥需要的平均时间

密钥长度（比特）	加密算法	可选密钥数	以 1 秒加密 10^9 次的速率需要的时间	以 1 秒加密 10^{13} 次的速率需要的时间
56	DES	$2^{56}=7.2\times10^{16}$	2^{55} ns = 1.125 年	1 小时
128	AES	$2^{128}=3.4\times10^{38}$	2^{127} ns = 5.3×10^{21} 年	5.3×10^{17} 年
168	3DES	$2^{168}=3.7\times10^{50}$	2^{167} ns = 5.8×10^{33} 年	5.8×10^{29} 年
192	AES	$2^{192}=6.3\times10^{57}$	2^{191} ns = 9.8×10^{40} 年	9.8×103^{6} 年
256	AES	$2^{256}=1.2\times10^{77}$	2^{255} ns = 1.8×10^{60} 年	1.8×10^{56} 年

2.2.2 三重 DES

对三重 DES（triple DES，3DES）的标准化最初出现在 1985 年的 ANSI 标准 X9.17 中。为了把它用于金融领域，1999 年随着 FIPS PUB 46-3 的公布，把它合并为数据加密标准的一部分。

3DES 使用 3 个密钥并执行 3 次 DES 算法，其组合过程依照加密-解密-加密（EDE）的顺序（见图 2.3（a））进行：

$$C = E(K_3, D(K_2, E(K_1, P)))$$

其中：

C = 密文；

P = 明文；

$E[K, X]$ = 使用密钥 K 加密 X；

$D[K, Y]$ = 使用密钥 K 解密 Y。

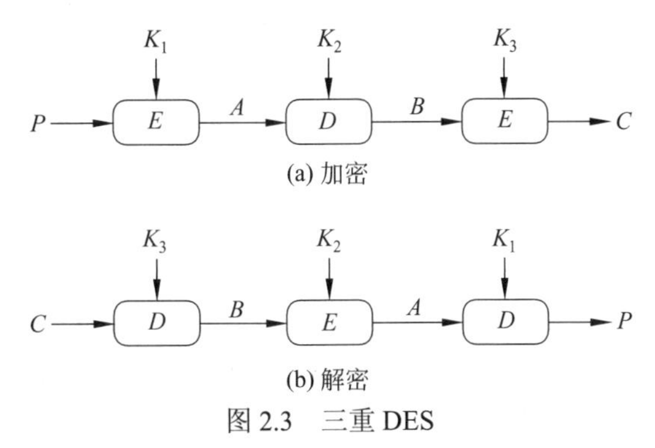

图 2.3　三重 DES

解密仅仅是使用相反的密钥顺序进行相同的操作（见图 2.3（b））：

$$P = D(K_1, E(K_2, D(K_3, C)))$$

3DES 加密过程中的第二步使用的解密没有密码方面的意义。它的唯一好处是让 3DES 的使用者能够解密原来单重 DES 使用者加密的数据：

$$C = E(K_1, D(K_1, E(K_1, P))) = E[K, P]$$

通过 3 个不同的密钥，3DES 的有效密钥长度为 168 比特。FIPS 46-3 同样允许使用两个密钥，令 $K_1 = K_3$；这样密钥长度就为 112 比特。FIPS 46-3 包含了下列 3DES 的规定：

- 3DES 是 FIPS 批准的可选对称加密算法。
- 使用单个 56 比特密钥的原始 DES，只在以往系统的标准下允许，新设计必须支持 3DES。
- 鼓励使用以往 DES 系统的政府机构转换到 3DES 系统。
- 预计 3DES 与高级加密标准（AES）将作为 FIPS 批准的算法共存，并允许 3DES 逐步过渡到 AES。

可以看出，3DES 是一个强大的算法，因为底层密码算法是 DEA，DEA 声称的对基于其算法的破译的抵抗能力，3DES 同样也有。不仅如此，由于 168 比特的密钥长度，穷举攻击更没有可能。

最终 AES 将取代 3DES，但是这个过程将花费很多年的时间。NIST 预言在可预见的将来 3DES 仍将是被批准的算法（为美国政府所使用）。

2.2.3　高级加密标准

3DES 有两个吸引人之处，这保证了它在接下来的几年中会被广泛地使用。第一，由于 168 比特的密钥长度，它克服了 DEA 对付穷举攻击的不足。第二，3DES 的底层加密算法和 DEA 相同，而这个算法比任何其他算法都经过了更长时间、更详细的审查，除穷举方法以外没有发现任何有效的基于此算法的攻击。因此，有足够理由相信 3DES 对密码破译非常有抵抗力。如果安全是唯一的考虑因素，那么 3DES 将是接下来几十年中标准化加密算法的合适选择。

3DES 的基本缺陷是算法软件运行相对较慢。原始的 DEA 是 20 世纪 70 年代中期为硬件实现设计的，没有高效的软件代码。3DES 迭代轮数是 DEA 的 3 倍，因此更慢。第二个缺陷是 DEA 和 3DES 都使用 64 比特大小的分组。出于效率和安全原因，需要更大的分组。

因为这些缺陷，3DES 不是长期使用的合理选择。作为替代，1997 年 NIST 公开征集新的**高级加密标准**，要求它有和 3DES 等同或者更高的安全强度，并且效率有显著提高。除这些基本要求外，NIST 还指定 AES 必须是分组大小为 128 比特的分组密码，支持密钥长度为 128、192 和 256 比特。评估指标包括安全性、计算效率、所需存储空间、软硬件适配度，以及灵活性等。

在第一轮评估中，通过了 15 个候选算法，第二轮则把范围减小到了 5 个。2001 年 11 月 NIST 完成了评估并发布了最终标准（FIPS PUB 197）。NIST 选择了 Rijndael 作为 AES 算法。开发和提交 Rijndael 作为 AES 算法的是两位来自比利时的密码学专家 Joan Daemen 博士和 Vincent Rijmen 博士。

算法概述

AES 使用的分组大小为 128 比特，密钥长度可以为 128、192 或 256 比特。在本节的描述中，假设密钥长度为 128 比特（这可能是最常用的长度）。

图 2.5 给出了 AES 的总体结构。加密和解密算法的输入是一个 128 比特的分组。在 FIPS PUB 197 中，分组被描述为一个字节方阵。分组被复制到**状态**数组，这个数组在加密或解密的每一步都会被更改。最后一步结束后，**状态**数组将被复制到输出矩阵。类似地，128 比特的密钥也被描述为一个字节方阵。然后，密钥被扩展成为一个子密钥字的数组；每个字是 4 字节，而对于 128 比特的密钥，子密钥总共有 44 个字。矩阵中字节的顺序是按列排序的。比如，128 比特的明文输入的前 4 个字节占**输入**矩阵的第 1 列，接下来 4 个字节占第 2 列，依次类推。类似地，扩展密钥的前 4 字节即一个字占 $\boldsymbol{w}$ 矩阵的第 1 列。

接下来的注释给出 AES 更清楚的面貌：

（1）值得指出的特点之一是该结构不是 Feistel 结构。回忆典型 Feistel 结构，数据分组的一半用来更改另一半，然后两部分对换。AES 没有使用 Feistel 结构，而是在每轮替换和移位时都并行处理整个数据分组。

（2）输入的密钥被扩展成为 44 个 32 比特字的数组 $\boldsymbol{w}[i]$。4 个不同的字（128 比特）用作每轮的轮密钥。

（3）进行了 4 个不同的步骤，一个是移位，3 个是替换：

- **字节替换**：使用一个表（被称为 S 盒（S-box）[1]）来对分组进行逐一的字节替换；
- **行移位**：对行做简单的移位；
- **列混合**：对列的每个字节做替换，是一个与本列全部字节有关的函数；
- **轮密钥加**：将当前分组与一部分扩展密钥简单地按位异或。

（4）结构非常简单。对于加密和解密，密码都是从轮密钥加开始，接下来经过 9 轮迭代，每轮包含 4 个步骤，最后进行一轮包含 3 个步骤的第 10 轮迭代。图 2.5 描述了整个轮加密的结构。

---

1 术语 S 盒或者代换盒（substitution box）通常用在对称密码的描述中，指代“表格-查找”类型的交换机制中使用的表格。

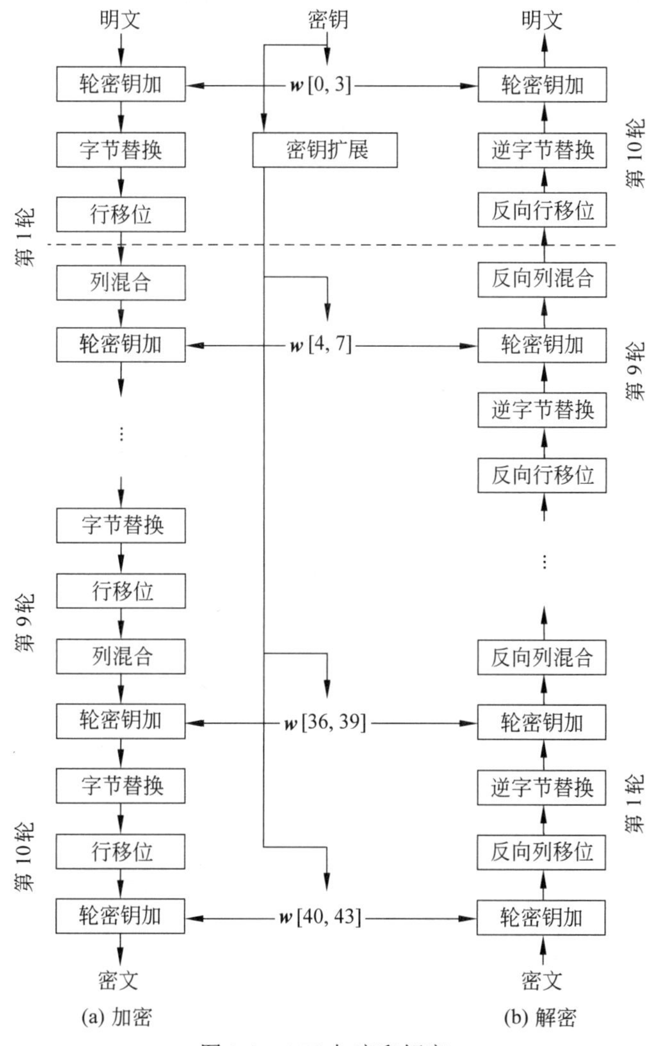

图 2.4　AES 加密和解密

（5）只有轮密钥加步骤使用了密钥。由于这个原因，密码在开始和结束的时候进行轮密钥加步骤。对于任何其他步骤，如果在开始或者结束处应用，都可以在不知道密钥的情况下进行反向操作，并且不会增强安全。

（6）轮密钥加步骤本身并不强大。另外 3 个步骤一起打乱了数据比特，但是因为没有使用密钥，它们本身不提供安全。将这个密码用于先对分组做异或加密（轮密钥加）操作，接下来打乱这个分组（另外 3 个步骤），再做异或加密，依次类推。这个结构既高效又高度安全。

（7）每一步都简单可逆。对于字节替换、行移位、列混合步骤，在解密算法中使用逆函数。对轮密钥加步骤，反向操作用同一个轮密钥异或数据分组，利用 $A \oplus B \oplus B = B$ 这个结果。

（8）像大多数分组密码一样，解密算法也是按照相反的顺序使用扩展密钥。但是解密算法并不与加密算法相同，这是 AES 特殊结构的结果。

（9）如果 4 个步骤都可逆，则容易证明解密确实能够恢复明文。图 2.4 将加密和解密摆放成以垂直相反的方向运行。在每个水平节点（比如图 2.4 中的虚线），加密和解密的状态数组是相同的。

（10）加密和解密的最后一轮都只包含 3 个步骤。同样，这也是 AES 的特殊结构的结果，这么做是为了使密码可逆。

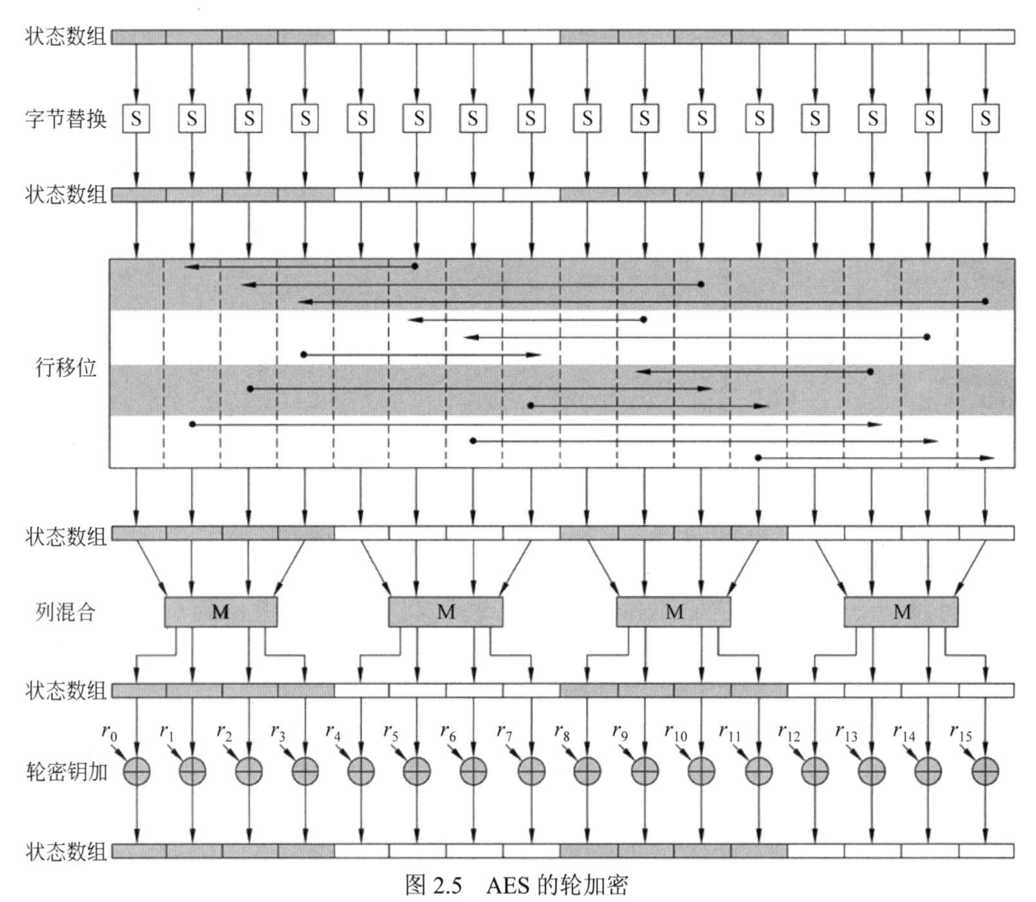

图 2.5 AES 的轮加密

2.3 随机数和伪随机数

在给多样的网络安全应用程序加密的过程中，随机数起了一个很重要的作用，本节将对随机数进行概述。

2.3.1 随机数的应用

一些网络安全算法基于密码的随机数。例如：

- RSA 公开密钥加密算法（第 3 章会详细解释）和其他的公开密钥算法的密钥生成。
- 对称流密码（在下一节中会详细解释）的密钥流的生成。
- 生成对称密钥用于临时会话时使用的密钥。这个功能被许多网络应用程序使用，例如传输层安全（第 5 章），Wi-Fi（一种可以将个人计算机、手持设备（如 PDA、手机）等终端以无线方式互相连接的技术）（第 6 章），电子邮件安全（第 7 章）和 IP 安全（第 8 章）。

- 在许多密钥分配方案中，例如 Kerberos（一种安全认证的系统）（第 4 章），随机数被用来建立同步交换以防止重放攻击。

这些应用为随机数列引起两种不同的且不必要兼容的需求：随机性和不可预测性。

随机性。传统情况下，随机数列生成过程中要注意的问题就是这一系列数据在严格统计意义上来说是要随机的。下列标准是用来验证一个序列数是否是随机的。

- **均匀分布**：在一串比特序列中比特位的分布要均匀。1 和 0 出现的频率必须大致相同。
- **独立**：在同一序列上，没有一个数字能影响和干涉其他数字。

虽然已经有许多明确给出的标准来检测一系列数字是否符合一个特定的分布，比如均匀分配，但是，没有一个标准来“证明”独立性。相反，许多标准能够被用来解释一个序列是否不呈现出独立性。普遍的对策都是应用许多这样的测试，直到能确保满足独立性。

在讨论的背景范围中，在密码算法的设计过程中，经常使用在统计上呈现出随机性的数字串。例如，在第 3 章讨论的 RSA 公钥加密方案的基础要求就是能够产生素数。总的来说，很难确定一个给出的大数字 N 是素数，一个蛮力的方法是用每一个小于 $\sqrt{N}$ 的奇整数去除 N。如果 N 达到 10^{150} 量级（在公钥密码中很常见），那么这个蛮力方法就超出了分析家和计算机的分析能力了。然而，许多有效的检测素数算法利用随机抽取的整数作为输入来简化计算。如果这一序列足够长（但是远远小于 $\sqrt{10^{150}}$ ），这个数的素性几乎能够被确定。这种策略被称为随机选择，它频繁地出现在加密算法设计之中。大体上，如果一个问题很难或者很耗费时间来解决，那么一个基于随机选择的更简练的策略将被用来提供理想可信度的结果。

不可预测性。一些应用例如相互认证和会话密钥生成，并不要求数列是统计上随机，但是这个数列上连续数位应该是不可预测的。在一个真正的随机数列中，每一个数字在统计上将会独立于其他数字，因此这个数字是不可预测的。虽然如此，真正的随机数字并不是经常使用；相反的，可以使用一些算法来产生看似随机的数列。在后一个例子中，必须保证攻击者无法根据早期得到的数据预测未来的数据。

2.3.2　真随机数发生器、伪随机数生成器和伪随机函数

密码应用程序通常利用了随机数生成的算法技术。这些算法具有确定性的特点，因此产生的数列不具有统计上的随机性。虽然如此，如果这个算法很好，那么产生出的数列将会通过很多合理的随机性测试，这种数字称为**伪随机数字**。

也许你会对将确定性算法生成的数字用作随机数这一概念感到不安。尽管对于这种应用存在“哲学上”的异议，它在总体上是有效的。也就是说，在大多数情况下，对给定的应用，伪随机数可以表现的跟真随机数一样。当然说两者表现的一样，有点主观，但是使用伪随机数已经被广泛接受。在统计应用中，这种原则同样适用，比如统计学家会使用人口样本进行估计，同时假定估计的结果跟使用整个人口样本进行估计所得到的结果接近。

图 2.6 将一个**真随机数发生器**[TRNG]和两个伪随机数发生器进行了对比。真随机数发

生器将一个有效的随机源作为输入端；这个源称为**熵源**。本质上，这个熵源是从计算机的物理环境上得到的，并且包含了按键时序特性、磁盘的电气活动、鼠标移动和瞬间的系统时钟。这个源，或者这些源的结合，作为一个算法的输入端来产生随机二进制数输出。真随机数发生器能够简单地引入一个模拟源的转换来进行二进制输出。真随机数发生器包含了附加的处理操作来克服来源中的任何偏移。

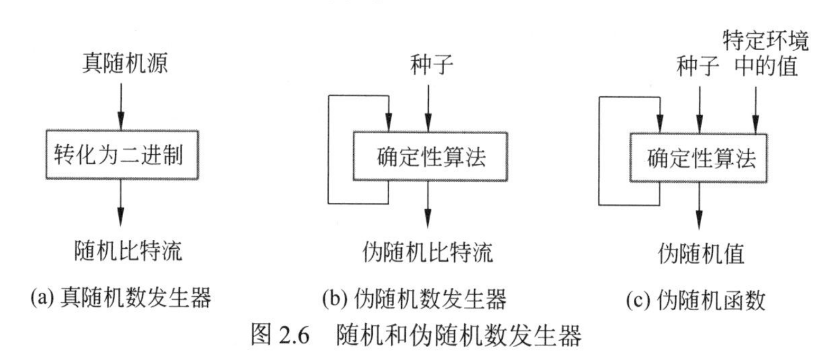

图 2.6　随机和伪随机数发生器

相比之下，伪随机数生成器采用一个不变值作为输入端，这个不变值称为**种子**，并且运用了确定的算法来产生一系列的输出比特。如图 2.6 所示，算法的结果通过回馈途径送到输入端。要特别指出的是，输出比特流仅仅被输入值所决定，并且种子能够再现全部的比特流。

图 2.6 是基于应用的两种不同形式的伪随机数发生器。

伪随机数发生器：一种用来生产一个开路型比特流的算法被称为 PRNG。一个开路型比特流的常见应用是作为对称流密码的输入。关于这一点下一节将会继续讨论。

伪随机函数（PRF）：PRF 被用来产生一些固定长度的伪随机比特串。例如对称的加密密钥和随机数。典型的 PRF 采用种子加上上下文中特定的值作为输入，例如用户名 ID 和应用程序 ID。很多关于 PRF 的例子都贯穿全书。

除了产生的比特数不同，PRNG 和 PRF 之间没有区别。相同的算法能被双方所应用。两者都需要一个种子，并且双方都必须呈现出随机性和不可预测性。另外，一个 PRNG 应用程序也可以采用上下文特定的输入。

2.3.3　算法设计

近年来密码 PRNG 已经成为许多研究中的研究对象，并且已经发展成一个更加多样性的算法。这些算法大致分为如下两大类。

- **为特定目的构造的算法**：这些特定设计的算法仅仅用于产生伪随机比特流。一些算法被许多 PRNG 应用程序所使用；还有一些将会在下一节进行描述。其他的算法被专门设计用在流密码中。后者最重要的设计是 RC4，下一节中将会进行描述。
- **基于现存密码算法的算法**：密码算法起了一个随机化输入的作用。事实上，这也是那些算法所需要的。例如，如果一个对称分组密码产生了具有特定模式的密文，那么它能对密码分析学有帮助。因此，密码算法能够作为 PRNG 的核心。以下三种密码算法经常被用来创造 PRNG：

  ——**对称的分组密码**；

——**不对称的密码**；

——**散列函数和消息认证码**。

上述任何一个途径能够产生密码意义上强大的 PRNG。一个通用的操作系统都可以提供一个为特定目的而构造的算法。对于那些已经运用了密码算法来进行加密和认证的应用程序，为 PRNG 重用同样的代码是明智的。因此，所有的方法都很常用。

2.4　流密码和 RC4

分组密码每次处理一个输入分组，并为每个输入分组产生一个输出分组。**流密码**连续处理输入元素，在运行过程中，一次产生一个输出元素。尽管分组密码普遍得多，但对于一些特定的应用，使用流密码更合适，本书随后将给出一些例子。本节将观察也许是最流行的对称流密码 RC4，下面首先概述流密码结构，然后研究 RC4。

2.4.1　流密码结构

典型的流密码一次加密一个字节的明文，尽管流密码可能设计成一次操作一个比特或者比字节大的单位。图 2.7 是流密码结构的示意图。在这个结构里，密钥输入到一个伪随机字节生成器，产生一个表面随机的 8 比特数据流。如果不知道输入密钥，伪随机流就不可预测的，而且它具有表面上随机的性质。这个生成器的输出称为密钥流，使用位异或操作与明文流结合，一次一个字节。例如，如果生成器产生的下一字节是 01101100，明文的下一字节是 11001100，那么得到的密文字节是：

$$\begin{array}{rl} 11001100 & \text{明文} \\ \oplus\ 01101100 & \text{密钥流} \\ \hline 10100000 & \text{密文} \end{array}$$

解密需要同一伪随机序列：

$$\begin{array}{rl} 10100000 & \text{密文} \\ \oplus\ 01101100 & \text{密钥流} \\ \hline 11001100 & \text{明文} \end{array}$$

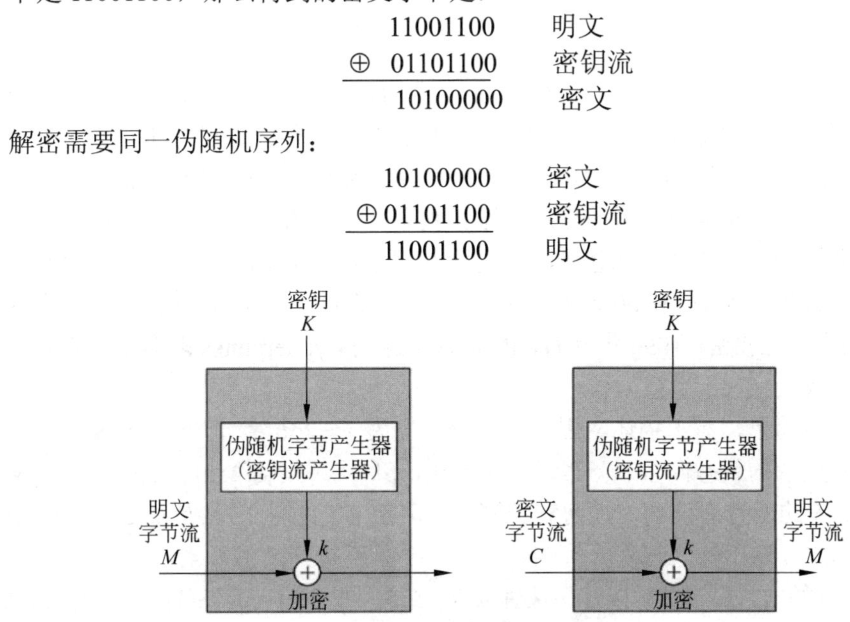

图 2.7　流密码结构示意图

[KUMA97]列出了下列设计流密码时需要重要考虑的因素：

（1）加密序列应该有一个长周期。伪随机数生成器使用一个函数产生一个实际上不断重复的确定比特流。这个重复的周期越长，密码破解就越困难。

（2）密钥流应该尽可能地接近真随机数流的性质。例如，1 和 0 的数目应该近似相等。如果将密钥流视作字节流，那么字节的 256 种可能值出现的频率应该近似相等。密钥流表现得越随机，密文就越随机化，密码破译就越困难。

（3）图 2.6 指出了伪随机数生成器的输出受输入密钥值控制。为了抵抗穷举攻击，这个密钥必须非常长。分组密码中的考虑因素在这里同样适用。因此，就当前的科技水平而言，需要至少 128 比特长度的密钥。

如果伪随机数生成器设计合理，对同样的密钥长度，流密码和分组密码一样安全。流密码的主要优点是流密码与分组密码相比几乎总是更快，使用更少的代码。本节中的示例 RC4 能用仅仅几行代码实现。最近几年，随着 AES 的引进，这个优势已经消失了，因为 AES 可以用软件方式高效实现。比如，Intel AES 指令集含有一轮加解密和密钥产生过程使用的机器指令。使用硬件指令实现 AES 与仅使用软件方式相比，速度提高了一个数量级。

分组密码的优点是可以重复使用密钥。但是如果两个明文使用同一密钥进行流密码加密，密码破译常常会非常容易[DAWS96]。如果将这两个密文流进行异或，结果就是原始明文的异或值。如果明文是文本字符串、信用卡号或者其他已知其性质的字节流，密码破解可能会成功。

对于需要加密/解密数据流的应用，比如在数据通信信道或者浏览器/网络链路上，流密码也许是更好的选择。对于处理数据分组的应用，比如文件传递、电子邮件和数据库，分组密码可能更合适。但是，这两种密码都可以在几乎所有的应用中使用。

2.4.2 RC4 算法

RC4 是 Ron Rivest 在 1987 年为 RSA Security 公司设计的流密码。它是密钥大小可变的流密码，使用面向字节的操作。这个算法基于随机交换的使用。通过分析指出，这个密码的周期完全可能大于 10^{100}[ROBS95a]。每输出一个字节需要 8～16 个机器操作，并且此密码用软件实现运行速度非常快。为网络浏览器和服务器之间的通信定义的 SSL/TLS（安全套接字层/传输层安全）标准中使用了 RC4。它也被用于属于 IEEE 802.11 无线 LAN 标准一部分的 WEP（有线等效保密）协议及更新的 Wi-Fi 保护访问（WPA）协议。RC4 原本被 RSA Security 公司当作商业秘密。1994 年 9 月，RC4 算法通过 Cypherpunks 匿名邮件转发列表匿名地公布在因特网上。

RC4 算法非常简单，易于描述。用一个可变长度为 1～256 字节（8～2048 比特）的密钥来初始化 256 字节的状态向量 S，其元素为 S[0]，S[1]，…，S[255]。从始至终置换后的 S 包含从 0 到 255 的所有 8 位数。加密和解密时，字节 *k*（见图 2.7）是从 S 的 255 个元素中按一种系统的方式选出的。每次 *k* 值产生之后，要重新排列 S 的元素。

初始化 S。开始时，S 的元素按升序被置为 0～255；即 S[0] = 0，S[1] = 1，…，S[255] = 255。同时创建一个临时向量 T。如果密钥 K 的长度为 256 字节，就把 K 直接赋给 T，否则，对于 keylen 字节长度的密钥，将 K 赋值给 T 的前 keylen 个元素，并循环重复用 K 的值赋给 T 剩下的元素，直到 T 的所有元素都被赋值。这些预操作可被概括为

```
/* 初始化 */
for i = 0 to 255 do
S[i] = i;
T[i] = K[i mod keylen];
```

然后用 T 产生 S 的初始置换，从 S[0]～S[255]，对每个 S[i]，根据由 T[i]确定的方案，并将 S[i]置换为 S 的另一字节：

```
/* S 的初始置换 */
j = 0;
for i = 0 to 255 do
    j = (j + S[i] + T[i]) mod 256;
Swap (S[i], S[j]);
```

因为对 S 的唯一操作是交换，所以唯一改变的就是置换。S 仍然包含 0～255 的所有数。

流产生。一旦 S 向量被初始化，就不再使用输入密钥。密钥流产生过程是，从 S[0]～S[255]，对每个 S[i]，根据 S 的当前配置，将 S[i]与 S 中的另一字节置换。当 S[255]完成置换后，操作继续重复从 S[0]开始：

```
/* 流产生 */
i, j = 0;
while (true)
    i = (i + 1) mod 256;
    j = (j + S[i]) mod 256;
    Swap (S[i], S[j]);
    t = (S[i] + S[j]) mod 256;
    k = S[t];
```

加密时，将 k 值与明文的下一字节做异或运算。解密时，将 k 值与密文的下一字节做异或运算。

图 2.8 总结了 RC4 的逻辑。

RC4 的强度。关于分析 RC4 的攻击方法有许多公开发表的文献（例如，[KNUD98]、[MIST98]、[FLUH00]、[MANT01]、[PUDO02]、[PAUL03]和[PAUL04]）。但是当密钥长度很大时，比如 128 位，没有哪种攻击方法有效。[FLUH01]公布了一个更严重的问题。作者证明了 WEP 协议——此协议将要为 IEEE 802.11 无线局域网提供机密性——易受一个特定

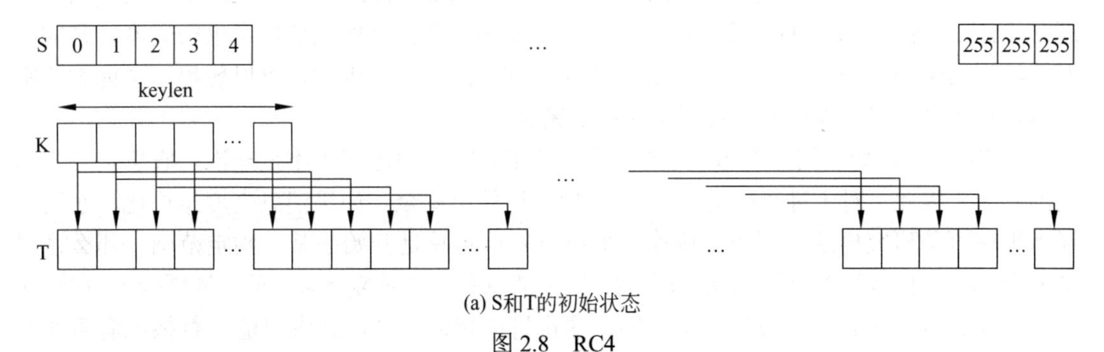

(a) S和T的初始状态

图 2.8　RC4

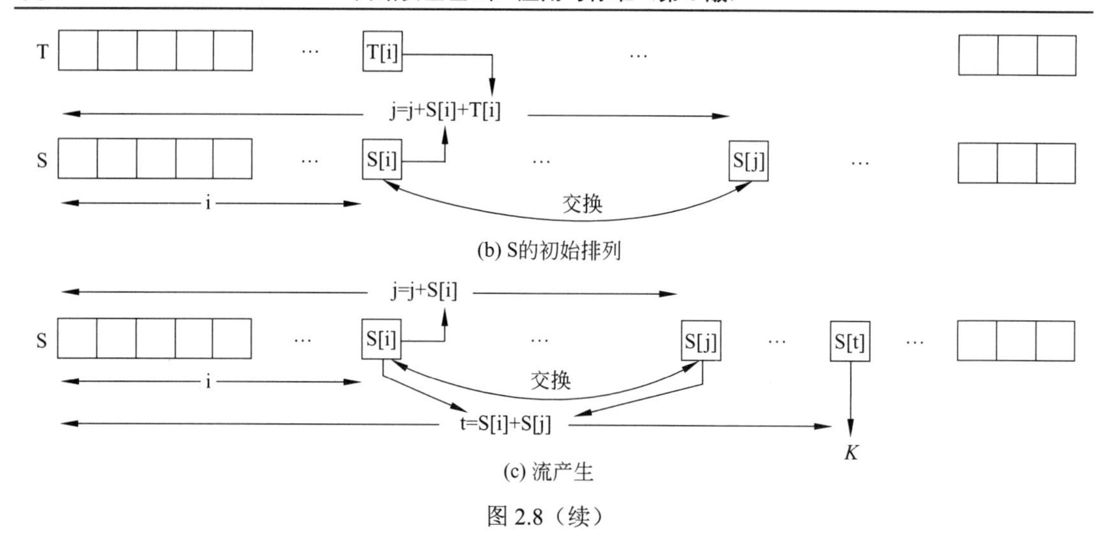

(b) S的初始排列

(c) 流产生

图 2.8（续）

攻击方法的攻击。本质上，这个问题不在于 RC4 本身，而在于输入到 RC4 的密钥的产生方法。这种特殊的攻击方法不适合用于其他使用 RC 的应用，而且能在 WEP 中通过改变密钥产生方法来修补。这个问题恰恰说明设计一个安全系统的困难性不仅包括密码函数，还包括协议如何正确地使用这些密码函数。

2.5 分组密码工作模式

分组密码一次处理一个数据分组。在 DES 和 3DES 中，分组长度是 b=64 比特。在 AES 中，分组长度是 b=128 比特。对于较长的明文，需要将明文分解成 b 比特的分组（需要时还要填充最后一个分组）。针对不同应用使用一个分组密码时，NIST（在 SP800-38A 中）定义了五种**工作模式**。这五种情况，希望能够覆盖利用一个分组密码做加密的所有可能情况。这五种模式也希望能适用于任何分组密码算法，当然包括三重 DES 和 AES。本节介绍几种最重要的工作模式。

2.5.1 电子密码本模式

最简单的一种使用方式是所谓的**电子密码本（ECB）**模式，在此模式下明文一次被处理 b 比特，而且明文的每一个分组都使用同一密钥加密。之所以使用术语密码本，是因为对于给定的密钥，每个 b 比特的明文分组对应唯一的密文。因此，可以想象一个庞大的密码本，它包含任何可能的 b 比特明文对应的密文。

在 ECB 中，如果同一个 64 比特的明文分组在消息中出现了不止一次，它总是产生相同的密文。因此，对于过长的消息，ECB 模式可能不安全。如果消息高度结构化，密码破译者很有可能研究出这些规律。例如，如果已知消息总是开始于某一预定范围，那么密码破译者可能会拥有很多已知明文-密文对。如果消息有一些重复元素，重复周期为 64 比特的倍数，那么这些元素可能被破译者识别。这也许能帮助破译，或者可能给替换或者重排数据分组提供了机会。

为了克服 ECB 的安全不足，我们希望有一种技术，其中如果重复出现同一明文分组，则将产生不同的密文分组。

2.5.2　密码分组链接模式

在**密码分组链接**（CBC）模式（见图 2.9）中，加密算法的输入是当前明文分组与前一密文分组的异或；每个分组使用同一密钥。这就相当于将所有的明文组连接起来了。加密函数的每次输入和明文分组之间的关系不固定。因此，64 比特的重复模式并不会被暴露。

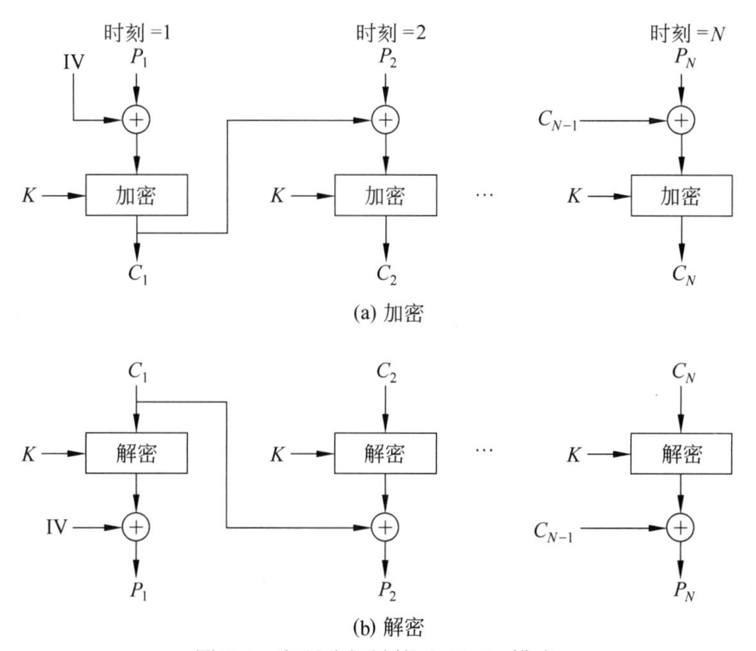

图 2.9　密码分组链接（CBC）模式

解密时，用解密算法依次处理每个密文分组。将其结果与前一密文分组进行异或，产生明文分组。为了表示这个过程，可以写为

$$C_j = E(K, [C_{j-1} \oplus P_j])$$

其中 $E[K, X]$是对明文 X 使用密钥 K 的加密，$\oplus$ 是异或操作符。那么，

$$D(K, C_j) = D(K, E(K, [C_{j-1} \oplus P_j]))$$

$$D(K, C_j) = C_{j-1} \oplus P_j$$

$$C_{j-1} \oplus D(K, C_j) = C_{j-1} \oplus C_{j-1} \oplus P_j = P_j$$

这些公式验证了图 2.9（b）。

为了产生第一个密文分组，将一个初始向量（IV）和第一个明文分组进行异或。解密时，将 IV 和解密算法的输出进行异或来恢复第一个明文分组。

发送方和接收方都必须知道 IV。为了提高安全性，IV 需要像密钥一样进行保护。这可以通过使用 ECB 加密传送 IV 来完成。要保护 IV 的一个理由如下：如果攻击者成功欺骗接收方使其使用一个不同的 IV 值，接着攻击者就能把明文的第一个分组的某些位取反。为了解释这一点，考虑下列公式：

$$C_1 = E(K,[\mathrm{IV} \oplus P_1])$$

$$P_1 = \mathrm{IV} \oplus D(K,C_1)$$

现在使用符号 $X[j]$表示 64 比特 X 的第 j 比特。则

$$P_1[i] = \mathrm{IV}[i] \oplus D(K,C_1)[i]$$

那么，根据异或的性质，可以确定

$$P_1[i]' = \mathrm{IV}[i]' \oplus D(K,C_1)[i]$$

其中单引号表示位的补码。这意味着如果攻击者能确定改变 IV 的某些比特，那么 P_1 接收值的相应比特也会被改变。

2.5.3 密码反馈模式

使用**密码反馈**（CFB）**模式**能将任意分组密码转化为流密码。流密码不需要将消息填充为分组的整数倍。它还能实时操作。因此，如果传送字符流，使用面向字符的流密码，每个字符都能被及时地加密并传送。

流密码的一个特性是密文和明文长度相等。因此，如果传输 8 比特的字符，每个字符应该加密为 8 比特。如果使用超过 8 比特的字符进行加密，传输能力就被浪费了。

图 2.10 描述了 CFB 方案。在该图中，假设传输单元为 s 比特；通常值是 $s = 8$。和 CBC 一样，明文单元被连接在一起，所以任意个明文单元的密文都是与之前所有的明文有关的函数。

首先，考虑加密。加密模块的输入是一个 64 比特的移位寄存器，初始值设定为某一初始向量（IV）。加密模块输出的最左边（最高）s 比特和明文 P_1 的第 1 个单元进行异或，产生密文 C_1 的第 1 个单元，然后传输。接下来，移位寄存器的内容都左移 s 比特，同时将 C_1 放在移位寄存器的最右边（最低）s 比特。这个过程一直持续直到所有明文单元都已被加密。

解密时，使用同样的方案，不同的是将接收到的密文单元和加密模块的输出进行异或得到明文单元。注意这里使用的是加密函数，而不是解密函数。这很容易解释。定义 $S_s(X)$ 为 X 的最高有效 s 比特。那么

$$C_1 = P_1 \oplus S_s[E(K,\mathrm{IV})]$$

因此

$$P_1 = C_1 \oplus S_s[E(K,\mathrm{IV})]$$

对于该过程的后续步骤可以采用同样的推理。

2.5.4 计数器模式

随着计数器模式在 ATM（异步传输模式）网络安全和 IPSec 上的应用，人们最近才对它产生了浓厚的兴趣，这个模式已经很早就被提出了（例如，[DIFF79]）。

图 2.11 描述了 CTR 模式。这里使用了一个与明文块大小相同的计数器。在 SP800-38A 中，要求加密不同的明文组计数器对应的值必须是不同的。典型地，计数器初始化为某一值，然后随着消息块的增加计数器值增加 1（以 2 的 b 次方为模，b 为分组长度）。在加密时，计数器被加密然后与明文分组异或来产生密文分组，这里没有链接。当解密时，相同

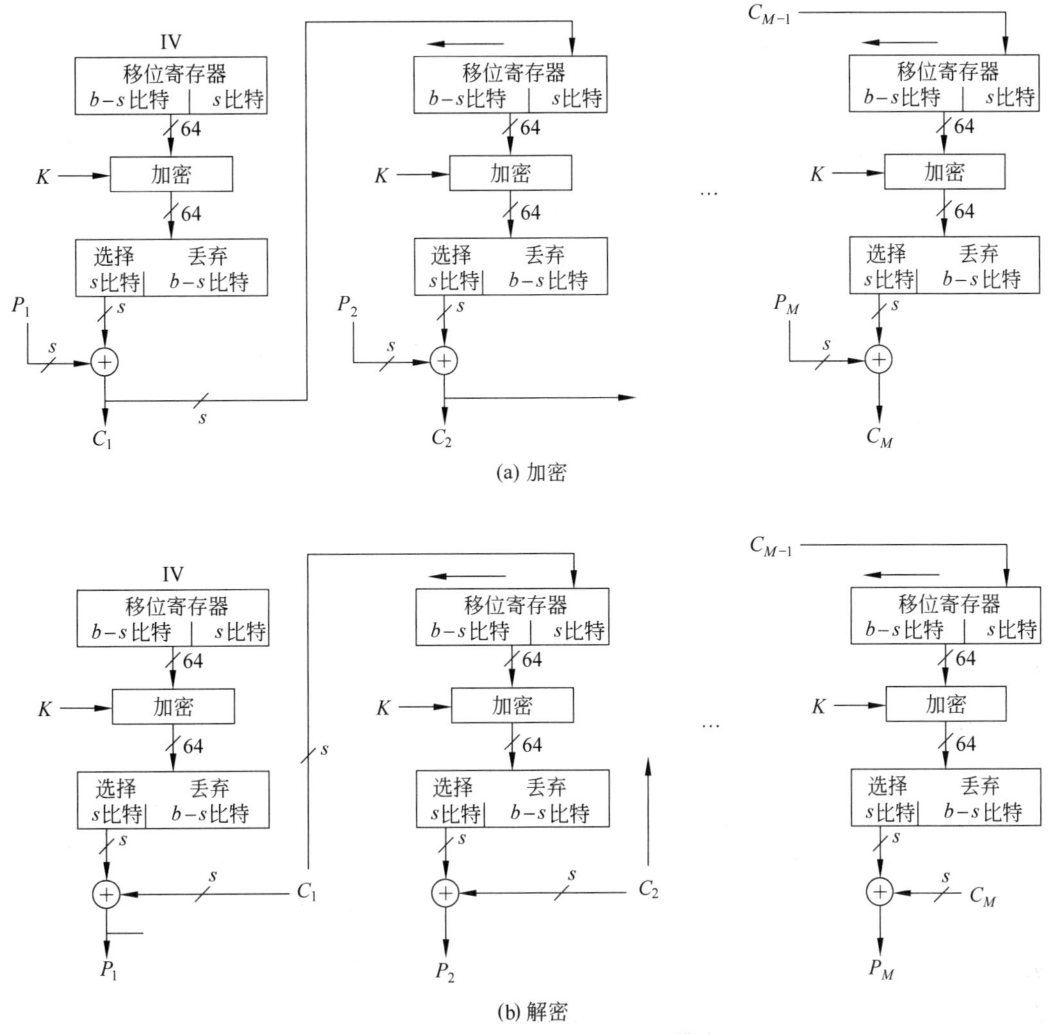

图 2.10　s 比特密码反馈（CFB）模式

序列的计数器值与密文异或来恢复相对应的明文分组。

[LIPM00]列出了以下 CRT 模式的优点。

- **硬件效率**：与三种链接模式不同，CRT 模型能够并行处理多块明文（密文）的加密（解密），链接模式在处理下一块数据之前必须完成当前数据块的计算。算法的最大吞吐量受限于执行一次加密或解密所需要的交互时间。在 CRT 模式中，吞吐量仅受可并行度的限制。
- **软件效率**：因为在 CTR 模式中能够并行计算，因此可以充分利用能够支持如下并行特征的各类处理器，如提供流水线、每个时钟周期的多指令分派、大量的寄存器和 SIMD 指令等并行特征。
- **预处理**：基本加密算法的执行并不依靠明文或密文的输入。因此，如果有充足的存取器可用，并且能提供安全，可以预处理加密盒的输出，这个输出又进一步作为 XOR 函数的输入，如图 2.11 所示。当给出明文或者密文时，所需的计算仅是进行一系列的异或运算。这样的策略能极大提高吞吐量。

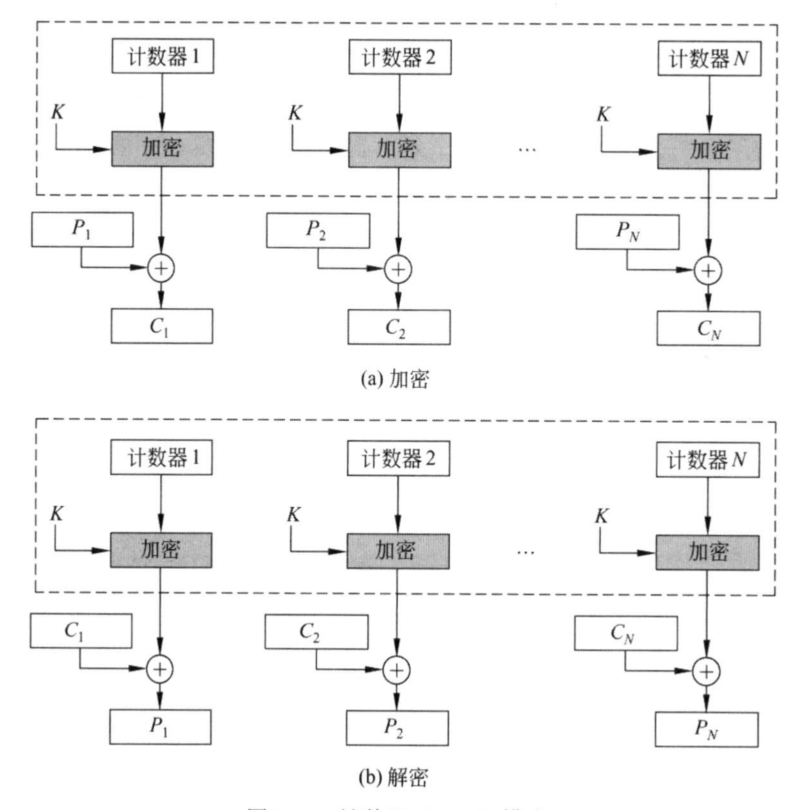

图 2.11 计数器（CTR）模式

- **随机访问**：第 i 个明文分组或密文分组能够用随机存取方式处理。链接模式中，直到第 i–1 个先行块被计算出来后才能计算密文块 C_i。有很多应用情况是全部密文已储存好，只需要破解其中的某一块密文。对于这种情形，随机访问的方式很多吸引力。
- **可证明的安全性**：能够证明 CTR 至少和在这章中被讨论的其他模式一样安全。
- **简单性**：不同于 ECB 和 CBC 模式，CTR 模式只要求实现加密算法，不要求实现解密算法。这一点在加解密算法彼此不同时尤为关键，比如 AES。另外，不用实现解密密钥的扩展。

2.6 关键词、思考题和习题

2.6.1 关键词

高级加密标准（AES）	密码体制	密钥流
分组密码	数据加密标准（DES）	链路层加密
蛮力攻击	解密	明文
密码分组链接（CBC）模式	电子密码本（ECB）模式	会话密钥
密码反馈（CFB）模式	加密	流密码

密文	端到端加密	子密钥
计数器模式（CTR）	Feistel 密码	对称加密
密码分析	密钥分配	三重 DES（3DES）

2.6.2　思考题

2.1　对称密码的基本因素是什么？

2.2　加密算法使用的两个基本功能是什么？

2.3　两个人通过对称密码通信需要多少个密钥？

2.4　分组密码和流密码的区别是什么？

2.5　攻击密码的两个通用方法是什么？

2.6　为什么一些分组密码操作模式只使用了加密，而其他的操作模式既使用了加密又使用了解密？

2.7　什么是三重加密？

2.8　为什么 3DES 的中间部分是解密而不是加密？

2.6.3　习题

2.1　这个问题运用了对称密码的一个实际范例，这个例子来源于老式美国特种部队手册。这本书的网站上提供了名为 specialforce.pdf 的文件。

a. 使用 cryptographic 和 network security 两个关键字，将以下信息译成密码：

今天晚上 7 点，在演讲会堂外左侧第三根柱子旁见面，如果你怀疑可以带上你的两个朋友。

对怎样处理在存储器中多余的字母和过量的字母，文字间的空格和标点符号做合理的假设。并且明确指出假设。特别指出：这个信息来源于福尔摩斯小说《四个签名》。

b. 破译密码。并且要描述出破译过程。

c. 就什么时间适合运用这个技术和这个技术的优势所在发表看法。

2.2　考虑一个对称的加密算法，用 64 比特密钥来加密明码文本（未加密文件）的 32 比特的加密块。

$$C=(P \oplus K_0)\ \boxplus\ K_1$$

当 C=密码文本，K=密钥，K_0=K 的最左边的 64 比特，K_1=K 的最右边的 64 比特，$\oplus$=**按位异 OR**，$\boxplus$=加法模 2^{64}。

a．写出解密方程式，写出以 P 为导函数的 C、K_0 和 K_1 的方程式。

b．假设敌人获得了两组明码文本和与它们相对应的密码文本，并且企图得到 K。有以下两组等式：

$$C=(P \oplus K_0)\ \boxplus\ K_1;$$
$$C'=(P' \oplus K_0)\ \boxplus\ K_1;$$

首先，推导一个未知量的方程（例如，K_0），是否可能进一步确定 K_0？

2.3　最简单的“严格”对称块加密算法是微型加密算法（TEA）。TEA 运用 128 比特的密钥来操作 64 比特的明码文本模块。这个明码文本被分为 2 个 32 比特块（L_0, R_0），并且密钥分别为 4 个 32 比特块（K_0, K_1, K_2, K_3）。加密需要重复应用一对轮（round），轮 i 和 i+1 如下定义:

$$L_i=R_i=1$$
$$R_i=L_i-1 \boxplus F(R_{i-1}, K_0, K_1, \delta_i)$$
$$L_i+1=R_i$$
$$R_i+1=L_i \boxplus F(R_i, K_2, K_3, \delta_{i+1})$$

当 F 被定义为

$$F(M, K_j, K_k, \delta_i)=((M<<4) \boxplus K_j) \oplus ((M>>5) \boxplus K_k) \oplus (M \boxplus \delta_i)$$

其中 x 的 y 比特逻辑左移位表示为 $x<<y$，x 的 y 比特逻辑右移位表示为 $x>>y$，δ_i 是一系列预先决定的常数。

a．就运用常量序列的重要性和益处发表看法。

b．运用加密码的结构图和流程图来阐明 TEA 的运作。

c．如果仅有一对轮被使用，然后这个密码文本包括了 64 位块（L_2,R_2）。在这个例子中，依据等式来解释这个解密算法。

d．运用与 b 部分相似的说明来解释 c 部分。

2.4　说明 Feistel 解密是 Feistel 加密的逆过程。

2.5　设想一个 16 轮，128 比特块长，128 比特密钥长度的 Feistel 密码。如果一个 k 已经给出，前 8 个密钥调度算法决定值 $k_1, k_2, \cdots, k_8$，然后设定

$$k_9=k_8, k_{10}=k_7, k_{11}=k_6, \cdots, k_{16}=k_1$$

假设有一个密码文本 c，如果通过一个解密数据库来解密 c 并且运用单一数据库问题来确定 m。这表明了对于一个选中的明码文本攻击，这个密码是很脆弱的（当给出一个明码文本，一个加密数据库能返回相对应的密码文本。设备的内部信息是未知的，你不能打开这个设备。你仅能够通过对它的质疑和关注它的反应来从数据库获得信息）。

2.6　任何块密码事实上是一个非线性函数，这对安全来说是至关重要的。这样看来，设想有一个线性的分组密码来把 128 比特的明码文本块加密到 128 比特的密码文本块，让 $EL(k, m)$ 指出在密钥 k 下的 128 比特信息 m 的安全加密。因此，

$$EL(k,[m_1 \oplus m_2])=EL(k,m_1) \oplus EL(k,m_2)$$ 对所有 128 比特格式的 m_1、m_2

描述用 128 个选中的密码文本，敌人怎样能在不知道密钥 k 的情况下解密任何密码（一个“被选中的密码文本”意味着这个敌人有能力来选择密码文本然后对它进行解密。在这种情况中，拥有了 128 明码文本和密码文本对，你就有能力来选择密文的值）

2.7　假设你有一个随机比特生成器。在这个随机比特生成器中，每一个比特具有相同的概率为 1 或者 0，并且这些比特彼此不相关，也就是说这些比特是按照相同而独立的分布生成的。换句话说，这些比特被相同且独立的生成。虽然如此，这个比特流和理论是有偏差的。当 $0<\delta<0.5$ 时，出现 1 的概率是 $0.5+\delta$，出现 0 的概率是 $0.5-\delta$。一个简单的偏差校正算法如下：检测作为一系列不重叠对的比特流。丢弃所有的 00 和 11 对。重放每一个带有 0 的 01 对和带有 1 的 10 对。

a. 在始发流水线中每一个对的出现概率是多大？

b. 在改良的序列中，0 和 1 出现的概率是多大？

c. 输入端应该输入什么来产生 x？

d. 假设一个算法运用了重叠连续的比特对来替换不重叠的比特组。换句话说，第一个输出端比特基于输入端比特 1 和 2，第二个输出端比特基于输入端比特 2 和 3，等等。你怎么理解输出端比特流？

2.8 校正的另一种方式是把一个比特流看作一个 n 比特的不重叠序列并且输出每一个组的奇偶性。换句话说，如果一个组含有奇数个 1，那么输出就是 1，否则输出为 0。

a. 陈述一个以基本的布尔数学体系功能为依据的运算。

b. 假设在问题 2.7 中，出现 1 的概率是 $0.5+\delta$。如果每一组包含了 2 比特，输出 1 的概率是多少？

c. 如果每一组含有 4 比特，输出 1 的概率是多少？

d. 总结在输入组中寻找输出为 1 的概率的结果。

2.9 怎样的 RC4 密钥会使 **S** 在初始化时不被改变？即在 **S** 的初始排列之后，**S** 中各元素的值等于 0～255 的升序排列值。

2.10 RC4 有一个秘密的内部状态，它是向量 **S** 以及两个下标 i 和 j 的所有可能值的排列。

a. 使用一个简单的方案来存储此内部状态，要使用多少比特？

b. 假设从这个状态能代表多少信息量的观点来思考它。这样需要判断有多少种不同的状态，然后取以 2 为底的对数来得到它代表了多少比特的信息量。使用此方法，需要多少比特来代表此状态？

2.11 Alice 和 Bob 同意使用 RC4 通过 E-mail 秘密通信，但是他们想要避免在每次传输中使用新的密钥。Alice 和 Bob 私下同意使用 128 比特的密钥 k。为了对一串比特的信息 m 进行加密，使用下列流程：

（1）选择一个 80 比特的值 v。

（2）生成密文 $c=\mathrm{RC4}(v\|k)\oplus m$。

（3）发送比特流（$v\|c$）。

a. 假设 Alice 用这个流程来给 Bob 发送信息，描述 Bob 怎样能利用 k 从（$v\|c$）回复信息 m。

b. 如果攻击者观察到 Alice 和 Bob 之间传输的数值（$v_1\|c_1$），（$v_2\|c_2$）……他/她怎样决定什么时候相同的密钥流已经被用来加密两个信息？

2.12 什么是 ECB 模式？如果传输密文的一个分组出错，只有对应的明文分组受影响。但是利用 CBC 模式，会传播错误。例如，传输的 C_1（见图 2.9）中的错误显然会破坏 P_1 和 P_2。

a. 除 P_2 之外还有其他分组受影响吗？

b. 假设在 P_1 的源版本中有 1 比特错误。此错误会传播多少密文分组？接收方所受的影响是什么？

2.13 在 CBC 模式中，可能同时为多层次的明码文本块实行加密运算吗？

2.14 假设一个发生在运用 CBC 转换中密码文本块上的错误，被覆盖的明码文本块会产生什么作用？

2.15 CBC-Pad 是 RC5 分组密码使用的分组密码操作模式，但是它能在任何分组密码中使用。CBC-Pad 处理任何长度的明文。密文最多比明文长一个分组。填充字节用来保证明文输入是分组长度的倍数。这假设了原始明文是整数个字节。明文在末尾添加的字节数可以为 1 到 *bb*，其中 *bb* 等于以字节表示的分组大小。填充的字节都相等并设为一个代表填充字节数的字节。例如，如果添加了 8 个字节，每个字节的比特表示则为 00001000。为什么不允许添加 0 字节？即如果原始明文是分组大小的整数倍，为什么不会避免进行填充？

2.16 填充不总是合适的。例如，也许希望在存储明文的同一内存缓冲区中存储加密的数据。在这种情况下，密文必须与原始明文等长。用于此目的的一个模式是密文窃取（Cipher Text Stealing，CTS）模式。图 2.12（a）表示了这个模式的实现。

a. 解释它是怎么工作的。

b. 描述怎样解密 C_{n-1} 和 C_n。

2.17 图 2.12（b）显示了当明文不是分组大小的整数倍时产生和明文等长的密文的 CTS 的替代方法。

a. 解释此算法。

b. 解释为什么 CTS 优于图 2.12（b）的方法。

2.18 如果 8 比特 CFB 工作模式在密文传输过程中发生 1 比特错误，问这一错误能传播多远？

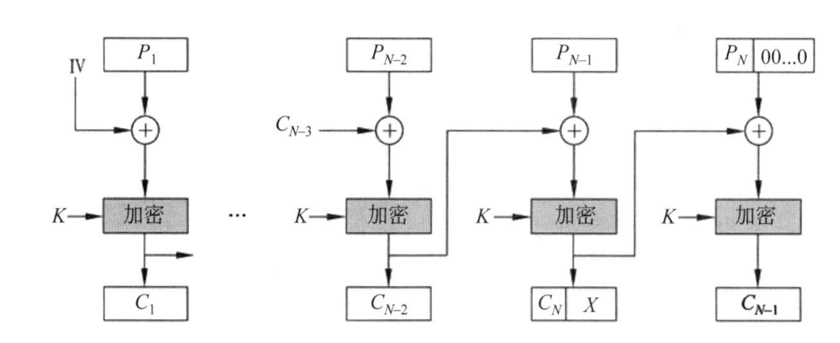

(a) 密文窃取模式

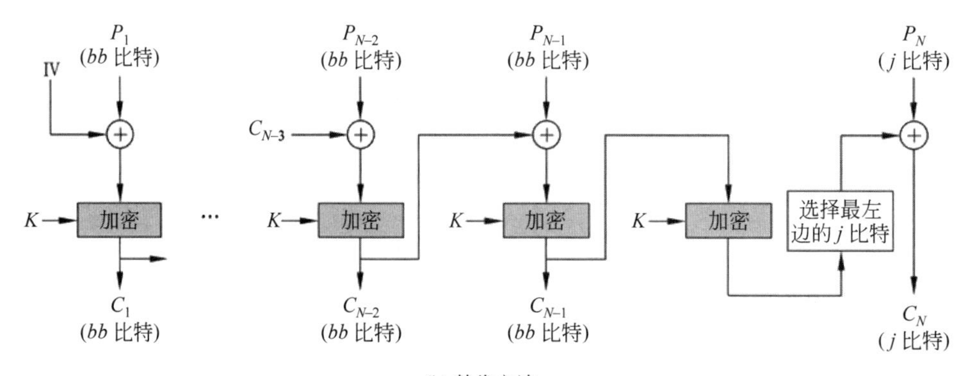

(b) 替代方法

图 2.12 用于非分组大小倍数的明文的分组密码操作模式

第 3 章　公钥密码和消息认证

3.1　消息认证方法

3.2　安全散列函数

3.3　消息认证码

3.4　公钥密码原理

3.5　公钥密码算法

3.6　数字签名

3.7　关键词、思考题和习题

学习目标

学习完这一章后，你应该能够：

- 定义术语消息认证码。
- 列出并解释消息认证码的基本要求。
- 解释为什么用在消息认证码中的散列函数必须是安全的。
- 理解原像攻击、第二原像攻击和碰撞攻击之间的区别。
- 理解 SHA-512 的操作。
- 给出 HMAC 的概述。
- 给出公钥密码系统基本原则的概述。
- 解释公钥密码系统两种不同的用途。
- 给出 RSA 算法的概述。
- 定义 Diffie-Hellman 密钥交换协议。
- 理解中间人攻击方法。

除消息机密性外，消息认证也是一个重要的网络安全功能。本章分析消息认证的三个方面。首先，研究使用**消息认证码**（MAC）和散列函数进行消息认证。然后分析公钥密码原理和两个具体的公钥算法。这些算法在交换常规公钥时非常有用。最后分析使用公钥密码生成数字签名，从而提供了加强版的消息认证。

3.1　消息认证方法

加密可以防止被动攻击（窃听）。加密的另一个要求是可以防止主动攻击（伪造数据和业务）。防止这些攻击的办法被称为消息认证。

当消息、文件、文档或其他数据集合是真实的且来自合法来源，则称其为可信的。消息认证是一种允许通信者验证所收消息是否可信的措施。认证包括两个重要方面：验证消息的内容有没有被篡改和验证来源是否可信[1]。还可能希望验证消息的时效性（消息有没有被人为地延迟或重放）以及两实体之间消息流的相对顺序。这些问题属于第 1 章介绍的数据完整性范畴。

3.1.1 利用常规加密的消息认证

仅简单地使用常规加密似乎也可以进行消息认证。假设只有发送方和接收方共享一个密钥（这是合理的），那么假定接收方能够识别有效消息时，只有真正的发送方才能够成功地为对方加密消息。此外，如果消息里带有错误检测码和序列号，则接收方能够确认消息是否被篡改过和序列号是否正常。如果消息里还包含时间戳，则接收方能够确认消息没有超出网络传输的正常延时。

事实上，对数据认证而言只使用对称加密的方法不是一个合适的工具。一个简单的例子是，在分组加密算法的 ECB 工作模式下，攻击者重排密文分组次序后每一个分组仍然能被成功地解密。虽然在某些层级（例如各 IP 包）可以使用序列号，但通常情况下一个单独的序列号不一定与明文中的每个 b 比特分组发生联系。因此，分组的重排是一种威胁。

3.1.2 非加密的消息认证

本节分析几种不依赖于加密的消息认证方法。 所有这些方法都会生成认证标签，并且附在每一条消息上用于传输。消息本身并不会被加密，所以它在目的地可读而与目的地的认证功能无关。

由于本节讨论的方法并不加密消息，所以不提供消息的保密性。正如上面所指出的，通过对消息自身的加密并不能提供一种安全的认证形式。然而，在一个单一算法中通过加密消息并附上认证标签的方法把消息的认证和保密结合起来是可能的。通常，消息认证与消息加密是两个独立的功能。[DAVI89]给出了三种无须保密的消息认证情况：

（1）许多应用需要把相同的消息广播到多个目的地。其中两个例子就是：通知当前的用户网络不可使用和控制中心的警报信号。只由一端负责监控的认证既经济又安全。因此，消息必须以带有相关消息认证标签的明文形式进行发送。负责监控的系统执行认证。一旦出现冲突，则普通的警报信号就会警告其他目的端系统。

（2）在信息交换中，另一种可能的情况是通信某一端的负载太大，没时间解密所有传入的消息。这时就会有选择的随机抽取消息进行认证。

（3）对明文形式的计算机程序进行认证是很有意义的工作。这些程序不用每次都进行解密就可以运行，从而节省了处理器资源。然而，如果程序含有消息认证标签，则当消息完整性需要确认的时候要进行认证。

可见，在满足安全需求上认证和加密都有其应用场所。

消息认证码。一种认证技术利用私钥产生一小块数据，称之为**消息认证码**，将其附到消息上。该技术假设两个通信实体（如 A 和 B）共享一个公共密钥 K_{AB}。当 A 有消息要发送给 B 时，A 计算消息认证码（MAC），作为消息和密钥的一个函数：$\mathrm{MAC}_M = F(K_{AB}, M)$。

1 为简单起见，本章余下部分统称消息认证，它既表示被传输消息的认证，也表示存储数据的认证（数据认证）。

消息连同 MAC 被一起传送给预定接收方。接收方对接收到的消息使用相同的密钥做相同运算，生成新的 MAC。比较收到的 MAC 和计算得到的 MAC（见图 3.1）。假设只有接收方和发送方知道密钥，若收到的认证码与计算得到的认证码相吻合，则可得出下列结论：

（1）接收方能够确认消息没有被篡改。如果攻击者篡改消息却没有改变相应的 MAC，则接收方计算的 MAC 不同于收到的 MAC。因为假设攻击者不知道密钥，他不能修改 MAC 使其与改动后的消息保持一致。

（2）接收方能够确保消息来自合法的发送方。因为没有其他人知道密钥，所以他们就不能生成具有正确 MAC 的消息。

（3）如果消息中包含序列号（如 X.25、HDLC 和 TCP 使用的序列号），而攻击者不能成功地修改序列号，那么接收方就可以确认消息的正确序列。

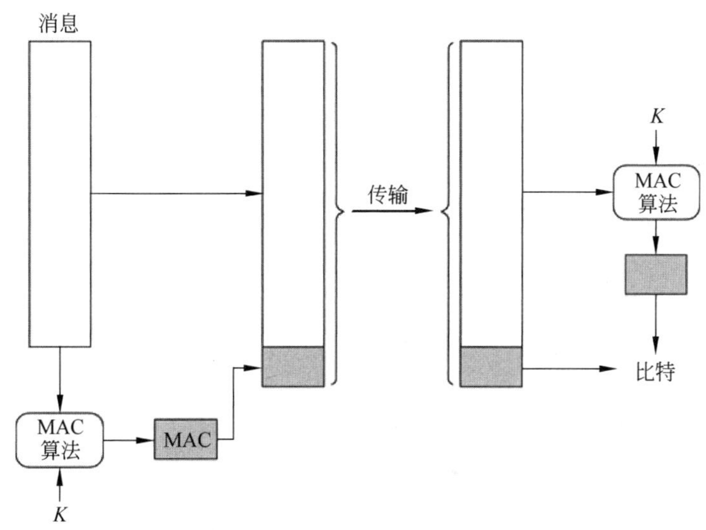

图 3.1　使用消息认证码（MAC）的消息认证

许多算法都可以生成 MAC，NIST 标准 FIPS PUB 113 推荐使用 DES。DES 可以生成加密形式的消息，密文的最后几个比特用作 MAC。典型的有 16 或 32 比特的 MAC。

前面描述的过程类似于加密。不同点是认证算法不需要可逆，而可逆对于解密则是必需的。可以看出，由于认证函数的数学特性，与加密相比它更不容易被攻破。

单向散列函数。MAC 的一种替代方法是使用**单向散列函数**。如同 MAC，散列函数接收变长的消息 M 作为输入，生成定长的消息摘要 $H(M)$作为输出。与 MAC 不同的是散列函数不需要密钥输入。为了认证消息，消息摘要随消息一起以可信的形式传送。

图 3.2 显示了消息认证的三种方式。消息摘要可用传统密码（见图 3.2（a））；如果只有发送方和接收方共享密钥，则保密性是能保证的。消息也可以用公钥方式加密（见图 3.2（b））；这将在 3.5 节进行讲述。公钥方法有两个优势：

（1）既能提供数字签名又能提供消息认证；

（2）不需要在通信各方之间分发密钥。

这两种方法与那些加密整个消息的方法相比具有一定的优势，因为它们只需很少的计算量。所以开发一种无须整体加密的技术很有吸引力，其原因在[TSUD92]中给予了说明：

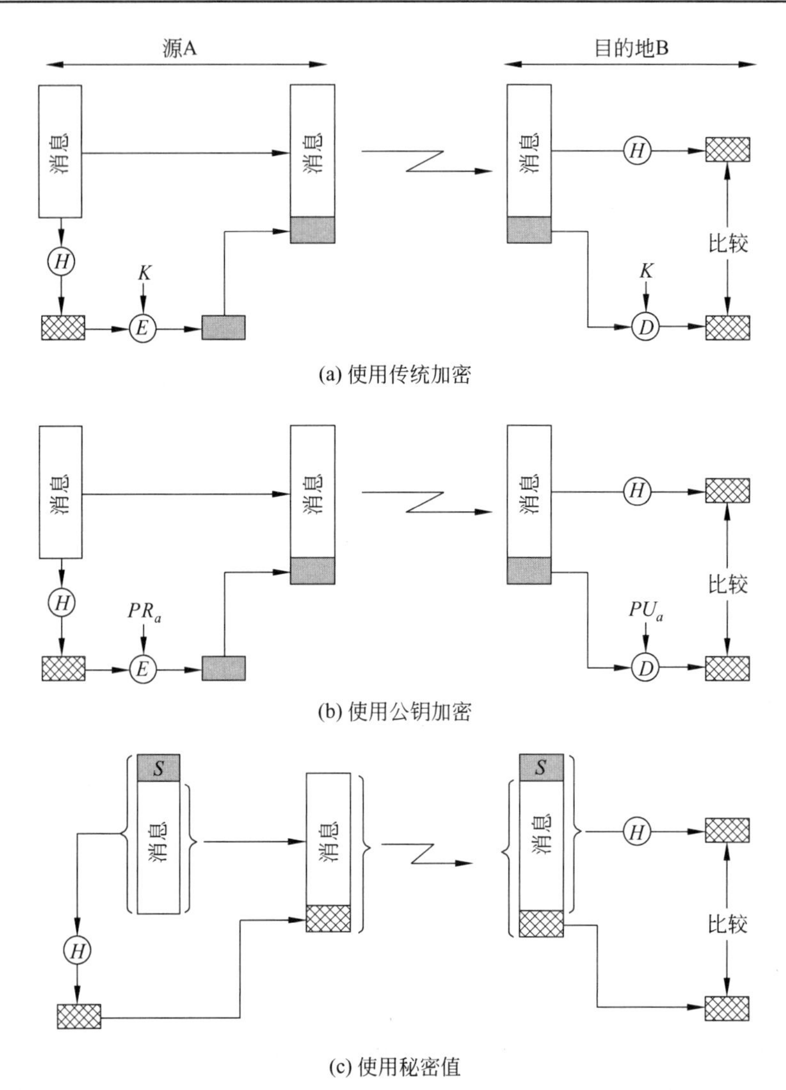

图 3.2 使用单向散列函数的消息认证

- 软件加密速度非常低。虽然每条消息需加密的数据量很少，但是也可能会形成一个稳定的消息流输入和输出系统。
- 硬件加密成本不容忽视。用廉价芯片实现 DES 是可行的，但如果网络中的所有节点都必须有该硬件，则总成本太大。
- 硬件加密对大批量数据来说具有优势。但对于小块数据，将会有大量时间花费在前期的初始化/调用上面。
- 加密算法可能受专利保护。

图 3.2（c）是一种使用了散列函数但是没有使用加密的消息认证技术。这一技术假设通信双方（例如 A 和 B）共享秘密值 S_{AB}。当 A 要给 B 传送消息时，A 计算秘密值与消息串接后的散列函数：$MD_M = H(S_{AB}||M)$[1]。然后发送$[M||MD_M]$给 B。由于 B 拥有 S_{AB}，它能重

1 || 表示串接。

新计算 $H(S_{AB}||M)$，验证 MD_M。因为秘密值本身并不会发送，所以攻击者不可能修改所截获的消息。只要不泄露秘密值，攻击者就不可能生成伪消息。

第三种技术的一种变体称作 HMAC，在 IP 安全中使用了该认证方法（在第 9 章中描述）；对 SNMPv3 也有描述（见第 13 章）。

3.2　安全散列函数

单向散列函数或安全散列函数之所以重要，不仅在于消息认证，还有数字签名。本节从安全散列函数的要求开始讨论，然后研究最重要的散列函数：SHA。

3.2.1　散列函数的要求

散列函数的目的是为文件、消息或其他数据块产生“指纹”。为满足在消息认证中的应用，散列函数 H 必须具有下列性质：

（1）H 可适用于任意长度的数据块。

（2）H 能生成固定长度的输出。

（3）对于任意给定的 x，计算 $H(x)$相对容易，并且可以用软/硬件方式实现。

（4）对于任意给定值 h，找到满足 $H(x)=h$ 的 x 在计算上不可行。满足这一特性的散列函数称为具有**单向性**，或具有**抗原像攻击性**[1]。

（5）对于任意给定的数据块 x，找到满足 $H(y) = H(x)$的 $y \neq x$ 在计算上是不可行的。满足这一特性的散列函数被称为具有**抗第二原像攻击性**，有时也称为具有**抗弱碰撞攻击性**。

（6）找到满足 $H(x) = H(y)$ 的任意一对(x, y)在计算上是不可行的。满足这一特性的散列函数被称为**抗碰撞性**，有时也被称为**抗强碰撞性**。

前三个性质是使用散列函数进行消息认证的实际可行要求。第四个属性，抗原像攻击，是单向性：给定消息容易产生它的散列码，但是给定散列码几乎不可能恢复出消息。如果认证技术中使用了秘密值（见图 3.2（c）），则单向性很重要。秘密值本身并不会传输；然而，假如散列函数不是单向的，而攻击者能够分析或截获消息 M 和散列码 $C=H(S_{AB}||M)$，则攻击者很容易发现秘密值。攻击者对散列函数取逆得到 $S_{AB}||M=H^{-1}(C)$。因为这时攻击者拥有 M 和 $S_{AB}||M$，所以他们可以轻而易举地恢复 S_{AB}。

抗第二原像攻击性质保证了对于给定的消息，不可能找到具有相同散列值的可替换消息。利用加密的散列码可防止消息被伪造（见图 3.2（a）和图 3.2（b））。如果该性质非真，则攻击者可以进行如下操作：第一，分析或截获消息及其加密的散列码；第二，根据消息产生没有加密的散列码；第三，生成具有相同散列码的可替换消息。

满足上面前 5 个性质的散列函数称为弱散列函数。如果还能满足第 6 个性质则称其为强散列函数。第 6 个性质可以防止像生日攻击这种类型的复杂攻击。生日攻击的细节超出了本书的范围。这种攻击把 m 比特的散列函数的强度从 2^m 简化到 $2^{m/2}$。详细内容可参考[STAL11]。

1　对 $f(x) = y$，称 x 为 y 的一个原像。除非 f 是一一映射，否则对给定的 y，可能会有多个原像存在。

除提供认证之外，消息摘要还能验证数据的完整性。它与帧检测序列具有相同的功能：如果在传输过程中，意外地篡改任意比特，消息摘要则会出错。

3.2.2 散列函数的安全性

正如对称加密，也有两种方法可以攻击一个安全散列函数：密码分析法和蛮力攻击法。对于对称加密算法，密码分析法利用了该算法在逻辑上的缺陷。

散列函数抵抗蛮力攻击的强度完全依赖于算法生成的散列码长度。攻击一个长度为 n 的散列码所需要付出的代价如下：

抗原像	2^n
抗第二原像	2^n
抗碰撞	$2^{n/2}$

如果需要抗碰撞（即一般安全散列码所需要的），则数值 $2^{n/2}$ 是抗蛮力攻击能力的一个度量。Van Oorschot 和 Wiener[VANO94]曾经提出，花费 1000 万美元设计一个被专门用来搜索 MD5 算法（散列长度为 128 比特）碰撞的机器，则平均在 24 天内就可以找到一个碰撞（这一结果是 2004 年之前的情况。2004 年 8 月中国密码学家王小云教授等首次公布了提出一种寻找 MD5 碰撞的新方法。目前利用该方法用普通微机数分钟内即可找到 MD5 的碰撞。MD5 已被彻底攻破。有关这方面情况，读者可参考其他资料——译者注）。因而，128 比特的散列长度仍然不够。今后，一个散列码可能会是 32 比特的序列，它的散列长度为 160 比特。对于 160 比特的散列长度，同样的搜索机器要花费超过 4000 年的时间才能找到一个冲突。在当今的技术下，搜索时间可能会缩短许多，所以 160 比特的散列长度现在看来也有些不可信。

3.2.3 简单散列函数

所有散列函数都按照下面基本原理操作。把输入（消息、文件等）看成 n 比特块的序列。对输入用迭代方式每次处理一块，生成 n 比特的散列函数。

一种最简单散列函数的每一个数据块都按比特异或。这可以用下式表示：

$$C_i = b_{i1} \oplus b_{i2} \oplus \cdots \oplus b_{im}$$

其中：

C_i 为散列码的第 i 比特，$1 \leqslant i \leqslant n$；

m 为输入中 n 比特数据块的数目；

b_{ij} 为第 j 块的第 i 比特；

$\oplus$ 为异或操作。

图 3.3 说明了这种操作；它为每一比特位置产生简单的奇偶校验，这称为纵向冗余校验。这种校验对于随机数据的完整性检验相当有效。因为每个 n 比特的散列值都有相同的可能性，所以数据出错却不改变散列值的概率是 2^{-n}。随着可预测的格式化数据增多，函数的有效性越来越差。例如，在大多数标准的文本文件中，每个 8 位字节的高阶比特总是零。因

此，如果使用 128 比特的散列值，则作用于该类型数据块的散列函数的有效概率为 2^{-112}，而不是 2^{-128}。

	第1比特	第2比特		第n比特
第1块	b_{11}	b_{21}		b_{n1}
第2块	b_{12}	b_{22}		b_{n2}
	⋮	⋮	⋮	⋮
第m块	b_{1m}	b_{2m}		b_{nm}
散列码	C_1	C_2		C_n

图 3.3　使用按比特异或的简单散列函数

对上面的方案进行改进的一种简单方法是在每个数据块处理后，对散列值循环移动或旋转 1 比特。其步骤归纳如下：

（1）最初将 n 比特散列值设置为零。

（2）如下连续处理每个 n 比特的数据块：

a. 将当前的散列值向左旋转 1 比特。

b. 异或数据块生成散列值。

这些操作会使输入数据随机化得更加彻底，消除了输入中出现的任何规则性。

虽然步骤（2）提供了很好的数据完整性方法，但如图 3.2（a）和图 3.2（b）所示，当加密散列码和明文消息一起使用时，它对于数据安全性几乎不起作用。给定一个消息，很容易生成新的具有相同散列码的消息：简单地准备希望替换的消息，然后附加上 n 比特的数据块，迫使新消息连同该数据块生成期望的散列码。

如果仅仅对散列码加密，简单异或或者旋转异或（RXOR）不够安全。但是如果连同散列码一起加密消息，可能会觉得这个简单函数还是有用的。但是必须非常小心。最初由美国国家标准局提出的一项技术就是对 64 比特消息块进行简单异或操作，然后用密码分组链接（CBC）模式加密整条消息。可以如下定义该方案：给定由 64 比特分组 $X_1, X_2, \cdots, X_N$ 序列组成的消息，定义散列码 C 为逐块异或或者所有分组的异或，再把得到的散列码附加上作为最后一个模块：

$$C = X_{N+1} = X_1 \oplus X_2 \oplus \cdots \oplus X_N$$

然后，用 CBC 模式把整条消息和散列码一起加密，生成加密后的消息 $Y_1, Y_2, \cdots, Y_{N+1}$。[JUEN85]指出了操作消息密文而不会被散列码检测到的几种方法。例如，根据 CBC（见图 2.9）定义，有：

$$X_1 = \text{IV} \oplus D(K, Y_1)$$
$$X_i = Y_{i-1} \oplus D(K, Y_i)$$
$$X_{N+1} = Y_N \oplus D(K, Y_{N+1})$$

但是散列码 X_{N+1}：

$$\begin{aligned} X_{N+1} &= X_1 \oplus X_2 \oplus \cdots \oplus X_N \\ &= [\text{IV} \oplus \text{D}(K, Y_1)] \oplus [Y_1 \oplus \text{D}(K, Y_2)] \oplus \cdots \oplus [Y_{N-1} \oplus \text{D}(K, Y_N)] \end{aligned}$$

因为上述等式中的项可以按任意顺序进行异或，所以如果对密文分组进行置换则散列码不变。

3.2.4 SHA 安全散列函数

近些年，应用最为广泛的散列函数是安全散列算法（SHA）。由于其他每一种被广泛应用的散列函数都已被证实存在着密码分析学中的缺陷，截止到 2005 年，SHA 或许是最后仅存的标准散列算法。SHA 由美国国家标准与技术研究所（NIST）开发，并在 1993 年公布成为美国联邦信息处理标准（FIPS 180）。当人们发现 SHA 中也存在缺陷之后（目前已知在 SHA-0 中存在），FIPS 180 的修订版本 FIPS 180-1 于 1995 年公布出来，通常称为 SHA-1。现行的标准文献被命名为"安全散列标准"。SHA 是基于散列函数 MD4，并且其构架跟 MD4 高度相仿。RFC 3174 中也列出了 SHA-1，但它实质上是 FIPS 180-1 的复制品，只是增加了 C 语言代码实现。

SHA-1 生成 160 比特的散列值。2002 年，NIST 制定了修订版本的标准：FIPS-2。它定义了三种新版本的 SHA，散列长度分别为 256、384、512 比特，分别称为 SHA-256、SHA-384、SHA-512，三者并称为 SHA-2。这些新版本使用了与 SHA-1 相同的底层结构和相同类型的模运算以及相同的二元逻辑运算。2008 年发布出来的修订文献 FIP PUB 180-3 增加了 224 比特的版本（如表 3.1 所示）。RFC 4634 中也列出了 SHA-2，但它实质上是 FIPS 180-3 的复制品，只是增加了 C 语言代码实现。

表 3.1 SHA 参数的比较

	SHA-1	SHA-224	SHA-256	SHA-384	SHA-512
消息摘要大小	160	224	256	384	512
消息大小	$< 2^{64}$	$< 2^{64}$	$< 2^{64}$	$< 2^{128}$	$< 2^{128}$
块大小	512	512	512	1024	1024
字大小	32	32	32	64	64
步骤数	80	64	64	80	80

注：所有的大小以比特衡量。

2005 年，NIST 宣布计划到 2010 年不再认可 SHA-1，转为信任 SHA-2。此后不久，有研究团队描述了一种攻击方法，该方法可以找到产生相同 SHA-1 的两条独立的消息，它们只用 2^{69} 次操作，远少于以前认为找到 SHA-1 碰撞所需的 2^{80} 次操作[WANG05]。这个结果将加快 SHA-1 过渡到 SHA-2（该段描述的情况有误。2005 年，王小云教授等提出了对 SHA-1 的攻击，使得找到碰撞的复杂度降到 2^{69} 次操作，之后又降到 2^{63} 次操作。这些结果迫使 NIST 在 2006 年宣布 2010 年后不再推荐使用 SHA-1——译者注）。

本节对 SHA-512 做一介绍，其他 SHA 算法与之很相似。

该算法以最大长度不超过 2^{128} 比特的消息作为输入，生成 512 比特的消息摘要输出。输入以 1024 比特的数据块进行处理。图 3.4 描述了处理消息生成摘要的全过程。处理过程包括以下步骤：

- **第 1 步：追加填充比特。**填充消息使其长度模 1024 同余 896[长度≡896(模 1024)]。即使消息已经是期望的长度，也总是要添加填充。因此，填充比特的范围是 1～1024。

填充部分是由单个比特 1 后接所需个数的比特 0 构成。

- **第 2 步：追加长度**。将 128 比特的数据块追加在消息上。该数据块被看作 128 比特的无符号整数（高位字节在前），它还含有原始消息（未填充前）的长度。

  前两步生成了长度为 1024 比特整数倍的消息。在图 3.4 中，被延展的消息表示为 1024 比特的数据块序列 $M_1, M_2, \cdots, M_N$，所以延展后消息总长度为 $N\times1024$ 比特。

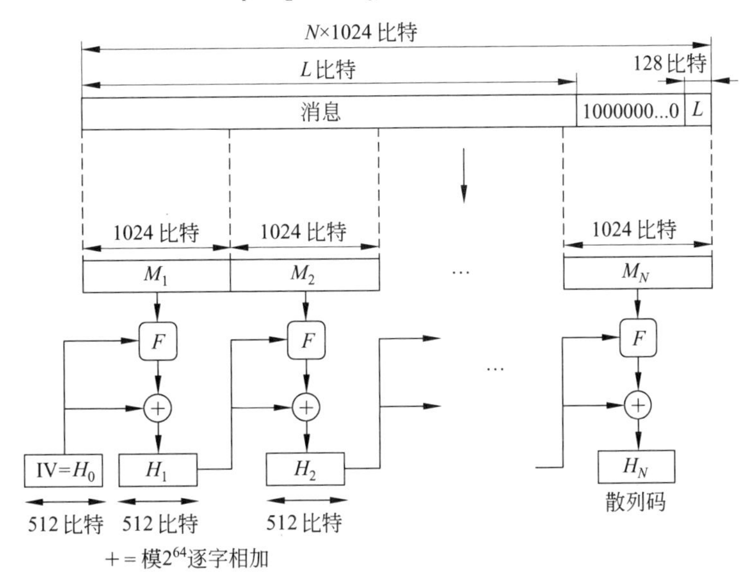

图 3.4　用 SHA-512 生成消息摘要

- **第 3 步：初始化散列缓冲区**。用 512 比特的缓冲区保存散列函数中间和最终结果。缓冲区可以是 8 个 64 比特的寄存器（*a*、*b*、*c*、*d*、*e*、*f*、*g*、*h*）。这些寄存器初始化为 64 比特的整数（十六进制值）：

  a=6A09E667F3BCC908　　　　*e*=510E527FADE682D1

  b=BB67AE8584CAA73B　　　　*f*=9B05688C2B3E6C1F

  c=3C6EF372FE94F82B　　　　*g*=1F83D9ABFB41BD6B

  d=A54FF53A5F1D36F1　　　　*h*=5BE0CDI9137E2179

  这些值以逆序的形式存储，即字的最高字节存在最低地址（最左边）字节位置。这些字的获取方式如下：前 8 个素数取平方根，取小数部分的前 64 位。

- **第 4 步：处理 1024 比特（128 字）的数据块消息**。算法的核心是 80 轮迭代构成的模块；该模块在图 3.4 中标记为 *F*，图 3.5 说明其逻辑关系。

  每一轮都以 512 比特的缓冲区值 abcdefgh 作为输入，并且更新缓冲区内容。在第一轮时，缓冲区里的值是中间值 H_{i-1}。在任意第 *t* 轮，使用从当前正在处理的 1024 比特的数据块(M_i)导出的 64 比特值 W_t。每一轮还使用附加常数 K_t，其中 $0\leqslant t\leqslant 79$ 表示 80 轮中的某一轮。这些常数的获取方式如下：前 8 个素数取立方根，取小数部分的前 64 位。这些常数提供了 64 位随机串集合，可以初步消除输入数据中的任何规则性。第 80 轮输出加到第 1 轮输入（H_{i-1}）生成 H_i。缓冲区里的 8 个字与 H_{i-1} 中相应的字进行模 2^{64} 加法运算。

- **第 5 步：输出**。当所有 *N* 个 1024 比特的数据块都处理完毕后，从第 *N* 阶段输出的便是 512 比特的消息摘要。

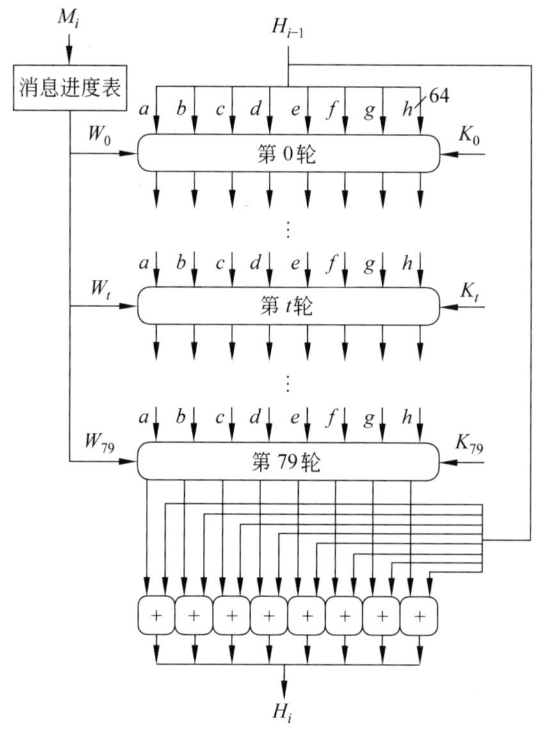

图 3.5 SHA-512 处理单个 1024 比特的数据块

SHA-512 算法使得散列码的任意比特都是输入端每 1 比特的函数。基本函数 F 的复杂迭代产生很好的混淆效果；即随机选取两组即使有很相似的规则性的消息也不可能生成相同的散列码。除非 SHA-512 隐含一些直到现在还没有公布的弱点，构造具有相同消息摘要的两条消息的难度的数量级为 2^{256} 步操作，而找出给定摘要的消息的难度为 2^{512}。

3.3 消息认证码

3.3.1 HMAC

近年来，人们对从加密散列码（如 SHA-1）中开发 MAC 越来越感兴趣。这种兴趣的动机是：

- 采用软件实现时，加密散列函数执行速度比传统密码算法（如 DES）快。
- 有许多共享的密码学 Hash 函数代码库。

诸如 SHA-1 这样的散列函数并不是专为 MAC 而设计的，因为散列函数不依赖于密钥，所以它不能直接用于此目的。已经有很多方案可以把密钥合并到现有的散列算法中。最被广泛接受的方案就是 HMAC [BELL96a、BELL96b]。HMAC 已经发布为 RFC 2104 标准，它是 IP 安全中必须实现的 MAC 方案。HMAC 也被用于其他 Internet 协议，如传输层安全（TLS，即 Transport Layer Security，它将很快取代安全套节字层）和安全电子交易（SET，即 Secure Electronic Transaction）。

HMAC 的设计目标。RFC 2104 为 HMAC 列出了下列设计目标。

- 不必修改而直接使用现有的散列函数。特别是很容易免费得到软件上执行速度较快的散列函数及其代码。
- 嵌入式散列函数要有很好的可移植性，以便开发更快或更安全的散列函数。
- 保持散列函数的原有性能，不发生显著退化。
- 使用和处理密钥简单。
- 如果已知嵌入的散列函数的强度，则完全可以知道认证机制抗密码分析的强度。

前两个目标是 HMAC 为人们所接受的重要原因。HMAC 把散列函数当成一个“黑盒”。这有两个优点：第一，实现 HMAC 时，现有的散列函数可以用作一个模块。这样，已经预先封装的大量 HMAC 代码可以不加修改地使用。第二，如果想替换一个 HMAC 实现中的特定散列函数，所需做的只是除去现有的散列函数模块，放入新模块。如果需要更快的散列函数时就可以这样操作。更为重要的是，如果嵌入式散列函数的安全性受到威胁，可通过简单地用更加安全的模块取代嵌入式散列函数，从而保证了 HMAC 的安全。

实际上，上面列表中的最后一个目标是 HMAC 相对其他散列方案最主要的优点。如果能提供有一定合理性的抗密码分析强度的嵌入式散列函数，就能够证明 HMAC 是安全的。在本节后面再对此进行阐述，但首先分析 HMAC 的结构。

HMAC 算法。图 3.6 描述了 HMAC 的整个操作。定义下列术语：

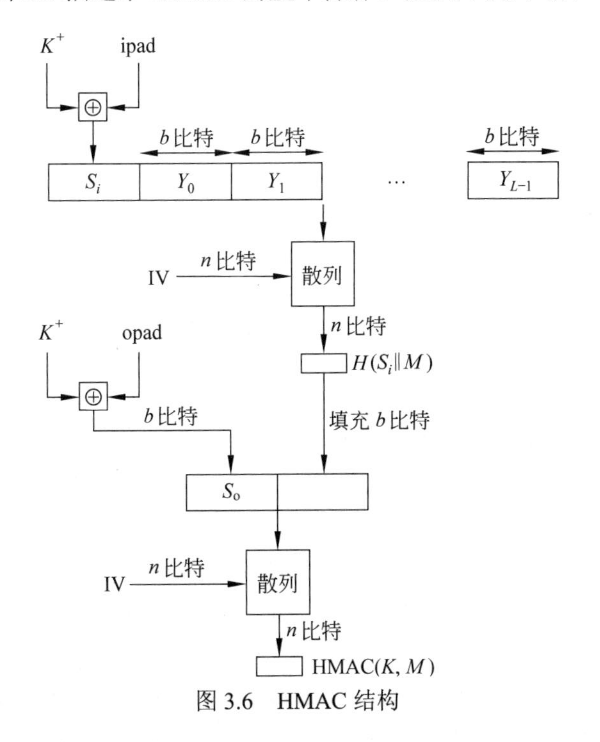

图 3.6　HMAC 结构

H = 嵌入的散列函数（如 SHA-1）。

M = 输入 HMAC 的消息（包括嵌入式散列函数中特定的填充部分）。

Y_i = M 的第 i 个分组（$0 \leqslant i \leqslant (L-1)$）。

L = M 中的分组数。

b = 分组中的比特数。

n = 嵌入式散列函数产生的散列码长度。

K = 密钥；如果密钥长度大于 b，则将其输入给散列函数生成 n 比特的密钥；建议长度大于或等于 n。

K^+ = 为使 K 为 b 位长而在 K 左边填充 0 后所得的结果。

ipad = 00110110（十六进制数为 36）重复 $b/8$ 次。

opad = 01011100（十六进制数为 5C）重复 $b/8$ 次。

那么 HMAC 可用下式表示：

$$\text{HMAC}(K,M)=H[(K^+\oplus \text{opad})\|H[(K^+\oplus \text{ipad})\|M]]$$

该算法描述如下：

（1）在 K 的左端追加 0 构成 b 比特的字符串 K^+（如 K 的长度为 160 比特，b=512，K 将被追加 44 个 0 字节）。

（2）ipad 与 K^+ 进行 XOR（按比特异或）生成 b 比特的分组 S_i。

（3）将 M 追加在 S_i 上。

（4）将 H 应用于步骤（3）所产生的数据流。

（5）opad 与 K^+ 进行 XOR 生成 b 比特的分组 S_o。

（6）将步骤（4）产生的散列结果追加在 S_o 上。

（7）将 H 应用于步骤 6 产生的数据流，输出结果。

注意，与 ipad 进行异或将导致 K 一半的比特翻转。类似地，与 opad 进行异或也导致 K 一半的比特翻转，但翻转的比特却不同。实际上，用散列算法处理 S_i 和 S_o，已经从 K 伪随机地生成了两个密钥。

HMAC 的执行时间应该与嵌入式散列函数处理长消息所用的时间近似相等。HMAC 多执行了三次基本的散列函数（S_i、S_o 和内部散列生成的数据块）。

3.3.2　基于分组密码的 MAC

在这一章中将讨论几种基于分组密码的 MAC。

基于密文的消息认证码（CMAC）。基于密文的消息认证码的操作模式适用于 AES 和 3DES，它在美国国家标准及技术研究所特刊（*NIST Special Publication*）800-38B 中被明确规定了。

首先，当这个信息为一个长度为 b 的密码块的整数倍数 n 时，让我们考虑一个基于密文的消息认证码的操作方式。在 AES 中，b=128，在 3DES 中，b=64，并且这个信息被分为 n 块（$M_1,M_2,\cdots,M_n$）。这个运算方式利用了一个 k 比特的加密密钥 K 和 n 比特的密钥，K_1。在 AES 中，密钥大小 k 为 128、192 或者 256 比特；在 3DES 中，密钥大小为 112 或者 168 比特。基于密文的消息认证码按照下面的步骤被计算出（见图 3.7）。

$$C_1=E(K, M_1)$$
$$C_2=E(K, [M_2 \oplus C_1])$$
$$C_3=E(K, [M_3 \oplus C_2])$$

$$\vdots$$

$$C_n=E\,(K,[M_n \oplus C_n-1 \oplus K_1])$$

$$T=\mathrm{MSB}_{Tlen}\,(C_n)$$

其中：

T =信息认证码，或者称为标签；

$Tlen$ =T 的位长度；

$\mathrm{MSB}s(X)$=位串 X 的最左边的 s 比特二进制数。

如果这个信息不是一个密码块长度的整数倍数，那么将在最后一个块（最低有效位）的右边填充由一位 1 和若干位 0 组成的位串，以使得最后一个块的长度也为 b 比特。CMAC 操作与以前一样，只是它使用一个不同的 n 比特密钥 K_2 取代 K_1。

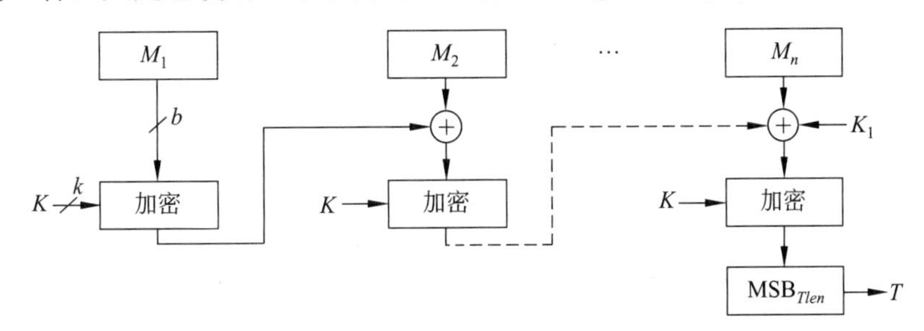

(a) 信息长度是块大小的整数倍

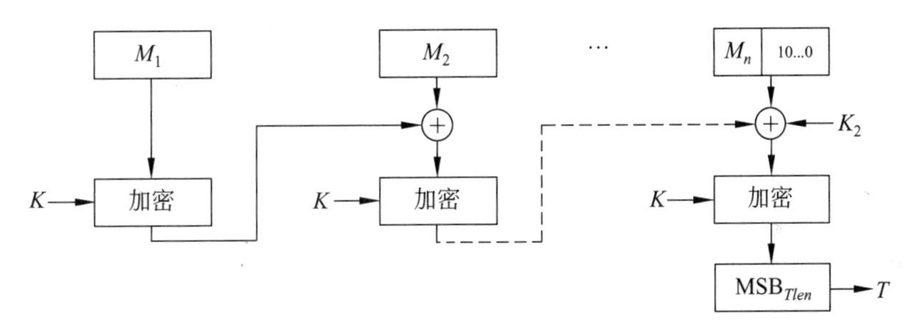

(b) 信息长度不是块大小的整数倍

图 3.7　基于密文的消息认证码（CMAC）

为了生成两个 n 比特的密钥，分组密码应用于一个全部由 0 组成的块。通过对密文块左移一比特并且根据块大小异或一个常数，可以获得一个子密钥。第二个子密钥的产生方式与第一个子密钥的产生方式相同。

具有密码块链式信息认证码的计数器。CCM 的操作模式在 NIST SP 800-38C 中定义，又被称为认证加密模式。认证加密是一个被用来描述加密系统的专业术语，这个加密系统同时确保了信息的机密性和可靠性（完整性）。许多应用和协议需要这两种形式的安全，但是直到近期仍然单独设计这两种服务。

CCM 的核心算法是 AES 加密算法（见 2.2 节），CTR 操作模式（见 2.5 节）和 CMAC 认证算法。一个单独的密钥 K 同时被加密和 MAC 算法使用。CCM 加密数据处理的输入端包含了 3 个基本部分。

（1）能被认证和加密的数据。这是数据块的明文 P。

（2）能被认证但是不能被加密的关联数据 A。例如，为了确保协议操作正确，一个协议头只能未加密进行传输，但是需要被认证。

（3）指定了负荷量和相关联的数据的随机数 N。这个特殊的值在每个例子中都不同，并且被用来阻止重放攻击和其他类型的攻击。

图 3.8 说明了 CCM 的操作过程。在认证方面，输入包括了随机数、相关联的数据和明文。这个输入数据按照 B_0 到 B_r 的序列格式。第一个块包含了随机数以及格式化的比特，这些比特给出了 N、A 和 P 元素的长度。第一块后面紧跟着 0 块或者更多的含有 A 的块，之后是 0 块或者更多的含有 P 的块。这些块的序列作为 CMAC 算法的输入，能产生一个长度为 *Tlen* 的 MAC 值，*Tlen* 小于或者等于块的长度（如图 3.8（a）所示）。

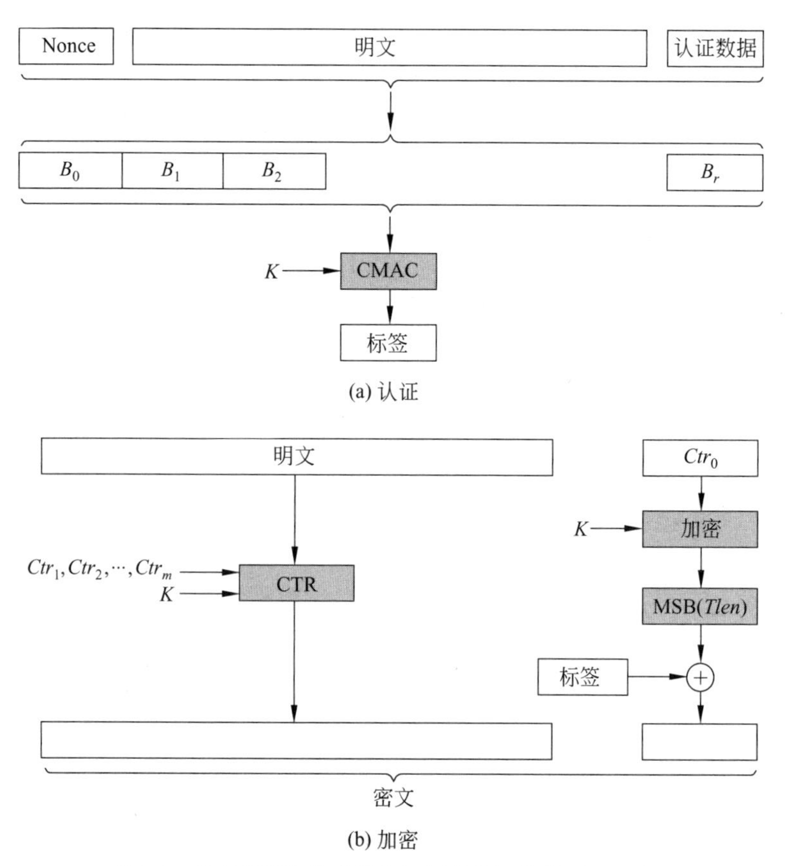

图 3.8　具有密码块链式信息认证码的计数器（CCM）

在加密中，计数器的值必须独立于随机数而产生。认证标签使用只有一个计数器 Ctr_0 的 CTR 模式加密。输出的 *Tlen* 位最高有效位跟认证标签异或，从而产生加密标签。剩下的计数器被用来在 CTR 模式中加密明文（如图 2.11 所示）。加密的明文和加密标签连接起来以获得最后的密文输出。

3.4　公钥密码原理

公钥密码与传统密码同等重要，它还可以用来进行消息认证和密钥分发。本节首先考虑公钥密码的基本概念，然后初步研究密钥的分发问题。3.5 节介绍两种最重要的公钥算法：

RSA 和 Diffie-Hellman。3.6 节介绍数字签名。

3.4.1　公钥密码思想

Diffie 和 Hellman 在 1976 年首次公开提出了公钥密码思想[DIFF76]，这是有文字记载的几千年来密码领域第一次真正革命性的进步。公钥算法基于数学函数，而不像对称加密算法那样是基于比特模式的简单操作。更为重要的是公钥密码系统是非对称的，它使用两个单独的密钥。与此相比，对称的传统密码只使用一个密钥。使用两个密钥对于保密性、密钥分发和认证都产生了意义深远的影响。

在继续进行前，首先看看关于公钥密码的几种常见误解。第一种误解是，公钥密码比传统密码更抗密码分析。实际上，任何加密方案的安全性取决于：（1）密钥长度；（2）攻破密码所需的计算量。从抗密码分析的角度来说，原则上不能说传统密码优于公钥密码，也不能说公钥密码优于传统密码。第二种误解认为公钥密码是一种通用技术，传统密码则过时了。相反，由于当前公钥密码方案的计算开销太大，传统密码被淘汰似乎不太可能。最后一种误解认为，传统密码中与密钥分配中心的会话是很麻烦的事情，而用公钥密码实现的密钥分配非常简单。事实上，公钥密码也需要某种形式的协议，该协议包含一个中心代理。所以与传统密码相比，公钥密码所需的操作并不简单或者高效。

公钥密码方案由 6 个部分组成（见图 3.9（a））：

- **明文**：算法的输入，它是可读的消息或数据。
- **加密算法**：加密算法对明文进行各种形式的变换。
- **公钥和私钥**：算法的输入，这对密钥如果一个密钥用于加密，则另一个密钥就用于解密。加密算法所执行的具体变换取决于输入端提供的公钥或私钥。
- **密文**：算法的输出，取决于明文和密钥。对于给定的消息，两个不同的密钥将产生两个不同的密文。
- **解密算法**：该算法接收密文和匹配的密钥，生成原始的明文。

顾名思义，密钥对中的公钥是公开供其他人使用的，而只有自己知道私钥。通常的公钥密码算法根据一个密钥进行加密，根据另一个不同但相关的密钥进行解密。

基本步骤如下：

（1）每个用户都生成一对密钥用来对消息进行加密和解密。

（2）每个用户把两个密钥中的一个放在公共寄存器或其他可访问的文件里，这个密钥便是公钥，另一个密钥自己保存。如图 3.7（a）所示，每个用户都收藏别人的公钥。

（3）如果 Bob 希望给 Alice 发送私人消息，则他用 Alice 的公钥加密消息。

（4）当 Alice 收到这条消息，她用私钥进行解密。因为只有 Alice 知道她自己的私钥，其他收到消息的人无法解密消息。

用这种方法，任何参与者都可以获得公钥。由于私钥由每一个参与者在本地产生，故不需要分发。只要能够保护好他或她的私钥，以后的通信就会安全。在任何时候，用户都能够改变私钥，且发布相应的公钥代替旧公钥。

传统密码算法中使用的密钥被特别地称为**密钥**。用于公钥密码的两个密钥被称为**公钥**和**私钥**。私钥总是保密的，但仍然被称为私钥而不是密钥，这是为了避免与传统密码混淆。

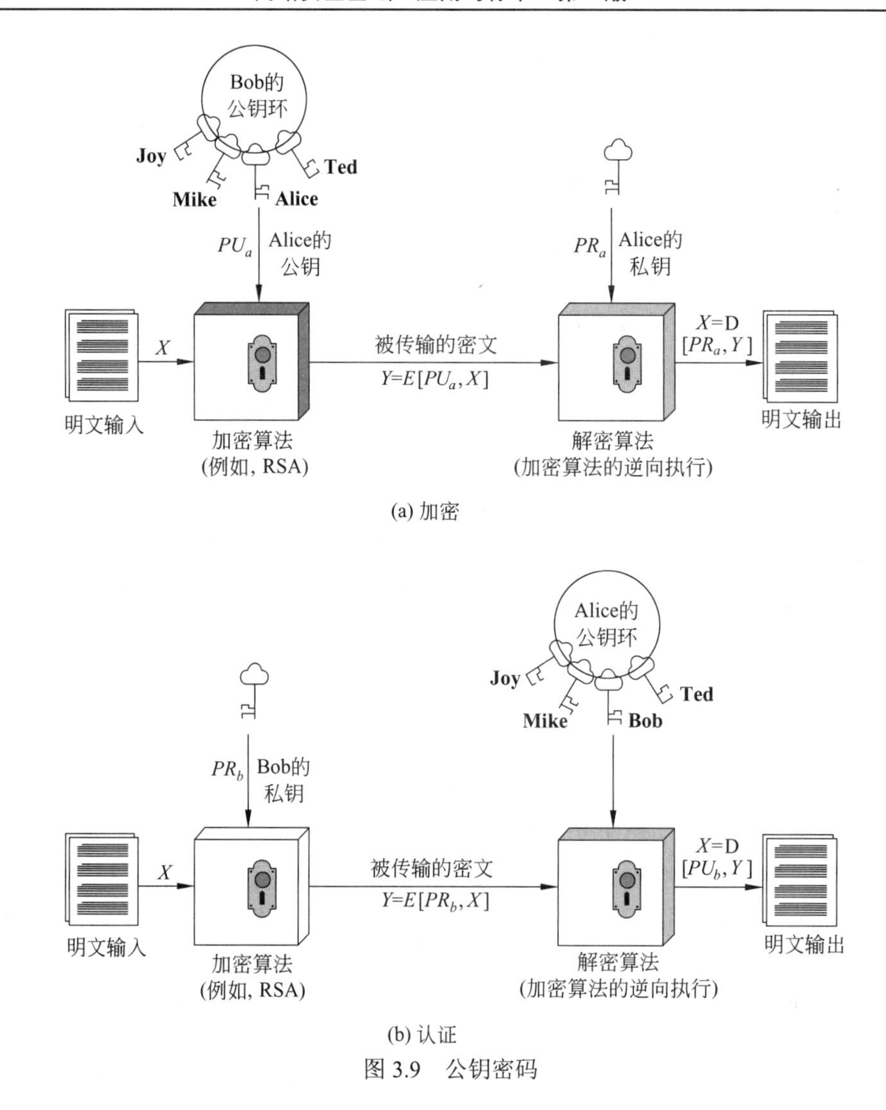

(a) 加密

(b) 认证

图 3.9　公钥密码

3.4.2　公钥密码系统的应用

在进一步介绍公钥密码系统的应用前，需要对公钥密码系统有清楚的理解，否则容易引起混淆。公钥系统的特征就是使用具有两个密钥的加密算法，其中一个密钥为私人所有，另一个密钥是公共可用的。根据应用，发送方要么使用发送方的私钥，要么使用接收方的公钥，或者两个都使用，从而实现某种类型的加密函数。在广义上可以把公钥密码系统分为如下三类。

- **加密/解密**：发送方用接收方的公钥加密消息。
- **数字签名**：发送方用自己的私钥“签名”消息。签名可以通过对整条消息加密或者对消息的一个小的数据块加密来产生，其中该小数据块是整条消息的函数。
- **密钥交换**：通信双方交换会话密钥。这可以使用几种不同的方法，且需要用到通信一方或双方的私钥。

有些算法可用于上述三种应用，而其他一些算法仅适用于这些应用中的一种或两种。

表 3.2 列出了本章讨论的算法（RSA 和 Diffie-Hellman）所支持的应用。该表还包括了本章后面将会提到的数字签名标准（DSS）和椭圆曲线密码。

这里可以得出一个一般规律。即相对于同样的安全性要求和同样的密文长度，与对称密码算法相比，公钥密码算法需要更多计算。正因如此，公钥密码算法仅用于加密短的消息或数据块，如加密一个秘密密钥或 PIN 码。

表 3.2　公钥密码系统的应用

算　法	加密/解密	数 字 签 名	密 钥 交 换
RSA	是	是	是
Diffie-Hellman	否	否	是
DSS	否	是	否
椭圆曲线	是	是	是

3.4.3　公钥密码的要求

图 3.9 所示的密码系统建立在两个相关联密钥的密码算法之上。Diffie 和 Hellman 假设了这个系统是存在的，但是并没有证明这种算法的存在性。然而，他们给出了这些算法必须满足的条件[DIFF76]:

（1）接收方 B 计算生成密钥对（公钥 PU_b、私钥 PR_b）是容易的。

（2）已知公钥和需要加密的消息 M 时，发送方 A 容易计算生成相应的密文：

$$C = E(PU_b, M)$$

（3）接收方 B 用私钥解密密文时，比较容易通过计算恢复原始消息：

$$M = D(PR_b, C) = D[PR_b, E(PU_b, M)]$$

（4）当攻击者已知公钥 PU_b 时，不可能通过计算推算出私钥 PR_b。

（5）攻击者在已知公钥 PU_b 和密文 C 的情况下，通过计算不可能恢复原始消息 M。

还可以加上第 6 个要求。尽管有用，但是这对于所有的公钥应用并不是必须的。

（6）两个相关密钥中的任何一个都可以用于加密，另一个密钥用于解密。

$$M = D[PU_b, E(PR_b, M)] = D[PR_b, E(PU_b, M)]$$

3.5　公钥密码算法

RSA 和 Diffie-Hellman 是使用最广泛的两种公钥算法。本节分析这两种算法，然后简要介绍另外两种算法[1]。

3.5.1　RSA 公钥密码算法

最初的公钥方案是在 1977 年由 Ron Rivest、Adi Shamir 和 Len Adleman 在 MIT 提出的，

[1] 本节使用一些数论的基本概念。请参考附录 A。

并且于 1978 年首次发表[RIVE78]。RSA 方案从那时起便占据了绝对的统治地位，成为最广泛接受和实现的通用公钥加密方法。**RSA** 是分组密码，对于某个 n，它的明文和密文是 0～n–1 之间的整数。

基本的 RSA 加解密 对于某一明文块 M 和密文块 C，加密和解密有如下的形式：

$$C = M^e \bmod n$$

$$M = C^d \bmod n = (M^e)^d \bmod n = M^{ed} \bmod n$$

发送方和接收方都必须知道 n 和 e 的值，并且只有接收方知道 d 的值。RSA 公钥密码算法的公钥 $KU = \{e, n\}$，私钥 $KR = \{d, n\}$。为使该算法能够用于公钥加密，它必须满足下列要求：

（1）可以找到 e、d、n 的值，使得对所有的 M<n，$M^{ed} \bmod n = M$ 成立。

（2）对所有满足 M<n 的值，计算 M^e 和 C^d 相对容易。

（3）给定 e 和 n，不可能推出 d。

前两个要求很容易得到满足。当 e 和 n 取很大的值时，第三个要求也能够得到满足。

图 3.10 总结了 RSA 算法。开始时选择两个素数 p 和 q，计算它们的积 n 作为加密和解密时的模。接着需要计算 n 的欧拉函数值 $\phi(n)$。$\phi(n)$ 表示小于 n 且与 n 互素的正整数的个数。然后选择与 $\phi(n)$ 互素的整数 e（即 e 和 $\phi(n)$ 的最大公约数为 1）。最后，计算 e 关于模 $\phi(n)$ 的乘法逆元 d。d 和 e 具有所期望的属性。

生 成 密 钥	
选择 p、q	
	p 和 q 都是素数，且 $p \neq q$
计算 $\phi(n) = (p-1)(q-1)$	
选择整数 e	$\gcd(\phi(n), e) = 1$；$1 < e < \phi(n)$
计算 d	$de \bmod \phi(n) = 1$
公钥	$KU = \{e, n\}$
私钥	$KR = \{d, n\}$
加　密	
明文	M<n
密文	$C = M^e (\bmod n)$
解　密	
密文	C
明文	$M = C^d (\bmod n)$

图 3.10 RSA 算法

假设用户 A 已经公布了他的公钥，且用户 B 希望给 A 发送消息 M。那么 B 计算 $C = M^e (\bmod n)$ 并且发送 C。当接收到密文时，用户 A 通过计算 $M = C^d (\bmod n)$ 解密密文。

图 3.11 显示了[SING99]中的一个例子。对于这个例子，按下列步骤生成密钥：

（1）选择两个素数：p=17 和 q=11。

（2）计算 $n = pq = 17 \times 11 = 187$。

（3）计算 $\phi(n) = (p-1)(q-1) = 16 \times 10 = 160$。

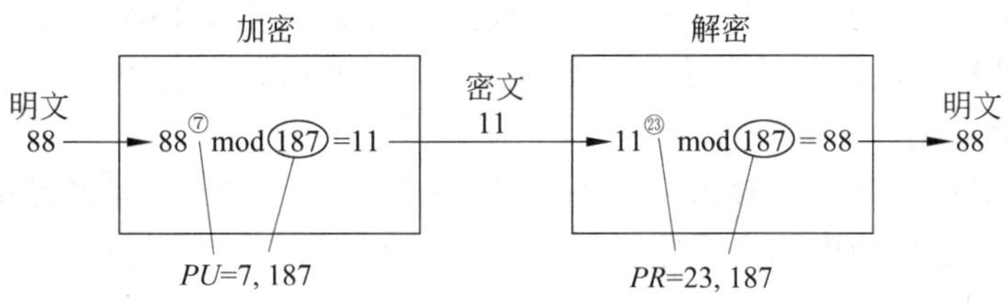

图 3.11　RSA 算法的例子

（4）选择 e，使得 e 与 $\phi(n)$=160 互素且小于 $\phi(n)$；选择 e=7。

（5）计算 d，使得 $de \bmod 160 = 1$ 且 d<160。正确的值是 d=23，这是因为 23×7 = 161 = 10×16+1。

这样就得到公钥 $PU = \{7, 187\}$，私钥 $PR=\{23, 187\}$。下面的例子说明输入明文 $M = 88$ 时密钥的使用情况。

对于加密，需要计算 $C = 88^7 \bmod 187$。利用模运算的性质，计算如下：

$$88^7 \bmod 187 = [(88^4 \bmod 187) \times (88^2 \bmod 187) \times (88^1 \bmod 187)] \bmod 187$$

$$88^1 \bmod 187 = 88$$

$$88^2 \bmod 187 = 7744 \bmod 187 = 77$$

$$88^4 \bmod 187 = 59\ 969\ 536 \bmod 187 = 132$$

$$88^7 \bmod 187 = (88 \times 77 \times 132) \bmod 187 = 894\ 432 \bmod 187 = 11$$

对于解密，计算 $M = 11^{23} \bmod 187$：

$$11^{23} \bmod 187 = [(11^1 \bmod 187) \times (11^2 \bmod 187) \times (11^4 \bmod 187) \times (11^8 \bmod 187) \times (11^8 \bmod 187)] \bmod 187$$

$$11^1 \bmod 187 = 11$$

$$11^2 \bmod 187 = 121$$

$$11^4 \bmod 187 = 14\ 641 \bmod 187 = 55$$

$$11^8 \bmod 187 = 214\ 358\ 881 \bmod 187 = 33$$

$$11^{23} \bmod 187 = (11 \times 121 \times 55 \times 33 \times 33) \bmod 187 = 79\ 720\ 245 \bmod 187 = 88$$

安全考虑　RSA 的安全性取决于它是否以对抗潜在攻击的方式使用。四种可能的攻击方法如下：

- **数字攻击**：有几种方法，所有方法都相当于分解两个素数的乘积。对数学攻击的防御是使用大的密钥大小。因此，d 中的位数越大越好。但是，因为密钥生成和加密/解密中涉及的计算都很复杂，密钥的大小越大，系统运行的速度就越慢。SP 800-131A 建议使用 2048 位密钥大小。（转换：过渡使用加密算法和密钥长度的建议，2015 年 11 月）。欧洲联盟网络和信息安全局最近的一份报告建议密钥长度为 3072 位（算法—密钥长度和参数报告-2014，2014 年 11 月）。这些长度中的任何一个都应在相当长的一段时间内提供足够的安全性。
- **时间攻击**：这些取决于解密算法的运行时间。已经提出了各种掩盖所需时间的方法，以阻止推断密钥大小的尝试，例如引入随机延迟。

- **选择密文攻击**：这种类型的攻击通过选择数据块来利用 RSA 算法的属性，当使用目标私钥处理时，这些数据块产生密码分析所需的信息。这些攻击可以通过适当的明文填充来阻止。

为了应对复杂的选择密文攻击，RSA 安全公司，一家引领 RSA 产品供应商和 RSA 专利的曾经持有者，建议使用称为最佳非对称加密填充（OAEP）的过程修改明文。全面讨论威胁和 OAEP 超过了我们的范围；请参阅[POIN02]了解相关信息，并参见[BELL94a]进行全面分析。这里，我们简单地总结了 OAEP 程序。

图 3.12 描述了 OAEP 加密。第一步，要加密的消息 M 被填充。一组可选参数，P，通过散列函数，H 传递。然后用零填充输出，以在整个数据块（DB）中获得所需的长度。接下来，生成随机发送并通过另一个散列函数，称为掩码生成函数（MGF）。生成的散列值与 DB 进行逐位异或，以生成掩码数据库。掩码数据库反过来又通过 MGF 形成与种子进行异或的哈希，以产生被掩蔽的种子。掩码种子和掩码数据库的串联形成编码消息 EM。请注意，EM 包括由种子屏蔽的填充消息，以及由掩码数据库屏蔽的种子。然后使用 RSA 加密 EM。

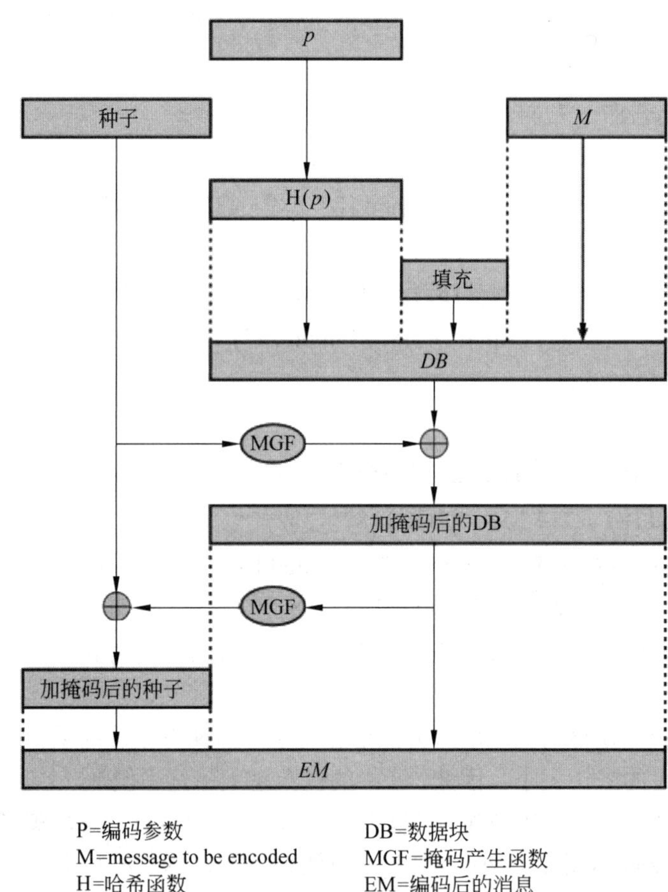

图 3.12　使用最佳非对称加密填充的加密(OAEP)

3.5.2　Diffie-Hellman 密钥交换

第一个发表的公钥算法出现在 Diffie 和 Hellman 的原创性论文中，该算法定义了公钥密码学[DIFF76]，通常称该算法为 **Diffie-Hellman 密钥交换**。许多商业产品都采用了这种密钥交换技术。

Diffie-Hellman 算法的目的就是使得两个用户能够安全地交换密钥，供以后加密消息时使用。该算法本身局限于密钥交换。

Diffie-Hellman 算法的有效性是建立在计算离散对数是很困难这一基础之上。可以用如下方式简要地定义离散对数。首先，定义素数 p 的本原根，它是一个整数，且它的幂能够生成 1～p-1 的所有整数的数。即如果 a 是素数 p 的一个本原根，则下列各个数：

$$a \bmod p, a^2 \bmod p, \cdots, a^{p-1} \bmod p$$

各不相同，但它们组成了 1～p-1 之间整数的一个置换。

对于任意小于 p 的整数 b 和 p 的本原根 a，能够找到唯一的指数 i，使得

$$b = a^i \bmod p \quad 其中\ 0 \leqslant i \leqslant (p-1)$$

称指数 i 是 b 的基为 a 模为 p 的离散对数。把这个值记作 $d\log_{a,p}(b)$[1]。

算法。在这个背景下，定义 Diffie-Hellman 密钥交换，如图 3.12 所示。这个方案有两个公开的数值：素数 q 和 q 的本原根 α。假设用户 A 和 B 希望交换密钥。用户 A 选择一个随机整数 $X_A < q$，计算 $Y_A = \alpha^{X_A} \bmod q$。类似地，用户 B 独立地选择一个随机整数 $X_B < q$，计算 $Y_B = \alpha^{X_B} \bmod q$。双方都保持 X 值作为私有，向对方公开 Y 值。用户 A 计算密钥 $K = (Y_B)^{X_A} \bmod q$，用户 B 也计算密钥 $K = (Y_A)^{X_B} \bmod q$。这两个计算产生相同的结果：

$$\begin{aligned}
K &= (Y_B)^{X_A} \bmod q \\
&= (\alpha^{X_B} \bmod q)^{X_A} \bmod q \\
&= (\alpha^{X_B})^{X_A} \bmod q \\
&= \alpha^{X_B X_A} \bmod q \\
&= (\alpha^{X_A})^{X_B} \bmod q \\
&= (\alpha^{X_A} \bmod q)^{X_B} \bmod q \\
&= (Y_A)^{X_B} \bmod q
\end{aligned}$$

这样，双方都交换了密钥。此外，因为 X_A 和 X_B 为私有，所以攻击者只能利用如下元素进行攻击：q、α、Y_A 和 Y_B。为此，攻击者必须求离散对数才能确定密钥。例如，为确定用户 B 的私钥，攻击者必须计算

$$X_B = d\log_{\alpha,q}(Y_B)$$

此后，攻击者就可以使用与用户 B 相同的方式计算密钥 K 了。

Diffie-Hellman 密钥交换的安全性在于：虽然计算模幂运算相对容易，但是计算离散对数却非常困难。对于大素数，计算离散对数被认为是不可行的。

这里举一个例子。由于密钥交换的基础是素数和其本原根，所以在本例中取素数 q=353 和本原根 α=3。A 和 B 分别选择私钥 $X_A = 97$和X_B=233。各自计算自己的公钥：

$$A计算 Y_A = 3^{97} \bmod 353 = 40$$
$$B计算 Y_B = 3^{233} \bmod 353 = 248$$

它们交换公钥后，分别计算公共密钥：

1　许多文章称离散对数为指数。这个概念还没有得到多数人的赞同，距离统一命名还很遥远。

$$A计算K=(Y_B)^{X_A} \bmod 353 = 248^{97} \bmod 353 = 160$$

$$B计算K=(Y_A)^{X_B} \bmod 353 = 40^{233} \bmod 353 = 160$$

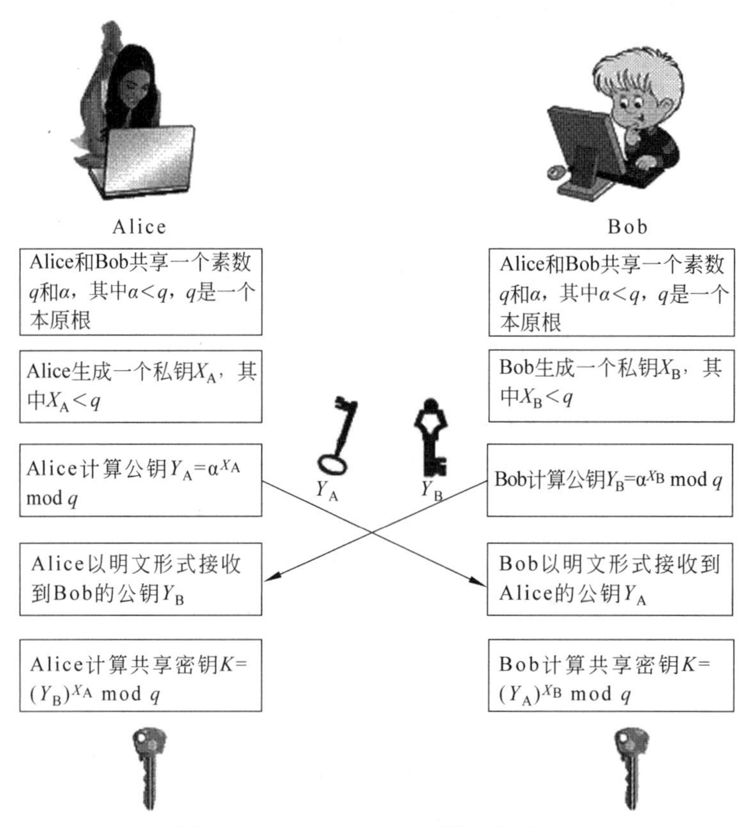

图 3.13 Diffie-Hellman 密钥交换算法

假设攻击者已拥有下列信息：

$$q = 353;\quad \alpha = 3;\quad Y_A = 40;\quad Y_B = 248$$

在这个简单的例子中，可以用蛮力攻击的方法推测出密钥为 160。特别地，攻击者 E 能够通过求出等式 $3^a \bmod 353 = 40$ 或者 $3^b \bmod 353 = 248$ 的解从而确定公共的密钥。蛮力攻击的方法是不断计算 3 的幂模 353，直到结果等于 40 或 248 时停止运算。由于 $3^{97} \bmod 353 = 40$，所以指数 97 就是期望得到的答案。

但是当数值很大时，这个问题就变得不切实际了。

密钥交换协议。图 3.13 给出了使用 Diffie-Hellman 计算的一种简单协议。假设用户 A 希望与用户 B 建立连接，并且在此连接上使用密钥加密消息。用户 A 可以生成一次性私钥 X_A，计算 Y_A，然后把 Y_A 发送给用户 B。作为回应，用户 B 生成私钥 X_B，计算 Y_B，然后将其发送给用户 A。这时两个用户都可以计算密钥了。所需的公开值 q 和 α 已经提前知道。作为可选方案，用户 A 可以选择 q 和 α 的值并把它们包含在第一条消息里。

还有使用 Diffie-Hellman 算法的另外一个例子。一组用户（如局域网上的所有用户）各自生成持续使用很长时间的私钥值 X_A，并且计算公开值 Y_A。这些公开值连同全局公共值 q 和 α 都存储在某个中央目录里。任何时候用户 B 都可以访问 A 的公开值，计算密钥，再使用它给用户 A 发送加密消息。如果该中央目录是可信的，则这种通信方式不仅提供了保密性，还能提供一定程度的认证。因为只有 A 和 B 能够确定密钥，所以没有其他用户能够读懂消息（保密性）。接收方 A 知道只有用户 B 能够使用这个密钥生成消息（认证）。然而，该技术并不能防止重放攻击。

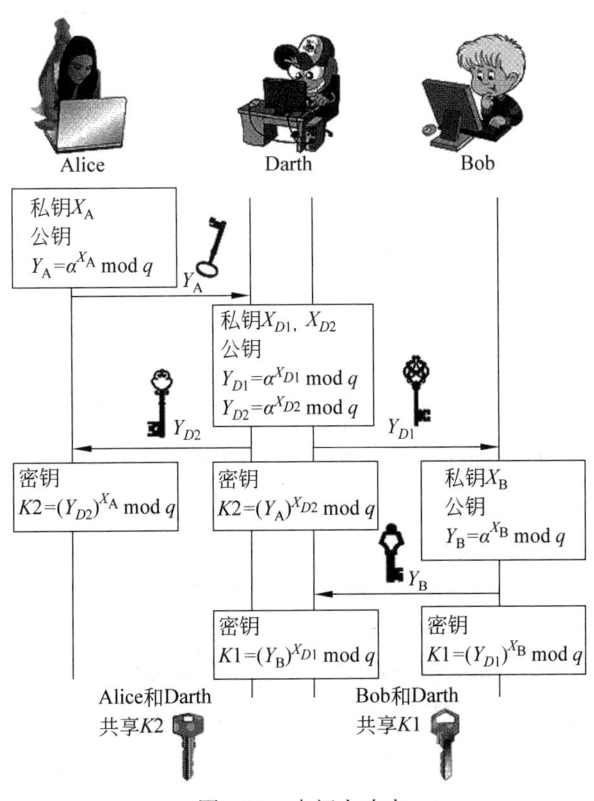

图 3.14　中间人攻击

中间人攻击。图 3.13 描述的协议对中间人攻击并不安全。假设 Alice 和 Bob 希望交换密钥，Darth 是攻击者。中间人攻击按如下步骤进行（见图 3.14）：

（1）为了进行攻击，Darth 首先生成两个随机的私钥 X_{D1} 和 X_{D2}，然后计算相应的公钥 Y_{D1} 和 Y_{D2}。

（2）Alice 向 Bob 发送 Y_A。

（3）Darth 截取 Y_A 并且向 Bob 发送 Y_{D1}。Darth 也计算 $K_2=(Y_A)^{X_{D2}} \bmod q$。

（4）Bob 接收 Y_{D1}，计算 $K_1=(Y_{D1})^{X_B} \bmod q$。

（5）Bob 向 Alice 发送 X_A。

（6）Darth 截取 X_A 并且向 Alice 发送 Y_{D2}。Darth 计算 $K_1=(Y_B)^{X_{D1}} \bmod q$。

（7）Alice 接收 Y_{D2}，计算 $K_2=(Y_{D2})^{X_A} \bmod q$。

这时，Bob 和 Alice 认为他们之间共享了一个密钥。但实际上 Bob 和 Darth 共享密钥 K_1，而 Alice 和 Darth 共享密钥 K_2。将来，Bob 和 Alice 之间的所有通信都以如下的方式受到威胁：

（1）Alice 发送加密消息 M：E（K_2, M）。

（2）Darth 截获加密的消息并且解密，恢复出消息 M。

（3）Darth 向 Bob 发送 E（K_1, M）或者发送 E（K_1, M'），这里 M' 可以是任何消息。在第一种情况下，Darth 只是想偷听通信内容却不篡改它。在第二种情况下，Darth 想要篡改发送给 Bob 的消息。

对于中间人攻击，这种密钥交换协议比较脆弱，因为它不能认证参与者。这种弱点可以通过使用数字签名和公钥证书来克服；在本章后面和第 4 章中将进一步阐述这些主题。

3.5.3 其他公钥密码算法

已被商业接受的两种其他的公钥算法是 DSS 和椭圆曲线密码。

数字签名标准。美国国家标准与技术研究所（NIST）已经发布了联邦信息处理标准 FIPS PUB 186，也就是**数字签名标准（DSS）**。DSS 使用了 SHA-1，并且提出了一种新的数字签名技术，即数字签名算法（DSA）。DSS 最初是在 1991 年提出的。在公众对该安全方案反馈的基础上，1993 年对其进行了修订。1996 年又做了进一步的微小修订。DSS 使用了一种专为数字签名功能而设计的算法。与 RSA 不同，它不能用来加密或者进行密钥交换。

椭圆曲线密码。采用公钥实现加密和数字签名的绝大多数产品和标准都使用 RSA 算法。最近几年来，安全 RSA 使用的比特长度在不断增加，加大了 RSA 应用处理的负担。对那些进行大量安全交易的电子商务网站来说更是如此。最近，一种具有竞争力的系统已经开始挑战 RSA：**椭圆曲线密码（ECC）**，并且在向标准化努力过程中，ECC 已经开始崭露头角，其中包括公钥密码标准 IEEE P1363。

相对于 RSA，ECC 主要的吸引力在于它只需要非常少的比特数就可以提供相同强度的安全性，从而减轻了处理开销。另一方面，虽然 ECC 理论已经出现一段时间了，但是直到最近采用它的产品才开始出现，并且人们对探索 ECC 的弱点仍保持了浓厚的兴趣。所以，人们对 ECC 的信赖水平还没有 RSA 高。

与 RSA 或者 Diffie-Hellman 相比，ECC 基本上更加难以解释，关于 ECC 完整的数学描述已经超出本书的范围。ECC 技术的基础是使用了称为椭圆曲线数学结构的理论。

3.6 数 字 签 名

NIST FIPS PUB 186-4 [数字签名标准（DSS），2013 年 7 月]定义了如下数字签名：数据加密转换的结果，当正确实施时，提供了一种验证原始身份、数据完整性和不可否认签名的机制。

因此，数字签名是数据相关的比特模式，由一个代理产生，是一个文件，消息或其他形式数据块的函数。另一个代理可以访问数据块及其相关的签名，并验证（1）数据块是否已由所谓的签名者签名，并且（2）数据块自签名以来未被更改。此外，签名者不能否认签名。

FIPS 186-4 规定可以使用的三种数字签名算法：

- 数字签名算法（DSA）：最初 NIST 批准的算法，它基于计算离散对数的困难性。

- RSA 数字签名算法：基于 RSA 公钥算法。
- 椭圆曲线数字签名算法（ECDSA）：基于椭圆曲线密码学。

在本节中，我们对数字签名过程进行简要的概述，然后描述了 RSA 数字签名算法。

3.6.1　数字签名的产生和验证

图 3.15 是制作和使用数字签名过程的通用模型。FIPS 186-4 中的所有数字签名方案都具有这种结构。假设 Bob 想要向 Alice 发送消息。尽管将信息作为秘密并不重要，但他希望 Alice 确信消息确实来自于他。为此，Bob 使用安全哈希函数（如 SHA-512）为消息生成哈希值。该哈希值与 Bob 的私钥一起用作数字签名生成算法的输入，该算法产生用作数字签名的短块。Bob 发送附有签名的消息。当 Alice 收到消息加签名时，她（1）计算消息的哈希值，并且（2）提供哈希值和 Bob 的公钥作为数字签名验证算法的输入。如果算法返回签名有效的结果，则 Alice 确信该消息已经被 Bob 签名。没有其他人拥有 Bob 的私钥，因此没有其他人可以使用 Bob 的公钥创建可以验证此消息的签名。此外，如果不访问 Bob 的私钥，就无法更改消息，因此消息在来源和数据完整性方面都得到了验证。

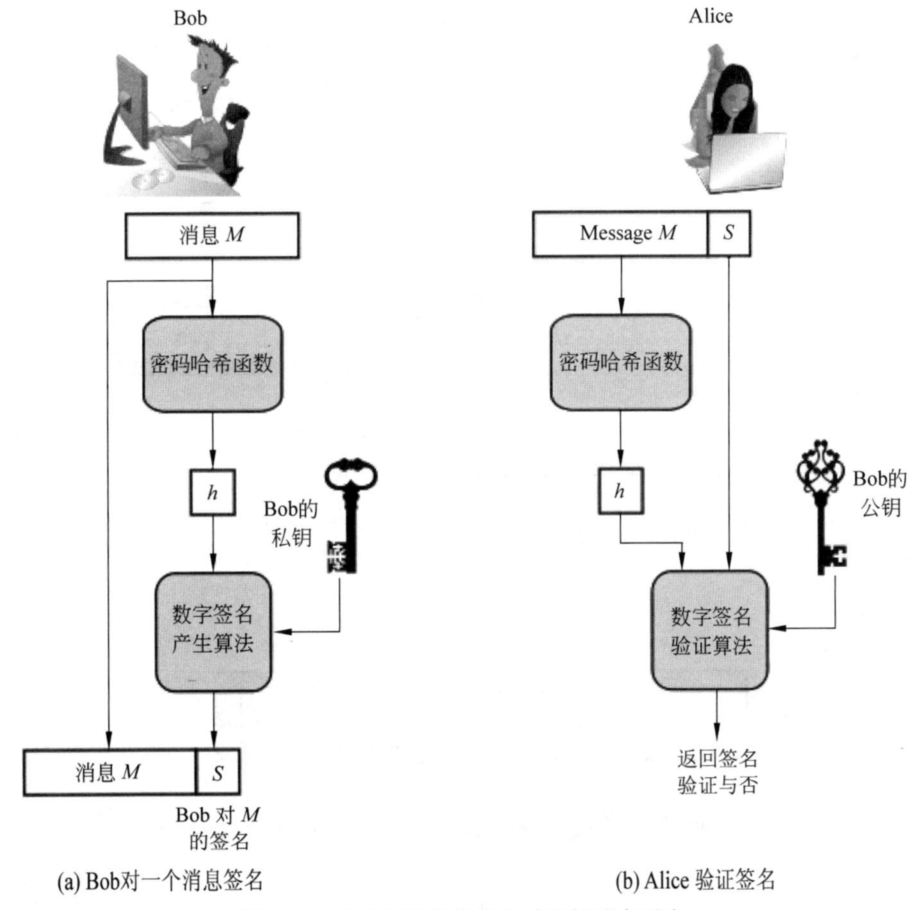

图 3.15　简化描述数字签名过程的基本要素

重要的是要强调刚才描述的加密过程不提供机密性。也就是说，发送的消息不会被改变，但不能安全地避免窃听。在基于消息的一部分的签名的情况下这是显而易见的，因为消息的其余部分是以明文形式发送的。即使在完全加密的情况下，也没有保密性，因为任何观察者都可以使用发送方的公钥来解密消息。

3.6.2 RSA 数字签名算法

RSA 数字签名算法的本质是使用 RSA 加密要签名的消息的哈希值。但是，与使用 RSA 加密密钥或短消息一样，RSA 数字签名算法首先修改哈希值以增强安全性。有几种方法，其中之一是 RSA 概率签名方案（RSA-PSS）。RSA-PSS 是最新的 RSA 方案，也是 RSA 实验室推荐的最安全的 RSA 数字签名方案。我们在这里提供简要概述；详细信息，请参阅[STAL16]。

图 3.16 说明了 RSS-PSS 签名生成过程。步骤如下：

（1）从被签名的消息 M 生成哈希值或消息摘要，mHash。

（2）使用常量值 $padding_1$ 和伪随机值 salt 填充 mHash 形成 M'。

（3）从 M' 生成哈希值 H。

（4）生成由常量值 $padding_2$ 和 salt 组成的 DB 块。

（5）使用掩码生成函数 MGF，它从与 DB 相同长度的输入 H 产生随机输出。

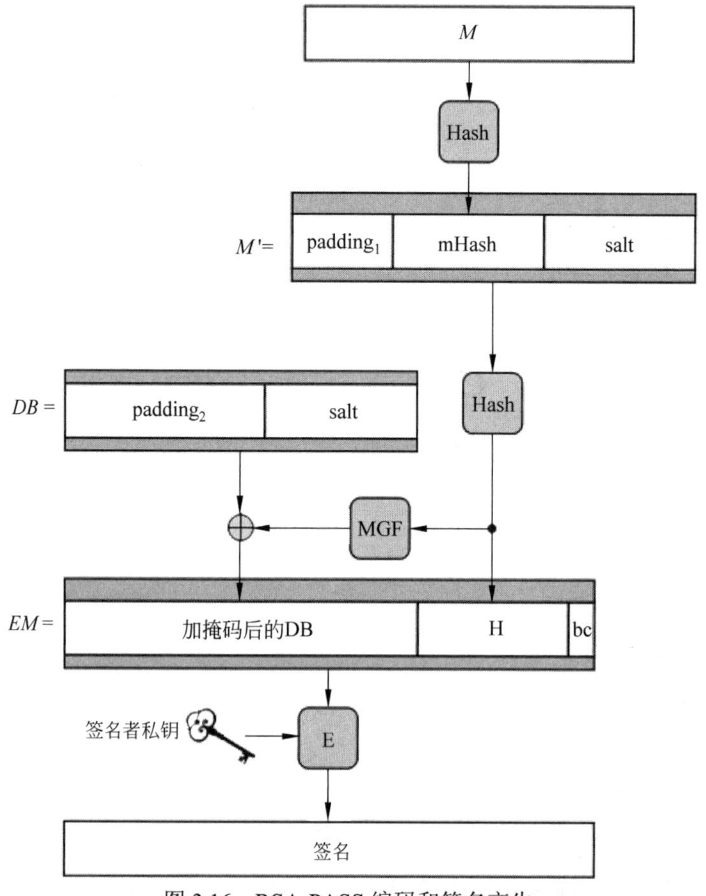

图 3.16 RSA-PASS 编码和签名产生

（6）通过用十六进制常量 BC 与 *H* 和 DB 的异或值来填充 *H* 从而创建编码消息（EM）块。

（7）使用签名者的私钥和 RSA 加密算法加密 EM。

该算法的目标是使对手更难找到另一个消息，此消息映射到同一消息摘要作为给定消息，或者找到映射到同一消息摘要的两个消息。由于 salt 随着每次使用而变化，因此使用相同的私钥对同一消息进行两次签名将产生两个不同的签名。这是一种额外的安全措施。

3.7　关键词、思考题和习题

3.7.1　关键词

认证加密	消息认证	RIPEMD-160
Diffie-Hellman 密钥交换	消息认证码（MAC）	RSA
数字签名	消息摘要	秘密密钥
数字签名标准（DSS）	单向散列函数	安全散列函数
椭圆曲线密码（ECC）	私钥	SHA-1
HMAC	公钥	抗强碰撞性
密钥交换	公钥证书	抗弱碰撞性
MD5	公钥密码	

3.7.2　思考题

3.1　列举消息认证的三种方法。

3.2　什么是 MAC？

3.3　简述图 3.2 所示的三种方案。

3.4　对于消息认证，散列函数必须具有什么性质才可用？

3.5　在散列函数中，压缩函数的作用是什么？

3.6　公钥密码系统的基本组成元素是什么？

3.7　列举并简要说明公钥密码系统的三种应用。

3.8　私钥和密钥之间有什么区别？

3.9　什么是数字签名？

3.7.3　习题

3.1　考虑将 32 比特的散列函数定义为两个 16 比特散列函数的串接：XOR 和 RXOR 在 3.2 节里被定义为“两个简单的散列函数”。

a. 这种校验和能检测到所有奇数个错误比特所造成的错误吗？请解释。

b. 这种校验和能检测到所有偶数个错误比特所造成的错误吗？如果不能，说明造成校验和失败的错误特征。

c. 评价这种函数用作散列函数进行认证的效率。

3.2 假设 $H(m)$是抗碰撞散列函数，它映射任意比特长的消息为 n 比特的散列值。对于所有的消息 x、x'，且 $x \neq x'$，$H(x) \neq H(x')$ 成立吗？解释你的答案。

3.3 当消息的长度分别为以下值的时候，计算在 SHA-512 中填充域的值：

a. 1919 比特　　b. 1920 比特　　c. 1921 比特

3.4 当消息的长度分别为以下值的时候，计算在 SHA-512 中长度域的值：

a. 1919 比特　　b. 1920 比特　　c. 1921 比特

3.5 a. 考虑下面的散列函数。消息是一列十进制数字：$M = (a_1, a_2, \cdots, a_t)$。对于某一预先定义的值 n，计算散列值 h：$\left(\sum_{i=1}^{t} a_i\right) \bmod n$。该散列函数能满足 3.4 节[1]列出的关于散列函数的一些要求吗？请解释你自己的回答。

b. 当散列函数 $h = \left(\sum_{i=1}^{t} (a_i)^2\right) \bmod n$ 时，重做（a）。

c. 当 M=（189,632,900,722,349）和 n=989 时，计算（b）的散列函数。

3.6 这道题介绍一种在思想上类似于 SHA 的散列函数，它操作的是字母而不是二进制数，并且称之为 4 字母玩具散列（toy tetragraph hash，缩写为 tth）[2]。给定某一有序字母消息，tth 产生 4 个字母的散列值。首先，tth 把消息分成 16 个字母组成的数据块，并且忽略空格、标点符号和大小写。如果消息长度不能被 16 整除，则补 0。从值（0，0，0，0）开始，便维持了 4 值运行总数；这就是供第一个模块处理的压缩函数输入。压缩函数由两轮构成。**第一轮**：取下一数据块的正文，按行填入 4×4 的块，然后将它转换成数字（A=0，B=1，等等）。例如，对于块 ABCDEFGHIJKLMNOP，有：

A	B	C	D
E	F	G	H
I	J	K	L
M	N	O	P

0	1	2	3
4	5	6	7
8	9	10	11
12	13	14	15

然后每一列模 26 求和，再把所得的结果与运行总数模 26 相加。对于本例，运行总数是（24，2，6，10）。**第二轮**：使用第一轮运算得到的矩阵，第一行向左循环移动 1 比特，第二行左移 2 比特，第三行左移 3 比特，倒排第四行的顺序。在例子中：

B	C	D	A
G	H	E	F
L	I	J	K
P	O	N	M

1	2	3	0
6	7	4	5
11	8	9	10
15	14	13	12

---

1 翻译时做了修改，原文为 11.4 节。

2 感谢 *The Cryptogram* 杂志的职员 William K. Mason 提供本例。

这时对每一列模 26 相加，然后再与运行总数相加。新的运行总数是（5，7，9，11）。现在的运行总数作为下一块正文的压缩函数的第一轮输入。最后一块正文处理完毕后，再把最终的运行总数转换成字母。例如，假设消息是 ABCDEFGHIJKLMNOP，则散列是 FHJL。

a. 参考图 3.4 和图 3.5，画图说明整体 tth 逻辑和压缩函数逻辑。

b. 对于 48 字母的消息 "I leave twenty million dollars to my friendly cousin Bill."，计算它的散列值。

c. 说明 tth 的弱点，找出 48 字母的数据块，产生与刚才得到的相同散列值。提示：使用大量 A。

3.7 利用散列函数可以构造类似于 DES 结构的分组密码。因为散列函数是单向的并且分组密码必须可逆（为了解密），请问为什么可以构造类似于 DES 结构的分组密码？

3.8 现在考虑相反的问题：利用加密算法构造一个单向散列函数。考虑使用已知密钥的 RSA 算法。按照下列方法处理顺序组成的数据块：加密第一个数据块，将结果与第二个数据块异或，然后再加密，依次类推。试说明该方案处理下列问题并不安全。给定某个由两数据块 B_1 和 B_2 组成的消息，且它的散列函数为：

$$\mathrm{RSAH}(B_1,B_2)=\mathrm{RSA}(\mathrm{RSA}(B_1)\oplus B_2)$$

对于任意给定的数据块 C_1，选择 C_2 使 $\mathrm{RSAH}(C_1,C_2)=\mathrm{RSAH}(B_1,B_2)$。所以该散列函数不能满足抗弱碰撞性。

3.9 作为最广泛使用的 MAC 之一，数据认证算法的基础是 DES。这个算法不仅是一种 FIPS 发布标准（FIPS PUB 113），也是 ANSI 标准（X9.17）。该算法可定义为初始向量为 0 的使用 DES 加密的密码分组链接（CBC）模式（见图 2.9）。待认证的数据（如消息、记录、文件或程序等）分组成连续的 64 比特的数据块：$P_1,P_2,\cdots,P_N$。如果需要，在最后一块的右端补 0 使之为 64 比特。MAC 要么由整个密文块 C_N 构成，要么由密文块最左边的 M 比特构成，其中 $16\leqslant M\leqslant 64$。请说明使用密码反馈模式也可以生成同样的结果。

3.10 在这道题中，比较一下数字签名（DS）和消息认证码（MAC）这两种安全服务。假设 Oscar 可以看到 Alice 发给 Bob 的所有消息以及 Bob 发回给 Alice 的所有消息。除了数字签名的公钥，Oscar 不知道其他的公钥和密钥。请分别说明（i）数字签名（ii）消息认证码是否以及如何抵御任何攻击。auth(x)分别由数字签名或消息认证码计算得到。

a.（消息完整性）Alice 将消息 x= "Transfer $1000 to Mark" 以明文的方式，加上 auth(x)一起发给 Bob。Oscar 截获上述内容，并将 "Mark" 替换为 "Oscar"，Bob 能否检测到？

b.（重放）Alice 将消息 x= "Transfer $1000 to Oscar" 以明文的方式，加上 auth(x)一起发给 Bob。Oscar 观测到上述内容，将其重复发送 100 遍给 Bob，Bob 能否检测到？

c.（发送方认证，同时第三方存在欺骗行为）Oscar 声称给 Bob 发送了消息 x，并附带有效的数字签名 auth(x)，但 Alice 声称她也发送了上述内容。Bob 能否区分究竟是哪种情况？

d.（认证中 Bob 存在欺骗行为）Bob 声称收到了 Alice 发来消息 x，（例如“Transfer \$1000 from Alice to Bob”），并附带有效的数字签名 auth(x)，但 Alice 表示并没有发送过上述内容。Alice 能否证实是哪种情况？

3.11 图 3.17 是 HMAC 经过改变后的一种实现方法：

a．描述本方法的执行过程。

b．与图 3.6 相比，本方法在效率上可能会提高多少？

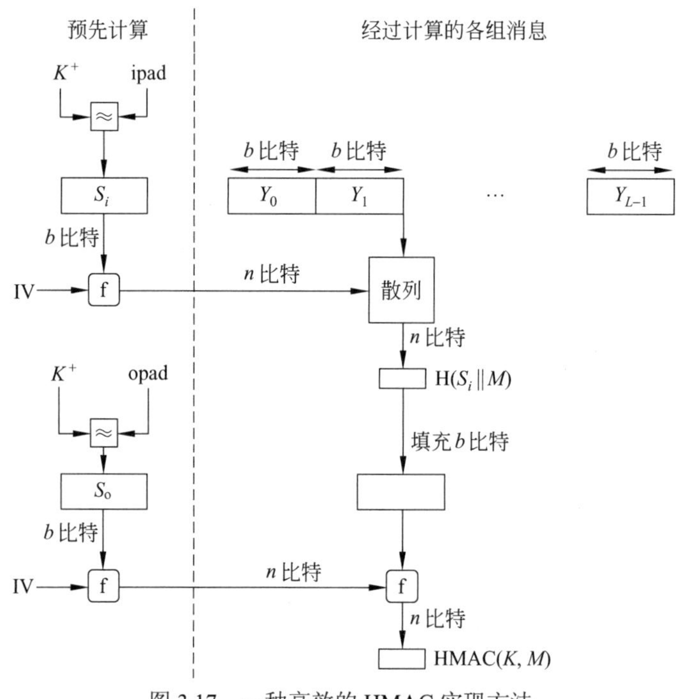

图 3.17　一种高效的 HMAC 实现方法

3.12 证明：对于 CMAC，加密之后的变量再与第二个密钥做异或运算，这种情况是无效的。考虑当消息是数据块大小的整数倍的情况，变量可以表示为 $VMAC(K,M)=CBC(K,M)\oplus K_1$。假如攻击者可以获得三条消息：消息 $\mathbf{0}=0^n$，其中 n 是密码块的大小；消息 $\mathbf{1}=1^n$；消息 $\mathbf{1}\|\mathbf{0}$。经过对上述三条消息的猜测，攻击者就可以求得 $T_0=CBC(K,\mathbf{0})\oplus K_1$；$T_1=CBC(K,\mathbf{1})\oplus K_1$；以及 $T_2=CBC(K, [CBC(K,\mathbf{1})])\oplus K_1$。证明攻击者可以由消息 $0\|(T_0\oplus T_1)$ 求得正确的 MAC（不是通过猜测的方法）。

3.13 在发现任何特定公钥方案（如 RSA）之前，就已经证明公钥密码在理论上是可行的。考虑函数 $f_1(x_1)=z_1$；$f_2(x_2,y_2)=z_2$；$f_3(x_3,y_3)=z_3$，其中所有取值都是整数，并且 $1\leqslant x_i,y_i,z_i\leqslant N$。函数 f_1 可以用长度为 N 的向量 M1 表示，并且第 k 项的值是 $f_1(k)$。类似地，f_2 和 f_3 可表示成 $N\times N$ 的矩阵 M2 和 M3。这样做的目的是可以通过查阅 N 值进行加密/解密操作。这样的表格非常大，但原则上可以构建它。该方案可如此构造：使用 1～N 的所有整数的一个随机排列组合构造 M1，即 M1 中的每个整数恰好出现一次。用第一个整数 N 的随机排列组合来构造 M2 的每一行。最后，填充 M3 使其满足下列条件：

$$f_3(f_2(f_1(k),p),k)=p\qquad \text{对于所有 } k、p\text{，满足 } 1\leqslant k,p\leqslant N$$

简言之：

- M1 的输入为 k，输出 x。
- M2 的输入为 x、p，输出 z。
- M3 的输入为 k、z，生成 p。

这三个表一旦构造完成，便对外公开。

a. 应该清楚地知道可以构造 M3 使它满足前面的条件。作为一个例子，对下列的简单情况填写 M3：

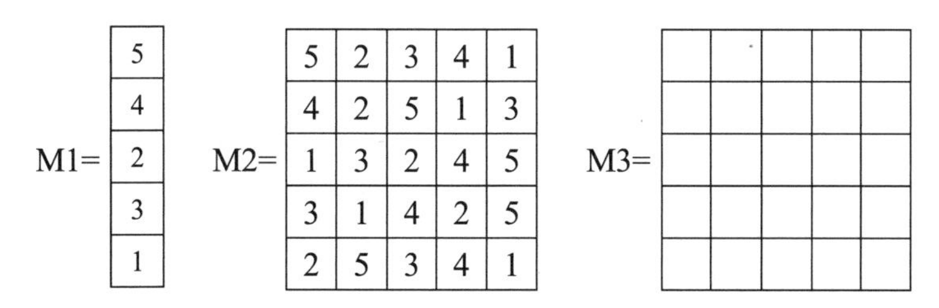

M1=

5
4
2
3
1

M2=

5	2	3	4	1
4	2	5	1	3
1	3	2	4	5
3	1	4	2	5
2	5	3	4	1

M3=

约定 M1 的第 i 个元素对应于 $k=i$。M2 的第 i 行对应于 $x=i$；M2 的第 j 列对应于 $p=j$。M3 的第 i 行对应于 $z=i$；M3 的第 j 列对应于 $k=j$。

b. 这组表可以在两个用户之间进行加密和解密，描述使用该表的操作过程。

c. 讨论这是安全的方案。

3.14　如图 3.9 所示，对下列值使用 RSA 算法进行加密和解密：

a.　$p=3$；　$q=11$，　$e=7$；　$M=5$

b.　$p=5$；　$q=11$，　$e=3$；　$M=9$

c.　$p=7$；　$q=11$，　$e=17$；　$M=8$

d.　$p=11$；　$q=13$，　$e=11$；　$M=7$

e.　$p=17$；　$q=31$，　$e=7$；　$M=2$

提示：解密并不像你想象的那么困难，可以使用一些技巧。

3.15　在使用 RSA 的公钥系统中，你可截获发送给用户的密文 $C=10$，并且已知他的公钥是 $e=5$，$n=35$。明文 M 是什么？

3.16　对于 RSA 系统，某用户的公钥为：$e=31$，$n=3599$。该用户的私钥是什么？

3.17　假设有一使用 RSA 算法编码的数据块集合，但是没有私钥。设 $n=pq$，e 是公钥。假设某人告诉我们这些明文块之一与 n 有公共因子。这对我们有帮助吗？

3.18　如何使用习题 3.13 的矩阵 M1、M2 和 M3 表示 RSA。

3.19　考虑如下的方案：

a. 选择一个奇数 E。

b. 选择两个素数 P 和 Q，使（$P-1$）（$Q-1$）-1 恰好被 E 整除。

c. P 乘以 Q 得到 N。

d. 计算 $D=\dfrac{(P-1)(Q-1)(E-1)+1}{E}$。

该方案与 RSA 等价吗？解释原因。

3.20　假设 Bob 使用模 n 很大的 RSA 加密系统。该模值在合理的时间内不能进行因式分解。假设 Alice 给 Bob 发送一条把每个字母对应成 0～25 整数 ($A \rightarrow 0,\cdots,Z \rightarrow 25$) 的消息，

然后使用具有大的 e、n 值的 RSA 分别加密每个数。这种方法安全吗？如果不安全，给出对这种加密方案最有效的攻击。

3.21 考虑公共素数 $q=11$ 和本原根 $\alpha=2$ 的 Diffie-Hellman 方案。

a. 如果用户 A 有公钥 $Y_A=9$，请问 A 的私钥 X_A 是什么？

b. 如果用户 B 有公钥 $Y_B=3$，请问共享的密钥 K 是什么？

第 4 章　密钥分配和用户认证

4.1　远程用户认证原理
4.2　基于对称加密的密钥分配
4.3　Kerberos
4.4　基于非对称加密的密钥分配
4.5　X.509 证书
4.6　公钥基础设施
4.7　联合身份管理
4.8　关键词、思考题和习题

学习目标

学习完这一章后，你应该能够：

- 理解使用对称加密算法进行对称密钥分配时包含的问题。
- 给出 Kerberos 的描述。
- 解释 Kerberos 版本 4 和版本 5 之间的区别。
- 理解使用非对称加密算法进行对称密钥分配时包含的问题。
- 列出并解释 X.509 证书中的组成元素。
- 给出公钥基础设施概念的概述。
- 理解为什么需要联合身份管理系统。

本章介绍两个重要且相关的概念。首先是对密钥分配的一个总体概述，包括密码学、协议、密钥管理需要考虑的事项。本章将会使读者对密钥管理与分配的相关问题有初步的了解，并且对其中各个方面有一个大体的了解。

第二部分会介绍一些用于支持网络用户认证的功能。将会对最早同时也是应用最为广泛的密钥分配及用户认证服务之一的 Kerberos 做一个较为详细的介绍。然后会讲一下非对称密钥的分配机制，涉及 X.509 证书以及公钥基础设施。最后介绍联合身份管理的概念。

4.1　远程用户认证原理

在大多数的计算机安全背景下，用户认证是基本的组件和主要的防线。用户认证是大多数类型的访问控制和用户账号的基础。RFC 4949（互联网安全术语表）把用户身份认证定义为验证被系统实体或为系统实体声明的身份的过程。这个过程包括以下两步：

- 鉴定步骤：向安全系统提供标识符（应该仔细分配标识符，因为经过认证的身份是其他安全服务的基础，例如访问控制服务）。
- 验证步骤：呈现或生成验证了实体和标识符之间关系的认证信息。

例如，用户 Alice Toklas 可以拥有用户标识符 ABTOKLAS。此信息需要存储在 Alice 希望使用的任何服务器或计算机系统上，并且可以为系统管理员和其他用户所知。与该用户 ID 相关联的典型认证信息项是密码，其是保密的（只让系统和 Alice 知道）。如果没人能够获取或者猜到 Alice 的密码，然后 Alice 的用户 ID 和密码的组合使管理者建立 Alice 的访问权限并审计她的活动。因为 Alice 的 ID 不是保密的，系统用户能给她发送邮件，但是因为她的密码是保密的，没有人能冒充 Alice。

本质上，身份识别是用户向系统提供所声称身份的手段，用户身份验证是确定声称有效的手段。注意到用户身份验证不同于消息验证。正如第三章中所定义的，消息验证是一种允许通信方验证接受到的信息的内容未被更改并且源是可信的过程。这一章只与认证有关。

4.1.1 NIST 电子用户认证模型

NIST SP 800-63-2（电子认证指南，201308）把电子用户认证定义为建立用户身份信任的过程，用户身份一般以电子方式呈现给信息系统。系统可以用身份认证去决定经过身份认证的个人是否有权执行特定功能，例如数据库交易或者系统资源的访问。在许多案例中，认证和交易或者其他的认证功能通过一个开放的网络例如因特网而产生。同样地，认证和后续授权能局部产生，例如通过一个局域网。

SP 800-63-2 给用户认证定义了一般模型，这个模型涉及大量的实体和过程。我们讨论这个模型可参考图 4.1。

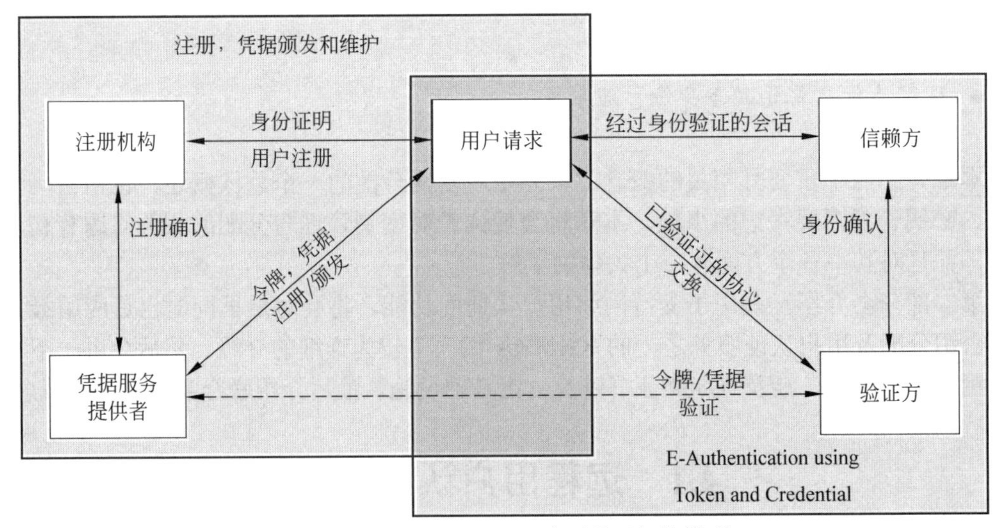

图 4.1 NIST SP 800-63-2 电子认证架构模型

进行用户身份验证的最初要求是用户必须在系统中注册。典型的注册流程是，申请人向注册机构（RA）申请成为凭据服务提供者（CSP）的一个用户。在这种模型中，RA 是一个可信赖的实体，可以为 CSP 建立和担保申请人的身份。然后，CSP 和用户进行交换。根据整个认证系统的细节，CSP 向用户发布某种电子凭证。凭证是一种数据结构，它将身份和附加属性权威地绑定到用户拥有的令牌，并且可以在认证交易中呈现给验证者时被验证。

令牌可以是一个加密密钥或者是一个验证用户的加密密码。令牌可以由 CSP 发布，由用户直接生成，或者由第三方提供。令牌和凭证可以被用在后续的认证事件中。

一旦一个申请者注册为用户，实际的验证过程可以在用户和执行认证以及随后授权的一个或者多个系统之间进行。要认证的一方称为申请人，而验证该身份的一方称为验证方。当申请人通过一个认证协议来向验证方展示自己拥有和控制的令牌时，验证方能验证申请人是相关协议中标识的用户。验证方信赖方（RP）传递关于用户身份的断言，例如用户姓名，用户注册时分配的标识符，或者其他在注册过程中能被验证的信息。RP 可以根据验证者提供的经过验证的信息做出访问控制或者授权的决定。

一个现实的认证系统会与此简化模型不同或更复杂，但是此模型阐明了一个安全认证系统所涉及的各主要参与方和必须具有的功能。

4.1.2　认证方法

验证一个用户实体的手段有四种，它们可以单独使用或组合使用：

- 用户个人知道某事：例子包括密钥、个人验证码，预先安排的一系列问题的回答。
- 用户个人拥有的某种东西：例子包括密钥、电子钥匙卡、智能卡和物理钥匙。这种类型的身份验证器称为令牌。
- 用户个人的某种东西（不变的生物特征）：包括指纹识别、视网膜识别和人脸识别等例子。
- 用户个人的某种特别属性（后天生物特征）：包括声音模式识别、手写特征识别和打字节奏识别。

所有的这些方法，如果正确使用，能提供安全的用户身份认证。然而，每种方法都存在问题。对手能够猜测或盗取密码。类似地，对手可以伪造或者盗取令牌。用户可能忘记密码或者丢失令牌。而且，管理系统上的密码和令牌信息以及在系统上保护此类信息是一种重要的管理开销。关于生物识别身份验证，也存在很多问题，包括处理误报和漏报、用户接受度，成本和便利性。对于基于网络的用户认证，最重要的方法涉及密钥和个人已知的事情，比如密码。

4.2　基于对称加密的密钥分配

对于对称加密，加密双方必须共享同一密钥，而且必须保护密钥不被他人读取。此外，常常需要频繁地改变密钥来减少某个攻击者可能知道密钥带来的数据泄露。因此，任何密码系统的强度取决于密钥分发技术。密钥分发技术这个词指的是传递密钥给希望交换数据的双方，且不允许其他人看见密钥的方法。密钥分发能用很多种方法实现。对 A 和 B 两方，有下列选择：

（1）A 能够选定密钥并通过物理方法传递给 B。

（2）第三方可以选定密钥并通过物理方法传递给 A 和 B。

（3）如果 A 和 B 不久之前使用过一个密钥，一方能够把使用旧密钥加密的新密钥传递给另一方。

（4）如果 A 和 B 各自有一个到达第三方 C 的加密链路，C 能够在加密链路上传递密钥给 A 和 B。

第（1）、（2）种选择要求手动传递密钥。对于链路层加密，这是合理的要求，因为每个链路层加密设备只和此链路另一端交换数据。但是，对端到端加密，手动传递是笨拙的。在分布式系统中，任何给出的主机或者终端都可能需要不断地和许多其他主机和终端交换数据。因此，每个设备都需要大量动态供应的密钥。在大范围的分布式系统中这个问题就更困难。

第（3）种选择对链路层加密和端到端加密都是可能的，但是如果攻击者成功地获得一个密钥，那么接下来的所有密钥都暴露了。就算频繁更改链路层加密密钥，这些更改也应该手工完成。为端到端加密提供密钥，第（4）种选择更可取。

对**第（4）种**选择，需用到两种类型的密钥：

- **会话密钥**（session key）：当两个端系统（主机、终端等等）希望通信，它们建立一条逻辑连接（例如，虚电路）。在逻辑连接持续过程中，所有用户数据都使用一个一次性的会话密钥加密。在会话或连接结束时，会话密钥被销毁。
- **永久密钥**（permanent key）：永久密钥在实体之间用于分发会话密钥。

第（4）种选择需要一个**密钥分发中心**（Key Distribution Center，KDC）。密钥分发中心（KDC）决定哪些系统之间允许相互通信。当两个系统被允许建立连接时，密钥分发中心就为这条连接提供一个一次性会话密钥。

一般而言，KDC 的操作过程如下。

（1）当一个主机 A 期望与另外一个主机建立连接时，它传送一个连接请求包给 KDC。主机 A 和 KDC 之间的通信使用一个只有此主机 A 和 KDC 共享的主密钥（master key）加密。

（2）如果 KDC 同意建立连接请求，则它产生一个唯一的一次性会话密钥。它用主机 A 与之共享的永久密钥加密这个会话密钥，并把加密后的结果发送给主机 A。类似地，它用主机 B 与之共享的永久密钥加密这个会话密钥，并把加密后的结果发送给主机 B。

（3）A 和 B 现在可以建立一个逻辑连接并交换消息和数据了，其中所有的消息或数据都使用临时性会话密钥加密。

这个自动密钥分发方法提供了允许大量终端用户访问大量主机以及主机间交换数据所需要的灵活性和动态特性。实现这一方法最广泛的一种应用是下节介绍的 Kerberos。

4.3 Kerberos

Kerberos 是一种认证服务，这种认证服务作为 Athena 计划的一个组成部分由 MIT 开发。Kerberos 要解决的问题是：假设在一个开放的分布式环境中，工作站的用户希望访问分布在网络各处的服务器上的服务。希望服务器能够将访问权限限制在授权用户范围内，并且能够认证服务请求。在这个环境中，一个工作站无法准确判断它的终端用户以及请求的服务是否合法。特别是存在以下三种威胁：

- 用户可能进入一个特定的工作站，并假装成其他用户操作该工作站。

- 用户可能改变一个工作站的网络地址，从该机上发送伪造的请求。
- 用户可能监听信息或者使用重放攻击，从而获得服务或者破坏正常操作。

在以上任何一种情况下，一个非授权用户可能会获得他没有被授权得到的服务和数据。Kerberos 没有采取在每个服务器设立细致认证协议的方法，相反，它利用集中的认证服务器来实现用户对服务器的认证和服务器对用户的认证。与本书提到的大多数其他认证方案不同，Kerberos 仅依赖于对称加密机制，而不使用公钥加密机制。

目前常用的 Kerberos 有两个版本。版本 4[MILL88、STEI88]的实现方案虽然被逐渐淘汰，但仍然被采用。版本 5（KOHL94）修正了一些版本 4 中的安全缺陷，并成为 Internet 标准草案（RFC 4120）。

考虑到 Kerberos 的复杂性，最好的办法是本节先从版本 4 入手，它能使我们看到 Kerberos 方案的本质，而先不去考虑一些小的安全威胁细节，然后再介绍版本 5。

4.3.1　Kerberos 版本 4

Kerberos 版本 4 在协议中利用 DES 来提供认证服务。从整体看这个协议，其中的很多部分很难看出有什么存在的必要。所以，采用 Bill Bryant 在 Athena 计划中使用的策略[BRYA88]，通过建立一系列假设会话来帮助理解该协议，后一个会话在前一个会话的基础上增加了一些安全措施，以解决暴露的安全漏洞。

在介绍协议之后，我们来介绍版本 4 的其他方面。

一个简单的认证会话。在一个没有受保护的网络环境中，任何一个客户端都可以向任何一个服务器请求服务。一个明显的安全风险就是伪装。一个攻击者可能伪装成另外一个客户从而获得未授权的服务。为了对付这种威胁，服务器必须要能够确定请求服务的客户的身份。服务器必须在每次客户/服务器交互中进行认证，但是，在一个开放式环境中，这会给每个服务器增加很多负担。

另外一种方法是使用**认证服务器**（AS），它知道所有用户的口令，并把它们存储在集中式数据库中。此外，AS 与每个服务器之间共享一个独立的密钥。这些密钥已经从物理途径或其他安全途径进行了分发。考虑下面这个假定的会话[1]：

（1）$\mathrm{C} \rightarrow \mathrm{AS}$：$ID_{\mathrm{C}} \| P_{\mathrm{C}} \| ID_{\mathrm{V}}$

（2）$\mathrm{AS} \rightarrow \mathrm{C}$：$Ticket$

（3）$\mathrm{C} \rightarrow \mathrm{V}$：$ID_{\mathrm{C}} \| Ticket$，$Ticket = \mathrm{E}(K_{\mathrm{V}}, [ID_{\mathrm{C}} \| AD_{\mathrm{C}} \| ID_{\mathrm{V}}])$

其中：

C　= 客户端；

AS　= 认证服务器；

V　= 服务器；

ID_{C} = 客户端上用户的身份标识；

ID_{V} = 服务器的身份标识；

P_{C} = 客户端上用户的口令；

1　冒号左边的部分表示发送方和接收方，冒号右边的部分表示消息内容，符号 ‖ 表示串接。

AD_C= 客户端的网络地址；

K_V = 认证服务器和服务器间共享的加密密钥。

在这种情况下，用户登录一个工作站，并请求访问服务器 V。用户工作站中的客户端模块C请求用户输入口令，然后向AS发送一条包含用户ID、服务器ID和用户口令的消息。AS查看它的数据库，检查用户是否提供了正确的口令，并检查这个用户是否被允许访问服务器V。如果两个检测均通过，AS认为此用户合法，并通知服务器该用户是合法的。为了做到这一点，AS创建一个**票据**，这个票据包含用户ID、用户网络地址和服务器ID。这个票据用AS和此服务器共享的秘密密钥进行加密。之后将这个票据送回C。由于这个票据是加密过的，C或攻击者就无法篡改它。

利用这张票据，C现在就可以向V请求服务。C向V发出一个包含C的ID和上述票据的消息。V对票据进行解密，并验证票据中的用户ID是否与消息中未加密的用户ID相同。如果两者匹配，服务器则认为这个用户是被授权的，并准许被请求的服务。

消息(3)中的每一个部分都是重要的。票据被加密以防篡改或伪造。服务器的ID(ID_V)包括在票据中，使得服务器可以验证票据被正确地解密。ID_C被包括在票据中来说明此票据是C发出的。最后，AD_C用来防止下述威胁。一个攻击者可以截获在消息（2）中传输的票据，然后使用标识ID_C并从另一个工作站以（3）的格式发送一条信息。服务器就会收到一张与用户ID匹配的合法票据，并允许发送请求的工作站访问。为了阻止这种攻击，AS将原始请求者的网络地址包含在票据中。现在，仅当原始请求者从同一个工作站发出票据时，它才是合法的。

一个更安全的认证会话。虽然上述方案解决了在开放网络环境中认证的一些问题，但是有些问题仍然存在。其中两个问题尤其突出。首先，希望让用户需要输入口令的次数最少。假设每个票据只能被用一次。如果用户C在早上登录工作站，想要在邮件服务器上检查他/她的邮件。C必须输入口令来得到一个使用邮件服务器的票据。如果C想在一天之内多次检查邮件，那么他/她每次都要重新输入口令。可以通过设置票据可重用来改进这一点。对于一次登录，工作站可以在它得到邮件服务器票据后将其存储起来，然后在多次对邮件服务器的访问时使用该票据来代表该用户。

然而，在这种方案下，一个用户对每个不同的服务仍然都需要一个新的票据。如果一个用户想访问打印服务器、邮件服务器、文件服务器等，第一次访问每种服务都要一个新的票据，也就要求用户输入一次口令。

上一种方案中的第二个问题是其中包含一次对口令的明文传送（消息1）。窃听者可以窃取口令，并可以使用受害者可以访问的任何服务。

为了解决这些额外的问题，我们引入了一个避免明文传输密钥的方案和一个称为**票据授权服务器**（TGS）的新服务器。这个新的但仍然是假定的方案如下所示：

每次用户登录会话就执行一次：

（1） $\mathrm{C} \rightarrow \mathrm{AS}$： $ID_C \| ID_{tgs}$

（2） $\mathrm{AS} \rightarrow \mathrm{C}$： $\mathrm{E}(K_C, Ticket_{tgs})$

每种类型的服务执行一次：

（3） $\mathrm{C} \rightarrow \mathrm{TGS}$： $ID_C \| ID_V \| Ticket_{tgs}$

（4） $\mathrm{TGS} \rightarrow \mathrm{C}$： $Ticket_V$

每个服务会话执行一次：

（5）C → V： $ID_C \| Ticket_V$

$Ticket_{tgs} = E(K_{tgs}, [ID_C \| AD_C \| ID_{tgs} \| TS_1 \| Lifetime_1])$

$Ticket_V = E(K_V, [ID_C \| AD_C \| ID_V \| TS_2 \| Lifetime_2])$

新服务（TGS）将**票据**发放给事先被 AS 认证的用户。这样，用户首先向 AS 请求票据授权票据（$Ticket_{tgs}$）。用户工作站中的客户端模块将此票据存储起来。每次用户请求访问新的服务时，客户端向 TGS 请求，利用票据来认证自己的身份。然后 TGS 授予它一个用于某个特定服务的票据。客户端保存每个服务授权票据，并在每次请求特定服务时使用对应的票据来向服务器认证用户身份。下面来介绍这种方案的具体细节：

（1）客户端代表用户请求票据授权票据。客户端将其用户的 ID 发送给 AS，同时发送 TGS 的 ID，来请求使用 TGS 服务。

（2）AS 返回一个由用户口令生成的密钥加密过的票据。当此票据到达客户端时，客户端提示用户输入口令，然后生成密钥，并试图解密到来的消息。如果提供了正确的口令，可以正确地解密票据。

由于应该只有正确的用户才知道口令，所以只有正确的用户才能恢复该票据。这样，就在 Kerberos 中使用了口令来获得可信度，并且避免了口令的明文传输。这个票据自身就包括了用户的 ID、用户的网络地址和 TGS 的 ID。这和第一种方案是一致的。这样做的思想是让客户端利用这个票据来请求多个服务授权票据。这样，就可以重用票据授权票据。但是，我们不希望一个攻击者能够截获这个票据并利用它。考虑以下情境：一个攻击者截获了登录票据并等到用户注销工作站。然后，攻击者要么访问受害者使用的那台工作站，要么将自己的工作站的网络地址设置成与受害者的相同。这样，攻击者就可以重用这个票据来欺骗 TGS。为了阻止这种攻击，票据上包括一个表明票据发出的日期和时间的**时间戳**，以及用来表明票据有效时间长度（如 8 小时）的**有效期**。这样，客户端现在就拥有了一个可重用的票据，并且不需要麻烦用户为每个新服务输入口令。最后，需要注意票据授权票据被一个只有 AS 和 TGS 知道的秘密密钥进行加密，这是为了防止对票据的篡改。这个票据使用基于用户口令的密钥再加密一次，这是为了确保只有正确的用户才能恢复票据，它起到了认证的作用。

现在，客户端已经拥有了票据授权票据，对于任意一个服务器的访问可以用步骤（3）和步骤（4）来获得：

（3）客户端代表用户请求一个服务授权票据。为了做到这一点，客户端向 TGS 发送一条包含用户 ID、欲请求服务 ID 和票据授予票据的消息。

（4）TGS 对到来的票据进行解密，并通过其 ID 来验证解密是否成功。它还要检查有效期来确认票据没有过期。然后它将用户 ID 和网络地址与收到的信息进行比较来验证用户。如果该用户被允许访问服务器 V，TGS 便会发放一个票据来准许对请求服务的访问。

服务授权票据与票据授权票据具有相同的结构。事实上，因为 TGS 是一台服务器，可以期望在向 TGS 验证客户端和向应用服务器验证客户端中使用相同的要素。这个票据同样包含了时间戳和有效期。如果此用户想在稍后的时间访问相同的服务，客户端可以简单地使用先前得到的服务授权票据而不必麻烦用户再次输入口令。注意这个票据被只有 TGS 和服务器知道的秘密密钥加密，这就防止了篡改。

最后，利用一个特定的服务授权票据，客户端就可以用步骤（5）来获取对相应服务的访问：

（5）客户端代表用户请求访问一个服务。为此目的，客户端发送一个包含用户 ID 和服务授权票据的消息。服务器使用票据中的内容来进行认证。

这种新方案满足了前述的两个要求：在每个用户对话中只请求一次用户口令和保护用户口令。

版本 4 的认证对话。虽然上一种方案相对于第一种方案增强了安全性，仍然有两个问题尚未解决。第一个问题的核心是票据授权票据的有效期。如果这个有效期很短（比如几分钟），用户就会被要求再三地输入口令。如果有效期太长（比如几小时），攻击者就有更多的机会进行重放。攻击者可以在网络上窃听，得到票据授权票据的一个副本，并等待合法用户注销。然后，攻击者就可以伪造合法用户的网络地址，并将步骤（3）中的消息发给 TGS。这将使攻击者可以对合法用户可得到的资源和文件进行不受限制的访问。

类似地，如果一个攻击者截获了一个服务授权票据，并在此票据过期前使用它，攻击者将可以访问对应的服务。

所以，我们需要提出一个新的要求。一个网络服务（TGS 服务或一个应用服务）必须能够确认使用票据的人就是被授予票据的人。

第二个问题是，需要服务器向用户对其自身进行验证的情况是可能存在的。如果没有这样的验证，攻击者就可能破坏配置信息，使得送往一个服务器的消息被定向到其他节点。这个假冒的服务器这样就会处在真实服务器的位置上，并可以获取用户发出的任何信息，而阻止对用户的真正服务。

逐个研究这些问题，并参考表 4.1，其中描述了实际的 Kerberos 协议。图 4.2 给出了简化 Kerberos 的概述。

表 4.1　Kerberos 版本 4 消息交换总结

（1）C→AS	$ID_C \parallel ID_{tgs} \parallel TS_1$
（2）AS→C	$E(K_C,[K_{C,tgs} \parallel ID_{tgs} \parallel TS_2 \parallel Lifetime_2 \parallel Ticket_{tgs}])$
	$Ticket_{tgs}=E(K_{tgs},[K_{C,tgs} \parallel ID_C \parallel AD_C \parallel ID_{tgs} \parallel TS_2 \parallel Lifetime_2])$
（a）用于获取票据授权票据的认证服务交换	
（3）C→TGS	$ID_V \parallel Ticket_{tgs} \parallel Authenticator_C$
（4）TGS→C	$E(K_{C,tgs},[K_{C,V} \parallel ID_V \parallel TS_4 \parallel Ticket_V])$
	$Ticket_{tgs} = E(K_{tgs},[K_{C,tgs} \parallel ID_C \parallel AD_C \parallel ID_{tgs} \parallel TS_2 \parallel Lifetime_2])$
	$Ticket_V = E(K_V,[K_{C,V} \parallel ID_C \parallel AD_C \parallel ID_V \parallel TS_4 \parallel Lifetime_4])$
	$Authenticator_C = E(K_{C,tgs},[ID_C \parallel AD_C \parallel TS_3])$
（b）用于获得服务授权票据的票据授权服务交换	
（5）C→V	$Ticket_V \parallel Authenticator_C$
（6）V→C	$E(K_{C,V},[TS_5+1])$　（用于双向认证）
	$Ticket_V = E(K_V,[K_{C,V} \parallel ID_C \parallel AD_C \parallel ID_V \parallel TS_4 \parallel Lifetime_4])$
	$Authenticator_C = E(K_{C,V},[ID_C \parallel AD_C \parallel TS_5])$
（c）为获得服务而进行的客户端/服务器认证交换	

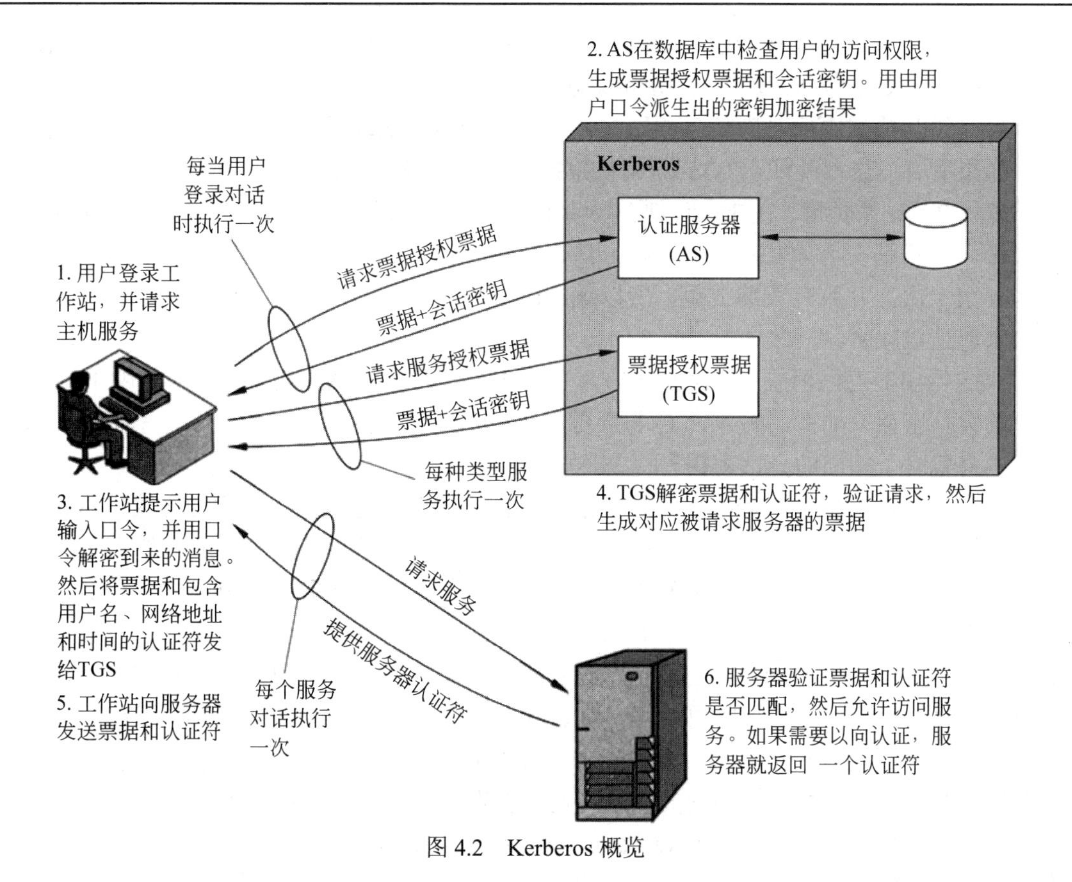

图 4.2　Kerberos 概览

首先来考虑票据授予票据可能被窃取的问题和确定出示票据者就是被授予票据的客户端的必要性。这个威胁是，攻击者会窃取票据并在票据失效之前使用它。为了避免这个问题，可以让 AS 向客户端和 TGS 通过安全方式各提供一条秘密信息。然后，客户端可以通过展示秘密信息来向 TGS 证明自己的身份，这同样是在安全方式下进行的。为达到这个目的，一个有效的方法是使用一个加密密钥来作为安全信息，这在 Kerberos 中称为会话密钥。

表 4.1（a）描述了分发会话密钥的技术。与之前相同，客户端向 AS 发送一条请求访问 TGS 的消息。AS 回应一个消息，这个消息是用由用户口令（K_C）派生出的密钥加密过的，而且含有票据。这个加密过的消息还含有一个会话密钥的副本——$K_{C,\,tgs}$，这里的下标表示这个会话密钥是给 C 和 TGS 使用的。由于会话密钥是在用 K_C 加密过的消息中，只有该用户的客户端才可以读取它。同样的会话密钥被包含在票据中，此票据只能由 TGS 读取。这样，会话密钥就安全地传送给了 C 和 TGS。

注意一些附加信息也被加到对话的第一阶段中。消息（1）中包含时间戳，所以 AS 知道这个消息是即时的。消息（2）中包含了以 C 可以访问的形式给出的票据中的若干要素。这使得 C 可以确认这个票据是送给 TGS 的，也可以知道它过期的时间。

有了票据和会话密钥做基础，C 就可以和 TGS 进行通话了。与此之前的相同，C 向 TGS 发出一条包括票据和请求服务 ID 号的消息（表 4.1（b）中的消息（3））。除此之外，C 还发送一个包含 C 的 ID、C 的网络地址和时间戳的认证符。与票据的可重用性不同，认证符只能使用一次，而且有效期非常短。TGS 可以用它与 AS 共享的密钥对票据进行解密。这个票据表明用户 C 已经被授予会话密钥 $K_{C,tgs}$。事实上，这个票据告诉 TGS："任何使用 $K_{C,tgs}$ 的用户必定是 C"。TGS 使用会话密钥来解密认证符。TGS 接下来检查认证符中的 ID 和网络地址是否与票据中的对应信息相同，认证符中的网络地址是否与到来信息的网络地址一致。如果所有信息都匹配，TGS 就确认票据发送方的确是票据的真正拥有者。事实上，认证符告诉 TGS："据此，在 TS_3 时刻，我使用 $K_{C,tgs}$"。需要注意的是，票据并不证明任何人的身份，它只是安全分发密钥的一种方法。正是认证符证实了客户端的身份。由于认证符只能使用一次，并且有效期很短，所以就消除了攻击者既窃取票据又窃取认证符，以便在后来重放造成威胁。

TGS 给出的返回消息（即消息（4））与消息（2）采取相同的格式。此消息用 TGS 和 C 共享的会话密钥来加密，并包含 C 与服务器 V 共享的会话密钥、V 的 ID 和票据时间戳。票据本身包含了相同的会话密钥。

现在，C 拥有了对于 V 可重用的服务授权票据。当 C 用消息（5）中的方式出示此票据时，它同时也发出一个认证符。服务器会解密该票据，恢复会话密钥，并解密认证符。

如果需要进行双向认证，服务器会以表 4.1 中消息（6）的形式返回消息。服务器从认证符中得到时间戳的值，将此值加 1，并把它用会话密钥加密后返回给 C。C 可以解密该消息，并得到加过 1 的时间戳。由于这个消息是用会话密钥加密过的，所以 C 可以确定它只能是由 V 生成的。此信息中的内容可以使 C 确定这个应答并不是先前应答的重放。

最后，在这个过程结束时，客户端和服务器就共享一个秘密密钥。今后可以用该密钥来加密客户端和服务器之间传递的消息，也可以用该密钥来交换新的随机会话密钥。

图 4.3 给出了多方之间进行 Kerberos 交换协议的示意图。表 4.2 总结了 Kerberos 协议中各要素的合理性。

表 4.2 Kerberos 各要素的原理

消息（1）	客户端请求票据授予票据
ID_C	由客户端告诉 AS 用户身份
ID_{tgs}	告诉 AS 用户请求访问 TGS
TS_1	使 AS 可以验证客户端的时钟与 AS 的时钟是否同步
消息（2）	AS 向客户端返回票据授予票据
K_C	加密是基于用户口令的，这使得 AS 和客户端可以验证口令，并保护消息（2）的内容
$K_{C,tgs}$	由 AS 创建的用户端可以访问会话密钥的复制，它就允许客户端和 TGS 之间可以安全交换信息，而不需要它们共享永久的密钥
ID_{tgs}	确认此票据是为 TGS 生成的
TS_2	通知客户端此票据的发放时间
$Lifetime_2$	通知客户端此票据的有效期
$Ticket_{tgs}$	用户端用来访问 TGS 的票据

（a）认证服务交换

消息（3）	客户端请求服务授予票据
ID_V	告诉 TGS 用户请求访问服务器 V

续表

$Ticket_{tgs}$	向 TGS 确认此用户是经过 AS 认证过的
$Authenticator_C$	由客户端创建，用于认证票据
消息（4）	TGS 返回服务授予票据
$K_{C,tgs}$	只由 C 与 TGS 共享的私密密钥，用来保护消息（4）
$K_{C,V}$	由 TGS 创建的用户端可以访问会话密钥的复制，它允许客户端和服务器之间可以安全交换信息，而不需要它们共享永久的密钥
ID_V	确认该票据是为 V 生成的
TS_4	通知客户端此票据的发放时间
$Ticket_V$	用户端将用来访问服务器 V 的票据
$Ticket_{tgs}$	是可重用的，这样就不需要用户重复输入口令
K_{tgs}	票据被只有 AS 和 TGS 知道的密钥加密，以防篡改
$K_{C,tgs}$	TGS 可以访问会话密钥的副本，它被用来解密认证符，从而认证票据
ID_C	标识此票据的合法所有者
AD_C	防止除开始时请求票据的工作站之外的其他工作站使用票据
ID_{tgs}	使服务器确认票据被正确的解密
TS_2	通知 TGS 此票据的发放时间
$Lifetime_2$	防止票据过期后的重放
$Authenticator_C$	使 TGS 确认票据出示者即是被授予票据的客户端，有效期很短，这是为了防止重放
$K_{C,tgs}$	认证符由只有客户端和 TGS 知道的密钥加密，以防篡改
ID_C	必须与票据的 ID 匹配，从而认证票据
AD_C	必须与票据的网络地址匹配，从而认证票据
TS_3	通知 TGS 认证符的生成的时间
（b）票据授权服务交换	
消息（5）	客户端申请服务
$Ticket_V$	使服务器确信此用户已经通过 AS 的验证
$Authenticator_C$	由客户端生成，用于验证票据
消息（6）	可选的用户对服务器的认证
$K_{C,V}$	使 C 确认消息来自 V
TS_5+1	使 C 确认这个应答不是一个先前应答的重放
$Ticket_V$	为可重用的，这样就不需要客户端每次访问同一个服务器都向 TGS 申请新的票据
K_V	票据被只有 TGS 和服务器知道的密钥加密，以防篡改
$K_{C,V}$	客户端可以访问会话密钥的复制，它用来解密认证符，从而认证票据
ID_C	标识票据的合法拥有者
AD_C	防止除开始时请求票据的工作站之外的其他工作站使用票据
ID_V	使服务器确认票据被正确解密

续表

TS_4	通知服务器票据发放的时间
$Lifetime_4$	防止票据过期后的重放
$Authenticator_C$	使服务器确认票据出示者即是被授予票据的客户端，有效期很短，这是为了防止重放
$K_{C,V}$	认证符被只有客户端和服务器知道的密钥加密，以防篡改
ID_C	必须与票据的 ID 匹配，从而认证票据
AD_C	必须与票据的网络地址匹配，从而认证票据
TS_5	通知服务器认证符的生成时间

（c）客户端与服务器的认证交换

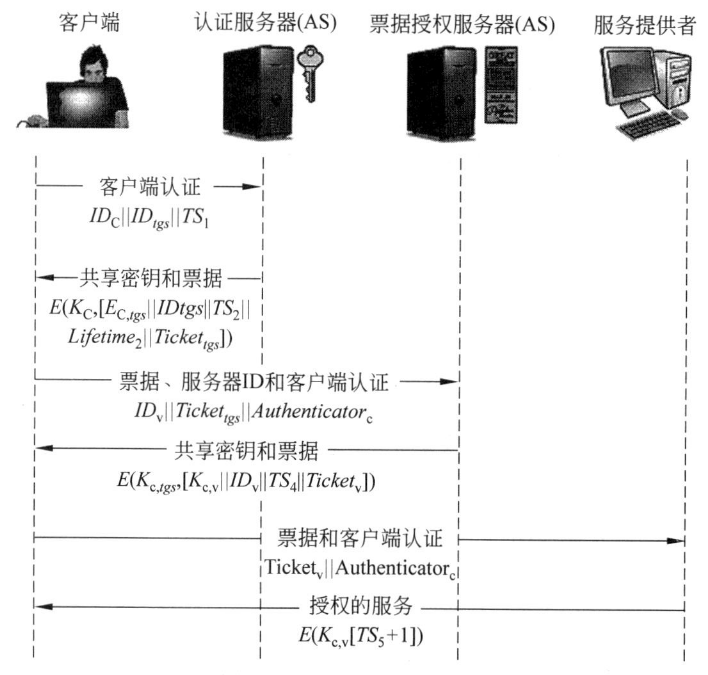

图 4.3 Kerberos 交换协议

Kerberos 域和多重 Kerberos。一个提供全套服务的 Kerberos 环境包括一台 Kerberos 服务器、若干客户端和若干应用服务器。这个环境有如下要求：

（1）Kerberos 服务器的数据库中必须存有所有参与用户的 ID 和经过散列函数处理过的口令。所有用户都要在 Kerberos 服务器上注册。

（2）Kerberos 服务器必须和每个服务器共享一个秘密密钥。所有的服务器都要在 Kerberos 服务器上注册。

这种环境被称为 **Kerberos 域**。对于域的概念可以做如下解释。一个 Kerberos 域是共享同一个 Kerberos 数据库的一组受控节点。Kerberos 数据库驻存于 Kerberos 主计算机系统中，它应该被放在一个物理上安全的房间中。一个只读的 Kerberos 数据库副本也可能驻存于其他的 Kerberos 计算机系统中。但是，所有对数据库的更改必须在主计算机系统中进行。改变或访问 Kerberos 数据库中的内容需要 Kerberos 主口令。一个相关的概念是 **Kerberos 主体**。

Kerberos 主体是对 Kerberos 系统已知的服务或用户。每个 Kerberos 主体由其主体名标识。主体名由三部分组成：一个服务或用户名、一个实例名和一个域名。

在不同监管组织下的用户端/服务器网通常组建为不同的域。这样，让一个监管组织下的用户和服务器在其他地方的 Kerberos 服务器上注册是不现实的，或者是不符合监管策略的。然而，一个域中的用户可能需要访问其他域中的服务器，而且一些服务器也愿意为其他域的用户提供服务，只要它们是被认证过的。

4.3.2 Kerberos 版本 5

Kerberos 版本 5 在 RFC 4210 中做了详细规定，相对于版本 4，它提供了很多改进[KOHL94]。首先概述一下从版本 4 到版本 5 的变化，然后介绍版本 5 的协议。

版本 4 与版本 5 的不同。版本 5 要解决版本 4 在两方面的局限：环境方面的不足和技术上的缺陷。我们来简单地概括一下在每个方面的改进。Kerberos 版本 4 没有充分强调能够在通常情况下使用的必要性。这使得它有如下的**环境不足**：

（1）**加密系统依赖性**：版本 4 需要使用 DES。DES 的输出限制和对 DES 强度的怀疑就成为需要关注的问题。在版本 5 中，密文被标记上加密类型标识，这使得可以使用任何类型的加密技术。加密密钥被标记上类型和长度，这就允许可以在不同的算法中使用相同的密钥，也允许在一个给定的算法中具有不同的规定。

（2）**互联网协议依赖性**：版本 4 需要使用互联网协议（IP）地址。其他类型的地址（比如 ISO 网络地址）不受支持。版本 5 的网络地址被标记上类型和长度，使得任何类型的网络地址都可以使用。

（3）**消息字节排序**：在版本 4 中，消息的发送方采用一种自己选择的字节排序，并对消息进行标注，以表明最低地址中的最低有效字节或最低地址中的最高有效字节。这种技术是可行的，但是它不符合已经形成的惯例。在版本 5 中，所有的消息结构都使用抽象语法表示法 1（ASN.1）和基本编码规则（BER），这两个标准提供了清晰的字节排序。

（4）**票据有效期**：版本 4 中的有效期值由一个 8 比特的值来编码，并以 5 分钟为一个基本单位。这样，可以表示的最长有效期为 $2^8 \times 5 = 1280$ 分钟，即 21 个小时多一点。这对某些应用来说是不够用的（比如一个在整个运行过程中需要合法 Kerberos 证书的运行时间很长的仿真）。在版本 5 中，票据有明确的开始时间和结束时间，这使得票据可以有任意的有效期。

（5）**认证转发**：版本 4 不允许将发放给一个客户端的证书转发给其他主机，并由其他客户端使用。而这种功能可以使得一个客户端访问一台服务器，并让那个服务器以客户端的名义访问另一台服务器。例如，一个客户端访问一个打印服务器，然后打印服务器使用客户端的名义访问文件服务器中该客户端的文件。版本 5 提供了这种功能。

（6）**域间认证**：在版本 4 中，如前所述，N 个域中的互操作需要 N^2 阶的 Kerberos- Kerberos 关系。版本 5 支持一种需要较少关系的方法，这种方法很快就会讲到。

除了环境方面的局限，版本 4 本身还有一些**技术缺陷**。大部分技术缺陷都记录在[BELL90]中，而版本 5 试图解决这些问题。这些缺陷如下所述：

（1）**双重加密**：注意表 4.1 中的消息（2）和消息（4），向客户端提供的票据都经过双重加密，一次是被目标服务器的秘密密钥加密，另一次是被客户端所知道的秘密密钥加密。第二次再加密是不必要的，这会造成计算上的浪费。

（2）**PCBC 加密**：版本 4 中的加密使用了一种非标准的 DES 加密模式，这种模式被称为传播密码分组链接（PCBC）[1]。这种模式被证明是易受包含交换密码块的攻击方法攻击的[KOHL89]。使用 PCBC 模式是想提供完整性检查作为加密操作的一部分。版本 5 提供了明确的完整性机制，这样就可以使用标准的 CBC 模式来加密。特别地，在进行 CBC 模式加密之前，将把一个校验和或散列码附加在消息中。

（3）**会话密钥**：每个票据都包括一个会话密钥，它被客户端用来加密送给与票据相关联的服务的认证符。另外，会话密钥可能在后来由客户端和服务器用来保护会话中传送的消息。但是，由于同一个票据可能被重用来获得一个特定服务器上的服务，这就存在攻击者重放先前与客户端或与服务器的会话的风险。在版本 5 中，客户端和服务器可以协商得到子会话密钥，子会话密钥只在那次连接中使用。客户端新的访问将会导致使用新的子会话密钥。

（4）**口令攻击**：两个版本都容易受口令攻击。由 AS 发给客户端的消息包括用基于客户端口令的密钥加密过的内容[2]。攻击者可以截获这个消息，并试图用不同的口令解密它。如果试验解密的结果具有适当的形式，则攻击者就发现了客户端口令，并且以后可以用其从 Kerberos 服务器取得认证证书。这与第 9 章介绍的口令攻击属于同一类型，并有相同的可应用的反攻击方法。版本 5 的确提供了一种称为预认证的机制，这使得口令攻击更加困难，但它不能杜绝这种攻击。

版本 5 的认证对话。表 4.3 总结了版本 5 的基本对话。最好的解释方式是与版本 4（见表 4.1）进行比较。

表 4.3 Kerberos 版本 5 消息交换总结

（1）**C → AS**	$Options \parallel ID_C \parallel Realm_C \parallel ID_{tgs} \parallel Times \parallel Nonce_1$
（2）**AS → C**	$Realm_C \parallel ID_C \parallel Ticket_{tgs} \parallel \mathrm{E}(K_C, [K_{C,tgs} \parallel Times \parallel Nonce_1 \parallel Realm_{tgs} \parallel ID_{tgs}])$
	$Ticket_{tgs} = \mathrm{E}(K_{tgs}, [Flags \parallel K_{C,tgs} \parallel Realm_C \parallel ID_C \parallel AD_C \parallel Times])$
（a）用于获取票据授权票据的认证服务交换	
（3）**C → TGS**	$Options \parallel ID_V \parallel Times \parallel Nonce_2 \parallel Ticket_{tgs} \parallel Authenticator_C$
（4）**TGS → C**	$Realm_C \parallel ID_C \parallel Ticket_V \parallel \mathrm{E}(K_{C,tgs}, [K_{C,V} \parallel Times \parallel Nonce_2 \parallel Realm_V \parallel ID_V])$
	$Ticket_{tgs} = \mathrm{E}(K_{tgs}, [Flags \parallel K_{C,tgs} \parallel Realm_C \parallel ID_C \parallel AD_C \parallel Times])$
	$Ticket_V = \mathrm{E}(K_V, [Flags \parallel K_{C,V} \parallel Realm_C \parallel ID_C \parallel AD_C \parallel Times])$
	$Authenticator_C = \mathrm{E}(K_{C,tgs}, [ID_C \parallel Realm_C \parallel TS_1])$
（b）用于获取服务授权票据的票据授权服务交换	

1 这将在在线附录 F 中描述。

2 在线附录 F 中描述了从口令到加密密钥的映射。

续表

（5）C → V	$Options \parallel Ticket_V \parallel Authenticator_C$
（6）V → C	$E_{K_{C,V}}[TS_2 \parallel Subkey \parallel Seq\#]$
	$Ticket_V = E(K_V, [Flags \parallel K_{C,V} \parallel Realm_C \parallel ID_C \parallel AD_C \parallel Times])$
	$Authenticator_C = E(K_{C,V}, [ID_C \parallel Realm_C \parallel TS_2 \parallel Subkey \parallel Seq\#])$
（c）用于获取服务的客户端/服务器认证交换	

首先来考虑**认证服务交换**。消息（1）是客户端的票据授权票据请求。与之前相同，它包含用户和 TGS 的 ID。下面是新加入的要素：

- **域**：表明用户所在的域。
- **选项**：用于请求在返回的票据中设置某些标志。
- **时间**：被客户端用来请求以下票据中的时间设置：
  ——from：期望的被请求票据的起始时间。
  ——till：要求的被请求票据的过期时间。
  ——rtime：要求的更新后的 till 时间。
- **随机数**：一个随机数，它将在消息（2）中被重复来确保应答是实时的，而不是被攻击者重放过的。

消息（2）返回一个票据授权票据，客户端标识信息和一个用基于用户口令的加密密钥加密的数据块。这个数据块中包括客户端和 TGS 之间使用的会话密钥、消息（1）中设置的时间、消息（1）中的随机数和 TGS 的标识信息。票据本身就包含会话密钥、客户端标识信息、被请求时间值、反映此票据状态的标志以及被请求的选项。这些标识为版本 5 引入了重要的新功能。我们暂时延缓讨论这些标志，并集中讨论版本 5 协议的整体结构。

现在来比较版本 4 和版本 5 的**票据授权服务交换**。可以发现在两个版本中，消息（3）都包括一个认证符、一个票据和被请求服务的名称。另外，版本 5 包含请求的时间信息、票据的选项和一个随机数，它们的功能与消息（1）中的对应部分相似。认证符本身和版本 4 中使用的认证符实质上是相同的。

消息（4）与消息（2）具有相同的结构，返回一个票据和客户端需要的信息。后者是用由客户端和 TGS 共享的会话密钥加密的。

最后，对于**客户端/服务器认证交换**，版本 5 中出现了一些新的特点。在消息（5）中，客户端可能请求需要双向认证的选项。认证符包括以下几个新域：

- **子密钥**：子密钥是用户选择用来保护此次特定服务会话的加密密钥。如果忽略这个域，则使用票据中的会话密钥 $K_{C,V}$。
- **序列号**：这是一个可选择的域。它指定了在此次会话中，服务器向客户端发送消息中所用序列号的起始值。消息可能会顺序编号以检测重放。

如果需要双向认证，服务器向客户端返回消息（6）。这个消息中包括认证符中的时间戳。注意在版本 4 中，时间戳被加上了 1。这在版本 5 中是不必要的，因为消息格式的本质决定了如果攻击者不知道正确的加密密钥，则不可能生成消息（6）。如果存在子密钥域，则覆盖消息（5）中的子密钥域（如果消息（5）中的子密钥存在）。可选的序列号域指定了客户端将使用的起始序列号。

4.4 基于非对称加密的密钥分配

公钥加密的一个重要作用就是处理密钥的分发问题。在这方面，使用公钥加密实际上存在两个不同的方面。

- 公钥的分发。
- 使用公钥加密分发私钥。

下面依次分析这两个方面。

4.4.1 公钥证书

从字面理解，公钥加密的意思就是公钥是公开的。所以，如果有某种广泛接受的公钥算法，如 RSA，任何参与者都可以给其他参与者发送他的或她的公钥，或向群体广播自己的公钥。虽然这种方法非常方便，但是它也有个很大的缺点。任何人都可以伪造公共通告。即某用户可以伪装用户 A 向其他参与者发送公钥或者广播公钥。直到一段时间后用户 A 发觉了伪造并且警告其他参与者，伪装者在此之前都可以读到试图发送给 A 的加密消息，并且使用假的公钥进行认证。

解决这种问题的方法是使用**公钥证书**。实际上，公钥证书由公钥加上公钥所有者的用户 ID 以及可信的第三方签名的整个数据块组成。通常，第三方就是用户团体所信任的认证中心（CA），如政府机构或金融机构。用户可通过安全渠道把他或她的公钥提交给这个 CA，获取证书。然后用户就可以发布这个证书。任何需要该用户公钥的人都可以获取这个证书，并且通过所附的可信签名验证其有效性。图 4.4 描述了这个过程。

人们广泛接受的公钥证书格式是 X.509 标准。X.509 证书应用于大多数的网络安全设施，包括 IP 安全、安全套接字层（SSL）、安全电子交易（SET）和 S/MIME。所有这些将在本书第 2 部分进行讨论。下节将详细分析 X.509。

4.4.2 基于公钥密码的秘密密钥分发

使用传统加密时，双方能够安全通信的基本要求就是它们能共享密钥。假设 Bob 想建立一个消息申请，使他能够与对方安全地交换电子邮件，这里的“对方”是指任何能够访问 Internet 或者与 Bob 共享其他网络的人。假定 Bob 要用传统加密来做这件事。使用传统加密时，Bob 和他的通信者（如 Alice）必须构建一个通道来共享任何其他人都不知道的唯一密钥。他们是如何实现的呢？如果 Alice 在 Bob 的隔壁房间里，Bob 可以生成密钥，把它写在纸上或存储在磁盘上，然后交给 Alice。但是如果 Alice 在欧洲或世界的另一边，Bob 该怎么办呢？他可以用传统的加密方法加密密钥，并且将它以电子邮件方式发送给 Alice。但是这意味着 Bob 和 Alice 必须共享一个密钥来加密这个新的密钥。此外，Bob 和任何其他使用这种新电子邮件包的人都与他们的潜在通信者之间面临着相同的问题：任何一对通信者之间都必须共享一个唯一的密钥。

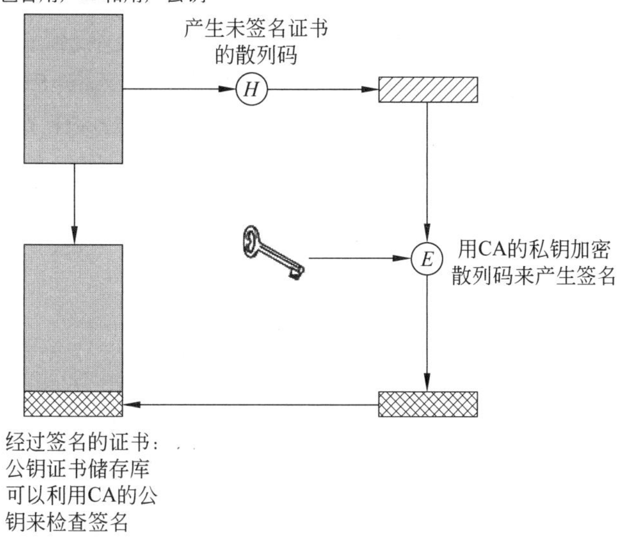

图 4.4　公钥证书的使用

该问题的一种解决方案就是使用 Diffie-Hellman 密钥交换。该方法的确在广泛使用。然而，这种方案也有它的缺点。最简单形式的 Diffie-Hellman 不能为两个通信者提供认证。

一种很好的替代方法就是使用公钥证书。当 Bob 想要与 Alice 通信时，他按下面的步骤操作：

（1）准备消息。

（2）利用一次性传统会话密钥，使用传统加密方法加密消息。

（3）利用 Alice 的公钥，使用公钥加密的方法加密会话密钥。

（4）把加密的会话密钥附在消息上，并且把它发送给 Alice。

只有 Alice 能够解密会话密钥进而恢复原始消息。如果 Bob 通过 Alice 的公钥证书获得 Alice 的公钥，则 Bob 能够确认它是有效的密钥。

4.5　X.509 证书

ITU-T 推荐标准 X.509 是 X.500 推荐标准系列的一部分，X.500 系列推荐标准定义了一套目录服务。所谓目录服务，实际上是指用于维护用户信息数据库的一个或一组分布式服务器。这些信息包括从用户名到网络地址的映射关系，以及其他关于用户的属性和信息。

X.509 定义了一个使用 X.500 目录向其用户提供认证服务的框架。该目录可以作为公钥证书存储库。每个证书都包括用户的公钥，并由一个可信任的认证中心用私钥签名。除此之外，X.509 定义了另一个基于使用公钥证书的认证协议。

X.509 是一个重要的标准，这是因为 X.509 中定义的证书结构和认证协议在很多环境下都会使用。例如，X.509 的证书格式在 S/MIME（第 7 章）、IP 安全（第 8 章）和 SSL/TLS（第 5 章）中被使用。

X.509 最初发布于 1988 年。这个标准后来为了解决某些在[IANS90]和[MITC90]列出的安全方面的考虑而进行了修订。该标准目前是 2012 年发布的第 7 版。

X.509 基于公钥加密体制和数字签名的使用。这个标准并没有强制使用某个特定的数字签名算法，也没有规定特定的散列函数。图 4.5 说明了生成公钥证书的整体 X.509 方案。Bob 的公钥的证书包括 Bob 的唯一标识信息，Bob 的公钥以及关于 CA 的标识信息，以及随后解释的其他信息。然后通过计算信息的散列值并使用散列值和 CA 的私钥生成数字签名来对该信息进行签名。

4.5.1 证书

X.509 方案的核心是与每个用户相关联的公钥证书。这些用户证书是由可信任的认证中心（certification authority，CA）创建的，并由 CA 或用户放在目录中。目录服务器本身不负责公钥的产生和认证功能；它只为用户获取证书提供一个容易访问的场所。

图 4.5（a）表示了证书的一般结构，它包含以下要素：

- **版本**：区别连续版本中的证书格式，默认为版本 1。如果证书中有发放者唯一标识符或者主体唯一标识符，则说明此值一定为 2。如果存在一个或多个扩展，则此值一定为 3。
- **序列号**：一个整数值，此值在发放证书的 CA 中唯一，且明确与此证书相关联。
- **签名算法标识符**：用于进行签名证书的算法和一切有关的参数。由于此信息在证书末尾的签名域中被重复，此域基本没有用处。
- **发放者名称**：创建和签发该证书的 CA 的 X.500 名称。
- **有效期**：包括两个日期：证书有效的最初日期和最晚日期。
- **主体名称**：此证书指向用户的名称。也就是说，此证书核实拥有相关私钥的主体的公钥。
- **主体公钥信息**：主体的公钥，加上一个表明此公钥用于何种加密算法的标识和任何相关参数。
- **发放者唯一标识符**：一个可选的比特串域，在 X.500 名称被重用于不同实体中的情况下，它用来唯一地确定发放证书的 CA。
- **主体唯一标识符**：一个可选的比特串域，在 X.500 名称被重用于不同实体中的情况下，它用来唯一地确定主体。
- **扩展**：一个和多个扩展域组成的集合。在版本 3 中加入扩展，有关扩展内容将在本节后面讨论。
- **签名**：包括此证书的一切其他的域。它包含用 CA 的私钥加密过的其他域的散列码。此域包含签名算法标识符。

在版本 2 中增加的唯一标识符域是用来解决可能出现的主体和/或发放者名称的重用问题的。这些域很少使用。

此标准采取以下表示法来定义一个证书：

$$CA \ll A \gg = CA \{V, SN, AI, CA, UCA, A, UA, A_P, T^A\}$$

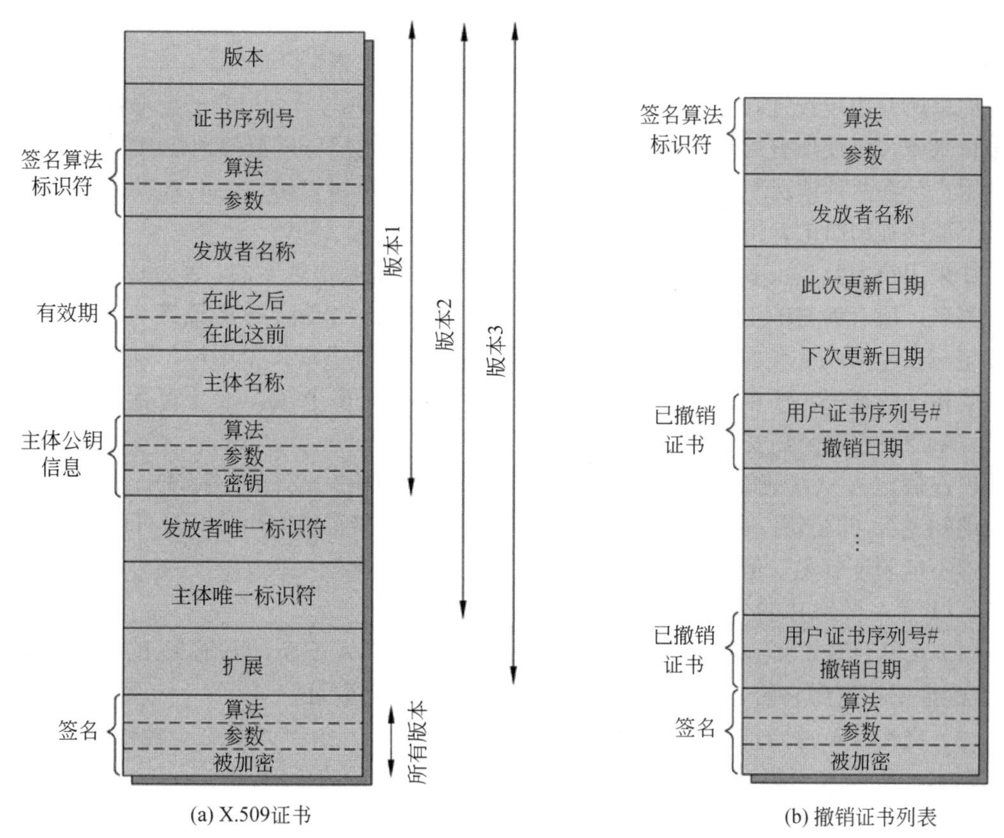

图 4.5　X.509 格式

其中：

Y << X >> =由认证中心 Y 发放的用户 X 的证书；

Y{I} =Y 对 I 的签名，它包括 I，并在其后追加一个加密过的散列码；

V=证书的版本；

SN=证书的序列号；

AI=签名算法标识符；

CA=认证中心名称；

UCA=可选的 CA 唯一标识符；

A=用户 A 名称；

UA=可选的用户 A 唯一标识符；

A_p=用户 A 的公钥；

T^A=证书的有效期。

CA 用它的私钥对证书进行签名。如果一个用户知道相应的公钥，那个用户就可以验证由 CA 签名过的证书是否合法。如图 4.5 所示，这是典型的数字签名方法。

获得用户证书。由 CA 生成的用户证书有如下特征：

- 任何可以访问 CA 公钥的用户都可以验证此经过签名的用户公钥。
- 只有认证中心才可以修改用户证书而不会被发现。

由于证书是不可伪造的，它们可以放在目录中，而不需要目录采取特殊的措施来保护它们。

如果所有用户预订同一 CA，则它们共同信任那个 CA。所有用户的证书都可以存放在一个目录下，以便所有用户对其进行访问。另外，一个用户可以直接把他/她的证书传送给其他用户。在两种情况下，一旦 B 获得了 A 的证书，B 就可以确认他用 A 的公钥加密的消息是不能够被窃听的，用 A 的私钥签名的信息是不能被伪造的。

如果用户的数量很多，让所有用户预订同一 CA 可能是不现实的。因为是由 CA 对证书进行签名，所有参与的用户都必须拥有这个 CA 公钥的一个副本来验证签名。这个公钥必须以绝对安全（从完整性和真实性的角度来说）的方式提供给每个用户，以使用户可以信任与其相关的证书。所以，在有许多用户的情况下，使用多个 CA 是更可行的方法，其中每个 CA 都将它的公钥安全地提供给一部分用户。

现在假定 A 从认证中心 X_1 处得到证书，而 B 从认证中心 X_2 处得到证书。如果 A 不能安全地知道 X_2 的公钥，那么由 X_2 发放给 B 的证书对 A 来说没有用处。A 可以读取 B 的证书，但不能验证签名。但是，如果两个 CA 之间已经安全地交换了它们的公钥，下面的过程就可以使 A 得到 B 的公钥：

（1）A 从目录中得到经过 X_1 签名的 X_2 的证书。由于 A 安全地知道 X_1 的公钥，A 可以从 X_2 的证书中得到它的公钥，并通过 X_1 对该证书的签名验证它。

（2）之后，A 返回目录并得到由 X_2 签名的 B 的证书。由于 A 现在已经可以信任 X_2 的公钥副本，所以 A 可以对签名进行验证，并安全地得到 B 的公钥。

A 使用了一个证书链来得到 B 的公钥。使用 X.509 中的表示法，这个链可以表述如下：

$$X_1 << X_2 >> X_2 << B >>$$

通过同样的方式，B 可以通过反向链来得到 A 的公钥：

$$X_2 << X_1 >> X_1 << A >>$$

这种方案不必局限于由两个证书组成的一条链。一个任意长的 CA 路径都可以用类似的方法产生一个链。一个拥有 N 个要素的链可以表述如下：

$$X_1 << X_2 >> X_2 << X_3 >> \cdots X_N << B >>$$

在这种情况下，CA 链中的每一对 (X_i, X_{i+1}) 都必须互相生成过证书。

所有这些 CA 发给 CA 的证书都必须出现在目录中，并且用户需要知道它们之间是如何链接的，以便沿着一条路径得到另一个用户的公钥证书。X.509 建议将 CA 安排在一种层次结构中，使得可以进行直接的导航。

从 X.509 得到的图 4.6 是一个这种层次结构的例子。被连接起来的圆圈表明 CA 之间的层次关系。与此相关联的方框表明了在每个 CA 目录入口中存储的证书。每个 CA 的目录入口都包含如下两种类型的证书：

- **前向证书**：由其他 CA 生成的 X 的证书；
- **反向证书**：由 X 生成的其他 CA 的证书。

在这个例子中，用户 A 可以从目录中得到后续证书，进而建立一个通向 B 的认证路径：

$$X << W >> W << V >> V << Y >> Y << Z >> Z << B >>$$

当 A 已经获得了这些证书时，它可以依次展开认证路径来恢复可信的 B 的公钥副本。使用这个公钥，A 可以向 B 发送加密过的消息。如果 A 希望从 B 返回加密过的信息，或者

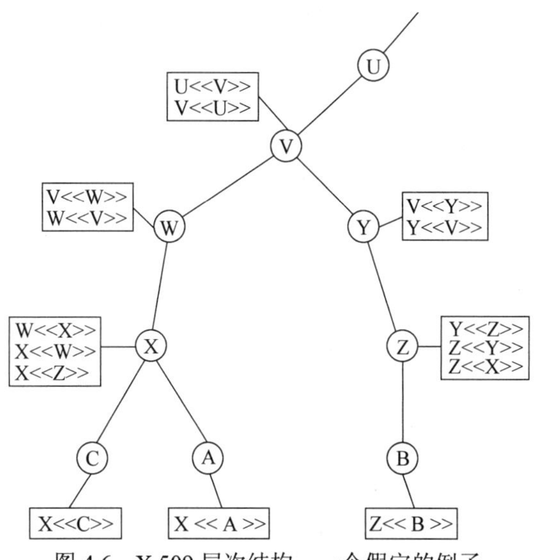

图 4.6　X.509 层次结构：一个假定的例子

对向 B 发出的信息进行签名，那么 B 需要知道 A 的公钥。A 的公钥可以通过如下认证路径得到：

Z << Y >> Y << V >> V << W >> W << X >> X << A >>

B 可以从目录中得到这些证书，或者 A 把它们作为初始信息的一部分提供给 B。

证书撤销。回忆图 4.4 可知，每个证书都包含一个有效期，这非常类似于一张信用卡。在典型情况下，一个新证书恰好在老证书过期前发放。而且由于下面的原因之一，有时会希望在证书过期前就将其撤销：

（1）用户的私钥被认为已泄露。

（2）用户不再被 CA 信任。

（3）CA 的证书被认为已泄露。

每个 CA 都必须存储一个包含由其发放的所有被撤销而未到期证书的列表，这既包括给用户发放的证书，也包括给其他 CA 发放的证书。这些列表也应该放在目录中。

每一个存放在目录中的证书撤销列表（CRL）都由证书发放者签名，并且包括（见图 4.4（b））：发放者的名称、列表创建日期、下一个 CRL 计划发放日期和每一个被撤销证书的入口。每个入口包括一个证书序列号和此证书的撤销日期。由于在 CA 中序列号是各不相同的，所以序列号就足以确认证书。

当用户从消息中得到证书时，必须要确定证书是否被撤销。用户可以在每次收到证书时检查目录。为了避免由目录搜索带来的延迟和可能的消耗，用户可以维护一个记录证书和被撤销证书列表的本地缓存。

4.5.2　X.509 版本 3

X.509 版本 2 不能传递最近设计和实现经验中需要的所有信息。[FORD95]列出了版本 2 没有满足的以下要求：

（1）主体域不能胜任将密钥所有者的身份传递给公钥用户。X.509 的名称相对来说可能有些短，并且缺乏用户可能需要的显而易见的身份细节。

（2）主体域也不能胜任许多应用，这些应用一般通过互联网电子邮件地址、URL 或其他与网络相关的标识来辨认实体。

（3）需要标明安全策略方面的信息。这可以使得一个诸如 IPSec 之类的安全应用或安全功能能够将 X.509 证书与给定的安全策略联系起来。

（4）需要通过设定对特定证书适用性的约束来限制出故障的或恶意的 CA 造成的危害。

（5）具有识别同一用户在不同时间使用的不同密钥的能力是重要的。这种特性可以支持密钥的生命周期管理，特别是在通常或特殊情况下更新用户和 CA 之间密钥对的能力。

与继续在固定的格式上添加域相比，标准开发者认为需要一种更灵活的方式。这样，版本 3 就包含了许多可以附加在版本 2 格式中的可选扩展。每个扩展包括一个扩展标识，一个危险指示符和一个扩展值。危险指示符用来指示一个扩展是否可以被安全地忽略。如果危险指示符的值为 True，而一个执行程序没有辨认出此扩展，则它必须把此证书当作无效的。

证书扩展可分为三个主要类型：密钥和策略信息、主体和发放者属性以及认证路径约束。

密钥和策略信息。这些扩展传送关于主体与发放者密钥的附加信息和证书策略指示符。证书策略是一个命名的规则集，它被用来指示证书对于一个特定的具有相同安全需求的团体和/或应用类别的适用性。例如，一个策略可用于对一定价格范围内商品贸易的电子数据交换（EDI）交易进行认证。

这个域包括：

- **认证中心密钥标识符**：标识用来验证此证书签名或 CRL 签名的公钥。这样就能够区分同一 CA 的不同公钥。此域的一个应用是用于处理 CA 密钥对更新的问题。
- **主体密钥标识符**：标识被验证的公钥。可用于主体密钥对更新。另外，一个主体可能有许多密钥对，这对应于将不同的证书用于不同的目的（例如数字签名和加密密钥协议）。
- **密钥用途**：表明对于已被认证的密钥的应用目的和应用策略的约束。它可能指示如下的一项或几项：数字签名、不可抵赖性、密钥加密、数据加密、密钥协议、证书上 CA 的签名验证和 CRL 上 CA 的签名验证。
- **私钥使用期限**：表明与公钥相对应的私钥的使用期限。一般来说，私钥的使用期限与公钥的合法期限是不同的。比如，对于数字签名密钥，签名使用的私钥的使用期限一般比验证使用的公钥的使用期限短。
- **证书策略**：证书可能应用在使用多种策略的环境下。这个扩展列出了证书支持的策略，并且有可选的限定符信息。
- **策略映射**：只在由其他 CA 为 CA 发放的证书中使用。策略映射允许发放证书的 CA 指定此发放者的一个或多个策略可以被认为与主体 CA 域中的另一个策略相同。

证书主体和证书发放者属性。这些扩展支持证书主体或证书发放者采用可选格式的可选名称，这可以传递关于证书主体的额外信息，使证书使用者可以更加确信此证书主体是一个特定的人或实体。例如，可能需要邮政地址、公司内的职务或图片之类的信息。

此域中的扩展域包括：

- **主体可选择的名称**：包括一个或多个可选名称，其中名称可以使用许多格式中的任意一种。这个域对于支持某些特定应用是重要的，这些应用的例子是电子邮件、EDI和IPSec，它们可能采用它们自己的名称格式。
- **发放者可选择的名称**：包括一个或多个可选名称，可以使用许多格式中的任意一种。
- **主体目录属性**：为证书主体传递任何需要的X.509目录属性值。

认证路径约束。这些扩展允许在CA发放给CA的证书中包括约束规定。这些约束可能会限制主体CA可以发放的证书类型，或在认证链中随后可以出现的证书类型。

此域中的扩展域包括：

- **基本约束**：表明此主体是否可以用来充当CA。如果可以，则可能规定一个认证路径长度约束。
- **名称约束**：表明一个认证链中的所有后续证书的主体名称所处的命名空间。
- **策略约束**：规定约束，这些约束可能要求明确的证书策略标识，或禁止对认证路径中余下的证书进行策略映射。

4.6　公钥基础设施

RFC 4949（网络安全术语表）将公钥基础设施（PKI）定义为基于非对称密码体制的用来生成、管理、存储、分配和撤销数字证书的一套硬件、软件、人员、策略和过程。开发一个PKI的主要目标是使安全、方便和高效获取公钥成为可能。互联网工程任务组（IETF）公钥基础设施X.509（PKIX）工作组是建立一个基于X.509的、适用于在互联网上部署基于证书架构的正式（且一般）模型的背后推动力量。本节介绍PKIX模型。

图4.7展示了PKIX模型中各个主要要素的相互关系。这些要素是：

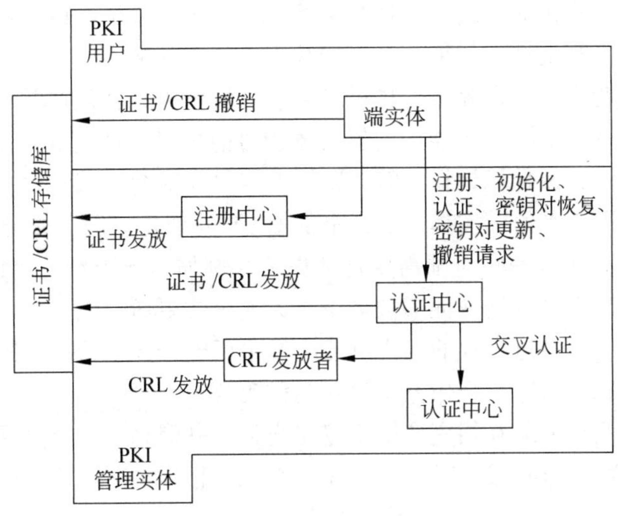

图4.7　PKIX架构模型

- **端实体**：一个用来表示终端用户、设备（比如服务器和路由器）或者任何其他的可以在公钥证书的主体域被确定身份的实体的通用术语。端实体一般采用和/或支持与 PKI 相关的服务。
- **认证中心（CA）**：证书的发放者，通常也是撤销证书列表（CRL）的发放者。它还可能支持很多管理功能，虽然这些一般是由一个或多个注册中心代理的。
- **注册中心（RA）**：一个可选的部分，它承担很多从 CA 处继承的管理功能。经常将 RA 与端实体注册过程关联起来，但是也可以协助许多其他领域的工作。
- **CRL 发放者**：一个可选的部分，它可以代理 CA 发布 CRL。
- **存储库**：一个用来表示储存证书和 CRL 以使证书和 CRL 可以被端实体检索的任何方法的通用术语。

4.6.1 PKIX 管理功能

PKIX 识别许多管理功能，这些功能背后需要管理协议来支持。图 4.7 阐明了这个过程，它包括如下要素：

- **注册**：这是一个过程，用户通过该过程在 CA 向其发放证书（一个或几个）之前，先让 CA 知道自己（直接或通过 RA）。注册开始了一个 PKI 中的登记过程。注册通常包括一些离线或在线的步骤来互相认证。一般来说，为将来认证使用的一个和多个共享秘密密钥被发放给端实体。
- **初始化**：在客户端可以安全工作以前，需要安装密钥资料，这些密钥资料与存储在基础设施其他地方的密钥具有一定的关系。例如，客户端需要被安全地初始化，这需要使用公钥以及其他由可信 CA（一个或多个）担保的、将被用于验证证书路径的信息。
- **认证**：这是一个过程，在此过程中，CA 为一个用户的公钥发放一个证书，并将该证书返回给用户的客户端系统和/或将此证书存放在一个储存库中。
- **密钥对恢复**：密钥对可用来支持数字签名的产生和验证，或者可用来支持加密和解密，或者两者都支持。如果一个密钥是用来加密和解密的，那么当不再能以通常的方式访问密钥资料时，提供一种机制来恢复解密密钥就是非常重要的，否则，就不可能恢复加密的数据。不能访问解密密钥可能由以下情况导致：忘记口令/PIN 码、磁盘驱动损坏、硬件标记损坏等。密钥对恢复功能允许端实体从一个被授权的密钥备份设施（通常是给端实体发放证书的 CA）处恢复它们的加密/解密密钥对。
- **密钥对更新**：所有密钥对都需要定期更新（例如用一个新的密钥对代替），并且发放新证书。当证书过期或证书被撤销时，就需要更新。
- **撤销申请**：一个经过授权的人告诉 CA 发生了一个异常情况，需要撤销证书。撤销的原因包括私钥泄露，合作方变化和名称改变。
- **交叉认证**：两个 CA 互相交换用于建立交叉证书信息。一个交叉证书是一个 CA 给另一个 CA 发放的证书，证书中包含一个 CA 用于发放证书的签名密钥。

4.6.2　PKIX 管理协议

PKIX 工作组在 PKIX 实体之间定义了两个备用管理协议，并支持上一节列出的管理功能。RFC 2510 定义了证书管理协议（CMP）。在 CMP 中，每个管理功能都明确地被特定的协议交换来识别。CMP 被设计成一个灵活的协议，它可以容纳各种技术、操作和商业模型。

RFC 2797 在 CMS 上定义了证书管理消息（CMC）。其中 CMS 是指 RFC 2630——密码消息语法；CMC 是建立在更早期工作上的，旨在利用和促进现有的实现。虽然所有的 PKIX 功能均受到支持，但这些功能并没有全部映射到特定的协议交换中。

4.7　联合身份管理

联合身份管理是一个相对比较新的概念，处理多家企业和多种应用的普通身份管理方案的使用，能够支持数以千计，甚至是以百万计的用户。本节先讨论身份管理的概念，然后再研究联合身份管理。

4.7.1　身份管理

身份管理是一种集中、自动的方法，能够为员工和授权个人提供资源的接口。身份管理的焦点是为每个用户（人或程序）定义一个身份，将身份和属性连接起来，并制定一种方法使得用户能够证明其身份。身份管理系统的中心思想是单点登录（SSO）的使用。SSO 使得用户在经过认证后能接入所有的网络资源。

联合身份管理系统提供的典型服务包括：

- 联系点：包括用户对应于提供的用户名的身份验证，以及用户/服务器会话的管理。
- SSO 协议服务：提供与供应商无关的安全令牌服务，以支持单点登录到联合服务。
- 信任服务：联盟关系需要业务伙伴之间基于信任关系的联合。信任关系由用于交换关于用户信息的安全性令牌，用于保护这些安全性令牌的加密信息以及可选地应用于该令牌中包含的信息的身份映射规则的组合来表示。
- 关键服务：密钥和证书的管理。
- 身份服务：为本地数据存储提供接口的服务，包括用户注册表和数据库，用于身份相关的信息管理。
- 授权：基于认证，授权到特殊服务和/或者资源的接口。
- 审计：进行登录和授权的进程。
- 管理：与运行时配置和部署相关的服务。

我们发现 Kerberos 包含身份管理系统的许多要素。

图 4.8[LINN06]显示了一种通用的身份管理结构的实体和数据流。一个**委托人**（principal）就是一个身份持有者，实际上就是想要接入网络资源和服务的用户。用户设备、代理进程和服务器系统都可以作为委托人。委托人向**身份提供者**提供自我认证。身份提供者将认证

信息和委托人、属性以及一个或者多个身份相连接。

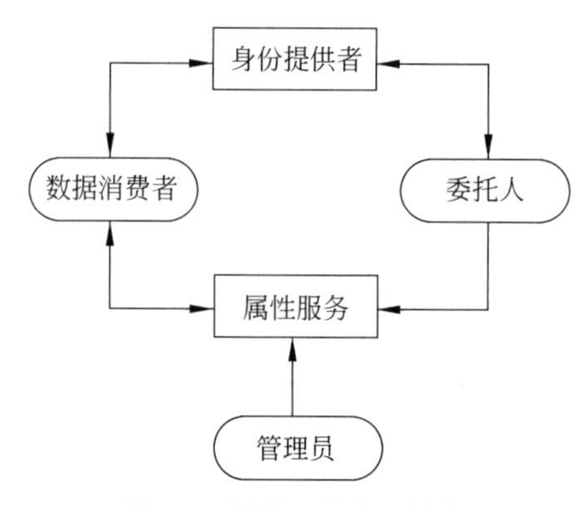

图 4.8 通用身份管理结构

另外，数字身份连接的属性不仅仅包括身份和认证信息（例如口令和生物特征信息）。**属性服务**管理这些属性的产生和保有。例如，每次在网上商城下订单时，用户都需要提供一个购物地址，而且用户住址改变的时候该信息也需要修订。身份管理使用户只需要提供一次该信息，并将信息保存在一个地方，通过授权和保密机制来发送给消费者。用户可以生成一些与数字身份关联的属性，如地址。管理者也可能分派一些属性给用户，如角色、接入许可和员工信息。

数据消费者就是一个获得身份和属性提供者保有和提供的数据的实体，被用来支持授权决定和收集审核信息。例如，一个数据库服务器或者文件服务器就是一种需要用户证件以便知道为用户提供哪种接入的数据消费者。

4.7.2 身份联合

实际上，身份联合就是将身份管理扩展到多个安全域。这些域包含自主组织的内部公司单位、外部合作公司以及其他的第三方应用和服务。身份联合的目的就是共享数字身份，使得用户只需要认证一次就可以接入多个域的应用及其资源。因为这些域是相对自主或独立的，因此没有中央控制。这是合作组织在协商的标准和分享数字身份的相互信任的基础上形成的一种联合。

联合身份管理是指协商、标准，以及使身份、身份属性和资格在多个企业和应用中可移植并且支持数以千计，甚至是以百万计用户的技术。当多个组织执行联合身份方案时，因为与身份相关联的信任关系，一个组织的员工使用单点登录就可以接入联合服务。例如，一个员工可以登录到企业内部网中，并经过认证可以执行授权功能和接入授权服务。然后，员工可以在保健提供者之外接入其保健福利，而不需要进行重新认证。

除了 SSO，联合身份管理还提供其他功能。一个就是表示属性的标准方法。此外，数字身份连接的属性不仅仅包括身份和认证信息（例如口令和生物特征信息）。属性的例子包括账号、组织角色、物理地址和文件所有权。一个用户可能有多个身份，例如，每个身份都和唯一的角色相联系，并拥有各自的接入许可。

联合身份管理的另外一个主要功能是身份映射。不同的域中所表示的身份和属性可能不同。此外，一个域中与身份相关联的信息数量可能比另外一个域中要多。联合身份管理协议将用户在一个域中的身份和属性映射到另外一个域的要求。

图 4.9 显示了一种通用的联合身份管理结构的实体和数据流。

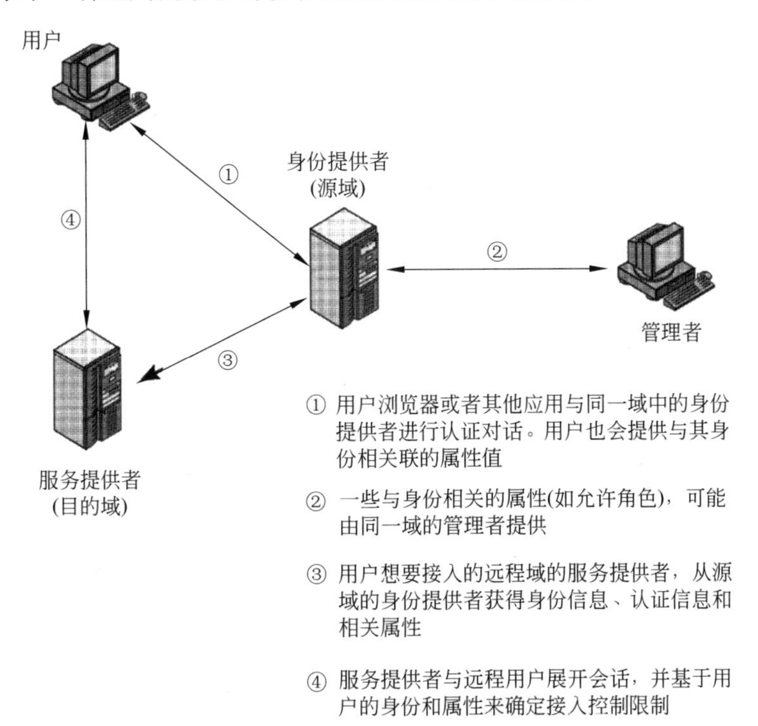

图 4.9　联合身份操作

身份提供者通过用户和管理者之间的对话和协议交换来获取属性信息。例如，每次在网上商城下订单时，用户都需要提供一个购物地址，而且用户住址改变的时候该信息也需要修订。身份管理使用户只需要提供一次该信息，并将信息保存在一个地方，通过授权和保密机制来发送给消费者。

服务提供者就是一个获得身份和属性提供者保有和提供的数据的实体，被用来支持授权决定和收集审核信息。例如，一个数据库服务器或者文件服务器就是一种需要用户证件以便知道为用户提供哪种接入的数据消费者。服务提供者在同一个域中可以作为用户和身份提供者。该方法是为了联合身份管理，其中服务提供者在另外一个域（例如，卖主或者提供商网站）。

标准　联合身份管理使用一系列标准作为构件，以便在不同的域或者不同系统之间进行安全身份交换。实际上，组织者向用户发送一些能够在合作伙伴间使用的安全票据。身份联合标准也就是定义这些票据的内容和格式，提供票据交换的协议以及进行一些票据管理任务。这些任务包括配置系统使其进行属性交换、身份映射、执行登录和审核功能。主要的标准如下：

- **可扩展标记语言（XML）**：标记语言在一个文档内使用嵌入式标签集合来表征文本元素，从而表明它们的存在、功能、含义和上下文。XML 文档跟 HTML（超文本标记语言）文档类似，对 Web 页面是透明的，但是提供了更多的功能。XML 包括对每一个域数据类型的严格定义，因此支持数据库格式和语义。XML 提供了命令的编码规则，可以用来转换和更新数据对象。

- **简单对象访问协议（SOAP）**：通过 HTTP 使用 XML 调用代码的最小约定集合。它使得应用程序可以从另一个基于 XML 请求和应答的应用程序中请求服务，因为它们的数据格式都是 XML。因此 XML 定义了数据对象和结构，SOAP 提供了一种交换这种数据对象和执行远程程序调用的手段。详细的讨论见[ROS06]。
- **WS-安全**：这是为了在 Web 服务中实现信息完整性和机密性而定义的 SOAP 扩展集合。为了提供应用程序之间的 SOAP 信息安全交换，WS-安全在认证中为每一条信息分配安全令牌。
- **安全断言标记语言（SAML）**：基于 XML 语言定义了在线公司合作伙伴之间的安全信息交换。安全断言标记语言以有关目标断言的形式传递认证信息。断言是授权实体对目标发表的声明。

联合身份管理的困难是如何将多种技术、标准和服务整合成一个能够提供安全、用户友好型的实体。如同大多数的安全和网络领域，关键是依靠一些工业界广泛接受的完善标准。联合身份管理已经达到了该完善程度。

例子 为了对身份联合的功能有一个更直观的了解，我们来看一下[COMP06]中的三个案例。在第一个案例（见图 4.10（a））中，某公司 A（公司网址：Workplace.com）与另一健康公司 B（公司网址：Health.com）签订合同为员工提供健康福利。员工使用自己公司网址 Workplace.com 的网络接口登录，并完成认证。这使得员工能够接入 Workplace.com 中授权的服务和资源。当员工单击链接健康福利公司 B 时，其浏览器重新导航到 Health.com。同时，Workplace.com 软件将用户身份以一种安全的方式传送到 Health.com。这两个组织是能够交换身份的联合的一部分。Health.com 拥有 Workplace.com 每个员工的用户身份，以及与每个身份相关联的健康福利信息和接入权利。在本例中，两个公司的链接基于账户信息，而用户参与时则给予浏览器。

图 4.10（b）显示了基于浏览器的第二种类型。作为 Workplace.com 的一部分，某公司 C（公司网址：PartsSupplier.com）是其固定的供应商。在本例中，基于角色接入控制的项目被用来接入到信息。公司 A 的工程师在 Workplace.com 的员工用户网站进行认证，并单击能够到公司 C 的网址 PartsSupplier.com 的接入信息的链接。因为用户是以工程师的角色被认证的，他不需登录就会链接到 PartsSupplier.com 网址的文件和问题点击部分。类似地，一个以采购员角色在 Workplace.com 登录并认证的员工，以这种角色能够在 PartsSupplier.com 进行购买而不需要认证到 PartsSupplier.com。对于该案例，PartsSupplier.com 不包含 Workplace.com 中员工的身份信息。两个联合伙伴间的链接是以角色形式进行的。

图 4.10（c）显示的案例可以认为是基于文件的，而不是基于浏览器的。在第三个例子中，公司 A 和公司 D（公司网址：PinSupplies.com）有购买协定，而公司 D 和公司 E（公司网址：E-Ship.com）之间有事务关系。一个 Workplace.com 的员工登录，并被认证进行购买。员工进入采购应用，采购应用提供了 Workplace.com 供应并能够订购的产品列表。用户单击公司 D 按钮，进入到订购页面（HTML 网页）。员工填写表格并单击提交按钮。采购应用产生一个 XML/SOAP 文件，并插入到一段基于 XML 的信息包体中。然后，采购应用将用户证书和 Workplace.com 的组织身份插入到信息包头中。采购应用将该信息发送到公司 D

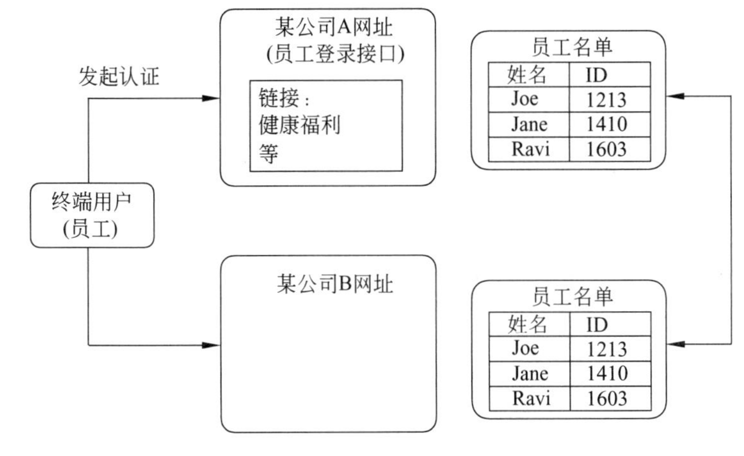

(a) 基于账号链接的联合

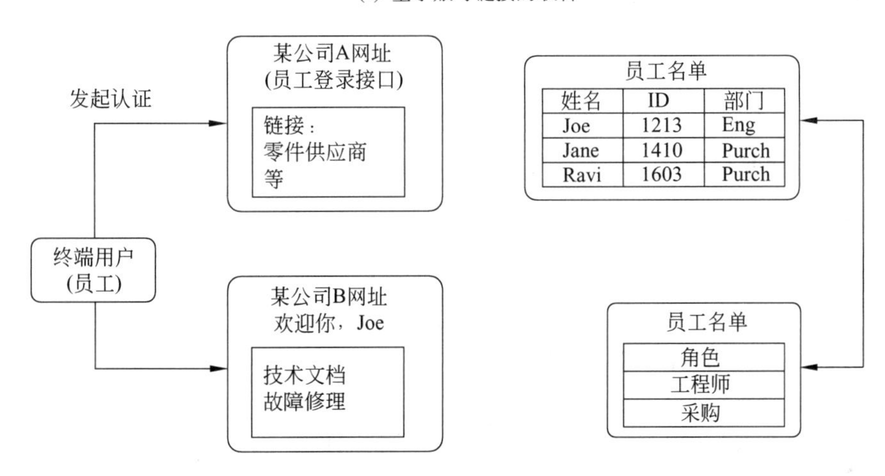

(b) 基于角色的联合

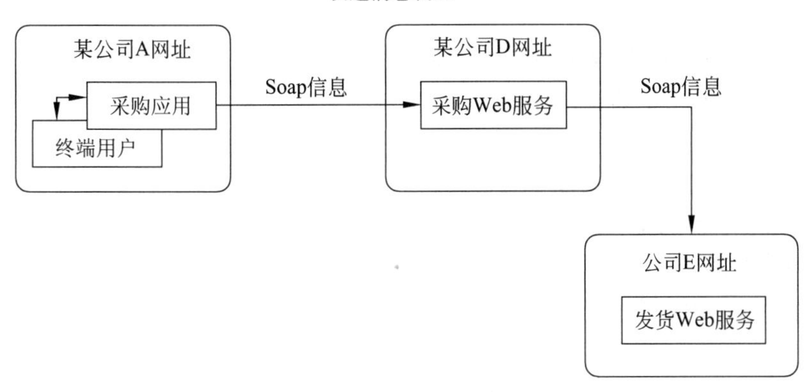

(c) 连串Web 服务

图 4.10　身份联合

网址 PinSupplies.com 的购买网页服务。该服务认证到来信息并处理请求。购买网页服务发送一个 SOAP 信息到发货伙伴来满足订单。SOAP 信息包含包头中的 PinSupplies.com 安全认证，卖出的货物列表以及位于包体中的用户购买信息。购买网页服务认证请求并处理购买订单。

4.8 关键词、思考题和习题

4.8.1 关键词

认证	密钥管理中心（KDC）	公钥证书
认证服务器（AS）	密钥管理	公钥目录
联合认证管理	主密钥	域
身份管理	相互认证	重放攻击
Kerberos	随机数	票据
Kerberos 域	单向认证	票据承兑服务（TGS）
密钥分发	渐进式密码分组链接	
（PCBC）时间戳模式	X.509 证书	

4.8.2 思考题

4.1 列出三种可以把秘密密钥分发给通信双方的方法。
4.2 会话密钥与主密钥的区别是什么?
4.3 什么是密钥分发中心?
4.4 一个提供全套 Kerberos 服务的环境由哪些实体组成?
4.5 在 Kerberos 环境下，域指什么？
4.6 Kerberos 的版本 4 和版本 5 的主要区别有哪些？
4.7 什么是随机数?
4.8 与密钥分发有关的公钥密码的两个不同用处是什么?
4.9 构成公钥目录的基本要素是什么?
4.10 什么是公钥证书?
4.11 使用公钥证书架构的要求是什么?
4.12 X.509 标准的目的是什么？
4.13 什么叫证书链？
4.14 怎样撤销 X.509 证书？

4.8.3 习题

4.1 “我们面临巨大压力，福尔摩斯”，Lestrade 侦探看起来有些紧张。“我们已经了解到有几份敏感政府文件保存在伦敦的外国大使馆的计算机里。通常情况下，这些文件只存在于几台满足最高安全要求的计算机上。然而它们必须通过连接到所有政府计算机的互联网进行传送，但是网络上的信息都被我们最好的密码学家验证过的算法所加密。即便是 NSA 和 KGB 也无法攻克它。目前我们发现这些文件已经被一些小国外交官掌握，不知道这是怎么发生的”。

“但是你怀疑是某些人做的，对吗？”福尔摩斯说。

“是的，我们做了例行调查。其中有个人可以合法访问其中一台政府计算机，并且频繁和大使馆的外交官联系。但是他有权访问的计算机并不是存储文件的。他很可疑，但是我们不知道他是如何获得这些文件的，即便他可以获得加密后的文件，他也无法解密。”“嗯，请描述一下网络上的通信协议。”福尔摩斯睁开眼睛，以证明自己一直听着 Lestrade 侦探的话，尽管看起来睡眼蒙眬。

“协议是这样的，网络中每个节点 N 都被分派了一个独特的密钥 K_n，这个密钥保证节点和服务器之间的安全通信。所有的密钥也被存储在服务器上。用户 A 希望发送秘密信息 M 给用户 B，发起如下的协议：

（1）A 生成一个随机数 R 并把自己的名字 A，目标 B 和 E(K_a，R)发送到服务器。

（2）服务器把 E(K_b，R)发给 A。

（3）A 把 E(R，M)和 E(K_b，R)发给 B。

（4）B 知道 K_b，所以解密 E(K_b，R)获得 R，随后使用 R 来解密 M。

每个信息被发送时都会生成一个随机数。我承认那个人可以截获高度保密节点之间的通信，但是我认为他无法解密。”

“我认为你找到了想要的人，这个协议并不安全，因为并不对发送请求的人进行认证。显然协议的设计者认为发送 E(K_x，R)隐含认证 X 用户为发送方，因为只有 X（和服务器）知道 K_x。但是 E(K_x，R)可以被截获并延时传播。一旦你知道了漏洞存在的地方，你就可以通过监控疑犯的计算机使用情况获得足够的证据。很有可能他是这样做的，在获得 E(K_a，R)和 E(R，M)后，疑犯，我们称他为 Z，会假装自己是 A，并且……”

完成福尔摩斯的句子。

4.2　有三种典型的方式使用随机数作为挑战。假设 N_a 是 A 生成的，A 和 B 共享密钥 K，$f()$ 是一个函数，三个应用是：

应用 1	应用 2	应用 3
（1）A→B：N_a	（1）A→B：E(K，N_a)	（1）A→B：E(K，N_a)
（2）B→A：E(K，N_a)	（2）B→A：N_a	（2）B→A：E(K，$f(N_a)$)

描述每种应用适用于何种条件。

4.3　证明在 PCBC 模式中，一个密文块的一个随机错误将传播到所有后续明文块中（见图 4.9）。

4.4　假定在 PCBC 模式中，块 C_i 和块 C_{i+1} 在传输过程中被互换。证明这将只影响被解密块中的块 P_i 和块 P_{i+1}，而不会影响后续块。

4.5　为了给公钥证书提供一种标准格式，X.509 中规范了一种认证协议。X.509 的原始版本包含了一个安全流程。这个协议的实质如下：

$$A \to B: \qquad A\{t_A, r_A, ID_B\}$$

$B \rightarrow A: \quad B\{t_B, r_B, ID_A, r_A\}$

$A \rightarrow B: \quad A\{r_B\}$

这里，t_A 和 t_B 表示邮戳，r_A 和 r_B 是随机数，而符号 X{Y}表示消息 Y 通过 X 签名、加密和传输。

X.509 的内容指出：在三向认证中，检查时间戳 t_A 和 t_B 是可选的。但是考虑以下的例子：假定 A 和 B 在以前使用上面的协议，然后攻击者 C 截获了前面的三条消息。另外，假定时间戳未被使用而均被设定为 0。最后，假定 C 希望对 B 假扮 A。C 首先向 B 发送第一条被截获的消息：

$C \rightarrow B: \quad A\{0, r_A, ID_B\}$

B 做出应答，以为它在与 A 对话，而实际上是与 C 对话：

$B \rightarrow C: \quad B\{0, r'_B, ID_A, r_A\}$

C 其间通过某种方式使得 A 发起 C 的认证。结果，A 向 C 发送：

$A \rightarrow C: \quad A\{0, r'_A, ID_C\}$

C 使用与 B 提供给 C 相同的随机数应答 A：

$C \rightarrow A: \quad C\{0, r'_B, ID_A, r'_A\}$

A 应答：

$A \rightarrow C: \quad A\{r'_B\}$

这正是 C 需要使 B 确认它在与 A 进行对话的信息，所以 C 现在将此到来的消息重发给 B：

$C \rightarrow B: \quad A\{r'_B\}$

所以 B 将确信它正在与 A 对话，而实际上它是在与 C 对话。提出一种对于这个问题的简单解决方案，在这个方案中不要使用时间戳。

4.6　考虑基于非对称加密技术的单向认证：

A→B：ID_A

B→A：R_1

A→B：$E(PR_a，R_1)$

a. 解释协议。

b. 协议易受什么类型的攻击?

4.7　考虑基于非对称加密技术的单向认证：

A→B：ID_A

B→A：$E(PU_a，R_2)$

A→B：R_2

a. 解释协议。

b. 协议易受什么类型的攻击?

4.8　在 Kerberos 中，当 Bob 接收到 Alice 发送的票，他如何确定票的真伪？

4.9　在 Kerberos 中，当 Bob 接收到 Alice 发送的票，他如何确定票来自 Alice?

4.10　在 Kerberos 中，当 Alice 接收到回复，她如何确定它来自 Bob？

4.11　在 Kerberos 中，票中包含的什么信息可以保证两人秘密通信？

4.12　1988 年版的 X.509 列出了 RSA 密钥必须满足以保证安全的属性，基于目前难以对大数进行因式分解的知识。这个讨论最后导出了一个关于公共指数和模 n 的约束：必须满足 $e > \log_2(n)$ 来防止利用模 n 的第 e 个根来揭开明文的攻击。虽然此约束正确，但是给出的需要这样做的理由却是错误的。给出的理由错在哪里？正确的理由是什么？

4.13 在你的计算机上（例如浏览器），至少找出一个中间权威认证的证书以及一个基于信任的权威认证证书。对每个证书给出截屏。

4.14 NIST 定义加密时间为：特定密钥被授权使用或者保持有效的时间跨度。一个密钥管理的文件，使用下面共享密钥的时间图。

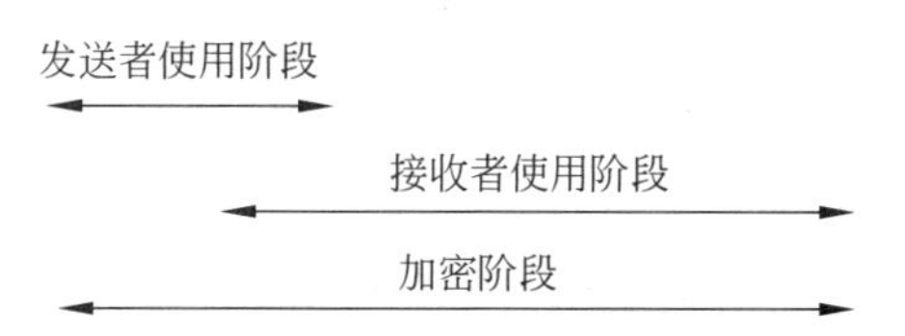

通过应用中的例子解释图中的重叠部分，其中发送方使用阶段开始和结束都早于接收方使用阶段。

4.15 考虑下列协议，它让 A 和 B 决定一个新鲜共享的对话密钥 K'_{AB}，假设它们已经共享了一个长期密钥 K_{AB}：

（1）A→B: A, N_A

（2）B→A: E(K_{AB},[N_A, K'_{AB}]

（3）A→B: E(K'_{AB} , N_A)

a. 我们首先要理解协议设计者的理由：

- 为什么 A 和 B 认为他们可以通过这个协议和对方共享 K'_{AB} 。
- 为什么他们相信共享的密钥是新鲜的。

在两种情况中，你应该对 A 和 B 都进行解释，从而使你的回答可以完成下列句子

A 认为她和 B 共享是 K'_{AB} 因为……

B 认为她和 A 共享是 K'_{AB} 因为……

A 认为 K'_{AB} 是新鲜的因为……

B 认为 K'_{AB} 是新鲜的因为……

b. 假设 A 开始和 B 使用这个协议，然而通信被 C 截获。说明 C 如何利用反射开始新的协议，使得 A 认为她已经同意了和 B 使用新鲜的密钥（尽管实际上她只是和 C 进行了通信），从而使得 a 中的理由是错误的。

c. 提出一个改进的协议使得其可以避免这种攻击。

4.16 PKI 的核心部分是什么？简要描述每个部分。

4.17 解释密钥管理问题以及它如何影响对称密码。

4.18 考虑如下协议：

A→KDC:　　$ID_A||ID_B||N_1$

KDC→A:　　E(K_a, [$K_S||ID_B||N_1||$E(K_b, [$K_S||ID_A$])

A→B:　　E(K_b, [$K_S||ID_A$])

B→A:　　E(K_S, N_2)

A→B:　　　　　$E(K_S, f(N_2))$

a. 解释这个协议。

b. 你能给出可能的攻击吗？解释它是如何完成的。

c. 提出一种可能的技术躲开那种攻击，不需要详细描述，只需说明基本思路。

注意：剩下的问题和 IBM 的加密产品有关，在本书的网址中可以找到描述 IBMCrypto.pdf。在看完文档后尝试这些问题。

4.19 加入 EMK_i 有什么效果?

EMK_i：$X \rightarrow E$（KMH_i，X），i=0，1

4.20 假设 N 个不同系统使用 IBM 的密码子系统，使用主从密钥 KMH_i（i=1，2，…，N）。设计一个通信方法，使得系统无须共用主从密钥或者泄露个人的主从密钥。提示：每个系统需要三个主从密钥的变量。

4.21 IBM 加密子系统的主要目的是保护终端和处理系统之间的通信。设计一个流程，使得处理器可以生成对话密钥 KS，并且无须在主机上储存等价密钥值就可以将 KS 分配给终端 i 和 j。

第 5 章　网络访问控制和云安全

5.1　网络访问控制
5.2　可扩展认证协议
5.3　IEEE 802.1X 基于端口的网络访问控制
5.4　云计算
5.5　云安全风险和对策
5.6　云端数据保护
5.7　云安全即服务
5.8　云计算安全问题
5.9　关键词、思考题和习题

学习目标

学习完这一章后，你应该能够：

- 阐述网络访问控制系统的主要组成元素。
- 阐述主要的网络访问控制强制措施。
- 给出可扩展认证协议的概述。
- 理解 IEEE 802.1X 基于端口的网络访问控制机制的操作流程和地位。
- 给出云计算的基本概念。
- 理解云计算中涉及的独特安全问题。

这一章讨论了网络安全，集中讨论了两个主要问题：网络访问控制和云安全。首先给出了网络访问控制系统的概述，总结了在这样一个系统中涉及的主要元素与技术。接着，讨论了两个广泛使用的标准：可扩展认证协议和 IEEE 802.1X，这两个标准是许多网络访问控制系统的基础。

该章节的剩余部分讨论了云安全。首先给出了云计算的概况，接着讨论了云安全中涉及的一些问题。

5.1　网络访问控制

网络访问控制（NAC）是对网络进行管理访问的一个概括性术语。NAC 对登录到网络的用户进行认证，同时决定该用户可以访问哪些数据，执行哪些操作。NAC 同时可以检查用户的计算机或者移动设备（终端）的安全程度。

5.1.1 网络访问控制系统的组成元素

NAC 系统由三种类型的成分组成。

访问请求者（AR）：AR 是一个尝试访问网络的节点，可以是由 NAC 系统控制的任何设备，包括工作站、服务器、打印机、照相机，以及其他支持 IP 的设备。AR 同时也被称为请求者，或者简称为客户。

策略服务器：基于 AR 的态度和企业预先定义好的策略，策略服务器决定授予请求者什么访问权限。策略服务器经常依赖诸如杀毒、补丁管理，或者用户目录等后端系统的帮助来决定主机的状况。

网络访问服务器（NAS）：在远程的用户系统想连接公司内网的时候，NAS 起到一个访问控制点的作用。NAS 同时也被称为介质网关、远程访问服务器（RAS），或者是策略服务器，NAS 有可能包含自己的认证服务，也有可能依赖由策略服务器提供的分离的认证服务。

图 5.1 是一个通用的网络访问图。许多不同的 AR 试图通过申请某种类型的 NAS 而获得企业网络的访问权限。第一步通常是认证 AR。典型的认证包括使用某种安全协议以及使用加密密钥。认证可能由 NAS 直接进行，也可能由 NAS 间接进行。在后面那种情形中，认证发生在请求者与认证服务器之间，认证服务器可以是策略服务器的一部分，也可以由策略服务器直接进行访问。

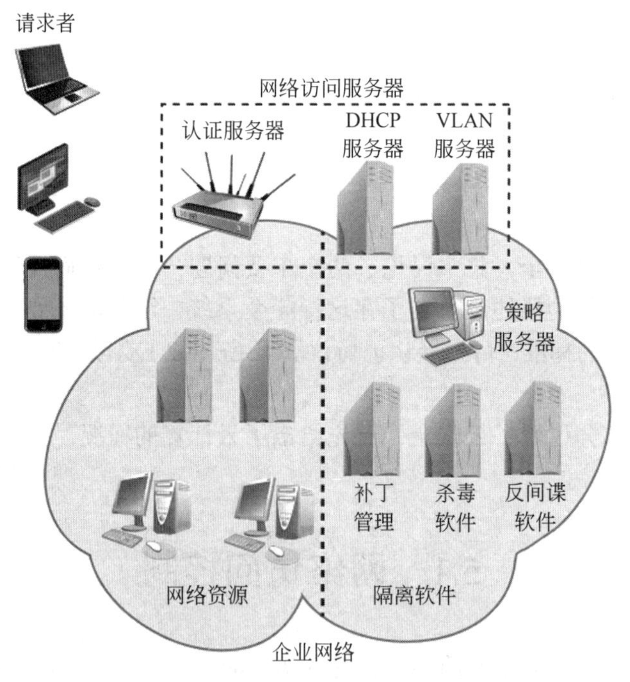

图 5.1 网络访问控制环境

认证过程服务于多种用途。它可以对请求者声称的身份进行验证，根据验证结果，策略服务器决定请求者是否具有访问权限以及具有什么级别的访问权限。认证交换可能导致会话密钥的建立，从而保证将来请求者与企业网络的资源之间可以进行安全通信。

通常，策略服务器或者支持服务器会对 AR 进行检查，以决定是否允许该请求者建立交互式远程访问连接。这些检查，有时也称为健壮性、适合性、筛选或者评估检查，需要用户系统中的软件去遵守来自企业组织的安全配置基准的一些要求。比如，用户的反恶意软件必须是最新的，操作系统必须完全打补丁，远程的计算机必须被组织拥有并受组织控制。这些检查必须在授予 AR 访问企业网络的权限之前被执行。基于这些检查结果，组织能够决定远程计算机是否能够使用交互远程访问的功能。如果用户具有可被接受的认证证书，但是远程计算机没有通过健康检查，用户以及远程计算机会被拒绝访问企业网络，或者只能被限制访问隔离网络，这样，只有被授权的人员可以访问网络，可以解决企业网络中存在的安全缺陷。从图 5.1 中可以看到，企业网络的隔离网络部分由策略服务器以及相关的 AR 适应性服务器组成。在隔离网络中，也有可能包含不需要满足安全阈值要求的应用程序服务器。

一旦 AR 被认证通过，具有访问企业网络的权限，NAS 就会允许 AR 与企业网络中的资源进行交互。NAS 有可能会干涉每一次交互以强制执行安全策略，也有可能使用其他方法限制 AR 的特权。

5.1.2　网络访问强制措施

强制措施被施加到 AR 上来管理用户对企业网络的访问。许多供应商同时支持多种强制措施，允许用户使用一种或者几种措施的组合来定制配置。下面是一些常用的 NAC 强制措施。

IEEE 802.1X：这是一个链接层协议，在一个端口被分配 IP 之前必须强制进行认证。IEEE 802.1X 在认证过程中使用了可扩展认证协议，5.2 节和 5.3 节分别介绍了可扩展认证协议和 IEEE 802.1X。

虚拟局域网（VLAN）：在这种方法中，由互连的局域网组成的企业网络被逻辑划分为了许多 VLAN[1]，NAC 系统根据设备是否需要安全修复，是否只是访问互联网，对企业资源何种级别的网络访问，决定将网络中的哪一个虚拟局域网分配给 AR。VALN 可以被动态创建，VLAN 的两个成员：企业服务器和访问请求者可能会有重叠。也就是说，一个企业服务器或者访问请求者可能属于不止一个虚拟局域网。

防火墙：防火墙通过允许或者拒绝企业主机与外部用户的网络流量来提供一种形式的网络访问控制。我们将在第 12 章介绍防火墙。

动态主机配置协议（DHCP）管理：动态主机配置协议（DHCP）是一个能为主机动态分配 IP 地址的互联网协议。DHCP 服务器拦截 DHCP 请求，分配 IP 地址。因此，基于子网以及 IP 分配，NAC 强制措施会在 IP 层出现。DHCP 服务器很容易安装配置，但是由于经常遭受各种形式的 IP 欺骗，只能提供有限的安全性。

还有许多其他的供应商提供的强制措施可以使用，在前面列表中出现的那些可能是最常见的措施了，而其中 IEEE 802.1X 是最通常的实现方案。

1　VLAN 是 LAN 内的一个逻辑子组，它使用软件创建，而不是通过在布线室手动移动电缆来创建。它将用户基站和网络设备集合成一个单元，忽视了它们所连接到的物理 LAN 段，从而使得数据流通更有效率。VLAN 一般在端口转换集线器和 LAN 开关中实现。

5.2 可扩展认证协议

可扩展认证协议（EAP），在 RFC 3748 中定义，它在网络访问以及认证协议中充当了框架的作用。EAP 提供了一组协议信息，这些协议信息封装了许多在客户端和认证服务器之间使用的认证方法。EAP 可以应用到许多网络层以及链接层的设施上，包括点对点链路，局域网以及其他网络，而且它可以满足许多链接层以及网络层的认证需求。图 5.2 展示了 EAP 结构的协议层次。

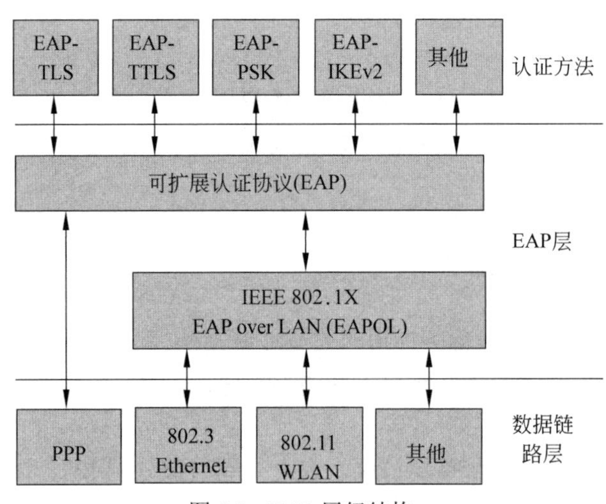

图 5.2　EAP 层级结构

5.2.1 认证方法

EAP 支持多种认证方法。这就是 EAP 被称为可扩展的原因。EAP 为客户端系统与认证服务器之间交换认证信息提供了一种通用传输服务。通过使用在 EAP 客户端与认证服务器上都安装的特殊的认证协议和方法，基本的 EAP 传输服务功能得以扩展。

已经提出了许多方法使用 EAP 进行工作，下面是一些常用的支持 EAP 的方法：

EAP-TLS（EAP 传输层安全）：EAP-TLS（RFC 5216）定义了 TLS 协议（在第 6 章描述）如何被封装在 EAP 信息中。EAP-TLS 在 TLS 中而不是在加密方法中使用了握手协议。客户端和服务器使用数字证书互相认证。客户端使用服务器的公钥加密一个随机数从而产生自己的预备主密钥（pre-master），并将该密钥发送给服务器。客户端与服务器都使用该预备主密钥来产生相同的安全密钥。

EAP-TTLS（EAP 隧道传输层安全）：EAP-TTLS 跟 EAP-TLS 类似，唯一的不同是在 EAP-TTLS 中，服务器首先使用证书向客户端认证自己的身份。在 EAP-TTLS 中，使用安全密钥建立安全连接（又称隧道），建立的连接被继续用于客户端身份的认证过程，也有可能再次认证服务器，这些认证过程使用了 EAP 方法或者是传统的方法，如 PAP（密码认证协议）、CHAP（挑战-握手认证协议）。EAP-TTLS 在 RFC 5281 中定义。

EAP-GPSK（EAP 通用预共享密钥）：EAP-GPSK 在 RFC 5433 中定义，它是一种使用预共享密钥（PSK）进行互相认证以及会话密钥推导的 EAP 方法。EAP-GPSK 基于预共享密钥指定了特定的 EAP 方法，而且采用了基于密钥安全的加密算法。就信息流以及计算成本而言，这种方法是高效的，但是，它需要在每个成员以及服务器之间使用预共享密钥。成对安全密钥的建立也是成员注册过程的一部分，因此必须满足系统的先决条件。当双方认证成功时，EAP-GPSK 为双方的通信提供一个受保护的通信通道，在诸如 IEEE 802.11 等不安全网络上，EAP-GPSK 被用来进行认证。EAP-GPSK 不需要任何公钥密码技术。使用 EAP 方法进行协议交换最少只需要使用四条信息就可以完成。

EAP-IKEv2：它基于互联网密钥交换协议版本 2（IKEv2），将在第 9 章中介绍该协议。它支持互相认证，可以使用许多方法建立会话密钥。EAP-IKEv2 在 RFC 5106 中定义。

5.2.2　EAP 交换协议

不论使用何种方法进行认证，认证信息以及认证协议信息都会包含在 EAP 信息中。

RFC 3748 定义 EAP 信息交换的目标是成功进行认证。在 RFC 3748 文档中规定，成功认证的标志就是 EAP 信息进行交换，最终的结果是认证者允许被认证端的访问，被认证端同意使用此次访问。认证者的决定一般包括认证与授权两个方面；被认证端有可能成功认证认证者，但是由于政策原因，认证者有可能会拒绝此次访问。

图 5.3 展示了 EAP 被使用时的典型的布局，主要包含以下几个组成成分：

EAP 被认证端：尝试访问企业网络的客户端计算机。

EAP 认证者：要求认证优先于授权访问网络的访问点或 NAS。

认证服务器：服务器主机与被认证端协商选择使用哪种 EAP 方法，同时，验证 EAP 被认证端的证书，授权对网络的访问。典型的认证服务器是远程用户拨号认证服务器。

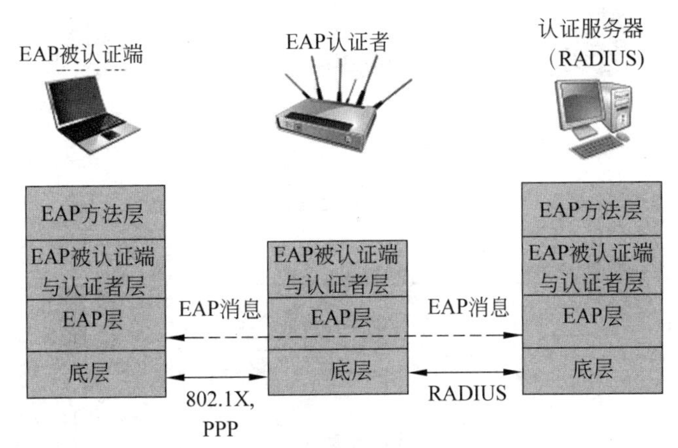

图 5.3　EAP 协议交换

认证服务器作为后端服务器，可以为许多 EAP 认证者提供认证被认证端的服务。EAP 认证者然后决定是否授权访问。这个过程被称为 **EAP 透传模式**。比较少见的还有，认证者同时起到了 EAP 服务器的作用。这样，在 EAP 执行过程中只有两方参与。

首先，使用低层协议，如 PPP（点到点协议）或者 IEEE 802.1X 协议同 EAP 认证者建立联系。在EAP被认证端中，工作在这一级别的软件实体被称为**请求者**。在EAP信息中包含了选择使用哪种EAP方法的信息，该EAP信息在EAP被认证端以及认证服务器之间进行交换。

EAP信息由以下几部分组成。

编码域：标识了EAP信息的类型，具体编码方式为：1表示请求，2表示应答，3表示成功，4表示失败。

标识符域：用来匹配请求与应答。

长度域：表示EAP信息的长度，八位字节，包括编码域、标示符域、长度域以及数据域。

数据域：包含认证相关的信息。典型的数据域由类型子域以及数据类型域组成，类型子域表示了该EAP信息包含的数据的类型。

EAP成功与失败信息中不包含数据域。

EAP认证交换的具体过程如下。首先，低层交换协议建立EAP交换的需求，然后，认证者向被认证端发出进行身份验证的请求，接着被认证端发出包含身份信息的应答。这些过程伴随着一连串的验证实体的请求以及被认证端的应答，从而实现认证信息的交换。交换的信息以及请求-应答对的数量依赖于认证的方法。会话过程一直继续，直到满足下面两条之一：①认证者无法认证该被认证端，传送EAP失败信息；②认证者成功认证该被认证端，传送EAP成功信息。

图5.4给出了一个EAP交换的例子。其中，EAP被认证端使用EAP之外的其他协议向认证者发送请求信息或信号，请求进行EAP交换，从而获得网络的访问权的过程没有在图中展示。可以使用IEEE 802.1X协议完成上述过程，我们将在下一部分介绍该协议。第一对EAP请求应答信息是身份类型验证信息，认证者请求被认证端的身份标识，被认证端在应

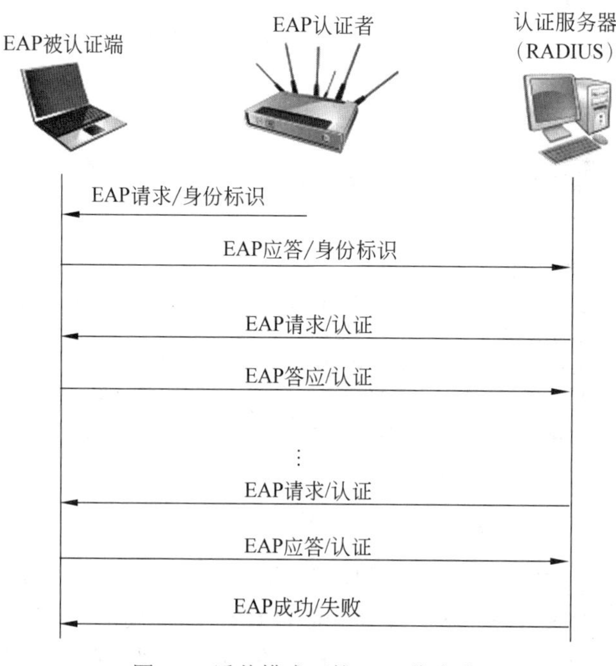

图5.4 透传模式下的EAP信息流

答信息中返回声称的身份标识。应答信息通过认证者转发给认证服务器。随后的 EAP 信息在被认证端以及认证服务器之间进行交换。

当从被认证端收到身份应答信息后，服务器选择一个 EAP 方法，发送第一个 EAP 信息，在该信息中包含与认证方法相关的类型域。如果认证者支持并且同意该 EAP 方法，它用相同类型的应答信息回复。否则，被认证端发送 NAK 应答，EAP 服务器或者选择另一个 EAP 方法，或者终止此次 EAP 执行过程，同时返回失败信息。选择的 EAP 方法决定了请求/应答对的数量。在交换过程中包括密钥信息的认证信息被交换。当服务器决定认证成功或者认证失败且被认证端不再尝试时，交换过程结束。

5.3　IEEE 802.1X 基于端口的网络访问控制

IEEE 802.1X 基于端口的网络访问控制是用来为局域网提供访问控制功能的。表 5.1 简要地说明了在 IEEE 802.11X 标准中定义的关键术语。在此处的请求者、网络访问点、认证服务器跟 EAP 中的被认证端、认证者、认证服务器一一对应。

表 5.1　与 IEEE 802.1X 相关的术语

认证者

在点到点局域网段一端的实体，对该连接另一端的实体进行认证

认证交换

执行认证过程的系统之间的双方的对话

认证过程

真正用于进行认证的密码操作以及支持的数据帧

认证服务器（AS）

向认证者提供认证服务的实体。根据请求者提供的证书，认证服务决定了请求者是否被授权访问由认证者从属的系统提供的服务

认证传输

在两个系统之间传输认证交换数据包的会话

桥端口

IEEE 802.1D 桥或者 IEEE 802.1Q 桥的端口

边缘端口

只有一个桥端口连接到局域网上的端口

网络访问端口

一个系统连接到局域网上的附着点。可以是物理端口，如一个局域网 MAC 连接到一个物理的局域网段，也可以是一个逻辑端口，比如一个工作站和一个访问点之间的 IEEE 802.11 联系

端口访问实体（PAE）

协议实体跟一个端口相关联。它支持与认证者或/和请求者相关联的协议功能

请求者

在点对点局域网段一端的实体，该实体请求在该连接另一端的认证者的认证

直到认证服务器认证通过了请求者之前（使用认证协议），认证者只能在请求者与认证服务器之间传递控制与认证信息；IEEE 802.1X 控制通道是无阻塞的，但是 IEEE 802.11 数据通道是阻塞的。一旦请求者被认证通过，而且获得了密钥，认证者就可以将来自请求者

的且满足预先定义的访问控制约束的数据转发给企业网络。在这些情况下，数据通道是无阻塞的。

如图5.5所示，IEEE 802.1X使用了受控端口与未受控端口的概念。端口是在认证者之间定义的逻辑实体，可以参照物理网络连接的概念。每一个逻辑端口被映射到两种类型的物理端口中的某一种。未受控端口会忽略请求者的认证状态，允许在请求者以及认证服务器之间交换协议数据单元。受控端口只有在当前请求者被授权允许进行交换时，才可以在请求者与网络上的其他系统间交换协议数据单元。

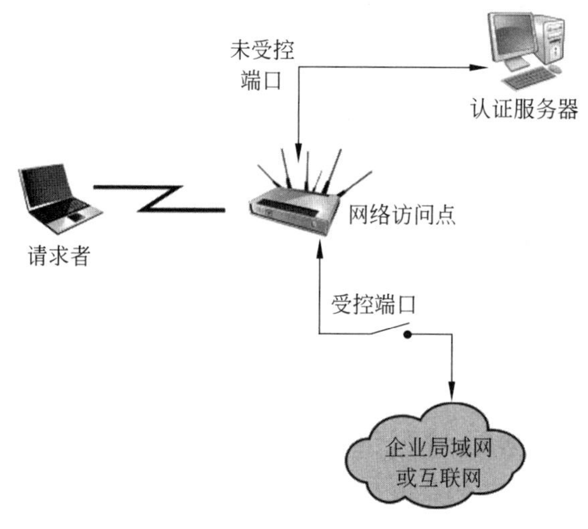

图5.5 IEEE 802.1X访问控制

在IEEE 802.1X中主要定义了EAPOL协议（局域网上的可扩展认证协议）。EAPOL协议作用在网络层上，使用了IEEE 802 标准的局域网，如数据链路层上的以太网、Wi-Fi等。为了进行认证，EAPOL允许请求者与认证者之间互相通信，以及两者之间进行EAP包的交换。

表5.2中列出了最常见的EAPOL包。当请求者第一次连接到局域网时，他不知道认证者的MAC地址。事实上，请求者根本不知道局域网中是否有认证者。请求者通过向IEEE 802.1X认证者使用的特殊的多播群组地址发送**EAPOL-Start**包，判断该网络中是否存在认证者，如果存在，则通知该认证者请求已经准备好。在很多情况下，硬件会通知认证者有新的设备连接到该网络中。比如，在插到集线器的设备发送任何数据之前，集线器就已经通过电缆的插入感知到设备的存在。在这种情况下，认证者可能会用自己发出的信息取代EAPOL-Start信息。不论在哪种情况下，认证者都会发送EAP请求身份标识信息，该信息

表5.2 常用EAPOL帧类型

帧类型	定　义
EAPOL-EAP	包含封装的EAP包
EAPOL-Start	请求者可以发出这个包，代替等待从认证者发来的挑战
EAPOL-Logoff	当请求者完成对该网络的使用时，用来返回未被授权的端口的状态
EAPOL-Key	用来交换密码系统的密钥信息

被封装在 EAPOL-EAP 包中。**EAPOL-EAP** 是在传输 EAP 包时使用的 EAPOL 帧类型。

一旦决定允许请求者接入网络，认证者就使用 EAP-key 包向请求者发送密钥。EAP-Logoff 包类型表示请求者希望同该网络断开连接。

EAPOL 的数据包格式由下面一些域组成：

协议版本：EAPOL 的版本类型。

包类型：EAPOL 包的类型，如开始、EAP、密钥、注销等。

包主体的长度：如果 EAPOL 包包含一个主体，这个域表示了包体的长度。

包主体：EAPOL 包的有效载荷，如 EAP 包。

图 5.6 展示了一个使用 EAPOL 进行交换的例子。在第 7 章将介绍在 IEEE 802.11 无线局域网安全中如何使用 EAP 和 EAPOL。

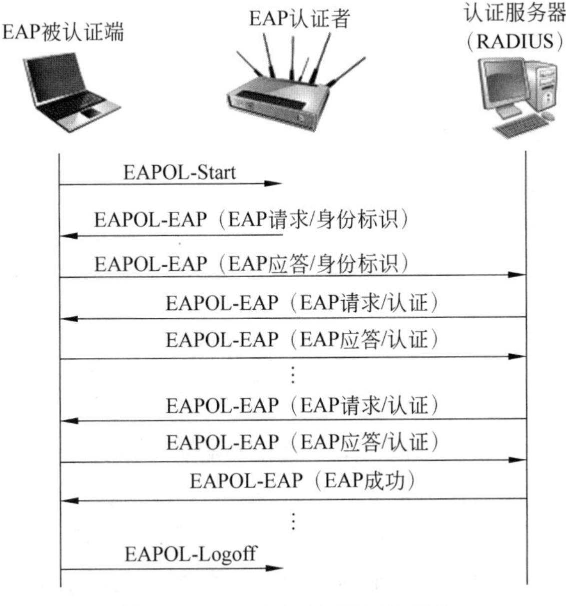

图 5.6　IEEE 802.1X 时序示意图

5.4　云　计　算

当前，有越来越多的企业组织将它们大部分的甚至全部的信息技术操作移动到连接网络的基础设施上，这个过程称为企业云计算。本节将给出云计算的概况。更详细的介绍，见[STAL16b]。

5.4.1　云计算组成元素

NIST 在 NIST SP-800-145（NIST 云计算定义）中对云计算做了如下定义。

云计算：云计算是一种能够通过网络以便利的、按需付费的方式获取计算资源（包括网络、服务器、存储、应用和服务等）并提高其可用性的模式，这些资源来自一个共享的、可配置的资源池，并能够以最省力和无人干预的方式获取和释放。云模型由 5 个基本特征、3 个服务模型和 4 个部署模型组成。

这个定义提到了许多模型与特征，它们之间的关系如图 5.7 所示。云计算的主要特征如下。

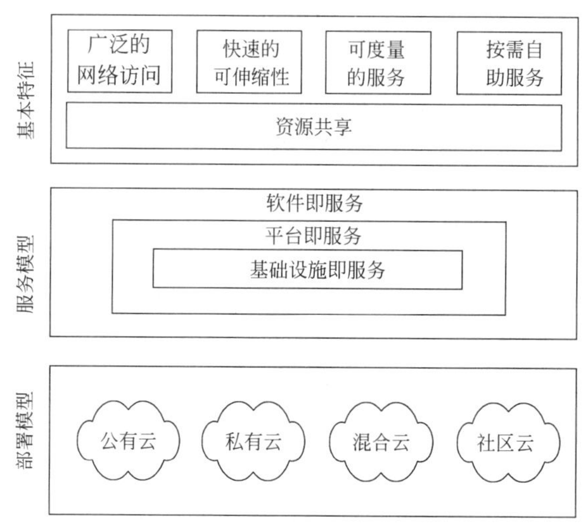

图 5.7 云计算组成元素

广泛的网络访问。具有通过规范机制网络访问的能力，这种机制可以使用各种各样的瘦客户端和胖客户端平台（例如，手机、笔记本电脑以及 PDA）以及其他传统的或者基于云计算的软件服务。

快速的可伸缩性。云计算可以根据用户独特的服务请求，可伸缩性地提供服务。比如，为了完成某项任务，有可能需要大量的服务资源。当完成这项任务后，可以释放这些资源。

可度量的服务。云系统通过一种可计量的能力杠杆，在某些抽象层上自动地控制并优化资源以达到某种服务类型（例如，存储、处理、带宽以及活动用户账号）。资源的使用可以被监视和控制，通过向供应商和用户提供这些被使用的服务报告以达到透明化。

按需自助服务。消费者可以单方面地按需自动获取计算能力，如服务器时间和网络存储，从而免去了与每个服务提供者进行交互的过程。因为服务是按需的，资源并不是都永久保存在 IT 基础设施上。

资源共享。提供商提供的计算资源被集中起来，通过一个多客户共享模型来为多个客户提供服务，并根据客户的需求，动态地分配或再分配不同的物理和虚拟资源。有一个区域独立的观念，就是客户通常不需要控制或者不需要知道被提供的资源的确切位置，但是可能会在更高一层的抽象（例如，国家、州或者数据中心）上指定资源的位置。资源的例子包括存储设备、数据加工、内存、网络带宽和虚拟机等。即便是私有云也倾向于在同一组织的不同部分之间共享资源。

NIST 定义了 3 种**服务模型**，可以看作是嵌套的服务替代：

软件即服务（SaaS）。客户所使用的服务商提供的这些应用程序运行在云基础设施上。这些应用程序可以通过瘦客户端界面由各种各样的客户端设备所访问，如 Web 浏览器。企业不需要获得软件产品的桌面和服务器许可证就可以从云端获得相同的服务。使用这种类型服务的例子有 Gmail、谷歌邮件服务、Salesforce.com，这些服务帮助企业跟踪它们的用户。

平台即服务（PaaS）。将消费者创建或获取的应用程序，利用云供应商支持的编程语言和工具部署到云的基础设施上。PaaS 经常为应用程序提供中间件类型服务，如数据库、组件服务等。事实上，PaaS 是一个云上的操作系统。

基础设施即服务（IaaS）。向客户提供处理、存储、网络以及其他基础计算资源，客户可以在其上部署以及运行任意软件，包括操作系统和应用程序。IaaS 使用户能够利用基本的计算服务，如数字运算、数据存储，组建更高级的有适应能力的计算机系统。

NIST 定义了 4 种部署模型：

公有云。云基础设施对一般公众或一个大型的行业组织公开可用，由销售云服务的组织机构所有。云服务提供者对云端的云基础设施以及数据和操作的控制负责。

私有云。云基础架构被一个组织独立地操作，可以由该组织或第三方管理，可存在于该组织工作场所之内，也可存在于该组织工作场所之外。云服务提供者只对基础设施负责，不对各种控制负责。

社区云。社区云是指由一些有着共同利益（如任务、安全需求、政策、遵约考虑等）并打算共享基础设施的组织共同创立的云，可以由这些组织或第三方管理，可存在于工作场所内，也可存在于工作场所外。

混合云。混合云由两个或两个以上的云（私有云、社区云或公共云）组成，它们各自独立，但通过标准化技术或专有技术绑定在一起，云之间实现了数据和应用程序的可移植性（例如，解决云之间负载均衡的云爆发）。

图 5.8 展示了典型的云计算环境。企业在企业局域网或局域网集中拥有工作站，工作站通过路由器经企业局域网或者互联网连接到云服务提供商。云服务提供商拥有大量服务器，同时进行网络、冗余以及安全工具的管理。在图 5.8 中，云基础设施由比较常见的刀片服务器组成。

5.4.2　云计算参考架构

NIST SP-5000-292（NIST 云计算参考架构）建立了如下的参考架构：

NIST 云计算参考架构集中关注云服务提供商提供的服务，而不是怎样设计与实现解决方案。参考架构的意图是使云计算中的操作复杂性变得容易理解。它不代表某个特定云计算系统的系统架构，相反，它是一个使用通用的参考架构来描绘、论述、制定特定系统架构的工具。

NIST 根据以下目标设计了该参考架构：

- 在云计算概念模型的范围内说明和介绍各种云服务。
- 为消费者提供一个技术参考，从而能更好地理解、讨论、分类、比较各种云服务。
- 有助于根据安全、互用性、便携性以及参考实现等准则分析候选标准。

如图 5.9 所示，参考架构根据角色以及责任的不同，定义了 5 种主要参与者。

- **云消费者**：与云提供商保持商业联系并使用云提供商提供服务的个人或者组织。
- **云提供商**：向感兴趣的一方提供可用服务的个人、组织或者实体。

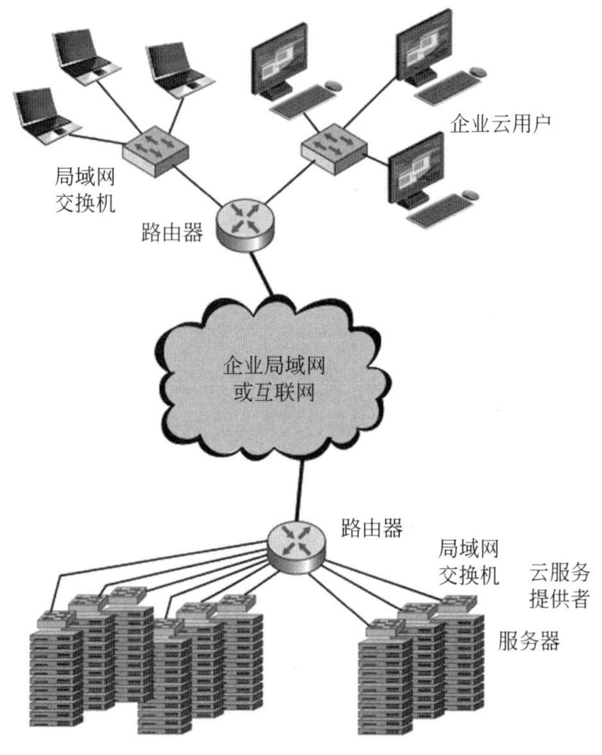

图 5.8 云计算环境

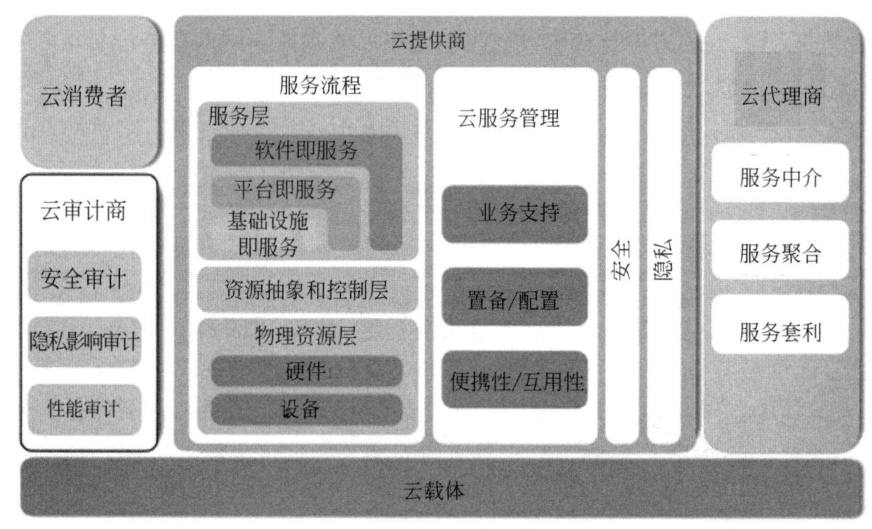

图 5.9 NIST 云计算参考架构

- **云审计商**：可以对云服务、信息系统操作、性能以及云实现安全性进行独立评估的一方。
- **云代理商**：管理云服务的使用、性能以及传输的实体，同时，负责协商云提供商和云消费者的关系。
- **云载体**：提供从云提供商到云消费者之间连接的建立以及云服务传输的媒介。

云消费者以及云提供商的作用已经讨论过了。总结起来说，**云提供商**可以提供一种或多种云服务，以满足**云消费者**的 IT 和商业需求。对三种服务模型（SaaS、PaaS、IaaS）中的每一种，云提供商为该服务模型提供所需的存储空间以及处理设备。对 SaaS 而言，云服务商对云基础设施上的软件应用程序进行部署、配置、维护以及更新操作，以便为云消费者提供他所期望级别的服务。SaaS 的客户可以是向其成员提供软件应用程序的访问入口的企业组织，也可以是直接使用该软件应用程序的终端用户，还可以是为终端用户配置应用程序的软件应用程序管理者。

对 PaaS 而言，云提供商管理着平台上的计算基础设施，运行该平台上的云端软件程序，如实时软件执行堆栈，数据库以及其他中间件元件。PaaS 的云消费者可以使用云提供商提供的工具和执行资源来进行开发、测试、部署以及管理在云端的应用程序。

对 IaaS 而言，云提供商可以获得完成服务所需的物理计算资源，包括服务器、网络、存储空间以及承载基础设施。IaaS 云消费者，比如虚拟计算机，为了满足它们的基本计算需求，依次使用这些计算资源。

云载体是一个在云消费者以及云提供商之间提供连接功能以及云服务传输的网络设备。一般来说，云提供商会跟云载体之间建立服务级别协议（SLA）以便为云消费者提供与该协议级别一致的服务，同时有可能需要云载体在云消费者与云提供商之间提供专用的安全连接。

当云服务特别复杂，以至于云消费者没法轻易进行管理时，**云代理商**就显得非常重要。云代理商可以提供三种类型的支持服务：

- **服务中介**：这些都是增值服务，比如身份管理、性能报告、安全增强。
- **服务聚合**：云代理商结合了多种云服务以便满足消费者需求，这些服务不局限于由一家云提供商提供，最终的目的是性能最优化或者成本最低化。
- **服务套利**：它跟服务聚合类似，唯一的不同是，被聚合的服务并不是固定不变的。服务套利意味着代理商可以灵活地从多个代理机构中选择服务。比如，云代理商可以使用信用评分服务，从中选择一家得分最高的代理机构。

云审计商可以依据安全控制、隐私影响、性能等诸多因素评估云提供商提供的服务。审计商是一个独立的实体，它可以保证云提供商符合一系列的标准要求。

5.5　云安全风险和对策

一般来讲，云计算中的安全控制跟任何 IT 环境中的安全控制类似。但是，云服务中使用的操作模型和技术，使得云计算中有可能会出现与特定云环境相关的风险。在这方面的基本观点是，企业虽然丧失了大量的对资源、服务以及应用程序的控制，但是必须保持对安全和隐私策略的可计量性。

下面列出了云安全联盟[CSA 10]提出的云安全方面的主要威胁，同时提供了一些防护对策：

- **滥用和恶意使用云计算**：对许多云提供商来说，注册并且使用它们提供的云服务是相对容易的，而且，有些提供商甚至提供免费有限的试用期。这使得攻击者可以进入云并且进行一系列的攻击，比如发送垃圾邮件，恶意代码攻击以及拒绝服务攻击。

一般来说，PaaS 提供商最常经受这种攻击；然而，最新证据表明，黑客也开始把 IaaS 供应商作为攻击对象。云提供商负责抵御这种类型的攻击，但是，使用云服务的客户必须监控他们的数据以及资源的活动以便检测任何恶意的行为。

相应的对策包括：（1）更加严格的首次注册以及验证过程；（2）加强信用卡欺诈监测和协调；（3）监督客户网络活动；（4）监督公共黑名单。

- **不安全的 API**：云提供商会将一组软件接口或 API 对用户公开，从而使用户可以管理云服务并与云服务进行交互。通常的云服务的安全性和可用性取决于 API 的安全性。从认证和访问控制到加密和活动监听，这些接口必须被设计成能够防御意外的和恶意的逃避政策的企图。

  相应的对策有：（1）分析云提供商接口的安全模型；（2）确保在加密传输过程中，进行强认证以及访问控制；（3）理解与 API 关联的依赖链。

- **恶意的内部人员**：在云计算中，组织机构放弃了很多对安全的直接控制，对云提供商给予了前所未有的信任。因此，恶意内部人员活动引发的风险就会加剧。云体系结构需要某些角色，而这些角色有很高的风险性。这包括云提供商系统管理者和安全管理服务提供商。

  相应的对策有：（1）强迫企业使用严格的供应链管理并进行全面的供应商评估；（2）在法律合同中对人力资源要求有明确的说明；（3）信息安全、管理以及合规性报告的透明；（4）决定安全漏洞通知过程。

- **共享技术问题**：IaaS 供应商通过共享基础设施以可扩展方式传送它们提供的服务。通常，IaaS 供应商在基础设施中使用的基础组件（CPU 缓存、GPU 等）并不能在多用户架构中提供强有力的隔离能力。CP 通常为私有用户使用隔离虚拟机的技术处理这种风险。这种方法仍然容易受到内部人员以及外部人员的攻击，因此只能成为整个安全策略的一部分。

  相应的对策有：（1）安装/配置最佳安全实现；（2）监测未授权的改变/活动；（3）促进管理访问及操作的强认证以及访问控制；（4）强制 SLA 进行打补丁以及漏洞修复；（5）进行漏洞扫描以及配置审计。

- **数据丢失或泄露**：对许多客户来说，安全漏洞最致命的影响是数据的丢失或泄露。我们将在下一节中讨论这个问题。

  相应的对策有：（1）实施强有力的 API 访问控制；（2）对传输中的数据进行加密以及完整性认证；（3）在设计及运行时进行数据保护；（4）实施强有力的密钥生成、存储、管理和销毁的做法。

- **账户或服务劫持**：由于证书被盗而发生的账户或服务劫持是一个极大的威胁。因为证书被盗取，攻击者经常可以访问部署在云计算服务中的关键区域，从而会损害这些服务的机密性、完整性以及可用性。

  相应的对策有：（1）屏蔽用户和服务商之间对账户证书的共享；（2）需要的时候使用强大的双因素认证技术；（3）采取主动的监控以便监测未授权的活动；（4）理解云提供商安全策略以及 SLA。

- **未知的风险**：在使用云基础设施时，客户需要在很多问题上放弃对 CP 的控制，这有可能影响安全性。客户需要高度注意并明确定义在管理风险中涉及的角色以及责任。比如，云服务提供商的雇员有可能在没有遵守正常政策和规程的情况下部署应用程序和数据资源，这些政策与规程包含了隐私、安全、过失等方面的规定。

相应的对策有：（1）公开适用的日志以及数据；（2）部分/全部公开基础设施的细节（补丁级别和防火墙）；（3）监控和警惕必要的信息。

欧洲网络和信息安全局[ENIS09]和 NIST[JANS11]也公布了类似的列表。

5.6　云端数据保护

从前面的部分中可以看到，云安全涉及许多方面的内容，也有许多提供云安全的防护措施。更进一步的例子可以从 NIST 在 SP-800-14 中定义的云计算的指南中看到，在表 5.3 中列出了该指南。云安全问题已经超出了本节讨论的范畴。在本节中将集中讨论云安全的组成要素。

表 5.3　NIST 关于云计算安全与隐私问题指南和推荐

管理

扩展组织在应用程序开发以及云端提供的服务中使用的政策、流程、标准的规定，同时也包括设计、实现、测试、使用、部署或从事的服务的监控过程

正确实施审计机制和工具，保证组织行为在整个系统生命周期中遵守上述规定

承诺

理解对组织安全和隐私施加的各种法律和规章，这些约束影响了云计算的积极性，尤其影响到那些包含数据定位、隐私和安全控制、记录管理和电子发现要求等约束的积极性

回顾和评估云提供商为了满足组织需求而提供的服务，确保合同条款充分满足要求

确保云提供商的电子发现能力和过程没有违反数据和应用的隐私或安全

信任

确保有足够的服务安排，以便在整个系统的生命周期中，云提供商使用的安全和隐私控制及过程和服务的性能有足够透明度

对数据建立明确的专有所有权

为整个系统的生命周期建立灵活的风险管理程序，以便可以适应变化的风险

持续监控信息系统的安全状态，以便支持持续的风险管理决定

架构

理解云提供商为提供服务而使用的基础技术，包括贯穿整个系统生命周期、包含所有系统组件的对系统的安全和隐私进行控制的技术

身份和访问控制

确保对安全认证、授权和其他身份访问管理功能有足够的防护，同时组织对这些防护的管理要比较方便

软件隔离

理解云提供商在其多租户软件体系中使用的虚拟化技术和其他逻辑隔离技术，并为组织机构评估其中的风险

数据保护

评估云提供商为管理组织数据而使用的数据管理的方案的便捷性，以及为控制数据访问，为未被使用的数据、被传输数据、正在被使用的数据提供安全防护和净化数据的能力

充分考虑校对本组织和其他组织数据的风险，其他组织的风险概况有可能很高而且其中的数据代表明显的集中值

续表

完全理解和权衡在密码系统中密钥管理的风险，这需要考虑在云端环境中可用的设备以及云提供商建立密钥管理的过程
可用性
理解为可用性、数据备份和恢复、灾难恢复使用的合同规定和规程，确保它们满足组织的连续性和应急计划要求
确保中期或长期中断、严重灾难、关键操作可以立即被恢复，所有的操作最终能以一种及时而有条理的方式被重新建立
应急响应
理解应急响应方面的合同规定和规程，确保它们满足组织要求
确保在事件发生时或事件发生后云提供商有透明的应答过程、充分的共享信息机制
确保组织与云提供商能根据它们在云计算环境中各自的角色和责任以一种协调的方式应对发生的各种事件

有很多种泄露数据的方法。在没有对原始信息进行备份的情况下删除或者修改某些记录是很常见的一个例子。就像在不可靠介质上的存储一样，从一个更大的上下文中删除一个记录有可能使它不可恢复。编码键的损失有可能导致严重的破坏。最后，未授权的一方不能对敏感数据进行访问。

数据泄露的威胁在云中变得更大，这是因为风险与挑战之间的交互作用或者是云所特有的，或者由于云环境的体系特性或操作特性而使威胁变得更严重。

在云计算中使用的数据库环境可以有很大的不同。一些提供商支持**多实例模型**，该模型为每一个云用户提供一个运行在虚拟机实例上的数据库管理系统（DBMS）。这使得用户对角色定义、用户授权和其他与安全相关的管理任务具有了完全的控制权。其他的提供商支持**多租户模型**，该模型为云用户提供一个预先定义的且与其他租户共享的环境，一般是通过使用用户标识符为数据加标签实现。标签技术能给人以用户独自使用该实例的表象，但它实际上是依靠 CP 建立并维护一个健壮和安全的数据库环境。

不管数据未被使用、被传输还是正在被使用都必须保证安全，对数据的访问也必须被控制。客户可以使用加密手段来保护传输中的数据，但这需要 CP 进行密钥管理。客户可以实施访问控制技术，但同样地，根据使用的服务模型，在一定程度上也需要 CP 的帮忙。

对未被使用的数据来说，理想的安全措施是让用户加密数据库，在云端只存储加密后的数据，而且 CP 并没有访问加密密钥的权限。尽管污染和拒绝服务攻击仍然是一个威胁，但只要密钥是安全的，CP 就无法读懂这些数据。

对本书中提出的安全问题，一个简单的解决方案是加密整个数据库，同时不把加密/解密密钥提供给服务提供商。这个解决方案自身是不灵活的。用户几乎不能基于查找和对密钥参数的索引来访问私有数据条目，而只能将数据库中的整个表下载下来，解密这个表，然后对结果进行处理。为了提供更大的灵活性，必须能够在加密的形式下对数据库进行处理操作。

图 5.10 给出了这种方法的一个例子，在[DAMI05]和[DAMI03]上有详细介绍。[HACI02]给出了类似的方法，其中包含如下 4 个实体。

- **数据拥有者**：产生数据的组织，使得数据可以在组织内部或者外部用户间有可控的释放。

- **用户**：对系统发出请求（查询）的人或实体。用户可以是被授权通过服务器访问数据库的组织员工，也可以是通过认证而获得访问权限的外部用户。
- **客户端**：数据库的前端，它可以将用户查询请求转化成存储在服务器上的加密的查询请求。
- **服务器端**：接收数据拥有者的加密数据，使得这些数据可以被分发给客户端的组织机构。事实上，服务器可以属于数据拥有者，但更常见的是，服务器被外部提供商拥有和维护。在我们的讨论中，服务器是云服务器。

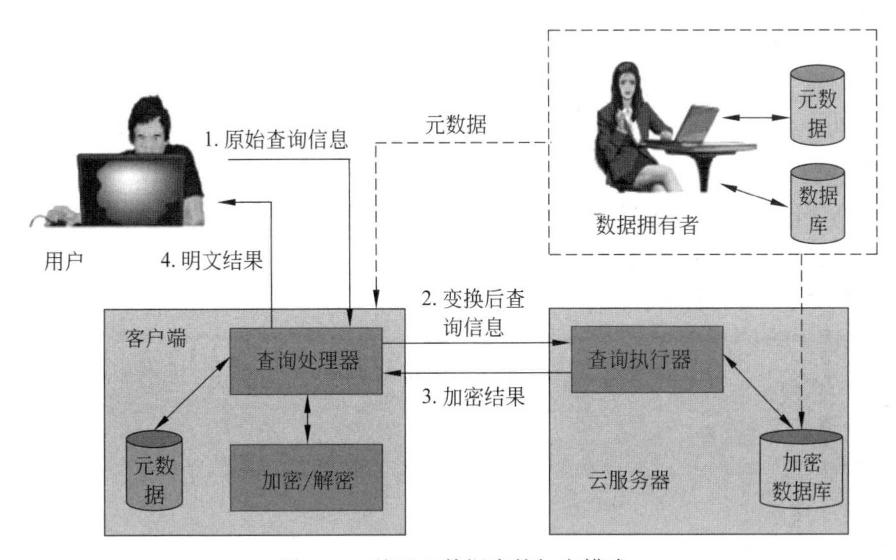

图 5.10　基于云数据库的加密模式

在继续讨论之前需要定义一些数据库术语。在关系型数据库术语中，基本的组成元素是关系，也即一个表格。每一行称为元组，每一列称为属性。主键被定义成使用行的一部分内容在一个表中唯一标识一行；主键包含一个或多个列名[1]。比如，在一个雇员表中，雇员 ID 就足以在一个表中唯一标识一行。

首先讨论在这种情形下的最简单的可能的安排。假设数据库中的每一个私有条目都是独立进行加密，所有加密操作使用同一加密密钥。加密的数据库存储在服务器上，但是服务器没有加密密钥。因此，在服务器上的数据是安全的。即便有人能够侵入服务器端的系统，他也只能获得加密的数据。客户系统不需要拥有加密密钥的副本。在客户端的用户按下面的步骤从数据库中检索记录：

（1）用户在一个或多个具有特定主键值的记录中发布查询请求。

（2）客户端的查询处理器加密主键，相应地修改查询请求，并将该请求传输到服务器。

（3）服务器使用加密后的主键值进行查询，返回一个或多个符合条件的记录。

（4）查询处理器解密数据，返回查询结果。

这种方法简单，但是很有局限性。比如，雇员表包含一个工资属性，用户希望检索所有工资低于 70 美元的记录。没有进行检索的明显方法，因为每一条记录中的工资属性值都是被加密的。加密之后的值无法保留原始属性值的次序。

1　注意，主键跟密码系统中的密钥完全没有关系。主键在数据库中是索引数据库的一种手段。

有很多方法可以扩展这种方案的功能。比如，未加密的索引值可以跟一个给定的属性相关联，基于这些索引值，可以将表格进行划分，从而使用户可以检索表格的特定部分。这种模式的细节已经超出了讨论的范围。更多细节见[STAL12]。

5.7 云安全即服务

术语**安全即服务（SecaaS）**意味着由安全提供商来提供一系列安全服务，原先大部分安全服务是由企业提供的，现在变成了由安全服务提供商提供。提供的典型服务有认证、杀毒、反恶意软件/间谍软件、入侵检测以及安全事件管理。在云计算的环境下，云安全即为服务，也即我们所说的SecaaS。它是SaaS的一部分，该服务由CP提供。

云安全联盟定义SecaaS是通过云提供安全应用以及服务。它既可以为云基础设施以及软件提供服务，也可以为从云端到消费者的预置系统之间提供服务[CSA11b]。在下面列出了云安全联盟定义的SecaaS服务类型：

- 身份识别和访问管理；
- 数据丢失防护；
- Web安全；
- 电子邮件安全；
- 安全评估；
- 入侵管理；
- 安全信息和事件管理；
- 加密；
- 业务连续性和灾难恢复；
- 网络安全。

在这一部分将对这些服务类别进行介绍，集中讨论基于云的基础设施和服务（见图5.11）。

身份识别和访问管理（IAM）包括在进行企业资源访问管理过程中使用人力、流程和系统，以保证实体的身份被验证，同时，基于身份验证结果，为该实体授予正确级别的访问权限。身份管理的一部分内容是身份配置，为已识别用户提供访问入口，当企业决定某个用户不再具有访问云端企业资源的访问权时，移除该用户，或者拒绝其访问。身份管理的另一部分内容是让云参与客户企业使用的联合身份管理模式（见第4章）；对其他要求，云服务提供商（CSP）必须能够同由企业选择的身份提供商交换身份属性。

IAM的访问管理部分包括认证和访问控制服务。比如，CSP必须能够以一种可信赖的方式认证用户。SPI环境中的访问控制要求包括建立可信任的用户配置文件和政策信息，以一种可审查的方式在云服务中进行访问控制。

数据丢失防护（DLP）对未被使用或者正在使用中的数据进行安全监控、保护和验证。DLP的大部分可以由云客户端实现，正如在5.6节讨论的。CSP同样可以提供DLP服务，比如实现在不同场合中可以对数据执行何种功能的规则。

Web安全是一种实时防护，它或者由软件/应用安装为前提提供，或者由云通过代理或

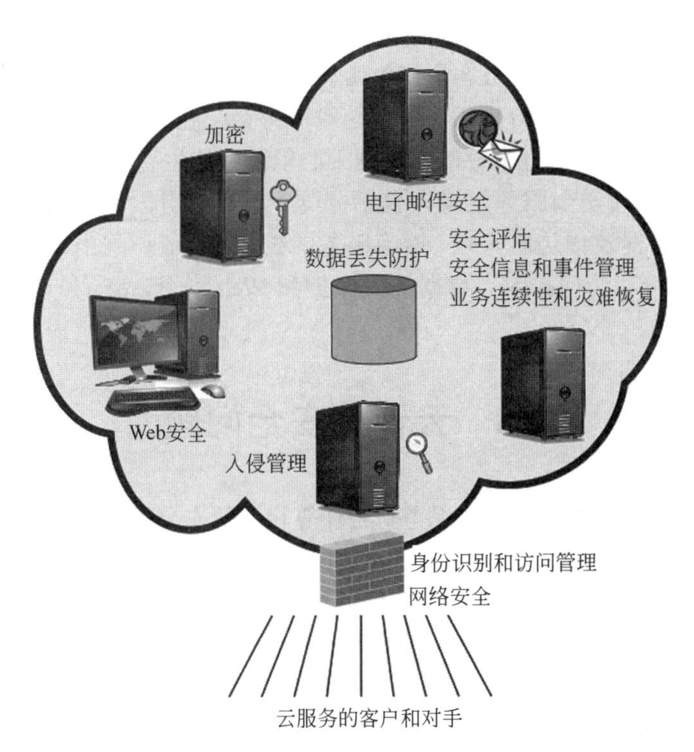

图 5.11　云安全即服务的组成要素

重定向到 CP 的 Web 流量提供。它在阻止恶意软件通过诸如 Web 浏览之类的活动入侵企业内部的杀毒层上边增加了额外的保护层。除了防止恶意软件的攻击，基于云的 Web 安全服务有可能包含政策执行、数据备份、流量控制和 Web 访问控制等。

CSP 有可能提供基于 Web 的电子邮件服务，该服务需要安全措施。**电子邮件安全**提供电子邮件入出境控制，保护组织免受网络仿冒、恶意附件攻击，执行企业关于可接受使用和垃圾邮件预防的政策。CSP 也有可能对所有的电子邮件客户进行数字签名，同时也可以提供可选的电子邮件加密服务。

安全评估是云服务的第三方审计。尽管这种服务不在 CSP 提供服务的范围内，CSP 可以提供工具和访问点来帮助许多评估活动的进行。

入侵管理包含入侵检测、预防和应答。这种服务的核心是在云端入口点和云端服务器上实现入侵检测系统（IDS）和入侵防护系统（IPS）。IDS 由一系列用来检测未授权访问主机系统的自动工具组成。我们将在第 10 章讨论。IPS 包含了 IDS 的功能，同时包含用来阻塞入侵者流量的机制。

安全信息和事件管理（SIEM）从虚拟或实际网络、应用程序和系统中收集（通过推或拉机制）日志和事件数据。这些信息被用于分析，以便提供实时报告和警告信息/事件。这些信息/事件有可能需要介入应答或其他种类的应答。CSP 一般提供集成服务，它将来自云端和客户端企业网络等各种来源的信息数据汇总起来。

加密是一种普适服务，可以用来对云端未使用数据、电子邮件流量、特定客户网络管理信息、身份信息等进行加密服务。CSP 提供的加密服务包含一系列复杂的问题，例如密钥管理，怎样在云端实现虚拟私有网络（VPN）应用程序加密，数据内容访问等。

业务连续性和灾难恢复包含一系列措施和机制，以确保当发生服务中断时的操作弹性。由于规模经济，CSP 可以为云服务客户提供明显的利益[WOOD10]。CSP 可以使用可靠的失效备援和灾难恢复设备在许多地方提供备份。这种服务必须包含灵活的基础设施、功能和硬件的冗余、受监控的操作、地理上分散的数据中心以及网络生存性。

网络安全由一系列安全服务组成，包括分配、访问、分发、监控和保护基础资源服务等。服务包括服务器及周边防火墙、拒绝服务防护。在本节还列出了许多其他的服务，包括入侵管理、身份和访问控制、数据丢失保护和 Web 安全，它们一同构成了网络安全服务。

5.8 云计算安全问题

许多文档被提出来用于指导企业思考与云计算相关的安全问题。此外 SP 800-144 提供整体的指导，NIST 处理了 SP 800-146（云计算概要和建议，201205）。NIST 的建议系统地考虑把企业消耗的每种主要类型的云服务包括软件作为服务（SaaS）、基础设施作为服务（IaaS）、平台作为服务（PaaS）。然而安全问题会有所不同，具体取决于云服务的类型，有多个 NIST 建议与服务类型无关。不出所料，NIST 要求选择云提供者，其支持强加密，有适当的冗余机制，采用认证机制，并且在保护订阅者免受其他订阅者和提供商影响的机制方面，能提供给订阅者充分的能见度。SP800-146 还列出了整体安全控制，此控制与云计算环境相关并且必须分配给不同的云参与者，正如表 5.4 所示。

随着越来越多的企业将云服务纳入到企业网络结构中，云计算安全将持续是一个重要的问题。云计算安全失败的例子有可能会对云服务的商业利益产生寒蝉效应，而这种寒蝉效应正在激励服务器供应商认真整合安全机制，这种安全机制能缓和潜在用户的焦虑。一些服务器供应商已将运营转移到第 4 层数据中心，以解决用户对可用性和冗余的担忧。因为许多企业仍然不愿意大规模地接受云计算，云服务提供商将不得不继续努力让潜在客户相信云计算支持核心业务流程以及任务的关键应用能被安全地移动到云端。

表 5.4　控制功能和分类

技术	操作	管理
访问控制 审计和问责 识别和认证 系统和通信保护	意识和训练 配置和管理 应急计划 事故响应 维修 媒体保护 物理和环境保护 个人安全系统和信息完整性	证书、认证和安全评估 规划风险评估 系统和服务的获取

5.9　关键词、思考题和习题

5.9.1　关键词

访问请求者（AR）
认证服务器
云
云审计商
云代理商
云载体
云计算
云消费者
云提供商
社区云
动态主机配置协议（DHCP）
EAP 认证者
EAP-GPSK
EAP-IKEv2
局域网上的 EAP（EAPOL）
EAP 方法
EAP 透传模式
EAP 被认证端
EAP 传输层安全
EAP 隧道传输层安全
可扩展认证协议（EAP）
防火墙
IEEE 802.1X
介质网关
网络访问控制（NAC）
网络访问服务器（NAS）
平台即服务（PaaS）
策略服务器
私有云
公共云
远程访问服务器（RAS）
安全即服务（SecaaS）
软件即服务（SaaS）
请求者
虚拟局域网（VLAN）

5.9.2　思考题

5.1　给出网络访问控制的简要定义。
5.2　什么是 EAP？
5.3　列出并简要定义 4 种 EAP 认证方法。
5.4　什么是 EAPOL？
5.5　IEEE 802.1X 的功能是什么？
5.6　给出云计算的定义。
5.7　列出并简要定义 3 种云服务模型。
5.8　什么是云计算参考架构？
5.9　描述主要的特定云安全威胁。

5.9.3　习题

5.1　调查你所在学校或者公司的网络访问控制模式。画出描述该模式主要组成元素的图表。
5.2　图 5.1 暗示 EAP 可以用 4 层模型进行描述。给出 4 层中每一层的功能和格式。你可能需要参考 RFC 3748。
5.3　在 YouTube 上寻找并观看讨论云安全的视频。记录下 3 个你认为对云安全关键问题和方法做出较好介绍的视频的网址。如果只能向同学推荐一个，你会选择哪一个？为什么？在一篇短文中总结你的推荐理由（250～500 个字），或者用 3～5 页 PPT 展示。

第 6 章　传输层安全

6.1　Web 安全需求
6.2　传输层安全
6.3　HTTPS
6.4　SSH
6.5　关键词、思考题和习题

学习目标

学习完这一章后，你应该能够：

- 总结 Web 安全威胁和 Web 流量安全手段。
- 给出安全套接层的概述。
- 理解安全套接层和传输层安全的区别。
- 比较传输层安全中使用的伪随机函数与之前讨论的伪随机函数的区别。
- 给出 HTTPS 的概述。
- 给出 SSH 的概述。

事实上当今所有企业、大部分政府机构和很多个人都拥有自己的网站。个人和公司访问互联网的数量正在急剧增加。结果，企业都热衷于开发一些用于电子商务的网站。但是，实际情况是互联网或 Web 都极易受到各种各样的泄密攻击。当企业发现这种问题时，对 Web 的安全需求就增加了。

Web 安全是一个内容广泛的主题，足够写一整本书。本章从 Web 安全的一般需求开始讨论，然后重点介绍三个日益成为 Web 商务重要组成部分以及传输层安全的标准模式：TLS/TLS、HTTPS 和 SSH。

6.1　Web 安全需求

万维网（World Wide Web，WWW）从根本上说是一个运行于互联网和 TCP/IP 上的客户端/服务器应用系统。因此，到目前为止本书所讨论的各种安全工具和方法都与 Web 的安全问题有关。Web 提出了一系列与一般计算机和网络安全不太相同的新挑战。

- 互联网是双向的。与传统的发布环境不同，电子发布系统将涉及电子文本、电视广播、语音应答或传真反馈等，使得 Web 服务器容易受到来自互联网的攻击。
- Web 日益成为商业合作和产品信息的出口以及处理商务的平台。如果 Web 服务器遭到破坏，则可能会造成企业信誉的损害和经济损失。
- 虽然 Web 浏览器非常容易使用、Web 服务器相对容易配置和管理、Web 内容也越来越容易开发，但是其底层软件却极其复杂。这种复杂的软件中可能会隐藏很多潜在的安全缺陷。在 Web 短暂的历史中，各种新的和升级的系统容易受到各种各样的安全攻击。

- Web 服务器可以作为公司或机构的整个计算机系统的核心。一旦 Web 服务器遭到破坏，攻击者就不仅可以访问 Web 服务，而且可以获得与之相连的整个本地站点服务器的数据和系统的访问权限。
- 基于 Web 的各种服务的客户一般都是临时性的或未经训练（在安全问题方面）的用户。这些用户缺乏对存在的安全风险所必要的警觉感，因此也没有对这些安全风险有效防范的工具和知识。

6.1.1　Web 安全威胁

表 6.1 提供了对使用 Web 面临的安全威胁类型的总结。对这些安全威胁进行分组的一种方法是把它们分为主动攻击和被动攻击。被动攻击包括在浏览器和服务器之间通信时窃听和获取 Web 站点上受限访问信息的访问权。主动攻击包括用户假冒、在客户和服务器之间的传输过程中替换消息和更改 Web 站点上的信息等。

表 6.1　各类 Web 安全威胁的比较

类　型	威　胁	后　果	对　策
完整性	用户数据修改 特洛伊木马浏览器 内存修改 更改传输中的消息	丢失消息 设备受损 易受其他威胁	密码校验和
机密性	网上窃听 窃取服务器信息 窃取客户端信息 窃取网络配置信息 窃取客户与服务器通话信息	信息丢失 秘密丢失	加密 Web 委托代理
拒绝服务	破坏用户线程 用假消息使机器溢出 填满硬盘或内存 用 DNS 攻击孤立机器	中断 干扰 阻止用户完成任务	难以防止
认证	假冒合法用户 伪造数据	用户错误 相信虚假信息	密码技术

Web 安全威胁的另一种分类方法是按照威胁发生的地域分为三类：Web 服务器、浏览器、浏览器与服务器之间的网络通信。服务器和浏览器的安全问题可归结为计算机系统安全，本书的第 6 部分（见本书配套网站）对系统安全问题做了一般性论述，当然也适用于 Web 系统安全。通信的安全问题可归结为网络安全，这是本章要解决的问题。

6.1.2　Web 流量安全方法

许多提供 Web 安全的方法在这里都是可用的。这些方法所提供的服务是相似的，并且一定程度上它们所使用的机制也是相似的，但是它们的应用范围以及在 TCP/IP 协议栈中的位置有所不同。

图 6.1 说明了这种不同。提供 Web 安全的一种方法是使用 IPSec（见图 6.1（a））。使用 IPSec 的好处是它对终端用户和应用是透明的，并能提供一种通用的解决方案。进一步讲，IPSec 具有过滤功能，使得只用 IPSec 处理所选的流量。

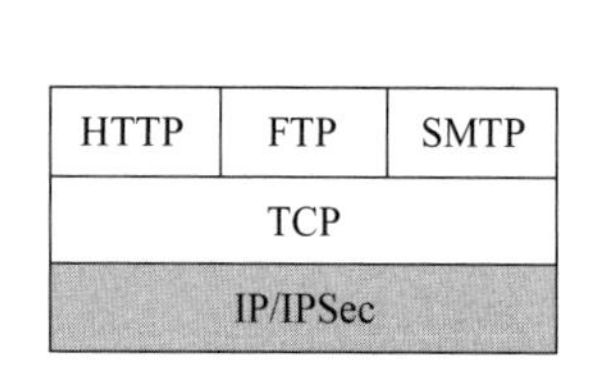

(a) 网络层

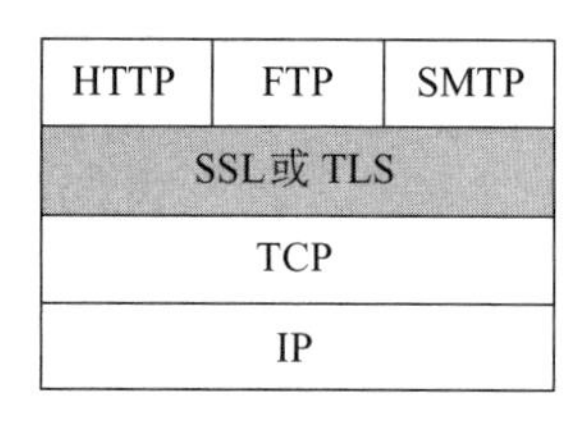

(b) 传输层

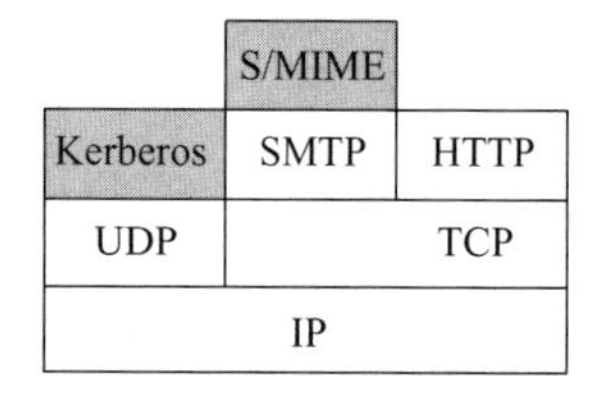

(c) 应用层

图 6.1　TCP/IP 协议栈中的安全设施的相对位置

另一种更一般的解决方案是仅在 TCP 上实现安全（见图 6.1（b））。这种解决方案最典型的例子是安全套接字层（SSL）和被称为第二代互联网标准的传输层安全（TLS）。在该层上有两种可选择的实现方案。一般来说，TLS 都可以作为潜在的协议对应用透明。TLS 可以嵌入到特殊的软件包中，例如 Netscape 和 Microsoft Explorer 浏览器都配置了 TLS。大部分 Web 服务器也都实现了该协议。

特定安全服务在特定的应用中得以体现。图 6.1（c）就是这样一个例子。这种方法的好处是服务器可以针对给定应用的特定需求进行定制。

6.2　传输层安全

在 RFC 5246 中定义的传输层安全（TLS）是广泛使用的一种安全服务；其当前版本更新到 1.2。TLS 是一种 Internet 标准，它是从称为安全套接字层（SSL）的商业协议发展而来的。尽管 SSL 仍然存在，但它已被 IETF 弃用，并且被大多数提供 TLS 软件的公司禁用。TLS 是一种通用服务，是依赖 TCP 实现的一组协议。在这一方面，有两种实现选择。为了完全通用，TLS 可以作为底层协议套件的一部分被提供，因此对应用程序是透明的。或者，TLS 可以嵌入到特定的包中。例如，大多数浏览器都配备了 TLS，大多数 Web 服务器都实现了该协议。

6.2.1　TLS 体系结构

TLS 使用 TCP 提供一种可靠的端对端的安全服务。TLS 不是单个协议，它由两层协议组成，如图 6.2 所示。

TLS 记录协议对各种更高层协议提供基本的安全服务。尤其是，超文本传输协议（Hypertext Transfer Protocol，HTTP）是为 Web 客户端/服务器的交互提供传输服务的协议，它可以在 TLS 的顶层运行。TLS 中定义的三个较高层协议分别是：握手协议、修改密码规格协议和报警协议。这些 TLS 协议规范用来管理 TLS 的交换，后面将对它们做进一步说明。

第四个协议——心跳协议（Heartbeat protocol），在 RFC 的另一文献中做了定义，这里我们也对其进行了讨论。

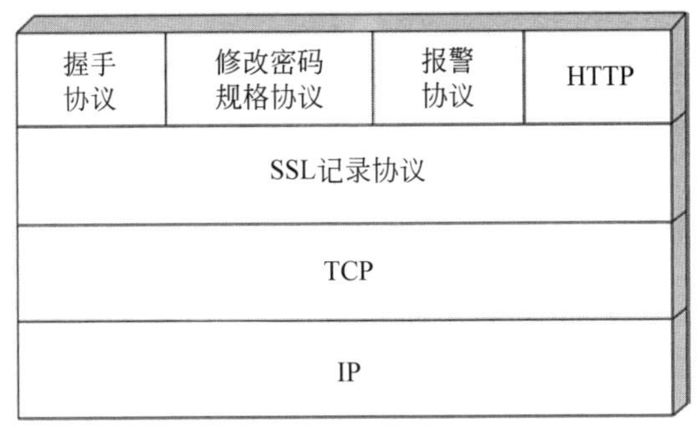

图 6.2　TLS 协议栈

TLS 协议中的两个重要概念是 TLS 会话和 TLS 连接，按照规范文件，它们的定义如下。

- **连接**：连接是一种能够提供合适服务类型（按照 OSI 分层模型定义）的传输。对 TLS 来说，这种连接是点对点的关系而且都是短暂的。每一条连接都与一个会话相关联。
- **会话**：TLS 会话是客户与服务器之间的一种关联。会话是通过握手协议来创建的。所有会话都定义了密码安全参数集合，这些参数可以在多个安全连接之间共享。会话通常用来减少每次连接建立安全参数的昂贵协商费用。

任何一对实体（例如客户和服务器上的 HTTP 应用）之间都可以有多个安全连接。理论上也允许一对实体之间同时有多个会话存在，但实际上并非如此。

实际上还有若干个状态与每个会话相关联。一旦建立起一个会话，对于读和写（即接收和发送）就存在一个当前操作状态。此外，在握手协议中，还会创建读挂起和写挂起状态。当握手协议结束后，挂起的状态又回到当前状态。

会话状态由下列参数定义（定义引自 TLS 规范文件）：

- **会话标识符**：由服务器产生的用于标识活动或可恢复的会话状态的一个任意字节序列。
- **对等实体证书**：对等实体的 X.509v3 证书。会话状态的这一元素可以为空。
- **压缩方法**：加密前用于压缩数据的算法。
- **密码规格**：包括大块数据加密算法（例如空算法、AES 算法等）规格和用于计算 MAC 的散列算法（如 MD5 或 SHA-1 算法等）规格。它还定义了一些密码属性，例如散列值长度等。
- **主密钥**：客户端和服务器共享的 48 字节的会话密钥。
- **可恢复性**：表明会话是否可被用于初始化新连接的标志。

连接状态由下列参数定义：

- **服务器和客户端随机数**：由服务器和客户端为每个连接选定的字节串。
- **服务器写 MAC 密钥**：服务器发送数据时用于计算 MAC 值的密钥。
- **客户端写 MAC 密钥**：客户端发送数据时用于计算 MAC 值的密钥。
- **服务器写密钥**：服务器用于加密数据、客户端用于解密数据的加密密钥。
- **客户端写密钥**：客户端用于加密数据、服务器用于解密数据的对称加密密钥。

- **初始化向量**：在 CBC 模式中，需要为每个密钥配置一个初始化向量（IV）。最初的 IV 值由 TLS 的握手协议初始化。之后，每个记录的最后一个密码块被保存，以作为后续记录的 IV。
- **序列号**：建立连接的各方为每条连接发送和接收的消息维护单独的序列号。当一方发送或接收改变密码规格的消息时，相应的序列号应置零。序列号的值不能超过 $2^{64}-1$。

6.2.2 TLS 记录协议

TLS 记录协议为 TLS 连接提供如下两种服务。

- **机密性**：握手协议定义一个可以用于加密 TLS 载荷的传统加密共享密钥。
- **消息完整性**：握手协议还定义一个用于产生消息认证码（MAC）的共享密钥。

图 6.3 给出了 TLS 记录协议的运行流程。记录协议要传输应用消息时，先将数据分段成一些可操作的块，然后选择压缩或不压缩数据，再生成 MAC、加密、添加头并将最后的结果作为一个 TCP 分组送出。对接收到的数据，首先解密，然后做完整性验证、解压缩、重组，最后把数据递送到更高层用户。

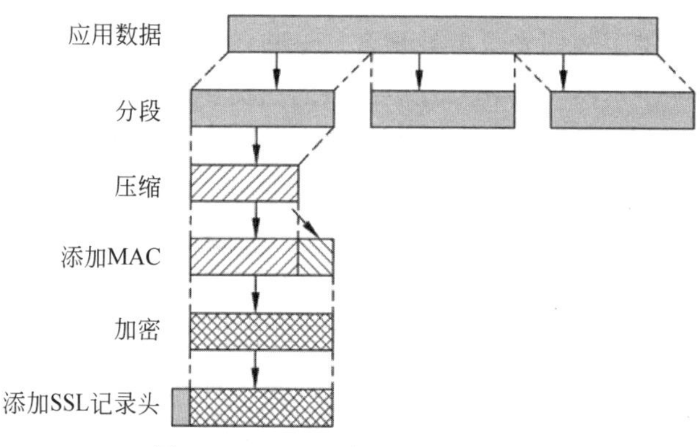

图 6.3 TLS 记录协议的运行流程

TLS 运行的第一步是**分段**。把每个上层消息分割为不大于 2^{14} 字节的块。然后选择**压缩**或不压缩。压缩必须是无损的并且增加长度不能超过 1024 字节[1]。在 TLSv2 中，没有规定压缩算法，所以默认的压缩算法为空算法。

接下来的处理步骤是在压缩数据的基础上计算**消息认证码**。TLS 使用 RFC 2104 中定义的 HMAC 算法。从第 3 章可知 HMAC 定义为

$$\text{HMAC}(K, M) = H[(K^{+} \oplus \text{opad}) \| H[(K^{+} \oplus \text{ipad}) \| M]]$$

其中：

H=嵌入的哈希函数（对 TLS,或者 MD5 或者 SHA-1）

M=输入到 HMAC 的信息

K^{+}=左边填充零后的密钥，填充零的目的是为了使结果与哈希码的块长度相同（对 MD5 和 SHA-1，块长度=512 比特）

1 当然希望压缩后的消息能缩短而不是增长。然而，对于特别小的块，由于形式转换的缘故，压缩算法得到的数据输出比输入还长是完全有可能的。

iPad=00110110（36 的十六进制）重复 64 次（512 比特）

opad=01011100（5C 的十六进制）重复 64 次（512 比特）

对于 TLS，MAC 计算包括以下表达式中指示的字段：

```
HMAC_hash(MAC_write_secret ,seq_num ||
     TLSCompressed.type ||TLSCompressed.version||
     TLSCompressed.length || TLSCompressed.fragment)
```

MAC 计算涵盖了所有的字段，再加上 TLSCompressed.version，这是正在使用的协议版本。

之后，对压缩后的消息连同增加的 MAC 使用对称加密算法进行**加密**。加密造成的块长度增量不会超过 1024 字节，所以块的总长度不会超过 2^{14}+2048 字节。允许使用下面这些对称加密算法：

分组密码		流密码	
算　法	密钥大小	算　法	密钥大小
AES 3DES	128 或 256 168	RC4-128	128

对流密码算法，压缩后的消息与 MAC 码一起被直接加密。值得注意的是 MAC 码是在加密前计算得到的。计算所得的 MAC 码连同明文或压缩后的明文一同被加密。

对分组密码，可以在加密之前在 MAC 之后添加填充。填充是以多个填充字节的形式，后跟填充长度的单字节指示。填充可以是总数中的任何数量的结果，其长度是密码的块长度的倍数，最大可到 255 字节。例如，如果密码的块长度是 16 字节（例如 AES）或者如果某明文（或压缩后的明文）加上 MAC 再加上填充的长度是 79 字节，填充长度可以是 1、17、33 等，最大为 161 字节。如果填充长度为 161 字节，总长度为 79 字节+161 字节=240 字节。可变填充长度可用于阻止基于分析交换消息长度的攻击。

TLS 记录协议处理过程的最后一步是添加一个由下列域组成的 TLS 头：

- **内容类型**（8 比特）：用于处理封装分段的高层协议。
- **主版本号**（8 比特）：表明应用的 TLS 协议的主版本号。对于 TLSv3.0，该值为 3。
- **副版本号**（8 比特）：表明应用的 TLS 协议的从版本号。对于 TLSv3.0，该值为 0。
- **压缩后的长度**（8 比特）：以字节为单位的明文块（如果使用了压缩，则为压缩后的明文块）长度。最大值为 2^{14}+2048。

内容类型被定义为修改密码规格、报警、握手和应用数据 4 种。前 3 种是对 TLS 特定的协议，后面再进行讨论。值得注意的是，在各种应用（例如，HTTP）中使用 TLS 没有什么限制，它们提供的数据内容对 TLS 来说是不透明的。

图 6.4 给出了 TLS 记录协议的格式。

6.2.3　修改密码规格协议

修改密码规格协议是应用 TLS 记录协议的 4 个 TLS 规格协议之一，也是最简单的一个

图 6.4 TLS 记录协议的格式

协议。本协议只包含一条消息（见图 6.5（a）），由一个值为 1 的字节组成。这条消息的唯一功能是使得挂起状态改变为当前状态，用于更新此连接使用的密码套件。

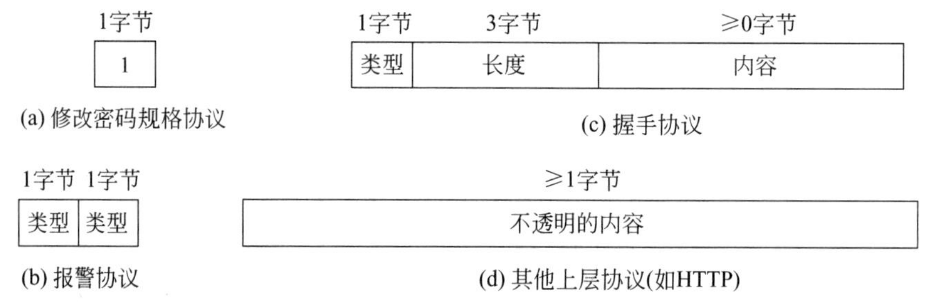

图 6.5 TLS 记录协议载荷

6.2.4 警报协议

警报协议用于将与 TLS 相关的警报传达给对等实体。与使用 TLS 的其他应用一样，警报消息也要按照当前状态的规格进行压缩和加密操作。

这一协议过程中的每一条消息都由两个字节组成。其中第一个字节可以取值为警告（1）或致命（2）以表示消息的严重程度。如果严重程度为致命，TLS 将立即结束当前连接。虽然该会话中的其他连接还可以继续进行，但是本次会话不允许建立新的连接。第二个字节包括一种用于指明具体警告的编码。下面列出致命警告的内容（由 TLS 规范定义）：

- **非预期消息**：接收到不恰当的消息。
- **MAC 记录出错**：接收到不正确的 MAC 码。
- **解压缩失败**：解压缩函数接收到不恰当的输入（例如，不能解压缩或解压缩后的数据大于允许的最大长度）。
- **握手失败**：发送方在可选范围内不能协商出一组可接受的安全参数。
- **不合法参数**：握手消息中的域超出范围或与其他域不一致。
- **解密失败**：以无效方式解密的密文，或者它不是块长度的偶数倍或其填充值，如果选中，则不正确。
- **记录溢出**：收到的 TLS，其长度超过 2^{14}+2048 字节的有效载荷（密文），或解密为

长度大于 2^{14}+2048 字节的密文。

- **未知 CA**：收到了有效的证书链或部分链，但未接受证书，因为无法找到 CA 证书或无法与已知的可信 CA 匹配。
- **拒绝访问**：收到有效证书，但在应用访问控制时，发送方决定不继续进行协商。
- **解码错误**：无法解码消息，因为字段超出其指定范围或消息长度不正确。
- **出口限制**：检测到不符合关键长度出口限制的谈判。
- **协议版本**：客户端尝试协商的协议版本已被识别但不受支持。
- **安全性不足**：当协商失败时，返回一个不是握手失败的信息，因为服务器要求的密码比客户端支持的密码更安全。
- **内部错误**：与对等方无关的内部错误或协议的正确性使其无法继续。
- **结束通知**：通报接收方，发送方在本次连接上将不再发送任何消息。连接双方中的一方在关闭连接之前都应该给对方发送这样一条消息。
- **没有证书**：如果没有合适的证书可用时，发送这条消息作为对证书请求者的回应。
- **证书不可用**：接收到的证书不可用（例如包含的签名无法通过验证）。
- **不支持的证书**：不支持接收到的证书类型。
- **证书作废**：证书已被签发者吊销。
- **证书过期**：证书已过期。
- **未知证书**：处理证书过程中引起的其他未知问题，导致该证书无法被系统识别和接受。
- **解密错误**：握手加密操作失败，包括无法验证签名，解密密钥交换，验证已完成的消息。
- **用户取消**：由于与协议故障无关的某些原因，此握手被取消。
- **不重新谈判**：由客户端响应“hello”请求，或服务器在初始握手后响应客户端“hello”而发送。这些消息中的任何一个通常都会导致重新谈判，但此警报表示发送方无法重新谈判。此消息始终是一个警告。

6.2.5 握手协议

TLS 最复杂的部分是握手协议。这一协议允许客户端和服务器相互认证，并协商加密和 MAC 算法，以及用于保护数据使用的密钥通过 TLS 记录传送。握手协议在任何应用数据被传输之前使用。

握手协议由客户端和服务器之间的一系列消息交换组成。所有这些都如图 6.5（c）所示。每一条消息都包括三个域：

- **类型**（1 字节）：表示预定义的 10 种消息类型之一。表 6.2 列出定义的消息类型。
- **长度**（3 字节）：以字节为单位的消息长度。
- **内容**（≥0 字节）：与本条消息相关的参数。它们由表 6.2 列出。

图 6.6 说明了为建立客户端和服务器之间的逻辑连接需要进行的初始交换。这些交换可分为 4 个阶段。

表6.2　TLS握手协议消息类型

消息类型	参数
请求	空
客户端请求	版本，随机数，会话ID，密码套件，压缩方法
服务器响应	版本，随机数，会话ID，密码套件，压缩方法
证书	X.509v3证书链
服务器密码交换	参数，签名
证书请求	类型，授权
服务器响应结束	空
证书验证	签名
客户端密钥交换	参数，签名
结束	散列值

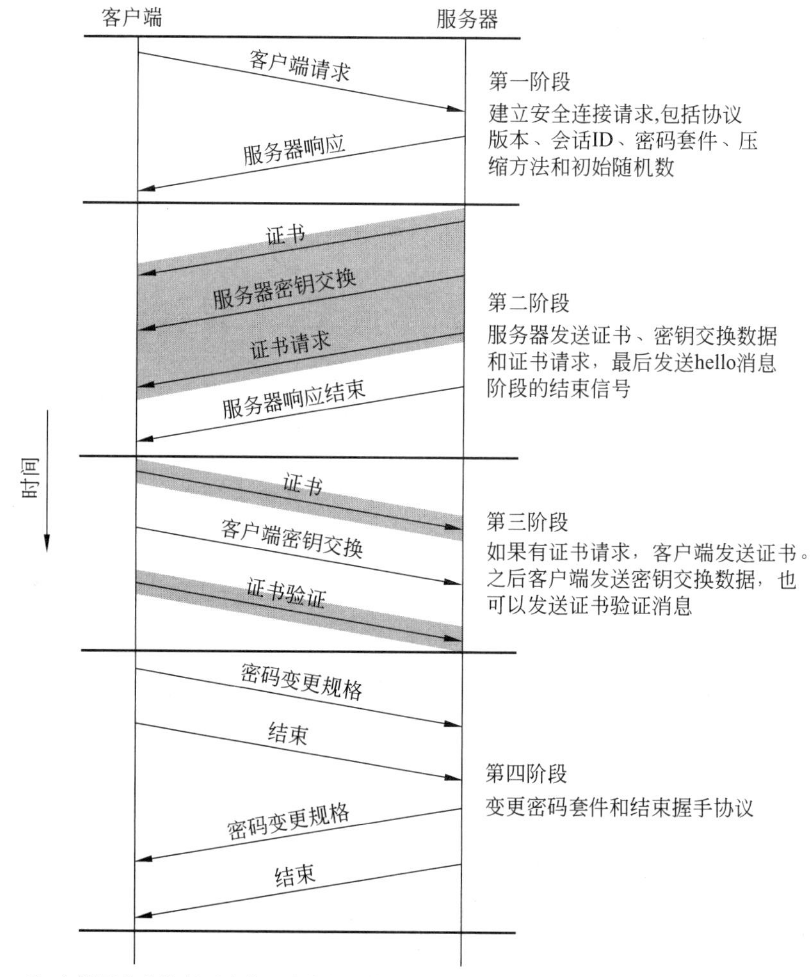

注:加阴影的传输是可选的，或者是与情况相关的消息，它们并非总会被发送。

图6.6　握手协议过程

第一阶段：客户端发起建立连接请求。这一阶段主要是发起逻辑连接并建立与之关联的安全能力。交换首先由客户端通过发送下列客户端请求（**client_hello**）**消息**启动。

- **版本**：客户端的 TLS 最高版本。
- **随机数**：由客户端产生的随机序列，由 32 比特时间戳以及安全随机数生成器产生的 28 字节随机数组成。这些数没有任何意义，主要用于密钥交换过程中防止重放攻击。
- **会话 ID**：可变长度的会话标识符。非零值表示客户端希望更新现有连接的参数，或为该会话创建一条新连接。零值表示客户端希望在新会话上建立一条新连接。
- **密码套件**：按优先级的降序排列的、客户端支持的密码算法列表。列表中的每一行（即每一个密码套件）同时定义了密钥交换算法和密码规格。这些我们接下来讨论。
- **压缩方法**：客户端支持的压缩方法列表。

发送完客户端请求（client_hello）消息后，客户端将等待服务器响应（server_hello）消息，该消息所包含的参数与客户端请求（client_hello）消息包含的参数相同。同时服务器响应（server_hello）消息遵循以下的惯例。版本域包含客户端支持的较低版本和服务器支持的最高版本。服务器产生一个独立于客户端随机域的新随机数域。如果客户端会话 ID 域的值非零，那么服务器应采用相同的取值。否则，服务器的会话 ID 域将包括一个新会话值。密码套件域将包括服务器从客户端提供的可选方案中选定的唯一一组密码套件。压缩域包括服务器从客户端建议中选定的压缩方法。

密码套件参数的第一项内容是密钥交换方法（如传统加密密钥和 MAC 交换方法）。协议支持下列密钥交换方法。

- **RSA**：用接收方的 RSA 公钥加密的密钥。这里必须要有一个接收方的可用公钥证书。
- **固定 Diffie-Hellman**：这是一个 Diffie-Hellman 密钥交换过程，其中服务器证书中包含的公钥参数由**认证机构**（Certification Authority，CA）签发。也就是说，公钥证书包含 Diffie-Hellman 公钥参数。客户端可以通过证书提供其公钥参数（如果需要对客户端认证），也可以通过密钥交换消息提供其公钥参数。使用固定的公钥参数和 Diffie-Hellman 算法进行计算将导致双方产生固定密钥。
- **暂态 Diffie-Hellman**：这种技术用于创建暂态（临时或一次性）密钥。在这种情况下，Diffie-Hellman 公钥通过使用发送方的 RSA 私钥或 DSS 密钥的方式被交换和签名。接收方可以用相应的公钥验证签名。证书用于认证公钥。这种方式似乎是三种 Diffie-Hellman 密钥交换方式中最安全的一种，因为它最终将获得一个临时的、被认证的密钥。
- **匿名 Diffie-Hellman**（Anonymous Diffie-Hellman）：使用基本 Diffie-Hellman 密钥交换方案，且不进行认证。也就是说，双方发送自己的 Diffie-Hellman 参数给对方且不进行认证。这种方法容易受到“中间人攻击法”的攻击，其中攻击者与双方都进行匿名 Diffie-Hellman 密钥交换。
- **Fortezza**：这种技术专为 Fortezza 方案而定义。

紧随密钥交换方法定义之后的是密码规格，它包括下面这些域：

- **密码算法**：可以是前面提到的算法中的任何一种：RC4、RC2、DES、3DES、DES40、IDEA 或 Fortezza。

- **MAC 算法**：MD5 和 SHA-1。
- **密码类型**：流密码或分组密码。
- **可否出口**：可以或不可以。
- **散列长度**：0、16（用于 MD5）或 20（用于 SHA-1）字节。
- **密钥材料**：字节序列（其中包含用于产生写密钥的数据）。
- **IV 大小**：密码分组连接（CBC）加密模式中初始向量的大小。

第二阶段：服务器认证和密钥交换。如果需要认证，则这一阶段的开始以服务器发送其证书为标志。发送的消息包括一个 X.509 证书或一个 X.509 证书链。**证书消息**对于除匿名 Diffie-Hellman 密钥交换方法外的其他密钥交换方法都是必需的。值得注意的是如果使用固定匿名 Diffie-Hellman 密钥交换方法，这一证书消息执行和服务器的密钥交换消息一样的功能，因为它包含了服务器的 Diffie-Hellman 公钥参数。

之后，如果有必要，将发送一个**服务器密钥交换（server_key_exchange）消息**。在下列两种情况下无须发送该消息：（1）服务器已发送包含固定 Diffie-Hellman 参数的证书，（2）使用了 RSA 密钥交换方法。下列情况需要服务器密钥交换消息：

- **匿名 Diffie-Hellman**：消息由两个全局 Diffie- Hellman 密钥值（一个素数和它的一个本原根）以及一个服务器公钥（见图 10.1）组成。
- **暂态 Diffie-Hellman**：消息内容由三个 Diffie-Hellman 参数和一个对这些参数的签名组成。
- **RSA 密钥交换（这种情况服务器使用 RSA，但是使用一个仅用于签名的 RSA 密钥）**：一般来说，客户端不能简单地发送一个用服务器公钥加密的密钥。相反，服务器必须产生一组临时 RSA 公钥/私钥对并使用服务器密钥交换消息发送其中的公钥。消息由两个临时 RSA 公钥（幂指数和模数，见图 3.11）以及对这些参数的签名组成。

下面是有关签名的一些具体细节。通常，得到消息的散列值之后使用发送方的私钥对它加密就可得到签名。这里，散列定义如下：

```
Hash(ClientHello.random || ServerHello.random || ServerParams)
```

所以，散列值不仅涉及 Diffie-Hellman 或 RSA 参数，还涉及当前的初始连接消息，这样可以抵抗重放攻击和误传。对于 DSS 签名，散列值的计算使用了 SHA-1 算法。对于 RSA 签名，同时使用 MD5 算法和 SHA-1 算法计算两个散列值，并对它们的串接（36 字节）使用服务器的私钥进行加密。

接下来，如果服务器使用的不是匿名 Diffie-Hellman 算法，则服务器可以向客户端请求证书。**certificate_request（证书请求）消息**包括两个参数：certificate_type（证书类型）和 certificate_authorities（证书机构）。证书类型指出了公钥算法及其用法：

- RSA：仅限于签名。
- DSS：仅限于签名。
- 固定 Diffie-Hellman 中的 RSA：在这种情况下签名只用来进行认证，该认证是通过发送一个由 RSA 签名的证书来完成的。
- 固定 Diffie-Hellman 中的 DSS：同样仅用于认证。

证书请求消息中的第二个参数是一个可接受的认证机构名称列表。

第二阶段中的最后一条消息（也是始终需要存在的消息之一）是服务器结束（**server_done**）**消息**。该消息由服务器发出并示意服务器的 hello 及相关消息已经结束。该消息没有参数，发送完这个消息后，服务器要等待客户端的响应。

第三阶段：客户端认证和密钥交换。接收到服务器结束消息后，如果需要，客户端应该验证服务器提供的证书是否有效，同时还要检查服务器请求（server_hello）参数是否是可接受的。如果所有这些条件均满足，那么客户端将返回一条或更多消息给服务器。

如果服务器已请求证书，则以客户端发送一条**证书**（**certificate**）**消息**为这一阶段的开始。如果没有合适的证书可用，那么客户端发送一个无证书警报（no_certificate alert）。

接下来是**客户端密钥交换**（**client_key_exchange**）**消息**。该消息必须在这一阶段发送。消息内容由下列的密钥交换类型决定：

- **RSA**：客户端产生一个 48 字节的预备主密钥（pre-master_secret），并用从服务器证书中得到的公钥或者用从服务器密钥交换（server_key_exchange）消息中得到的 RSA 临时密钥进行加密。如何利用它计算主密钥将会在后面进一步解释。
- **暂态或匿名 Diffie-Hellman**：发送客户端的 Diffie-Hellman 公钥参数。
- **固定 Diffie-Hellman**：以证书消息的形式发送客户端的 Diffie-Hellman 公钥参数，该消息内容为空。

最后，在这一阶段，客户端可以发送**证书验证**（**certificate_verify**）**消息**，以便对客户端证书进行显式验证。仅当客户端证书具有签名功能（也就是说，除包含固定 Diffie-Hellman 参数外的所有证书）时才会发送该消息。这个消息是对一个散列码的签名，该散列码基于前面的消息，定义如下：

```
CertificateVerify.signature.md5_hash
    MD5(handshake_messages);
Certificate.signature.sha_hash
     SHA(handshake_messages);
```

其中握手消息（handshake_message）是客户端启动客户端请求时发送或接收到的所有握手协议消息，但不包括客户端请求消息本身。如果用户的私钥是 DSS，则它将用于加密 SHA-1 的散列值。如果用户的私钥是 RSA，则它将用来加密 MD5 和 SHA-1 散列值的串接。这两种情况的目的都是为了验证客户端证书的私钥确实为客户端所有。如果他人误用了客户端的证书，将无法发送该消息。

第四阶段：完成。这一阶段完成安全连接的建立。客户端发送一个修改密码规格（**change_cipher_spec**）消息，并把挂起的密码规格复制到当前密码规格中。值得注意的是，该消息不是握手协议的一部分，而是使用修改密码规格协议发送的。客户端在新算法、新密钥和新密钥值下立即发送结束（**finished**）**消息**。结束消息用于验证密钥交换和认证过程是否成功。结束消息是两个散列码的串接：

```
PRF(master_secret,finished_label,MD5(handshake_messages) || SHA-1
           (handshake_messages))
```

其中，结束标签（finished_label）对客户端来说是“client finished”字符串，对服务器来说是“server finished”字符串。

作为对客户发送的这两条消息的响应，服务器发送自己的修改密码规格消息，把未定的密码规格转变为当前的密码规格并发送其结束消息。到此为止握手过程已经完成，客户端与服务器可以开始交换应用层数据。

6.2.6 密码计算

本节关注以下两个问题：一是通过密钥交换创建一个共享主密钥，二是从共享主密钥中产生密码参数。

主密钥的创建。共享主密钥是通过安全密钥交换方式为本次会话创建的一个一次性48字节（384比特）的值。创建过程分两步完成。第一步，交换预备主密钥。第二步，双方计算主密钥。对预备主密钥的交换，有下面两种情况：

- **RSA**：客户端产生一个48字节的预备主密钥，并使用服务器的RSA公钥加密，然后将其发送给服务器。服务器使用自己的私钥解密以得到pre_master_secret（预备主密钥）。
- **Diffie-Hellman**：服务器和客户端各自产生一个Diffie-Hellman公钥值。交换之后，双方再分别做Diffie-Hellman计算来创建共享的预备主密钥。

现在，客户和服务器都按照下面方法计算主密钥：

```
Master_secret=
      PRF(pre_master_secret, "master secret",
      ClientHello.random || ServerHello.random)
```

其中，ClientHello.random和ServerHello.random是在初始hello消息中交换的两个随机数。

这个算法一直要执行到48字节的伪随机输出都产生完为止。密钥块的计算（MAC密钥、会话加密密钥和IV）定义如下：

```
Key_block=
   PRF(SecurityParameters.master_secret, "key expansion",
   SecurityParameters.server_random || SecurityParameters.client_random)
```

直至产生足够的输出为止。

密码参数产生。密码规格要求客户端写MAC值的密钥，服务器写MAC值密钥，客户端写密钥，服务器写密钥，客户端写初始向量IV，服务器写初始向量IV，这些都是按顺序由主密钥产生的。其方法是主密钥利用散列函数来产生安全字节序列，字节序列足够长以便生成所有需要的参数。

从主密钥中计算密钥材料的方法和从预备主密钥中计算主密钥的格式相同：

```
key_block = MD5 (master_secret || SHA('A' || master_secret ||
                ServerHello.random || ClientHello.random)) ||
            MD5 (master_secret || SHA('BB' || master_secret ||
                ServerHello.random || ClientHello.random)) ||
            MD5 (master_secret || SHA('CCC' || master_secret ||
                ServerHello.random || ClientHello.random)) ||…
```

该计算过程一直持续到产生足够长的输出。该算法结构的结果相当于一个伪随机函数。主密钥可以认为是伪随机函数的种子值。客户端和服务器的随机数可以认为是增加密码分析复杂度的“加盐”（“加盐”的使用在第 11 章第 3 节中讨论）。

伪随机函数　TLS 使用一个称为 PRF 的伪随机函数来扩展密钥以得到密钥产生和验证中的各种密钥块。采用伪随机函数的目的是使用相对较小的共享密钥值，生成较长的数据块，防止对散列函数和 MAC 的攻击。PRF 基于下面的数据扩展函数（见图 6.7）：

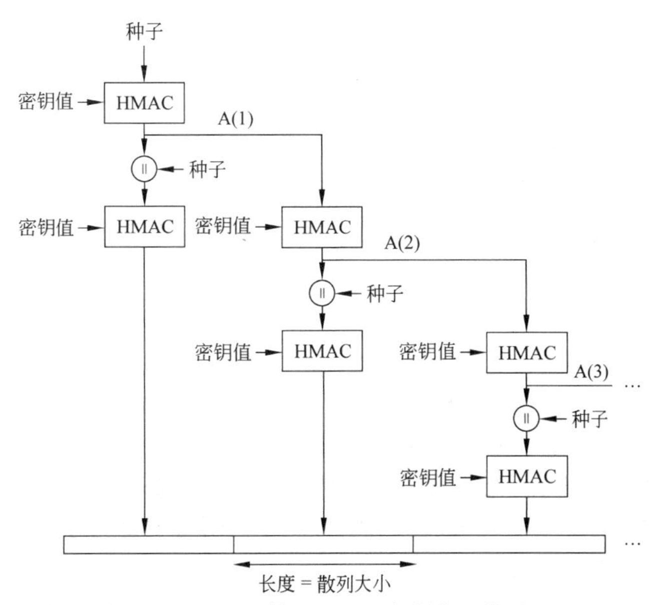

图 6.7　TLS 函数 P_hash（密钥值，种子）

```
P_hash(secret, seed) = HMAC_hash(secret, A(1) || seed) ||
                       HMAC_hash(secret, A(2) || seed) ||
                       HMAC_hash(secret, A(3) || seed) || …
```

其中，A( )定义如下：

```
A(0)=seed
A(i)=HMAC_hash(secret, A(i-1))
```

数据扩展函数使用以 MD5 或 SHA-1 作为基本散列函数的 HMAC 算法。从上面的定义中可以看出，P_hash 可以根据迭代的次数来产生所需的数据量。例如，如果要使用 P_SHA-1 产生 64 字节的数据，则需要迭代 4 次，先产生 80 字节的数据，然后将最后 16 字节丢弃。而如果采用 P_MD5，同样需要迭代 4 次，生成恰好 64 字节的数据。值得注意的是，每迭代一次将涉及两次 HMAC 计算，其中的每一次计算又涉及两次散列算法的计算。

为了使 PRF 做到尽可能安全，同一种情况下可以使用两个不同的散列函数。如果这两个函数中有一个是安全的，那么其安全性就可以得到保证。这种情况下 PRF 的定义如下：

```
PRF(secret,label,seed) = P_MD5(S1，label || seed)
```

PRF 包含三个输入，分别是密钥值、标识符和种子。通过这些参数可以产生一个任意长的输出。

6.2.7 心跳协议

在计算机网络环境中，心跳是由硬件或软件产生的周期性信号，以指示正常操作或同步系统的其他部分。心跳协议通常用于监视协议实体的可用性。在 TLS 的特定情况下，2012 年在 RFC 6250（传输层安全（TLS）和数据报传输层安全（DTLS）心跳扩展）中定义了心跳协议。

心跳协议运行在 TLS 记录协议之上，并且由两种消息类型组成：心跳请求（heartbeat_request）和心跳响应（heartbeat_response）。心跳协议的使用是在握手协议的第一阶段中建立的（图 6.6）。每一个 peer 都指示是否支持心跳。若是支持心跳，则 peer 指示它是否可以接收心跳请求信息并且以心跳响应信息作为响应，或者只是可以接收心跳请求信息。

一条心跳请求信息可以在任何时间发出。任何时候只要接收一条请求信息，都应该及时地应答一条相应的心跳响应信息来对其进行响应。心跳请求信息包括负载长度、负载和填充字段。负载是长度在 16 字节到 64 千字节之间的随机内容。相应的心跳响应信息必须包括接收到的负载的精确复制。填充字段也是随机内容。填充字段使得发送方可以执行一个路径 MTU（最大传输单元）发现操作，通过发送不断增加填充字段的请求直到没有应答为止，因为路径中某个主机无法处理这些信息。

心跳协议有两个目的。首先，它可以向发送方保证接收方是存活的，即使底层 TCP 连接上已经一段时间没有活动了。其次，心跳协议在空闲时期会在连接中产生活动，以避免被不兼容空闲连接的防火墙关闭。

心跳协议中也设计了负载交换，以支持它在 TLS 的无连接版本即数据报传输层安全中的使用。因为无连接服务受制于丢失的数据包，负载使得请求方可以将应答信息和请求信息进行匹配。

6.2.8 SSL/TLS 攻击

自从 1994 年首次提出 SSL，以及此后 TLS 标准提出以来，大量针对这些协议的攻击被设计出来。每种攻击的出现都迫使使用的协议、使用的加密工具或者 SSL 和 TLS 实施的一些方面做出改变，以应对这些威胁。

我们可以将攻击分成四个一般类别：

（1）攻击握手协议：早在 1998 年，一种基于利用格式化和 RSA 加密电路的实施的方法就被提出来对握手协议进行攻击(BLEI98)。对策的实施又使这个攻击进行了改善调整，使得其不仅可以阻止对策还可以加速攻击（例如 BARD12）。

（2）攻击记录和应用数据协议：在这些协议当中发现了大量漏洞，因此需要打补丁以计算新的威胁。例如在 2011 年研究员 Thai Duong 和 Juliano Rizzo 提出了一个名为 BEAST（针对 SSL/TLS 的浏览器开发）的概念，就把曾被看作只是理论上的漏洞变成了实际的攻击[GOOD11]。BEAST 利用一种被称为选择明文攻击的攻击。攻击者通过对一个已知密文相关的明文进行猜测来发动攻击。研究者对成功发动攻击建立了一个实际的算法。后来的补丁可以阻止这种攻击。BEAST 的作者也是 2012CRIME（压缩率使信息很容易泄露）的创造者，这种攻击使得攻击者在数据压缩和 TLS 一起使用的情况下，可以恢复网页 Cookie 的内容[GOOD12]。当被用于恢复密钥认证 Cookie 的内容时，攻击者可以在一个认证的网页会话中执行会话劫持。

（3）攻击 PKI：对一些攻击来说，检查 SSL/TLS 内容中或者其他地方的 X.509 证书的合法性都是一个很重要的主题。比如，SSL/TLS 常用的库易受证书验证实施的影响。作者暴露了 OpenSSL、GnuTLS、JSSE、ApacheHttpClient、Weberknecht、cURL、PHP、Python 源代码和建立于这些产品的应用或者与这些产品一同建立的应用中的弱点。

（4）其他攻击：[MEYE13]列出了一些不符合前面任何一种攻击类型。其中一个例子就是在 2011 年被德国黑客组织 The Hacker Choice 提出的攻击，这是一个 DoS 攻击[KUMA11]。这种攻击通过使用 SSL/TLS 握手请求压倒目标，在服务器上造成了沉重的处理负载。通过建立新的连接或者使用重协商来增加系统的负载。假设在握手期间主要的计算是由服务器完成，这种攻击在服务器上产生的系统负载多于在源设备上产生的，就导致了 DoS，服务器被迫不断重新计算随机数和密钥。

SSL/TLS 攻击和对策的历史进程也代表了其他网络协议进程。完美协议和完美实施策略永远也不可能实现。在威胁和对策当中持续不断地更替决定了网络协议的演变。

6.2.9　TLSv1.3

在 2014 年，IETF TLS 工作组开始了 TLS 版本 1.3 的工作。最主要的目的是增强 TLS 的安全性。写成这个形式，是因为 TLSv1.3 还只是一个草案策略，但是最终的标准可能会和现在的草案非常接近。相对于版本 1.2 来说有以下一些显著的改变：

- TLSv1.3 取消了对一些操作和函数的支持。移除了执行不需要的函数代码以减少代码错误的潜在危险，并降低攻击面。被删除的项包括：
  - 压缩；
  - 不提供认证加密的密码；
  - 静态 RSA 和 DH 密钥交换；
  - 32 比特时间戳。client_hello 信息中，作为随机参数（Random Parameter）的一部分的 32 比特时间戳；
  - 重协商；
  - 改变密码标准协议；
  - RC4；
  - MD5 和带有签名的 SHA-224 哈希。
- TLSv1.3 使用 Diffie-Hellman 或者椭圆曲线 Diffie-Hellman 来作为密钥交换，并且不允许 RSA。RSA 的危险性在于如果密钥被泄露了，那么使用这个密码组的所有握手都会被泄露。使用 DH 或者 ECDH，每次握手都会有一个新的密钥重协商。
- TLSv1.3 通过改变创建安全连接发送的消息顺序，可以实现“1 往返时间”的握手。在一个密码组被重协商之前，客户端发送一条包含密钥创建加密参数的 Client Key Exchange 信息。这使得服务器在发送首次应答之前可以计算用于加密和认证的密钥。减少在握手阶段发送的数据包从而加速进程，并降低攻击面。

这些修改可以提高 TLS 的效率和安全性。

6.3 HTTPS

HTTPS（HTTP 和 SSL）是指用 HTTP 和 TLS 的结合来实现网络浏览器和服务器之间的安全通信。HTTPS 被融合到当今的网络浏览器中。它的应用依赖于网络服务器是否支持 HTTPS 通信。例如，搜索引擎不支持 HTTPS。

在一个浏览器用户看来，它们的主要区别表现在 URL 地址开始于 https://而不是 http://。一个标准的 HTTP 连接使用 80 端口。当指定 HTTPS 时，将使用 443 端口。

当使用 HTTPS 时，通信的以下元素被加密：

- 要求文件的 URL。
- 文件的内容。
- 浏览器表单的内容（由浏览器的使用者填写）。
- 从浏览器发送到服务器和从服务器发送到浏览器的 Cookie。
- HTTP 报头的内容。

HTTPS 的规范文档可参阅 RFC 2818（HTTP over TLS）。使用 TLS 之上的 HTTP 和 TLS 之上的 HTTP 是没有根本性区别的，这两种方法的实现都称为 HTTPS。

6.3.1 连接初始化

对于 HTTPS，用作 HTTP 的客户端的代理和用作 TLS 客户端的代理是一致的。用户在合适的端口向服务器发起一个连接，然后发送 TLS ClientHello，开始 TLS 信号交换。当 TLS 信号交换完毕后，用户将发起第一次 HTTP 请求。所有 HTTP 数据都要以 TLS 应用数据的形式发送。然后是包括保持连接在内的传统 HTTP 操作。

需要明确的是，一个 HTTPS 连接中有三层不同的意思。在 HTTP 层面，一个 HTTP 用户通过向下一层发送一个连接请求来向服务器请求一个连接。通常，下一层是 TCP，但也可能是 TLS/TLS。在 TLS 层，在 TLS 用户和 TLS 服务器之间建立会话。这个会话期可以在任何时间支持一个或多个连接。正如我们所见到的那样，一个 TLS 连接请求的开始伴随着一个 TCP 连接的建立，该连接建立在 TCP 的客户端的实体和服务器之间。

6.3.2 连接关闭

一个 HTTP 用户或者服务器可以通过在 HTTP 记录中加入“connection: close”的字样来指示一个连接的关闭。这意味着该连接将会在该条记录传输之后关闭。

关闭一个 HTTPS 连接要求关闭 TLS 与其对应的远程终端之间的连接，这要求关闭潜在的 TCP 连接。在 TLS 层，关闭一个连接的适当做法是两端都是用 TLS 警报通信协议发出一个“close_notify”警告。TLS 实例必须在关闭连接之前发起一个关闭警报的交换。在发出一个关闭警告后，一个 TLS 实例会关闭这个连接，而不会等待它的另一端发来关闭警告，这会导致一个“不完整的关闭”。如果一个用户这么做了，可能是为了之后再次使用该会话。

这只有在这个应用层知道（通常是通过检查 HTTP 消息边界）它接收了所有它关心的数据之后才可以完成。

HTTP 客户端也必须能够应对这种情况，就是潜在的 TCP 连接在没有事先的"close_notif"警告和"connection: close"指示的情况下被终止。这种情况可能是由于一个服务器的程序错误或者一个通信错误导致 TCP 连接的中断。

6.4 SSH

SSH（Secure Shell）是一个相对简单和经济的网络信息安全通信协议。最初的版本，SSH-1 致力于提供一个安全的远程登录装置以代替 TELNET 和其他不安全的远程登录机制。SSH 还提供了客户端/服务器功能，并且支持文件传输和 E-mail 等网络功能。新版本 SSH-2 修补了一些原系统在安全方面的缺陷。SSH-2 作为一个被建议标准，记录在 IETR RFC 4250～4256 的文档中。

SSH 客户端和服务器适用于大多数操作系统。它已经成为了远程登录和 X 隧道的选择方式之一，并且普遍应用于嵌入式系统之外的加密技术的应用程序中。

SSH 由三个通信协议组织而成，通常运行在 TCP 之上（见图 6.8）。

- **传输层协议**：提供服务器身份验证、数据保密性、带前向安全的数据完整性（比如，如果一个密钥在一个会话期中泄密，这个消息不会影响之前会话期的安全）。传输层会有选择地提供压缩。
- **用户认证协议**：验证服务器的用户。
- **连接协议**：在一个单一、基础的 SSH 连接上复用多个逻辑的通信信道。

<table>
<tr><td>SSH 用户认证协议
服务器对客户端用户认证</td><td>SSH 连接协议
将加密隧道分拆到几个逻辑通道</td></tr>
<tr><td colspan="2">SSH 传输层协议
服务器提供认证、机密性和完整性服务，压缩是可选的</td></tr>
<tr><td colspan="2">TCP
传输控制协议。提供面向端对端传递的可靠连接</td></tr>
<tr><td colspan="2">IP
互联网协议提供跨多个网络的数据传递</td></tr>
</table>

图 6.8 SSH 协议栈

6.4.1 传输层协议

主机密钥。服务器认证发生在传输层，基于拥有一对公共/私有密钥的服务器。一个服务器会有多个主机密钥运用多重不同的非对称加密算法。多个主机会共用一个主机密钥。在任何情况下，服务器的主机密钥在密钥交换时被用来确认主机的身份。为了使这成为可能，用户必须掌握有关服务器的公共主机密钥的先验知识。RFC 4251 给出了两种可选择的可用信任模型：

（1）客户端拥有一个本地数据库，里面有每个主机的名字（由用户输入）和对应的公共主机密钥。这个方法不需要集中管理的基础设施和第三方协调。

（2）主机的用户名和密钥对由受信任的认证机构（CA）认证。客户端只知道 CA 根密钥，并且只能验证由 CA 认证的所有主机密钥的合法性。这种选择性降低了维护的难度，因为理论上，只有一个单独的 CA 密钥需要被安全地存放于客户端。另一方面，在认证成为可能之前每一个主机密钥都必须由认证中心进行认证。

分组交换。图 6.9 说明了 SSH 传输层级协议中的事件序列。首先，客户端向服务器建立一个 TCP 连接。这通过 TCP 协议来完成，并且不是传输层级协议的一部分。当连接建立以后，客户端和服务器交换数据，在 TCP 层的数据域，被称为分组（packet）。每个分组都采用如下形式（见图 6.10）：

- **分组长度**：分组的字节长度，不包括分组的长度和 MAC 域。
- **填充长度**：随机的填充域的长度。
- **有效载荷**：分组的有用内容。在算法协商之前，这个区域未被压缩。如果压缩算法协商以后，则在下一个分组，这个域就将被压缩。

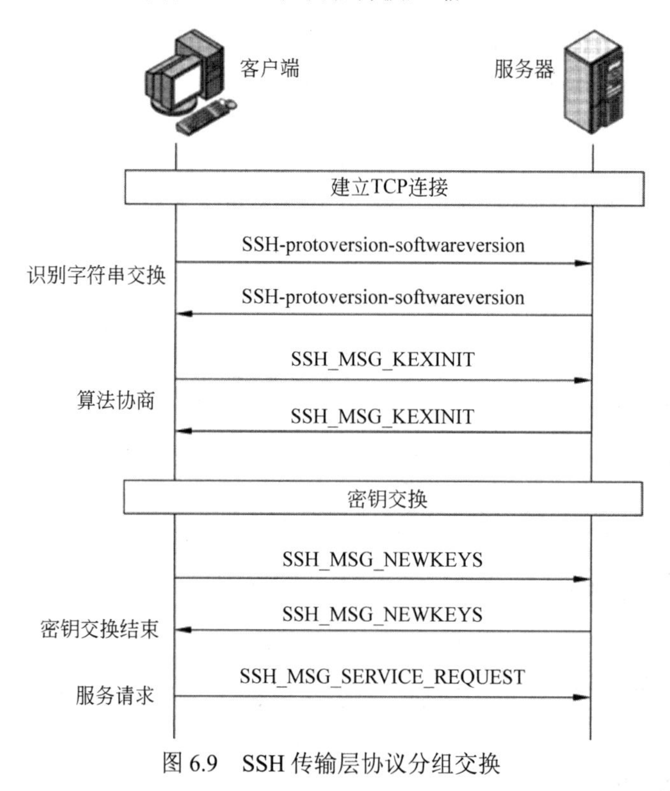

图 6.9 SSH 传输层协议分组交换

- **随机填充**：一旦一个加密算法被协商，则这个域会被附上。它包括了用于填充的随机字节，因此分组的总长度（不包括 MAC 区域）是密码块大小的一个倍数，或者是 8 个字节的流密码。
- **消息认证码（MAC）**：当协商好消息认证，这个域便包含 MAC 值。MAC 值是在整个分组上加上一个序列号计算得出的，不包括 MAC 区域。序列号是 32 比特的指示数据包序列的编码，第一个分组的序列初始化为 0，依次增加。序列号不被包括在分组中发送给 TCP 连接。

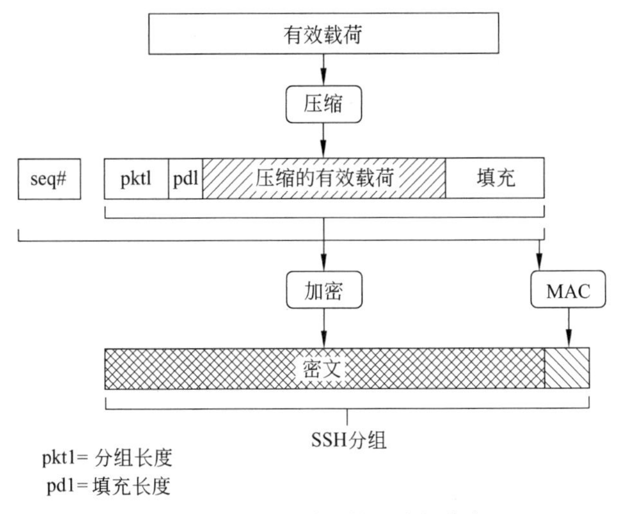

图 6.10　SSH 传输层协议分组信息

一旦一个加密算法被协商通过，整个分组（不包括 MAC 区域）便在 MAC 值计算出后被加密。

SSH 传输层级分组交换由下列步骤组成（见图 6.9）：第一步，**身份标识串交换**，开始于客户端发送一个含有身份标识串的分组，该字符串的形式为：

```
SSH-protoversion-softwareversion SP comments CR LF
```

这里的 SP、CR 和 LF 分别是空格符、回车符和换行符。一个有效的字符串的例子为：SSH-2.0-billsSSH_3.6.3q3<CR><LF>。服务器以它自己的标识串回应。这些字符串被用在 Diffie-Hellman 密钥交换中。

接下来是**算法协商**。通信双方各发出一个 SSH_MSG_KEXINIT，其中包含了一个支持算法的清单，各种算法按发送方的偏好程度排序。每种加密算法都有一个清单。算法包括密钥交换、加密、MAC 算法和压缩算法。表 6.3 展示了加密、MAC 和压缩的可行选择。对于每一类别，所选择的算法是在客户端清单上的第一个算法并且服务器也支持该算法。

下一步是**密钥交换**。规范文档允许有多种可选的密钥交换方法，但是在目前，只有 Diffie-Hellman 密钥交换版本可用。两种版本都在 RFC 2409 中被定义，并且一个方向只能有一个包。交换包括下列步骤：在这里，C 代表客户端；S 代表服务器；p 是一个大的安全素数；g 是一个 GF(p)的子群生成器；q 是子群的阶数；V_S 是 S 的标识串；V_C 是 C 的标识串；K_S 是 S 的公共主机密钥；I_C 是 C 的 SSH_MSG_KEXINIT 消息；I_S 是 S 的 SSH_MSG_KEXINIT 消息，它在这部分开始前已经被交换。算法选择协商之后，客户端和服务器知道 p、g 和 q 的值。散列函数也是在算法协商阶段决定的。

（1）C 产生了一个随机数字 $x(1<x<q)$，并计算 $e=g^x \bmod p$。C 将 e 发送给 S。

（2）S 产生一个随机数字 $y(0<y<q)$，并计算 $f=g^y \bmod p$。S 接收 e。计算 $K=e^y \bmod p$，H=hash(V_C ‖ V_S ‖ I_C ‖ I_S ‖ K_S ‖ e ‖ f ‖ K)，并用它的私有主机密钥标记 H 形成 s。S 发送（K_S ‖ f ‖ s）给 C。签名操作可能会涉及第二次散列运算。

表 6.3 SSH 传输层密码算法

密　　码	
3des-cbc*	CBC 模式下的 3DES
Blowfish-cbc	CBC 模式下的 Blowfish
twofish256-cbc	CBC 模式下的 twofish 算法，256 比特密钥
twofish192-cbc	CBC 模式下的 twofish 算法，192 比特密钥
twofish128-cbc	CBC 模式下的 twofish 算法，128 比特密钥
aes256-cbc	CBC 模式下的 AES 算法，256 比特密钥
aes192-cbc	CBC 模式下的 AES 算法，192 比特密钥
aes128-cbc*	CBC 模式下的 AES 算法，128 比特密钥
Serpent256-cbc	CBC 模式下的 Serpent 算法，256 比特密钥
Serpent192-cbc	CBC 模式下的 Serpent 算法，192 比特密钥
Serpent128-cbc	CBC 模式的 Serpent 算法，128 比特密钥
arcfour	128 比特密钥的 RC4 算法
cast128-cbc	CBC 模式下的 CAST-128 算法

MAC 算法	
hmac-shal*	HMAC-SHA-1；摘要长度=密钥长度=20 字节
hmac-shal-96**	HMAC-SHA-1 的前 96 比特；摘要长度=12 字节；密钥长度=20 字节
hmac-md5	HMAC-MD5；摘要长度=密钥长度=16 字节
hmac-md5-96	HMAC-MD5 的前 96 比特；摘要长度=12 字节；密钥长度=16 字节

压缩算法	
none*	空算法，没有压缩
zlib	RFC 1950 和 RFC 1951 中定义的算法

*=必须的。

**=推荐的。

（3）C 证明 K_S 是 S 的主机密钥（例如，使用证书或一个当地的数据库）。C 也被允许在未经核实的情况下接受这个密钥；然而，这么做会使得（数据传递的）协议面对攻击时出现不安全的状况（可是可能在许多环境中短期内有实际意义）。C 继而计算 $K=f^x \bmod p$，H=hash（V_C‖V_S‖I_C‖K_S‖e‖f‖K），而且在 H 上验证签名 s。

这些步骤结束后，通信双方共享一个密钥 K。另外，服务器对客户端也提供了认证，在 Diffie-Hellman 密钥交换中使用自己的私钥进行了签名。最后，散列值 H 是作为这个连接的一个会话标志。一旦被计算出来，即使这个密钥交换再次被此连接用于获得新密钥，这个会话标志也不会再改变。

密钥交换是以 SSH_MSG_NEWKEYS 数据包的交换作为**结束**信号的。双方可能开始使用从 K 中生成的密钥，这一点随后阐述。

最后一步是**服务请求**。客户端发送一个 SSH_MSG_SERVICE_REQUEST 数据包以请求获得用户身份认证或者连接（数据传递）协议。接下来，所有的数据会被作为 SSH 传输层数据包的有效载荷来交换，并将受到加密和 MAC 的保护。

密钥生成。用于加密和 MAC（以及任何所需要的 IV）的密钥是从共享的密钥 K、密钥交换 H 函数中获得的散列值、会话标志生成的。对于会话标志而言，除了在初始密钥交换后又有随后的密钥交换这一情况外，都是与 H 相同的。这些值计算如下。

- 客户端到服务器的初始化值：HASH($K \| H \|$ "A" $\|$ session_id)。
- 服务器到客户端的初始化值：HASH($K \| H \|$ "B" $\|$ session_id)。
- 客户端到服务器的加密密钥：HASH($K \| H \|$ "C" $\|$ session_id)。
- 服务器到客户端的加密密钥：HASH($K \| H \|$ "D" $\|$ session_id)。
- 客户端到服务器的完整性密钥：HASH($K \| H \|$ "E" $\|$ session_id)。
- 服务器到客户端的完整性密钥：HASH($K \| H \|$ "F" $\|$ session_id)。

HASH()是在密钥协商期间确定的散列函数。

6.4.2 用户身份认证协议

用户身份认证协议提供用户向服务器证明自己身份的方法。

消息类型和格式。在用户身份认证协议中经常用到三种消息类型。来自客户的身份认证请求有如下格式：

```
byte     SSH_MSG_USERAUTH_REQUEST (50)
string  user name
string  server name
string  method name
...     method specific fields
```

在此格式中，user name 是用户名客户端声称的认证标志，server name 是客户端要求访问的设备（一般是 SSH 连接协议），method name 是在此请求中用到的认证方式。第一个字节为十进制数 50，表示该消息为 SSH_MSG_USERAUTH_REQUEST。

如果服务器（1）拒绝认证请求或者（2）接受请求但要求附加一个或多个认证方式，服务器会发送以下格式的信息：

```
byte        SSH_MSG_USERAUTH_FAILURE (51)
name-list   authentications that can continue
boolean      partial success
```

在这里，name-list 是可能会继续对话的方法。如果服务器接受身份认证，它会发送一个简单的字节消息：SSH_MSG_USERAUTH_SUCCESS(52)。

消息交换。消息交换涉及以下步骤。

（1）客户端发送一个 SSH_MSG_USERAUTH_REQUEST 消息。

（2）服务器检查以决定 user name 是否有效，如果无效，服务器返回 SSH_MSG_USER-AUTH_FAILURE 和请求失败的部分成功值。如果有效，服务器进行第（3）步。

（3）服务器返回 SSH_MSG_USERAUTH_FAILURE 以及可被使用的一种或多种认证方法列表。

（4）用户选择一种被接受的身份认证方法，并将方法名以及需要的方法指定域与 SSH_MSG_USERAUTH_REQUEST 一并发送出。这里可能会有一系列的信息交换来执行此方法。

（5）如果用户身份认证成功而且被要求应用更多身份验证方法，服务器将进行第（3）步，并使用一个真实的部分成功值。如果身份认证失败，服务器将进行第（3）步，并使用一个为假的部分成功值。

（6）当所有被要求的身份认证方法都成功了，服务器会发送一条 SSH_MSG_USERAUTH_SUCCESS 信息，而身份认证协议结束。

身份认证方式。服务器会要求进行以下一种或多种身份认证方式。

- **公开密钥**：这种方式的具体情况取决于所选定的公共密钥算法。从本质上而言，客户端向服务器发送包含用户公共密钥的消息，这条消息是由客户端私有密钥签名的。当服务器收到这条信息，它会检查所提供的密钥是否为身份验证所接受，或者可能会检查签名是否正确。
- **口令密码**：客户端发送一个消息，其中包含了明文形式的口令密码，它受到传输层协议的加密保护。
- **基于主机**：身份认证在客户端的主机上不是客户端本身。因此，一台支持多个用户的主机将会为所有用户提供身份认证。这种方法中，客户端发送一个由其所在的主机的私钥签名的消息。因此，SSH 服务器验证用户主机的身份而非直接验证用户身份——并且当主机声称在客户机一方验证了该用户时，服务器就认为已经验证了用户。

6.4.3 连接协议

SSH 连接协议在 SSH 传输层协议之上运行，并假设使用了安全的认证连接[1]。安全的认证连接是指连接协议用一个通道虚拟出多条逻辑信道。

信道机制。所有使用 SSH 的通信类型，例如一个终端会话，都由不同的信道支持。双方中的任意一方都可能开启一个信道。对于每个信道，每一方都有一个独一无二的信道序列号，两方的序列号不用一致。信道是通过一个窗口机制进行流量控制的。只有当接收的信息指明有窗口空间时，才可能有数据发送到信道。

信道的生命周期有三个阶段：开启信道、数据传送和关闭信道。

当双方中的任一方想要**开启新信道**时，它将给信道分配一个本地序列号，并以如下格式发送信息：

```
byte    SSH_MSG_CHANNEL_OPEN
string  channel type
uint32  sender channel
```

---

1 RFC 4254，SSH 连接协议，指出连接协议在传输层协议和用户身份验证协议之上运行。RFC 4251，SSH 协议体系结构，指出连接协议在用户身份验证协议之上运行。实际上，连接协议在传输层协议之上运行，但假设用户身份验证协议已在前面提及。

```
uint32   initial window size
uint32   maximum packet size
  ...    channel type specific data follows
```

在这里，uint32 的意思是 32 比特无符号整数的意思。如下文将讲述的，channel type 标志了该信道使用的应用程序。sender channel 是本地信道序列号。initial window size 是指在不调整窗口的情况下，可以发送多少字节的数据。maximum packet size 是指能向发送方发送的独立数据包的最大尺寸。例如，一方可能想要使用小一些的数据包用来进行交互以期在低速链路上获得更好的交互响应。

如果远程的一方能够开启信道，它将回复一条 SSH_MSG_CHANNEL_OPEN_CONFIRMATION 消息，这条消息包括发送方信道序列号、接收方信道序列号，以及窗口和数据包的大小；否则，远程的一方会回复一条 SSH_MSG_CHANNEL_OPEN_FAILURE 消息和一个表示失败原因的报错码。

一旦一条信道被开启，**数据传送**就通过 SSH_MSG_CHANNEL_DATA 消息执行，这条消息包括接收方信道序列号以及一组数据。只要这条信道是开启的，这些消息就可以任意方向传输。

当双方中的任一方想要**关闭信道**时，它会发送 SSH_MSG_CHANNEL_CLOSE 消息，这条消息包括接收方信道序列号。

图 6.11 提供了一个连接协议信息交换的例子。

信道类型。在 SSH 连接协议规范文件中有 4 种信道类型。

- **会话**：一个程序的远程执行。这个程序可能是 Shell，诸如文件传送或者电子邮件的应用程序、系统指令，或者内置的子系统。一旦一个对话信道被打开，连续的请求将被用于开始运行远程程序。
- **X11**：这是指 X 窗口系统，一种为网络计算机提供图形用户界面的计算机软件系统和网络协议。X 允许应用程序运行在网络服务器，但会显示在桌面机上。
- **前向 tcpip**：这是远端端口转发的，会在下一部分进行解释。
- **直接-tcpip**：这是本地端口转发的，会在下一部分进行解释。

端口转发：SSH 最有用的特征之一就是端口转发。本质上来说，端口转发能够将任何不安全的 TCP 连接转换成安全的 SSH 连接。这也称为 SSH 隧道技术。我们需要知道在这种环境下端口的含义。一个**端口**是一个 TCP 用户的标识符。所以，任何运行在 TCP 上的应用程序都具有一个端口号。基于该端口号，TCP 链路向合适的应用程序发送数据。一个应用程序可能使用多个端口号。比如，简单邮件传输协议（SMTP），服务器端通常会在端口 25 监听，所以一个 SMTP 请求需要使用 TCP 并使数据到达目的端口 25。TCP 辨别这是 SMTP 服务器地址，同时发送数据到 SMTP 服务器应用程序。

图 6.12 描述了端口转发背后的基本概念。我们有一个被端口号 x 所标识的客户端应用程序和一个被端口号 y 标识的服务器应用程序。在某些时刻，客户端应用程序调用本地 TCP 实体并请求一个连接到端口 y 上的远端服务器的连接。

为了确保这个连接的安全，SSH 被配置以使 SSH 传输层协议分别在 SSH 客户端和带有 TCP 端口号 a 和 b 的服务器实体间建立一个 TCP 连接。一个安全的 SSH 隧道在 TCP 连接的基础上建立。数据包从端口 x 传出并被转发到本地 SSH 实体，传输通过隧道，并通过隧

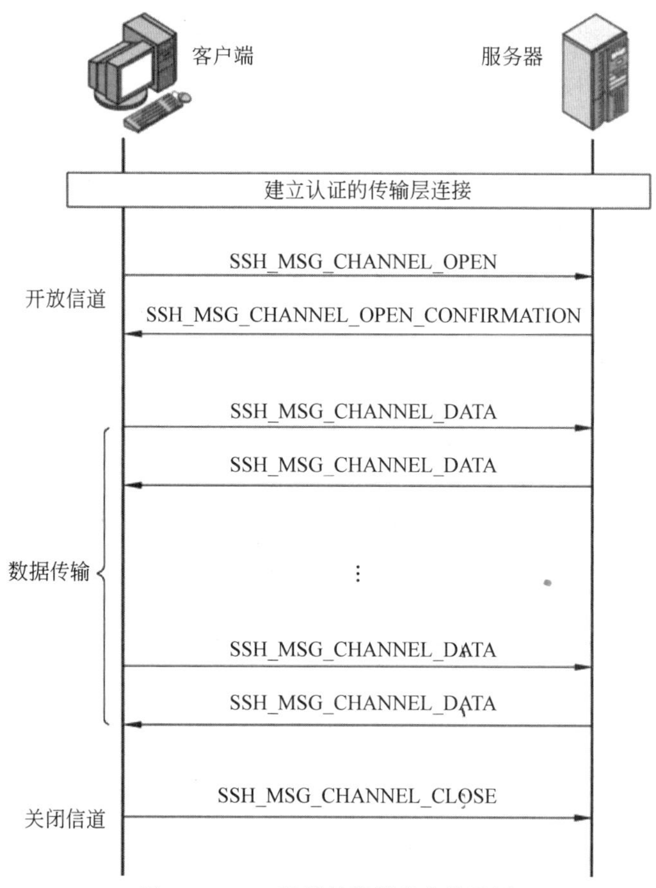

图6.11　SSH连接协议消息交换示例

道转发至远程SSH实体，再由远程SSH实体将数据转发到端口为y的服务器应用程序上。相反方向的传输也类似。

SSH 提供两种类型的端口转发：本地转发和远程转发。**本地转发**允许客户端建立一个“hjjacker”的进程。该进程可以拦截特定的应用层数据包并将其从一个非安全的 TCP 连接转发到安全的SSH隧道。SSH被配置成可以监听所选择的端口。SSH利用所选择端口抓取所有传输的数据包，并通过一个SSH隧道发送它。在另一端，SSH服务器发送接收到的数据包到客户端应用程序指示的目的端口。

下面这个例子可以帮助理解本地转发。假设你在本地桌面机上有一个电子邮件客户端程序，并利用它从你的邮件服务器经由接收邮件服务器（POP）获取你的电子邮件。POP3被分配的端口号是端口110。可以通过以下几步来确保这个传输：

（1）SSH客户端建立一个到远程服务器的连接。

（2）选择一个没有使用的本地端口号，比如9999，然后配置SSH接收从该端口输出并且目标是服务器的110端口的数据包。

（3）SSH客户端通知SSH服务器创建一个到目的地址的连接，这时邮件服务器端口为110。

（4）客户端将所有的字节发送到本地端口9999，将这些数据在SSH会话中加密并发送

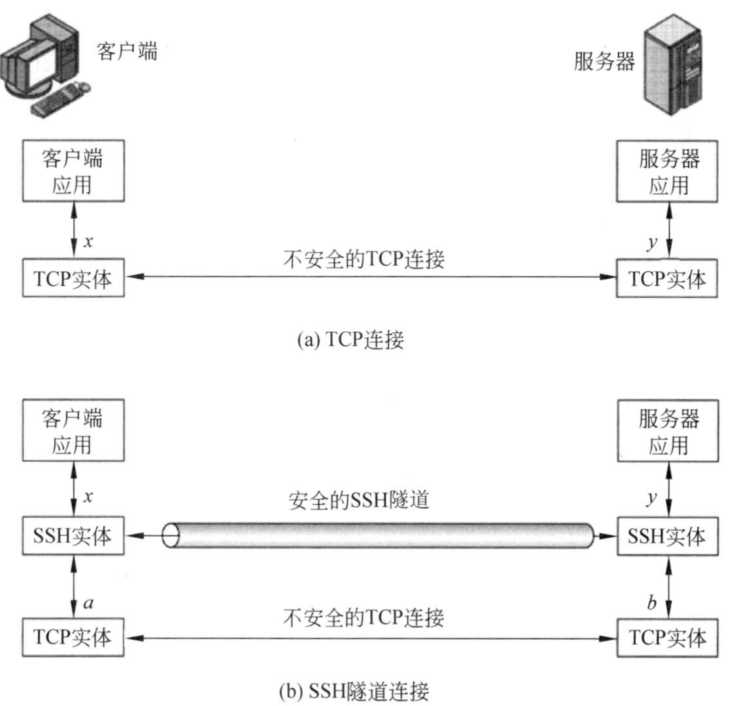

图 6.12　SSH 传输层包交换

到服务器端。SSH 服务器解密输入数据然后将明文传至端口 110。

（5）另一个方向，SSH 服务器获取在端口 110 上接收的所有字节，并将它们在 SSH 会话中发送回客户端，客户端解密数据然后将它们发送到与端口 9999 相连的进程。

在**远程转发**，用户的 SSH 客户端代替服务器行动。客户端在一个已给的目标端口号接收传输的数据包，将数据包放在正确的端口上并送它到用户指定的目的地址。一个典型的远程转发例子如下。工作的时候你希望从家用计算机进入办公室的服务器。因为办公室的服务器在防火墙的后面，所以它不会接受从你的家用计算机发来的 SSH 请求。但是，在工作中你可以利用远程转发建立一个 SSH 隧道。通过以下几个步骤实现：

（1）在办公室计算机建立一个到你的家用计算机的 SSH 连接。防火墙允许这些，因为这是一个向外的连接。

（2）配置 SSH 服务器使其监听本地端口，比如 22，然后通过 SSH 连接传输数据到远端端口，比如 2222。

（3）现在你可以到家用计算机旁，配置 SSH 在端口 2222 上接收传输的数据。

（4）现在你有了一个 SSH 隧道，可用于远端登录到办公室服务器上。

6.5　关键词、思考题和习题

6.5.1　关键词

警报协议	HTTPS	安全套接字层（SSL）

变更密码规格协议　主密钥　传输层安全（TLS）
握手协议　SSH

6.5.2 思考题

6.1 图 6.1 给出的三种方法的优点是什么？
6.2 TLS 由哪些协议组成？
6.3 TLS 连接和 TLS 会话之间的区别是什么？
6.4 列举并简单定义 TLS 会话状态的参数。
6.5 列举并简单定义 TLS 会话状态的连接。
6.6 TLS 记录协议提供了哪些服务？
6.7 TLS 记录协议执行过程中涉及哪些步骤？
5.8 HTTPS 的目的是什么？
5.9 对哪些应用，SSH 是有用的？
6.10 列出并简要给出 SSH 的定义。

6.5.3 习题

6.1 在 SSL 和 TLS 中，为什么需要一个独立的修改密码规格协议，而不是在握手协议中包含一条修改密码规格的消息？
6.2 在 TLS 修改密码规格协议中 MAC 服务的目的是什么？
6.3 考虑下面的 Web 安全威胁并说明如何通过 TLS 的相应特性来防止每一种威胁。
  a. 穷举密码分析攻击：对传统加密算法密钥空间的完全搜索。
  b. 已知明文字典攻击：很多消息包含一些可以预知的明文，例如命令 HTTP GET。攻击者首先构建一个用不同密钥加密明文消息后得到所有可能的加密密文字典。当截获到加密消息时，攻击者就从该字典中查找这些明文所对应的密文以及相应的密钥。收到的密文应该与字典中相同密钥下的某个密文相匹配。如果发现多个匹配的情况，则可以对每一种情况进行全密文尝试，以发现正确的加密算法。这种攻击对于密钥较小的算法特别有效（例如 40 比特的密钥）。
  c. 重放攻击：先前的 TLS 握手消息被重放。
  d. 中间人攻击：攻击者在密钥交换过程中，应对服务器时冒充客户端，应对客户端时又冒充服务器。
  e. 口令窃听：HTTP 数据流或其他应用数据流中传输的口令被窃听。
  f. IP 地址假冒：使用伪造的 IP 地址欺骗主机接收伪造的数据。
  g. IP 劫持：中断两个主机间活动的、经过认证的连接，攻击者代替一方的主机进行通信。
  h. SYN 泛滥：攻击者发送 TCP SYN 消息请求建立连接，但是不回答建立连接的最后一条消息。被攻击的 TCP 模块通常为此预留几分钟的“半开放连接”，重复 SYN 消息可以阻塞 TCP 模块。

6.4 根据本章所学到的知识，请问在 TLS 中接收方可能对接收到的无序 TLS 记录块进行重新排序吗？如果可以，请说明如何才能做到。如果不可以，请解释原因。

6.5 对 SSH 包，在包加密过程中假如没有包括 MAC，会有什么好处吗？

第 7 章　无线网络安全

7.1　无线安全
7.2　移动设备安全
7.3　IEEE 802.11 无线局域网概述
7.4　IEEE 802.11i 无线局域网安全
7.5　关键词、思考题和习题

学习目标

学习完这一章后，你应该能够：

- 给出无线网络安全威胁和防护措施的概述。
- 理解使用企业网络的移动设备带来的安全威胁。
- 描述移动设备安全策略的主要组成。
- 理解 IEEE 802.11 无线局域网标准的组成元素。
- 总结 IEEE 802.11i 无线局域网安全架构的各种组件。

本章首先给出无线安全问题的概述，接着集中讨论了相对而言比较新的移动设备安全领域，介绍了在企业网络中使用的移动设备的安全威胁和防护措施。然后，讨论了无线网络安全的 IEEE 802.11i 标准，该标准是 IEEE 802.11 的一部分，也称为 Wi-Fi。我们先对 IEEE 802.11 做一个概述，再对 IEEE 802.11i 的一些细节进行讨论。

7.1　无 线 安 全

无线网络以及使用无线网络的移动设备，引入了一系列在有线网络中从未遇到过的安全问题。其中一些严重威胁无线网络安全的关键因素列举如下[MA10]：

- **信道**：典型的无线网络包括广播通信，与有线网络相比，更易受监听和干扰的影响。尤其当攻击者利用通信协议中的漏洞发动攻击时，无线网络更是不堪一击。
- **移动性**：无线设备相较有线设备，更具有移动性和便捷性。移动性造成很多安全隐患，我们将在下面进行介绍。
- **资源**：一些无线设备，如智能手机和平板电脑，具有复杂的操作系统，但只有有限的存储空间和资源供我们抵抗诸如拒绝服务和恶意软件的攻击。
- **可访问性**：一些无线设备，例如传感器和机器人，经常会被单独放置在遥远的，或者敌方的环境中，这大大增加了它们受到物理攻击的可能性。

简单来看，无线网络环境由三部分组成，它们都为攻击提供了切入点（见图 7.1）。无线客户可以是手机、可以上 Wi-Fi 网络的笔记本电脑或平板电脑、无线传感器、蓝牙设备等。无线接入点提供了网络和服务之间的联系。常见的接入点有基站、Wi-Fi 热点无线网和有线网或广域网路的接入点。传递无线电波，从而完成数据传输的传送介质，也是一个安全隐患。

图 7.1 无线网络构成

7.1.1 无线网络安全威胁

[CHOI08]列举出了下列无线网络的安全威胁。

- **偶然连接**：相邻的（例如在同一个或相邻建筑物之间）公司无线局域网或连接到有线局域网的无线接入点之间，可能会产生互相重叠的传送区间。当一个用户想要连接到一个局域网之中时，会无意中被锁定在邻近的无线接入点。尽管安全缺口是偶然出现的，但它足以将这个局域网的资源暴露给一个偶然闯入的用户。
- **恶意连接**：在这种情况下，一个无线设备被配置伪装成了一个合法的接入点，使得攻击者可以从合法用户那里盗取密码，然后再使用盗取的密码侵入合法接入点。
- **Ad hoc 网络**：这种网络是不包含接入点的、无线计算机之间的、对等方式的网络。由于没有中心点的控制，这种网络可能存在安全隐患。
- **非传统型网络**：非传统型网络和链接，如个人网络蓝牙设备、条形码识别器和手持型 PDA，面临着被监听和欺诈的安全隐患。
- **身份盗窃（MAC 欺诈）**：这种威胁发生在攻击者可以通过网络权限监听网络信息流通量，并认证计算机的 MAC 地址的时候。
- **中间人攻击**：这种攻击方式在第 3 章，介绍 Diffie-Hellman 密钥交换协议时讲过。广义上讲，这种攻击是使得用户和接入点都相信它们在直接对话，然而实际上这种交流是通过一个中间设备进行的。无线网络尤其容易受这种方式攻击。
- **拒绝服务（DoS）**：这种攻击方法在第 10 章有详细讲解。在无线网络的环境中，DoS 攻击发生于攻击者连续使用大量的各种各样消耗系统资源的协议信息来轰炸无线接入点或者其他可访问的无线端口时。无线环境适于进行这种攻击，因为对于攻击者而言，直接对目标叠加无线信息太容易。
- **网络注入**：网络注入攻击的目标是暴露于未过滤的网络信息流之中的无线接入点，例如路由选择协议信息或网络管理信息。实现这种攻击的一个例子是，使用伪造的重配置命令来影响路由器和交换机，从而降低网络性能。

7.1.2 无线安全措施

根据[CHOI08]，可将无线安全措施归纳成无线传输、无线接入点和无线网络（由路由器和终端组成）。

安全无线传输

对于无线传输的过程，安全威胁包括监听、改变或插入信息和分配。为了对付监听，有两种手段是有效的：

- **信息隐藏技术**：组织有很多手段可以使得攻击者定位无线接入点变得更难，包括取消广播服务；设置初始化校验器（SSID）；给SSID分配加密的名称；在保证提供必需的覆盖率的情况下，将信号强度降到最低水平；将无线接入点定位在建筑物内部，远离窗户和外墙。为了达到更好的效果，要使用定向天线和信号屏蔽技术。
- **加密**：对所有无线传输，加密可以有效防御监听，前提条件是密钥是安全的。

加密的使用和认证协议是抵抗替换和插入信息的标准解决方法。

第10章中讨论的抵抗DoS攻击的方法也可应用于无线传输。组织也可以减少非故意的DoS攻击。现场勘查可以检测出使用同样频率段的其他设备，可以帮助定位无线接入点。信号强度可以被调节和屏蔽，从而可以将无线环境从相互竞争的临近传输中分离出来。

安全的无线接入点

关于无线接入点的主要安全威胁包括网络的未认证入侵。防止此类入侵的主要方法是IEEE 802.1X标准，对基于端口的网络访问进行控制。该标准为想要连接到无线局域网或无线网络的设备提供了一套认证机制。该标准的使用可以阻止不好的接入点和其他未经认证的设备成为不安全后门。

5.3节介绍了IEEE 802.1X标准。

安全的无线网络

[CHOI08]推荐使用下列技术以保证无线网络安全：

（1）使用加密手段。无线路由器具有典型的内置加密机制，以完成路由器到路由器之间的信息流通。

（2）使用杀毒软件、反间谍软件和防火墙。这些软件可以在所有无线网络终端上应用。

（3）关闭标识符广播。无线路由器通常会广播发送验证信号，使得在临近范围的认证设备可以知道这个路由器的存在。如果网络被配置成标识符广播模式，认证设备就会知道路由器的身份，这种功能可以被关闭，从而防御攻击者。

（4）改变路由器的标识符，不使用默认值。同样，这种手段可以抵御那些想要使用路由器默认标识符来访问无线网的攻击者。

（5）改变路由器的预设置密码。这是另一个需要慎重使用的步骤。

（6）只允许专用的计算机访问无线网络。一个路由器可以被配置成只与允许的MAC地址通信。当然，MAC地址可以被伪造，所以这仅仅是安全措施中的一步。

7.2 移动设备安全

在智能手机普及之前，各种组织中的计算机和网络安全的主导范式如下：IT公司是被严格控制的；用户的设备仅限于Windows个人计算机；商务应用程序被IT控制，并且只能在本地终端运行或者在数据中心的物理服务器上运行；网络安全是建立在明确定义的边界上的，将可信任的内部网络与不可信任的互联网分离开来。今天，这些假设发生了巨大改变。一个组织的网络必须适应以下新趋势：

- **新设备的广泛使用**：公司正在经历着员工使用的移动设备显著增长的趋势。在很多情况下，员工们被允许使用各种终端设备的结合来作为日常活动中的一部分。
- **基于云的应用程序**：应用程序不再只是运行在企业数据中心的物理服务器。而恰恰相反，应用程序可以在任何地方运行——在传统的物理服务器，在移动虚拟服务器，或者在云端。另外，终端用户可以利用各种专业的或个人的基于云的应用程序和 IT 服务。Facebook 可被用作员工的个人简历和企业营销活动的一部分。员工通过 Skype 和国外的朋友对话或者进行合法的商务视频会议。Dropbox 和 Box 可以用来在公司和个人设备之间分发文件，从而提高机动性和用户工作效率。
- **消除边界**：由于新的设备扩散程序，应用移动性、基于云的用户和企业服务、静态网络边界的概念都消失了。现在在设备、应用程序、用户和数据周围有众多的网络边界。由于它们必须适应各种各样的环境状况，例如用户角色、设备类型、服务器虚拟化移动性、网络定位和日期等，所以这些边界变得比较动态。
- **外部商业需求**：企业必须提供客户、第三方承包商和业务伙伴在各个地点、使用各种设备的网络接入点。

所有这些变化的中心元素是移动计算设备。移动设备作为全局网络基础已经成为组织机构的必不可少的组成元素。移动设备例如智能手机、平板电脑和记忆棒为个人提供了便利，并且有可能提高工作场所的工作效率。由于它们的广泛应用和独特的特性，移动设备的安全是一个紧迫又复杂的问题。本质上，一个组织想要完成一个安全政策，必须通过移动设备的内置安全特性和网络的安全控制这两方面的结合，从而规范移动设备的使用。

7.2.1 安全威胁

移动设备需要附加的、专门的保护措施，不同于其他设备，如台式机、笔记本电脑等只使用该组织的设施和网络。SP800-14（企业移动设备安全和管理指导，2012 年 7 月）列出了 7 个主要的移动设备安全问题，下面逐一介绍。

缺乏物理安全控制

移动设备一般处于用户的完全掌握之中，经常在脱离组织控制的情况下在各种各样的地点被携带和使用，包括在工作地点之外。即使设备被要求保持在一定范围之内，用户也可能会将组织的设备移动到安全或不安全的地方去。因此，盗窃和篡改成了比较现实的威胁。

安全政策必须建立在这样的假设上，任何移动设备都可能被偷走或者至少被恶意方访问。威胁是两个方面的：恶意方也许会尝试恢复设备之中的机密信息，或者用这个设备去访问组织的网络获取资源。

不可信移动设备的使用

移动设备通常被使用者完全控制，它们可以在受组织控制场所之外的各种地方被使用和保管。即使一台设备被要求置于受控场所，使用者也可能把该设备从组织内部的安全和不安全地点之间搬来搬去。从而，偷窃和篡改是现实的威胁。

不可信任网络的使用

如果移动设备在工作场所使用，它可以通过组织内部的无线网络连接到组织资源。然而，当在非工作场所使用时，为了获得组织的资源，用户一般先通过 Wi-Fi 或蜂窝连接到因特网，再从因特网连接到组织网络。因此，包括非工作场所部分的数据流具有潜在的被监听和中间人攻击的风险。因此，安全政策必须假设移动设备和组织之间的网络是不可信的。

未知来源的应用程序的使用

通过设计，在移动设备上安装第三方应用是简单的，而这将面临安装恶意应用的风险。组织有许多选择可以应对这种威胁，将在下面进行详细介绍。

与其他系统的相互作用

智能手机和平板电脑的一个共同特征是，它们都能同其他计算设备和基于云的存储器自动地同步数据、应用程序、照片、联系等。除非组织可以控制所有进行同步的设备，否则组织的数据被存储在不安全的地点会带来相当大的风险，而且有可能引入恶意软件。

不安全内容的使用

移动设备可能会访问和使用别的计算设备不会遇到的内容。一个例子就是快速回复码（QR），它是一个二维条形码。QR 码可被移动设备的相机捕获，然后被移动设备使用。QR 码可以被翻译成一个 URL 地址，恶意的 QR 码会将移动设备带到恶意网站中。

定位服务的使用

移动设备上的 GPS 定位功能是为了确定设备的物理位置。尽管这种特征作为显示服务的一部分对组织很有用，但它会产生安全威胁。攻击者可以通过定位信息来确定设备和使用者的位置，对攻击者也许有用。

7.2.2 移动设备安全策略

通过前文所述的几种安全威胁，我们概括出了移动设备安全策略的主要组成元素，可以归纳成三类：设备安全、用户/服务器数据流安全和屏障安全（见图 7.2）。

设备安全

很多组织都会为员工提供移动设备并且将这些设备进行预配置以符合公司的安全政策。然而，很多组织都发现，携带自己的设备办公（BYOD）政策是方便的甚至是必需的，这种政策允许员工的个人设备访问企业的资源。在允许访问之前，IT 经理需要检查每一个设备。IT 经理希望为应用程序和操作系统建立配置指南。“具有根权限”和“越狱”的设备不允许进入网络，移动设备不能在本地存储上保存公司联系方式。不管设备是公司所有还是 BYOD，组织必须使用以下安全控制对设备进行配置：

- 开启自动锁定，在设备一段时间没有使用的时候会自动上锁，再次启动需要用户输入四位 PIN 码或密码。
- 开启密码或 PIN 码保护。PIN 码或密码是用来解锁设备的。另外，可以将设备配置成 E-mail 以及设备上的其他数据都使用密码或 PIN 码加密并且只能采用密码或 PIN 码恢复出来。

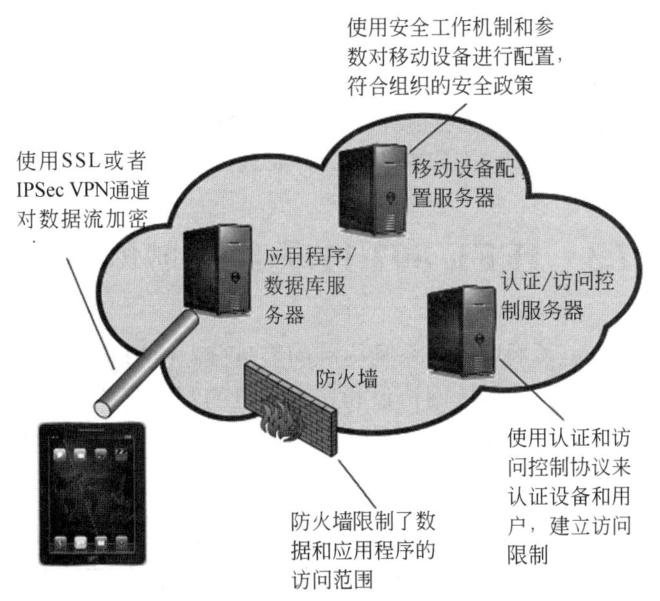

图 7.2　移动设备安全策略组成元素

- 避免使用用户名和密码的自动保存。
- 开启远程擦除。
- 如果 SSL 可以使用，保证 SSL 保护被启用。
- 保证软件，包括操作系统和应用程序是实时更新的。
- 安装杀毒软件。
- 敏感信息或者禁止储存在移动设备上，或者加密。
- IT 员工要有远程访问设备，擦除设备上的所有数据以及当设备丢失或被盗窃时，禁用设备的能力。
- 组织可以禁止所有的第三方软件的安装，列出白名单以禁止不被允许的应用程序的安装，或者实现一个安全沙箱将组织的数据和应用程序与移动设备上的数据和应用程序隔离开来。任何被允许的应用程序都必须具有合法机构的数字签名和公钥证书。
- 组织应该对哪些设备可以同步以及对云端存储的使用实施限制。
- 为了解决不可信内容带来的威胁，对全体员工就不可信内容固有的风险进行安全培训，并且禁止企业移动设备使用照相机功能。
- 为了对抗定位服务被恶意使用而造成的威胁，安全政策中可以禁止所有移动设备使用此类服务。

数据流安全

数据流安全是基于常规的加密和认证机制的。所有的数据流都必须加密而且使用安全方式传输，例如 SSL 或者 IPv6。可以对虚拟私有网络（VPN）进行配置，以便在移动设备和组织网络之间所有的数据流都是通过 VPN 的。

一个强大的认证协议可以用来限制设备获取组织资源。通常一个移动设备都只有一个专用设备认证者，因为通常假设设备只有一个使用者。一个更好的策略是采用两层认证机制，包括先认证设备和再认证使用设备的用户。

屏障安全

组织需要有安全机制保证不合法的访问会被阻拦。这种安全策略也包括专门针对移动数据流的防火墙。防火墙政策可以限制所有移动设备的数据和应用程序的访问范围。同样，可以对入侵检测和入侵预防系统进行配置，以便对移动设备的数据流有更加严格的规则。

7.3 IEEE 802.11 无线局域网概述

IEEE 802 是一个制定了局域网一系列标准的委员会。1990 年，IEEE 802 委员会成立了一个新的工作组，致力于无线局域网协议和传输规范的制定。此后，不同频率和速率的无线局域网被不断研究。与此同时，IEEE 802.11 工作组也制定了一系列的标准。表 7.1 简要定义了 IEEE 802.11 标准中用到的关键术语。

表 7.1 IEEE 802.11 术语

术　语	说　明
访问接入点（AP）	任何具有站点功能并且通过无线介质为相关联的站点提供分配系统的接口实体
基本服务单元（BSS）	由单一的协调职能控制的一系列站点
协调功能	决定什么时候一个与基本服务单元相互操作的站点允许传输或者能够接收协定数据单元的逻辑功能
分发系统（DS）	连接基本服务单元和综合局域网以产生扩展服务单元的系统
扩展服务单元（ESS）	一个或多个基本服务单元或综合局域网，在与其任一站点关联的逻辑链路控制层看来如同单个基本服务单元
MAC 协议数据单元	应用物理层设施，在两个 MAC 之间交换的数据单元
MAC 服务数据单元	在 MAC 用户之间以单元传输的信息
站点	任何包含 IEEE 802.11MAC 和物理层的设备

7.3.1 Wi-Fi 联盟

第一个被工业界普遍接受的 IEEE 802.11 标准是 IEEE 802.11b。尽管 IEEE 802.11b 的产品都是基于同一标准，但是不同供应商的产品之间能否顺利连接还不能够保证。为了解决这一问题，1999 年成立了名为无线以太网兼容性联盟（Wireless Ethernet Compatibility Alliance，WECA）的工业团体。该组织也就是后来的 Wi-Fi 联盟。它制定了一套测试手段以对 IEEE 802.11b 的产品进行互操作认证。用 Wi-Fi 来表示认证过的 IEEE 802.11b 的产品。现在 Wi-Fi 认证已经扩展到 IEEE 802.11g 的产品。Wi-Fi 联盟也对 IEEE 802.11a 的产品制定了认证过程，称为 Wi-Fi5。Wi-Fi 联盟涉及无线局域网市场领域的一系列问题，包括企业、家庭和一些热点。

最近，Wi-Fi 联盟为 IEEE 802.11 安全标准制定了认证系统，称为 Wi-Fi 网络安全存取

（WPA）。最新版本的 WPA 是 WPA2，它整合了 IEEE 802.11i 无线局域网安全规范的各种特色。

7.3.2　IEEE 802 协议架构

我们先简单回顾一下 IEEE 802 协议架构。IEEE 802.11 标准是在一个分层协议的结构上定义的。该结构应用于所有的 IEEE 802 标准，如图 7.3 所示。

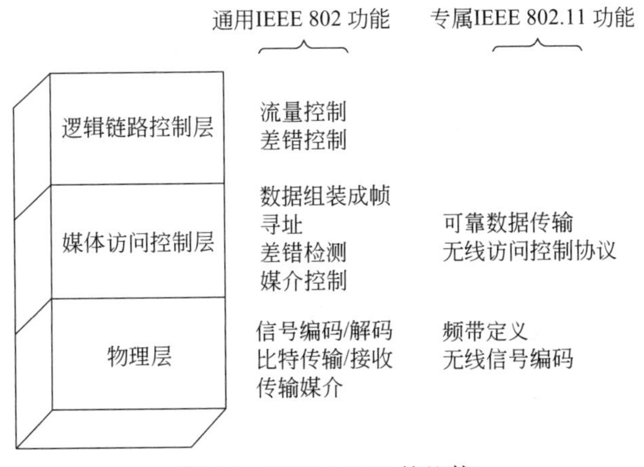

图 7.3　IEEE 802.11 协议栈

物理层。IEEE 802 模型的最底层就是物理层，该层的功能包括信号的加密和解密，比特流的传输和接收。此外，物理层还包括传输介质的规范。而对于 IEEE 802.11，物理层还定义了频率的范围和天线特性。

媒体访问控制（MAC）层。所有的局域网都包含有共享网络传输容量的设施。需要一些方法来控制传输介质的接口，以便使这些容量能够得到有序和高效的应用。这就是媒体访问控制层的功能。MAC 层从更高层（一般是逻辑链路控制）得到以数据块方式存在的数据，即 **MAC 服务数据单元**（MSDU）。

总的来说，MAC 层主要有以下功能。

- 传输时，将数据组装成帧，即 **MAC 协议数据单元**（MPDU）、地址和错误检测域。
- 接收时，将帧拆开，并进行地址确认和错误检测。
- 控制到局域网传输介质的接口。

MAC 协议数据单元的具体格式因使用各种不同的 MAC 协议而稍有不同。但总体来说，所有的 MAC 协议数据单元都有类似于图 7.4 的格式。数据帧的不同域如下：

- **MAC 控制**：该部分包含了执行 MAC 协议功能的所有控制信息。例如，一个优先层可以在这里进行表示。
- **目的 MAC 地址**：局域网上，MAC 协议数据单元的目的物理地址。
- **源 MAC 地址**：局域网上，MAC 协议数据单元的源物理地址。
- **MAC 服务数据单元**：来自更高层的数据。
- **循环冗余校验码（CRC）**：这是一个错误检测码，用于其他的数据链路控制协议。CRC 基于整个 MAC 协议数据单元上的比特流来进行计算。发送方计算 CRC，并将之加在数据帧中。接收者对到来的MPDU作相同的计算，并与到来的MPDU的CRC域中的计算结果进行比较。如果结果不同，那么传输过程中有一个或多个比特发生了改变。

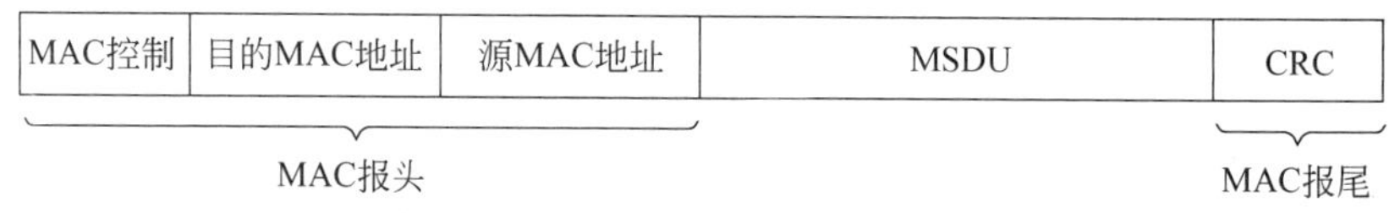

图7.4 通用IEEE 802 MPDU格式

MSDU之前的域称为MAC报头，MSDU之后的域称为MAC报尾。报头和报尾中包含伴随数据域的控制信息，而这些信息由MAC协议加以使用。

逻辑链路控制（LLC）层。在大多数的数据链路控制协议中，数据链路协议不仅利用CRC来进行错误检测，而且利用这些错误通过重传损坏的数据帧来进行恢复。在局域网协议框架中，这两个功能被分在MAC层和LLC层。MAC层负责检测错误并丢弃包含错误的帧。LLC层可选择地追踪成功接收的帧或者重传不成功的帧。

7.3.3 IEEE 802.11网络组成与架构模型

图7.5显示了IEEE 802.11工作组设计的模型。一个无线局域网最小的组成块是**基本服务单元**（BSS），包含执行相同MAC协议和竞争同一无线介质接口的多个无线站点。一个BSS可能是独立的，也可能是通过**访问接入点**（AP）链接到**分布式系统**（DS）。访问接入点具有桥梁和中继作用。在一个基本服务单元中，同一基本服务单元中的用户站点不直接进行相互通信，来自初始站点的数据帧先发送到访问接入点，然后从访问接入点发送到目的站点。而从一个基本服务单元的站点到一个遥远站点发送帧，先由该站点到访问接入点，然后通过访问接入点中继到分配系统，最终到达目的站点。基本服务单元可以看成一个细胞，而分配系统可以是交换机、有线网络，也可以是无线网络。

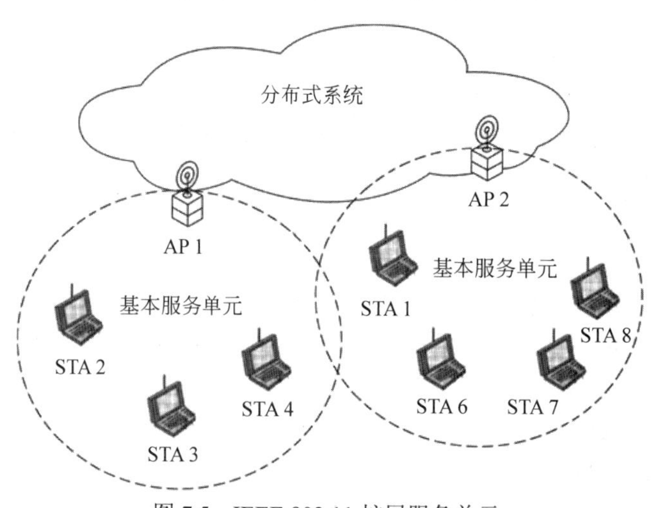

图7.5 IEEE 802.11扩展服务单元

若一个基本服务单元中的站点都是移动站点，并且相互之间能够通信而不用通过访问接入点，则该基本服务单元称为**独立基本服务单元**（**IBSS**）。独立基本服务单元是一个典型的点对点模式的网络。在独立基本服务单元中，所有站点直接通信，没有访问接入点涉入其中。

图 7.5 显示了一个普通的配置，其中每个站点只属于一个基本服务单元。也就是说，一个站点的无线范围内只有同一基本服务单元的其他站点。两个基本服务单元也可能重叠，因此一个站点能够属于多个基本服务单元。更进一步来说，一个站点和一个基本服务单元之间的联系是动态的。站点可以关闭、进入或离开一个基本服务单元的范围。

一个**扩展服务单元**（**ESS**）包含两个或多个通过分配系统相连的基本服务单元。而对于逻辑链路控制层来说，扩展服务单元对该逻辑链路控制层相当于一个单一的逻辑局域网。

7.3.4　IEEE 802.11 服务

为了能够实现与有线局域网相同的功能，基于无线局域网 IEEE 802.11 定义了 9 种服务。表 7.2 列出了这些服务，并显示了两种分类方法。

（1）服务可以是主机的服务和分布式系统的服务。主机服务可以在每个 IEEE 802.11 站点上执行，包括访问接入站点。分布式系统的服务在不同的基本服务单元之间提供，服务可以在接入访问站点执行，也可以在另一个接入分布式系统的具有特殊功能的设备上执行。

（2）三种服务用来控制 IEEE 802.11 局域网的接入和机密性。其余六种服务用来支持站点之间的 MAC 服务数据单元的传输。如果作为一个 MAC 服务数据单元传输太大，可以将其分割成一系列小的 MAC 服务数据单元进行传输。

表 7.2　IEEE 802.11 服务

服　务	提供者	用于支持	服　务	提供者	用于支持
连接	分布式系统	MSDU 传输	整合	分布式系统	MSDU 传输
认证	站点	LAN 接入和安全	MSDU 传输	站点	MSDU 传输
重认证	站点	LAN 接入和安全	加密	站点	LAN 接入和安全
取消连接	分布式系统	MSDU 传输	重连接	分布式系统	MSDU 传输
分发	分布式系统	MSDU 传输			

接下来按照一定的顺序来讨论服务，以便阐明一个 IEEE 802.11 扩展服务单元网络的操作。作为基本服务，MAC **服务数据单元**的传输已被提及，而有关安全的服务将在 7.2 节中进行介绍。

一个分布式系统中信息的发送。在一个分布式系统中发送信息涉及两种服务——分发和整合。**分发**是站点之间交换 MAC 协议数据单元时用到的基本服务，而这些 MAC 协议数据单元必须是经分布式系统由一个基本服务单元的站点发送到另一个基本服务单元的站点。例如，在图 7.5 中，数据帧由站点 2 发送到站点 7。帧先从站点 2 到访问接入点 1（该基本服务单元的访问接入点），该接入点将帧传输到分布式系统，然后再传到目标基本服务单元中与站点 7 连接的访问接入点 2。访问接入点 2 接收到帧，并将之传送到站点 7。至于信息如何在分布式系统中传送则超出了 IEEE 802.11 标准的范围。

如果通信的两个站点在同一个基本服务单元中，则分发服务直接通过该单元的访问接入点进行传送。

整合服务则能够在IEEE 802.11局域网的站点和整合的IEEE 802.x局域网的站点之间传输数据。而“整合的”一词是指物理上与分布式系统相连接的有线局域网，并且该局域网的站点通过整合服务与IEEE 802.11局域网相连。整合服务关注为交换数据而进行的任何地址变更和介质转换。

连接相关服务。MAC层的基本目标是在MAC实体之间进行MAC服务数据单元的传送；该目标由分发服务来达成。而服务能够运行，则需要有连接相关服务提供扩展服务单元的站点信息。在分发服务能够发送数据到站点或者从站点接收数据之前，该站点必须进行连接。在讨论连接的概念之前，需要描述一下移动性的概念。基于移动性，IEEE 802.11标准定义了三种转换类型：

- **无转换**：这种类型的站点要么是固定的，要么是只在一个基本服务单元的通信站点的直接通信范围内移动。
- **基本服务单元转换**：该类型是定义同一个扩展服务单元的一个基本服务单元到另一个基本服务单元之间的站点移动。在这种情况下，到站点的数据移动需要具有能够识别新的站点位置的寻址能力。
- **扩展服务单元转换**：该类型是定义一个扩展服务单元的基本服务单元到另一个扩展服务单元的基本服务单元之间的站点移动。这种情况需要在站点移动的情况下才能够发生。而由IEEE 802.11支持的上层连接的维护并不能得到保证。事实上，有可能发生服务的崩溃。

在一个分布式系统中传递信息，分发服务必须知道目的站点的地址是否被寻到。尤其是，为了信息能够到达目的站点，分布式系统必须知道信息需要发送的访问接入点的身份。为了达到这一要求，站点需要与当前基本服务单元的访问接入点保持连接。有三种服务与该要求相关：

- **连接**：建立站点和访问接入点的初始连接。在一个站点能够通过无线局域网发送或接收数据帧之前，该站点的身份和地址需要被确认。为了达到这一目的，站点必须与一个特殊的基本服务单元的访问接入点建立连接。特殊单元的访问接入点将信息传输到扩展服务单元的其他访问接入点，以便能够确认顺序并传送加载地址的数据帧。
- **重连接**：将已建立的连接从一个访问接入点转移到另一个访问接入点，并允许一个移动站点从一个基本服务单元移动到另外一个基本服务单元中。
- **取消连接**：从站点或访问接入点发出的终止已存在连接的声明。站点在离开扩展服务单元或关闭之前必须发出声明。然而，MAC管理设备阻止未发表声明的站点的消失。

7.4 IEEE 802.11i 无线局域网安全

有线局域网有两个特点未继承到无线局域网当中。

（1）要通过有线局域网传递信息，站点必须与局域网实际连接起来。而在无线局域网中，任意在局域网其他无线设备范围的站点均能传递信息。在有线局域网中有一种认证机制，需要一系列的操作将站点连接到一个有线局域网。

(2) 类似地，为了从一个有线局域网的站点接收信息，接收站点必须连接到该局域网。而在无线局域网中，任意在无线范围的站点均能接收信息。因此，有线局域网能够提供一定程度的私密性，只有连接到局域网的站点才能够接收信息。

而有线局域网和无线局域网之间的这些不同点更显示出增强无线局域网安全服务和机制的紧迫性。最初的 IEEE 802.11 规范包含一些私密性和认证的措施，但效果很弱。对于私密性，IEEE 802.11 定义了**有线等效保密**（WEP）协议。IEEE 802.11 标准的私密性部分包含了严重的弱点。随着 WEP 的发展，IEEE 802.11i 已经发展了一系列的功能来解决无线局域网的安全问题。为了加快无线局域网中高安全的引进，Wi-Fi 联盟将 **Wi-Fi 网络安全存取**（WPA）发布为 Wi-Fi 标准。WPA 是一系列的安全机制，能够消除大部分的 IEEE 802.11 安全问题，并且是基于现行的 IEEE 802.11i 标准。IEEE 802.11i 的最终形式被称为**健壮安全网络**（RSN）。Wi-Fi 联盟确保依从 IEEE 802.11i 规范的供应商能够符合 WPA2 标准。

7.4.1　IEEE 802.11i 服务

IEEE 802.11i 的 RSN 安全规范定义了以下几种服务。

- **认证**：一种定义了用户和认证服务器之间交换的协议，能够相互认证，并产生暂时密钥用于通过无线连接的用户和访问接入点之间。
- **访问控制**[1]：该功能迫使认证功能的使用，合理安排信息，帮助密钥交换，能够在一系列的认证协议下工作。
- **信号完整性加密**：MAC 层数据（例如，LLC 协议数据单元）与信号完整性字段一起加密，以确保数据没有被篡改。

图 7.6（a）显示了用来支持这些服务的安全协议，而图 7.6（b）则显示了支持服务的加密算法。

7.4.2　IEEE 802.11i 操作阶段

IEEE 802.11i 健壮安全网络的操作可以分成 5 个不同阶段。阶段的确切性质依赖于通信的端点和结构。可能的操作包括（见图 7.7）：

（1）同一基本服务单元的两个无线站点通过该单元的访问接入点进行通信。

（2）同一独立基本服务单元的两个无线站点直接进行通信。

（3）不同基本服务单元的两个无线站点通过各自单元的访问接入点进行通信，访问接入点通过分布式系统连接。

（4）一个无线站点通过访问接入点和分布式系统与有线网络的站点进行通信。

1　本文中将接入控制看作一种安全功能，这是一种与 6.1 节描述的安全接入控制（MAC）不同的功能。然而，在文献和标准中，将两者都称为接入控制。

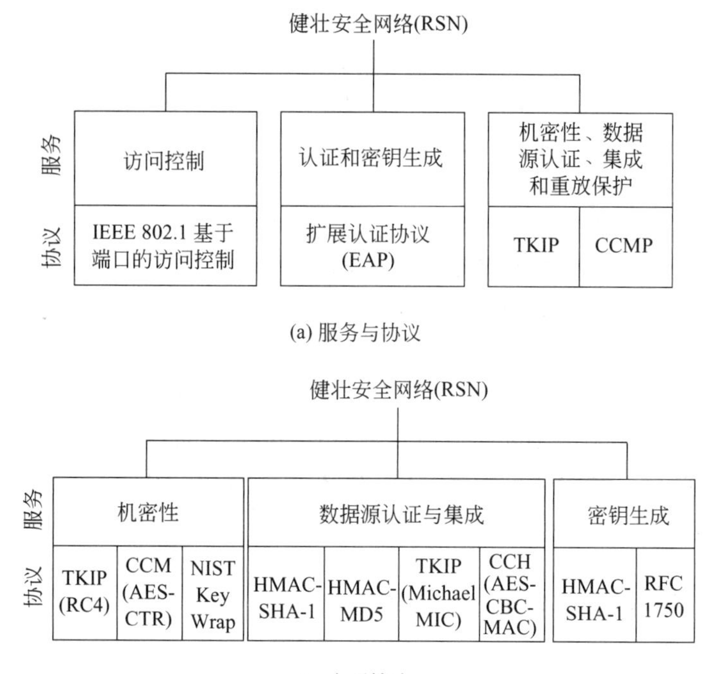

CBC-MAC= 密码块链消息认证码
CCM= 计数器模式密码块链消息认证码
CCMP= 计数器模式密码块链消息认证码协议
TKIP= 暂时密钥集成协议

图 7.6 IEEE 802.11i 的组成

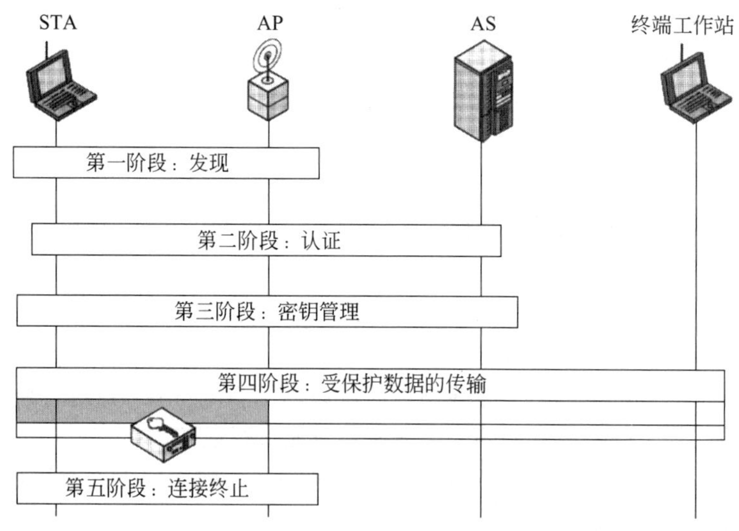

图 7.7 IEEE 802.11i 的执行过程

IEEE 802.11i 只关心站点及其访问接入点之间的通信安全。在上述情况（1）中，如果每个站点和访问接入点之间建立安全通信就能确保通信的安全性，与情况（2）类似，只是访问接入点相当于在站点中。对于情况（3），在 IEEE 802.11 的层次中，并不能保证通过分布式系统的安全，而只能保证各自基本服务单元中的安全。端到端的安全（如果需要）需要由更高层次来提供。同样，在情形（4）中，安全只能在站点及其访问接入点之间提供。

基于这些考虑，图 7.7 描述的一个健壮安全网络的 5 个操作阶段，并在图上标上了涉及的网络设备。其中有一种新设备认证服务器。矩形框表明 MAC 协议数据单元的交换。5 个操作阶段定义如下：

- **发现**：访问接入点使用信标和探测响应信息来发布其 IEEE 802.11i 安全策略。站点则通过这些来确认希望进行通信的无线局域网访问接入点的身份。站点连接访问接入点，当信标和探测响应提供选择时，选择加密套件和认证机制。
- **认证**：在本阶段，站点和认证服务器相互证明各自的身份。访问接入点阻止站点和认证服务器之间直到认证成功之前尚未被认证的传输。访问接入点不参与认证，参与认证的是转发站点和认证服务器之间的数据传输。
- **密钥管理**：访问接入点和站点执行几种操作之后产生加密密钥，并配送到访问接入点和站点。数据帧只在访问接入点和站点之间进行交换。
- **受保护数据的传输**：数据帧在站点和终端站点之间通过访问接入点进行交换。如图 7.7 中阴影部分和加密模型图标所示，安全数据传输只发生在站点和访问接入点之间，而不能确保端到端的安全。
- **连接终止**：访问接入点和站点交换数据帧。在本阶段，安全连接被解除，连接恢复到初始状态。

7.4.3　发现阶段

我们现在从发现阶段开始讨论健壮安全网络操作阶段的一些细节，如图 7.8 的上部所示。该阶段的功能是站点和网络接入点相互确认身份，协商一系列安全策略，并建立连接以便将来进行通信。

安全策略。在本阶段中，站点和访问接入点确认下列区域使用的具体技术：

- 保护单播通信的机密性和 MAC 协议数据单元完整性协议（只在该站点和访问接入点通信）。
- 认证方法。
- 密钥管理方法。

保护组播/广播通信的机密性和 MAC 协议数据单元完整性协议由访问接入点支配，而组播中的站点必须使用相同的协议和明文。协议的规范加上密钥长度的选取（如果可以）就构成了加密套件。可供选择的机密性和完整性加密套件有：

- WEP，40 位或 104 位密钥，兼容旧版本的 IEEE 802.11 操作。
- TKIP。
- CCMP。
- 供应商特性方法。

其他可协商的套件认证和密钥管理套件（AKM），该套件定义了：（1）访问接入点和站点相互认证的方法；（2）在可能有其他密钥产生时取得根密钥。可能的 AKM 套件有：

- IEEE 802.1x。
- 预共享密钥（无明确认证发生，如果站点和访问接入点之间共享单独密钥，则相互

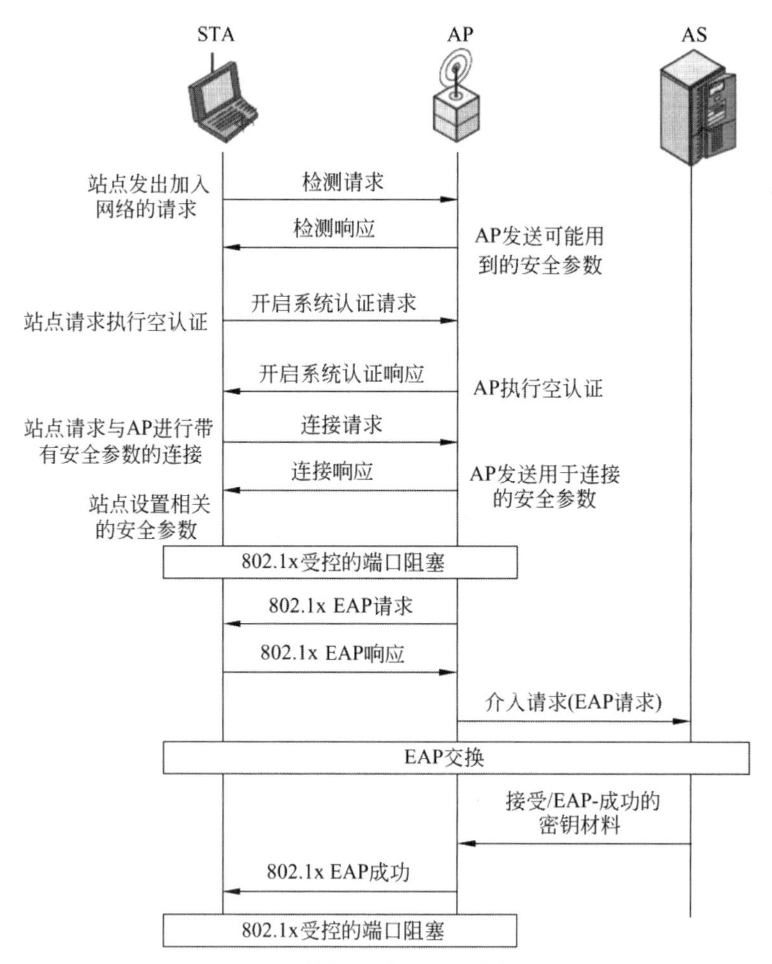

图 7.8　IEEE 802.11i 的执行过程：通道发现、认证与连接

认证是必然的)。

- 供应商特性方法。

MPDU 交换。发现阶段包含三个交换。

- **网络和安全通道的发现**：在该交换中，站点发现要进行通信的网络的存在。访问接入点要么在特殊通道中通过信标帧周期性地广播其安全策略（未在图 7.8 中显示），并由健壮安全网络信息元素显示；要么通过探测响应帧来回应站点的探测请求。一个无线站点通过被动监听信标帧或主动探测每个通道，可能发现访问接入点及相应的安全策略。
- **开放系统认证**：该帧序列并不保证安全，其目的只是为了与 IEEE 802.11 状态机保持一定的兼容性，如已存在的 IEEE 802.11 硬件中所执行的那样。从本质上来说，两种设备（站点和访问接入点）只是进行身份交换。
- **连接**：该阶段的目的是协商要用到的一系列安全措施。站点发送连接请求帧到访问接入点。在该帧中，站点从访问接入点发布的安全策略中选中一套相匹配的策略（认证和密钥管理套件、成对加密套件和群组密钥加密套件）。如果站点和访问接入点之间没有相匹配的策略，则访问接入点拒绝连接请求。站点也阻止连接，以防已经与敌对接入点连接或者用其通道非法加入帧。如图 7.8 所示，IEEE 802.1x 可控接口已经被阻，并且没有通信通过访问接入点。被阻接口的概念将在后续部分进行解释。

7.4.4 认证阶段

前面已经提及，认证阶段是为了站点和位于分布式系统中的认证服务器之间的相互认证。在认证的设计中，只允许认证过的站点使用网络，并确保与站点通信的网络是合法的。

IEEE 802.1x 访问控制。IEEE 802.11i 为局域网提供访问控制功能的另一标准。该标准就是 IEEE 802.1x，是基于接口的网络访问控制。在认证中使用的扩展认证协议就是在 IEEE 802.1x 标准中进行定义的。IEEE 802.1x 中使用到的术语有接入者、认证者和认证服务器。在 IEEE 802.11 无线局域网的内容中，排在前两个的是无线站点和访问接入点。在有线网络方中认证服务器是一个分离设备（例如，通过分布式系统接入），但也可以直接存在于认证者中。

在一个接入者被认证服务器通过某种认证协议认证之前，认证者只允许接入者和认证服务器之间传递控制和认证信息；IEEE 802.1x 控制通道开通，但 IEEE 802.11 数据通道被阻。一旦接入者被认证并分配密钥，认证者可以从接入者得到数据，但要遵从先前制定的接入者到网络的访问控制限制。在这些情形下，数据通道开通。

如图 5.5 中所示，IEEE 802.1x 用到了受控和不受控接口的概念。接口是认证者的逻辑实体，并与物理网络连接相关。对于一个无线局域网来说，认证者（访问接入点）可能只有两种物理接口：一种连接到分布式系统，而另一种则用于基本服务单元中的无线通信。每一个逻辑接口都可以映射到两种物理接口中的一种。不受控的接口可以无视接入者的认证状态在接入者和其他认证服务器之间交换协议数据单元。受控接口则只有在接入者当前状态允许交换的前提下，才能在接入者和局域网中的其他系统之间交换协议数据单元。IEEE 802.1x 在第 5 章中有更详细的介绍。

IEEE 802.1x 架构和上层认证协议与包含一系列无线站点和访问接入点的基本服务单元很相配。而对于独立基本服务单元，其中没有访问接入点。对于独立基本服务单元，IEEE 802.11i 引入了一种较为复杂的方法，也就是在独立基本服务单元中的站点之间成对进行认证。

MPDU 交换。图 7.8 下半部分显示了 IEEE 802.11 认证阶段的 MAC 协议数据单元交换。我们可以将认证阶段分成 3 个小的阶段。

- **连接到认证服务器**：站点发送要连接认证服务器的请求到其访问接入点（与其相连接的那个）。访问接入点接到该请求，并向认证服务器发送接入请求。
- **EAP 交换**：该交换使站点和认证服务器相互认证。在此过程中，一系列的相互交换可能发生，这点后续部分会予以讨论。
- **安全密钥传送**：一旦认证建立，认证服务器会产生一个主会话密钥（MSK），也就是认证、授权和计账（AAA）密钥，并将之发送给站点。稍后会讨论到，站点为了和访问接入点安全通信，所需要的所有密钥均可由主会话密钥产生。IEEE 802.11i 并没有主会话密钥安全传送的方法，而 EAP 则解决了该问题。不管用什么方法，都包含了从认证服务器，通过访问接入点，到认证服务器的 MPDU 的传送，并且 MPDU 中含有加密的主会话密钥。

EAP 交换。前面已经提及，在认证阶段有许多可能的 EAP 交换可用。在站点和访问接入点之间的信息流采用了基于局域网的扩展认证（EAPOL）协议，访问接入点和认证服务器之间的信息流则采用远程用户拨号认证系统（RADIUS）协议，尽管站点和访问接入点之间以及访问接入点和认证服务器之间的交换还有其他选择。[FRAN07]提供了下列使用 EAPOL 和 RADIUS 进行的认证交换的总结。

（1）EAP 交换先由访问接入点发送 EAP 请求/身份帧到站点。

（2）访问接入点通过不受控制的接口来接收站点回复的 EAP 请求/身份帧。该数据包通过 EAP 封装到 RADIUS 中，并作为 RADIUS 接入请求包再发送到 RADIUS 服务器中。

（3）AAA 服务器回复 RADIUS 接入请求包，并作为 EAP 请求发送到站点。该请求包含认证类型和相关的请求信息。

（4）站点生成 EAP 回复信息，并将之发送到认证服务器。访问接入点将回复翻译成 RADIUS 接入请求，并且将请求的回复作为数据域。根据所使用的 EAP 方法，步骤（3）和（4）可能重复多次。对于传输层安全隧道方法，认证可能重复 10～20 次。

（5）AAA 服务器为 RADIUS 接入请求包提供接入。访问接入点则发布一个 EAP 成功的帧。（一些协议需要在传输层通道对 EAP 认证成功进行确认）可控接口被授权，并且用户可以接入网络。

从图 7.8 可知，访问接入点的可控接口仍然阻止一般用户传递信息。尽管认证已经成功，接口会保持阻止直到临时密钥在站点和访问接入点中得到使用，这将会在 4 次握手过程中发生。

7.4.5 密钥管理阶段

在密钥管理阶段，会产生一系列的密钥并分配到站点中。密钥分为两种类型：用于站点与访问接入点之间通信的成对密钥和用于组播通信的群组密钥。基于[FRAN07]的图 7.9 显示了两种密钥的层次，表 7.3 定义了各自的密钥。

表 7.3 IEEE 802.11i 中数据机密性和完整性协议中的密钥

缩　写	名　称	描述/目的	大小/比特	类　型
AAA 密钥	认证、计数、授权密钥	用于生成 PMK，与 IEEE 802.1x 认证和密钥管理方法一起使用，与 MMSK 相同	≥256	密钥生成密钥/根密钥
PSK	预分享密钥	在预分享密钥的情况下成为 PMK	256	密钥生成密钥/根密钥
PMK	成对主密钥	与其他输出一起，用于生成 PTK	256	密钥生成密钥
GMK	群组主密钥	与其他输入一起，用于生成 GTK	128	密钥生成密钥
PTK	成对临时密钥	由 PMK 生成，包含 EAPOL-KCK，TK 和 MIC 密钥（对于 TKIP）	512(TKIP) 384(CCMP)	复合密钥
TK	临时密钥	与 TKIP 或 CCMP 一起，用于对单播用户传输提供机密性和消息完整性保护	256(TKIP) 128(CCMP)	交换密钥

续表

缩　写	名　称	描述/目的	大小/比特	类　型
GTK	群组临时密钥	由 GMK 生成，用于对组播/广播用户传输提供机密性和消息完整性保护	256(TKIP) 128(CCMP) 40 104(WEP)	交换密钥
MIC 密钥	消息完整码密钥	由 TKIP 的 Michael MIC 用来提供消息完整性保护	64	消息完整性密钥
EAPOLKCK	EAPOL 密钥-确认密钥	用于对四次握手中的密钥材料分发提供消息完整性保护	128	消息完整性密钥
EAPOLKEK	EAPOL 密钥-加密密钥	用于对四次握手中 GTK 和其他密钥材料提供机密性保护	128	交换密钥/密钥加密密钥
WEP 密钥	有线等效保密密钥	与 WEP 一起使用	40 104	交换密钥

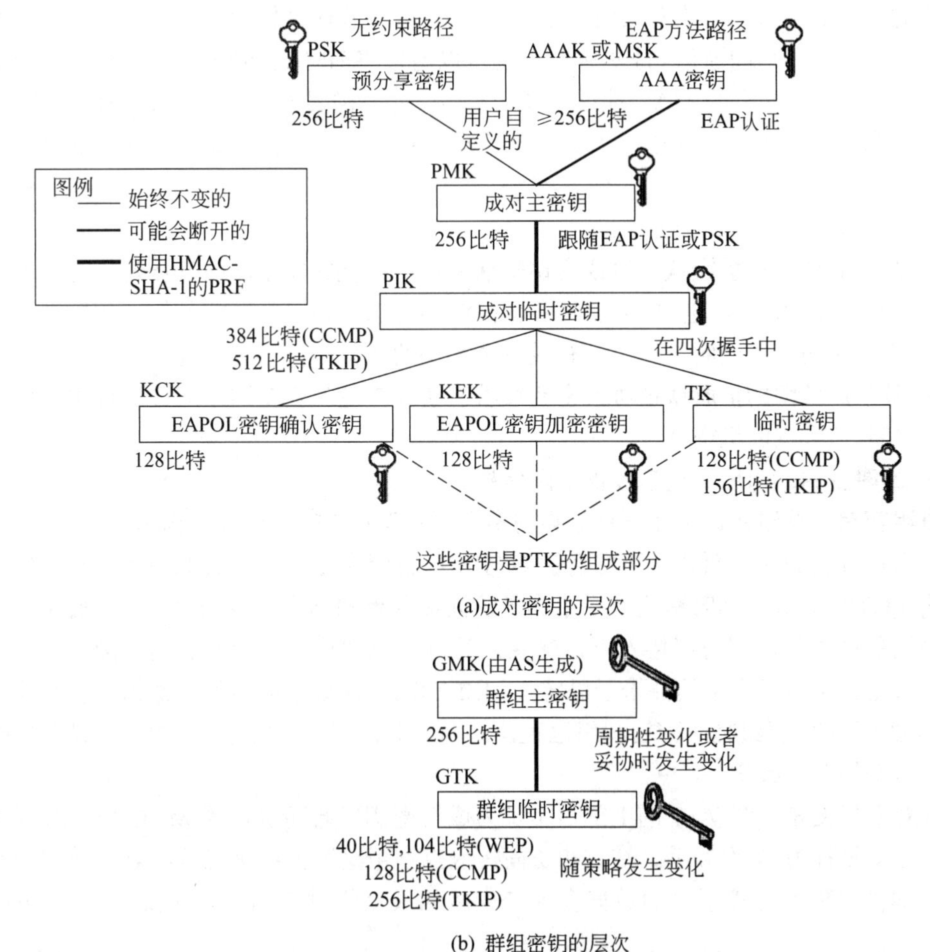

(a)成对密钥的层次

(b) 群组密钥的层次

图 7.9　IEEE 802.11i 密钥的层次

成对密钥。成对密钥用于一对设备之间的通信，特别是站点和访问接入点之间。这些密钥形成一个分层，分层从主密钥开始，而其他的密钥都是从主密钥中动态得到并且有一定的时限。

在分层的最上端有两种可能。**预分享密钥**（PSK）是访问接入点和站点之间共享的私有密钥，并在 IEEE 802.11i 范围外的一些方式下使用。另外一种是**主会话密钥**（MSK），也就是 AAA 密钥，前面已经描述过，该密钥在认证阶段由 IEEE 802.1x 协议产生。而产生密钥的实际方式取决于使用认证协议的细节。在任一情况下（预共享密钥或者主会话密钥），访问接入点和站点之间都共享唯一密钥，并用此密钥进行通信。所有自主密钥的其他密钥在访问接入点和站点之间也是唯一的。因此，如图 7.9（a）中的分层结构，每个站点在任何时候都有一套密钥，而访问接入点对应于每个站点都有相应的一套密钥。

成对主密钥（PMK）也是从主密钥中得来。如果用的是预共享密钥，则预共享密钥用来作为成对主密钥；如果用的是主会话密钥，则成对主密钥是主会话密钥截断（如果需要）所得。在以 IEEE 802.1x EAP 成功信息（见图 7.8）为标准的认证阶段的最后，访问接入点和站点均会有其共享的成对主密钥的一份副本。

成对主密钥用来生成**成对临时密钥**（PTK），成对临时密钥包括三组，用于站点和访问接入点相互认证之后的通信。成对临时密钥可以通过将 HMAC-SHA-1 函数作用到成对主密钥、站点和访问接入点的 MAC 地址以及随机数（如果需要）得来。在成对临时密钥的产生中，站点和访问接入点的使用可以防止会话劫持和不安全；使用随机数则增加密钥产生的随机性。

成对临时密钥的三部分如下。

- **基于局域网的扩展认证协议密钥确认密钥**：在健壮安全网络操作建立时，支持站点到访问接入点控制帧的完整性和数据源的可信赖性。能够执行接入控制功能：成对主密钥的拥有证明。一个拥有成对主密钥的实体被授权使用连接。
- **基于局域网的扩展认证协议密钥加密密钥**：在健壮安全网络连接进程中，保护密钥和其他数据的机密性。
- **临时密钥**：为用户通信提供实际保护。

群组密钥。群组密钥用在一个站点向多个站点发送 MAC 协议数据单元时的组播通信。在群组密钥分层的最上面是**群组主密钥**（GMK）。群组主密钥加上其他输入能够产生**群组临时密钥**（GTK）。成对临时密钥产生用到了访问接入点和站点两方的内容，与此不同，群组临时密钥的产生只用到访问接入点，产生之后再发送到与访问接入点相连接的站点。具体群组临时密钥是怎样产生的并未予以定义。IEEE 802.11i 要求群组临时密钥的值在计算上是随机不可辨认的。群组临时密钥利用已经建立的成对密钥进行发布。每次一个设备断网时，群组临时密钥发生改变。

成对密钥发布。图 7.10 的上部显示了为成对密钥发布而进行的 MAC 协议数据单元的交换。该交换称为 4 次握手。站点和访问接入点利用这次握手来确认成对主密钥的存在，选择好加密套件并为接下来的数据会话产生新的成对临时密钥。该交换的 4 个组成部分如下。

- **访问接入点→站点**：信息包括访问接入点的 MAC 地址和一个随机数。
- **站点→访问接入点**：站点产生自己的随机数，并利用两个随机数和两个 MAC 地址，加上成对主密钥来产生成对临时密钥。站点发送包含自己 MAC 地址和站点随机数的信息到访问接入点，并使访问接入点产生相同的成对临时密钥。该信息包含利用

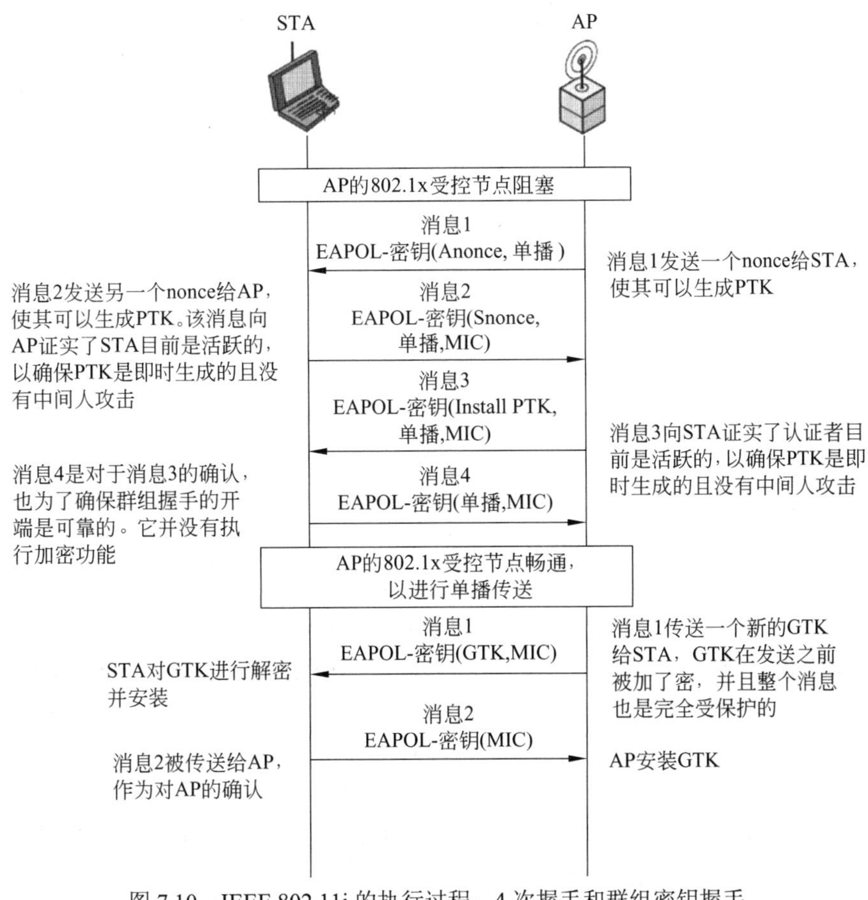

图 7.10　IEEE 802.11i 的执行过程：4 次握手和群组密钥握手

HMAC-MD5 或者 HMAC-SHA-1-128 加密的信息完整性字段（MIC）[1]。用于信息完整性字段加密的密钥为 KCK。

- **访问接入点→站点**：现在访问接入点能够产生成对临时密钥。访问接入点发送信息到站点，信息包含第一次信息的相同内容，并包含信息完整性字段。
- **站点→访问接入点**：只是一个确认信息，仍由信息完整性字段保护。

群组密钥发布。对于群组密钥发布，访问接入点产生群组临时密钥，并发布到组播群组的每个站点中。与每个站点的两条信息交换如下：

- **访问接入点→站点**：该信息包含由 RC4 或 AES 加密的群组临时密钥。用于加密的密钥为 KEK。信息中还附加有信息完整性字段值。
- **站点→访问接入点**：站点确认接收到群组临时密钥。该信息包含信息完整性字段值。

7.4.6　保密数据传输阶段

IEEE 802.11i 定义了两种机制来保护数据的传输：暂时密钥集成协议（TKIP）和计数

1　MAC 在密码学中通常指消息认证码（Message Authentication Code，MAC）。在 IEEE 802.11i 中使用术语 MIC 是因为 MAC 在网络中已有另一个意义，即媒体访问控制（Media Access Control, MAC）。

器模式+密码分组链接（CBC）消息认证码协议（CCMP）。

暂时密钥集成协议（TKIP）。暂时密钥集成协议设计成只需要对由旧版本无线局域网安全措施也就是 WEP 支持的设备进行软件改变即可。暂时密钥集成协议提供两种服务：

- **信息完整性**：暂时密钥集成协议在 IEEE 802.11 MAC 帧的数据域之后增加了信息完整性字段。信息完整性字段由 Michael 算法产生，使用源和目的的 MAC 地址、数据域和密钥作为输入产生一个 64 比特的值。
- **数据机密性**：数据机密性通过 RC4 加密 MAC 协议数据单元和信息完整性字段来获得。

256 比特临时密钥的使用如下。两个 64 比特的密钥通过 Michael 信息摘要算法产生信息完整性字段。一个密钥用来保护站点到访问接入点的信息，另一个密钥用来保护访问接入点到站点的信息。剩余的 128 比特被截断用来产生 RC4 的密钥，以便对传输数据进行加密。

对于增加的保护，一个单调增加的暂时密钥集成协议顺序计数器（TSC）分配到每个帧。该计数器有两种目的：一是计数器包含在每个 MAC 协议数据单元中并由信息完整性字段保护以防止重放攻击；二是计数器与临时会话密钥结合产生一个动态加密密钥，该动态密钥随每个 MAC 协议数据单元而改变，使得密码分析更加困难。

计数器模式+密码分组链接（CBC）**消息认证码协议**（CCMP）。计数器模式+密码分组链接消息认证码协议是为了让由硬件装备的更新的 IEEE 802.11 设备支持该机制而设置的。同暂时密钥集成协议一样，计数器模式+密码分组链接消息认证码协议也提供了两种服务：

- **信息完整性**：计数器模式+密码分组链接消息认证码协议使用第 3 章描述的计数器模式+密码分组链接消息身份验证代码来确保信息完整性。
- **数据机密性**：计数器模式+密码分组链接消息认证码协议使用 AES 的 CTR 密码工作模式进行加密。CTR 在第 2 章中进行过描述。

相同的 128 比特 AES 密钥用来保证完整性和机密性。该机制使用 48 比特的包数据来产生随机数来阻止重放攻击。

7.4.7　IEEE 802.11i 伪随机数函数

在 IEEE 802.11i 机制的许多地方都有伪随机数函数（PRF）的使用。例如，PRF 产生随机数，用来扩展成对密钥以及产生群组临时密钥。好的安全实践表明，不同的目的需要使用不同的伪随机数据流。然而，为了操作的高效性，只用一个伪随机数发生器函数。

PRF 通过使用 HMAC-SHA-1 来产生伪随机比特流。HMAC-SHA-1 通过一段明文和一个不少于 160 比特的密钥产生一个 160 比特的散列值。SHA-1 拥有这样一个特性：改变输入的一个比特就会产生一个新的散列值，并与先前的散列值无明显关联。该特性是伪随机数产生的基础。

IEEE 802.11i PRF 用 4 个参数作为输入，并产生期望的随机比特数。函数形式是 PRF（K，A，B，Len），其中：

K=私有密钥；

A=对应用有特殊意义的一段字节（例如，随机数的生成或者成对密钥的扩展）；

B=对每种情况有意义的数据；

Len=期望的随机比特数。

例如，对于 CCMP 的成对临时协议：

```
PTK=PRF(PMK, "Pairwise key expansion ", min(Ap-Addr,
     STA-Addr)||max((Ap-Addr, STA-Addr)
     ||min(Anonce,Snonce)|| max(Anonce,Snonce),384)
```

在这种情况中，各参数分别为：

K=PMK；

A=一段字节“Pairwise key expansion”；

B=由两个 MAC 地址和两个随机数组成的字段序列；

Len=384 比特。

与上相似，一个随机数的产生如下：

```
Nonce=PRF(Random Number,"Init Counter", MAC||Time,256)
```

其中，Time 是随机数发生器所知的网络时间。群组临时密钥的产生如下：

```
GTK=PRF(GMK,"Group key expansion", MAC|| Gnonce,256)
```

图 7.11 显示了函数 PRF（K，A，B，Len）。参数 K 作为密钥输入到 HMAC。输入信息由 4 部分构成：参数 A、一个空字段、参数 B 和一个计数 i。计数初始值为 0。HAMC 算法运行后会产生一个 160 比特的散列值。如果需要更多的比特，HMAC 会以同样的输入运行，其中计数 i 每次都会增加直到产生足够的比特数。可以用表达式表示如下：

```
PRF (K, A, B, Len)
R ← null string
for i ← 0 to((Len+159)/160-1) do
R ← R||HMAC-SHA-1(K,A||0||B||i)
Return Truncate-to-Len(R,Len)
```

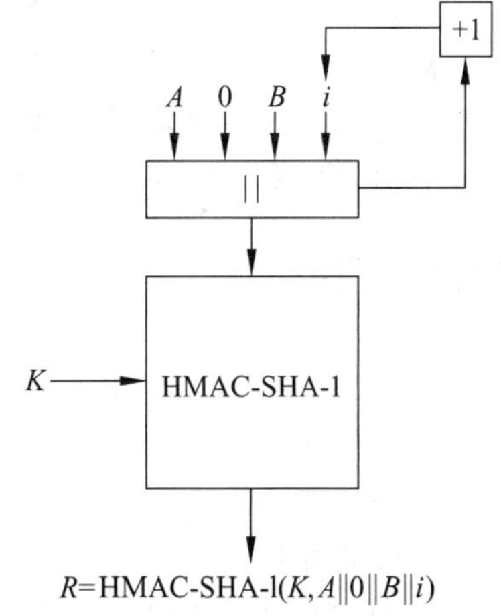

图 7.11　IEEE 802.11i 的伪随机函数

7.5　关键词、思考题和习题

7.5.1　关键词

4 次握手	介质访问控制
访问接入点	MAC 协议数据单元

警告协议
基本服务单元
计数器模式密码块链消息认证码协议
分布式系统
扩展服务单元
群组密钥
握手协议
IEEE 802.1x
IEEE 802.11
IEEE 802.11i
独立基本服务单元
逻辑连接控制
MAC 服务数据单元
信息完整码
Michael
成对密钥
伪随机函数
健壮安全网络
暂时密钥集成协议
有线等效保密
无线局域网
Wi-Fi
Wi-Fi 网络安全存取

7.5.2 思考题

7.1 什么是 IEEE 802.11 WLAN 的基本构建块？
7.2 定义扩展服务集。
7.3 简要列出 IEEE 802.11 服务。
7.4 分布式系统是无线网络吗？
7.5 解释联合的概念与移动的概念的相关性。
7.6 被 IEEE 802.11i 定义的安全区域是什么？
7.7 简要描述 IEEE 802.11i 操作的四个阶段。
7.8 TKIP 和 CCMP 之间的区别是什么？

7.5.3 习题

7.1 在 IEEE 802.11 中，开放式系统认证只包含两种连接。客户端需要一种包含基站 ID（一般指 MAC 地址）的认证。这可以由 AP/router 返回的认证应答来实现，应答中包含成功或失败信息。一个导致失败的例子是当客户端的 MAC 地址被明确地排除在 AP/router 的配置外时。
a. 这种认证模式的优点是什么？
b. 这种认证模式的安全性缺陷是什么？

7.2 在 IEEE 802.11i 之前，IEEE 802.11 的安全模式是 WEP（Wired Equivalent Privacy）。WEP 假设所有网络中的设备共享一个密钥。认证场景的目的是向 STA 证明它处理了密钥。认证处理过程如图 7.12 所示。STA 向 AP 发送消息请求认证。AP 发送一个包含 128 位随机数的试验报文的消息。STA 用共享密钥加密这个试验报文并发回给 AP。AP 对收到的消息进行解密并将结果与试验报文进行比较。如果一致，AP 确认认证成功。
a. 这种认证模式的优点是什么？
b. 该认证模式并不完整，是什么丢失了？为什么丢失的部分很重要？提示：添加一到两个消息可以解决问题。

c. 该认证模式的缺陷是什么？

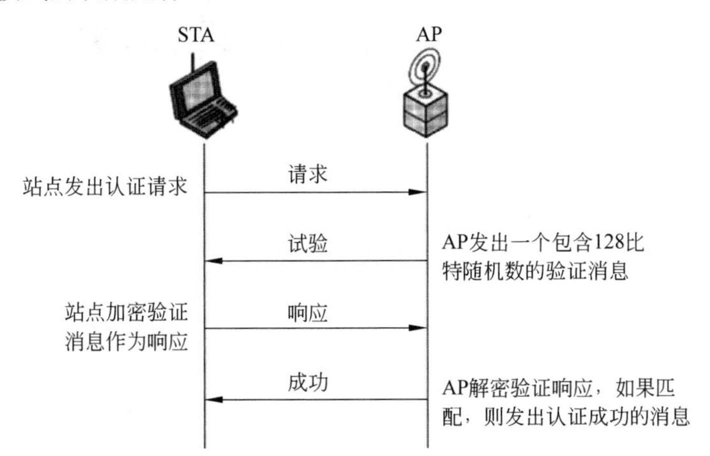

图 7.12　WEP 认证

7.3　在 WEP 中，数据完整性和机密性都是由 RC4 流加密算法完成的。MPDU 的传输由以下步骤组成（通常被称为封装）。

（1）发射机选择初始矢量值（IV）。

（2）初始矢量值通过使用共享的 WEP 密钥连接成 RC4 的种子或输入密钥。

（3）32 位的 CRC 被用来计算 MAC 数据域的所有位并将其结果添加到数据域。CRC 是数据连接控制协议中一种通用的错误发现机制。在该例中，CRC 用来进行完整性验证。

（4）第（3）步的结果通过 RC4 加密形成密文块。

（5）明文 IV 被掩饰为密文块来形成封装的 MPDU 并用来进行传输。

a. 画出封装过程的结构图。

b. 描述接收方如何恢复明文和如何进行完整性验证。

c. 画出 b 的结构图。

7.4　CRC 作为完整性验证的一个缺点是它是一种线性函数。这意味着在只改变一个比特的信息中，可以确定是哪个比特改变了，甚至可以判断出在消息中被翻转的比特组合，从而使得 CRC 对网络结果不起作用。因此，很多明文消息的比特翻转组合使得 CRC 不变，以至于完整性验证失效。但是，在 WEP 中，如果攻击者不知道密钥，攻击者就不能访问明文，只能访问密文块。这是否意味着 ICV 可以抵御比特翻转攻击？请解释。

第 8 章　电子邮件安全

8.1　互联网邮件体系架构
8.2　邮件格式
8.3　电子邮件威胁和全面邮件安全
8.4　S/MIME
8.5　良好隐私（PGP）
8.6　DNSSEC
8.7　基于 DNS 的实体认证
8.8　发送方策略框架
8.9　DKIM
8.10　基于域的消息认证、报告和一致性
8.11　关键术语、思考题和习题

学习目标

学习完这一章后，你应该能够：

- 总结出网络邮件架构的关键功能组件。
- 解释 SMTP、POP3 和 IMAP 的基本功能。
- 解释 MIME 作为普通电子邮件增强功能的必要性。
- 给出 MIME 的概述。
- 理解 S/MIME 的作用以及面临的安全威胁。
- 理解 STARTTLS 的基本机制及其在邮件安全中扮演的角色。
- 理解 DANE 的基本机制及其在邮件安全中扮演的角色。
- 理解 DKIM 的基本机制及其在邮件安全中扮演的角色。
- 理解 DMARC 的基本机制及其在邮件安全中扮演的角色。

在所有的分布式环境中，电子邮件是使用最多的基于网络的应用。用户期望能向直接连接到互联网的其他人发送电子邮件，无论主机操作系统或通信套件如何。随着对电子邮件的日益依赖，对认证和保密服务的需求不断增长。两种广泛使用的方法脱颖而出：PGP 和 S/MIME。本章都对其进行了研究。本章最后讨论了 DIM。

8.1　互联网邮件体系架构

为了理解本章主题，先掌握互联网邮件体系架构是很必要的。互联网邮件体系架构目前定义在 RFC 5598 中（网络邮件架构，200907）。这一部分对基本概念进行概述。

8.1.1 邮件组成

在基础层面上，Internet 邮件架构包括 MUA 形式的用户世界，以及由 MTA 组成的 MHS 形式的传输世界。MHS 从一个用户接收信息，然后把它传递给一个或多个其他用户，创造了一个虚拟的 MUA-MUA 交换环境。这种结构涉及三种类型的互通性。一种是直接在用户之间的互通性：为了使消息能通过 MUA 的地址呈现给消息接收方，消息必须由 MUA 格式化，而 MUA 代表消息的作者。当消息从 MUA 发布到 MHS 时以及稍后从 MHS 传递到目的地 MUA 时，MUA 和 MHS-first 之间还存在互操作要求。MTA 组件沿着通过 MHS 的传输路径需要互操作性。

图 8.1 说明了网络邮件架构的关键组件，其中包括以下内容。

- 消息用户代理（MUA）：代表用户角色和用户应用程序运行。它是电子邮件服务中的代表。通常，此功能位于用户的计算机中，并称为客户端电子邮件程序或本地网络电子邮件服务器。消息作者 MUA 格式化消息并通过 MSA 执行初始化提交到 MHS。接收方 MUA 处理接收的邮件以便存储和/或显示给接收用户。
- 邮件提交代理（MSA）：接收 MUA 提交的消息，并执行托管域的策略和互联网标准的要求。该功能可以与 MUA 一起定位或作为单独的功能模型。在后面的案例中，SMTP 在 MUA 和 MSA 之间被使用。

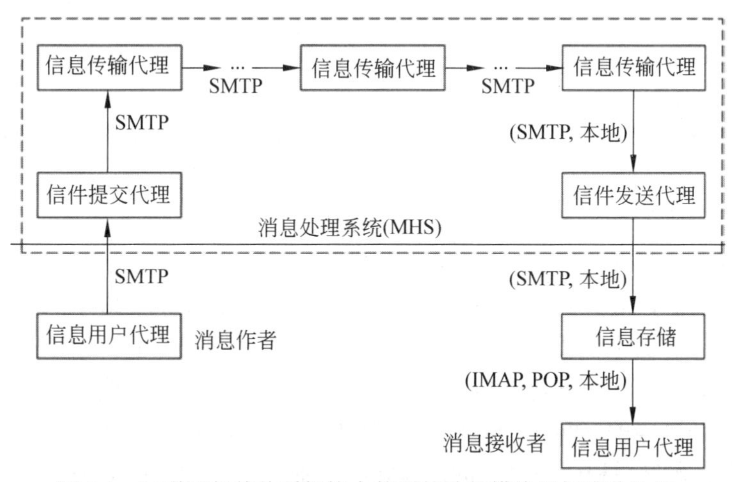

图 8.1 互联网邮件体系架构中使用的功能模块和标准化协议

- 邮件传输代理（MTA）：重播一个应用程序级别的邮件，它就像一个数据包交换机或 IP 路由器，它的工作是进行路由评估并将邮件移近接收方。通过一系列 MTA 执行中继，直到消息到达目的地 MDA。MTA 还会将跟踪信息添加到邮件头。MTPS 用于 MTA 之间以及 MTA 和 MSA 或 MDA 之间。
- 邮件传递代理（MDA）：负责从 MHS 向 MS 传递信息。
- 信息存储（MS）：一个 MUA 可以使用长期的 MS。MS 可以位于远程服务器上，也可以位于与 MUA 相同的机器上。通常，MUA 用 POP（邮局协议）或者 IMAP（网络信息访问协议）从远程服务器上获取信息。

还有另外两个概念需要定义。行政管理域（ADMD）是一个互联网电子邮件供应商。这样的例子包括一个操作本地邮件中继的部门、一个操作企业邮件中继的 IT 部门和一个操作公共共享邮件服务的 ISP 部门。每个 ADMD 可以有不同的运营政策和基于信任的决策。一个明显的例子是在组织内交换的邮件和在独立组织之间交换的邮件之间的区别。处理这两种类型的流量规则往往是完全不同的。

DNS 则是一种目录查找服务，它提供 Internet 上主机名称与其数字地址之间的映射。本章后面将讨论 DNS。

8.1.2 电子邮件协议

传输邮件时使用两种协议。第一种用来把消息通过互联网从源移动到目的地。用于此目的协议称为 SMTP，具有各种扩展，在某种情况下还有限制。第二种由用于在邮件服务器之间传输信息的协议组成，其中 IMAP 和 POP 是最常使用的两种。

简单的邮件传输协议（SMTP）把邮件信息封装到一个信封中，并且 SMTP 被用来把封装好的信息通过多种 MTA 从源转送到目的地。SMTP 最初于 1982 年定义在 RFC 821 中，并经历了多次修订，最新版本是 RFC 5321（200808）。这些修正版增加了额外的命令和引入的扩展。ESMTP 经常用来替代这些后来的 SMTP 版本。

SMTP 是基于文本的客户端-服务器协议，其中客户端（电子邮件发送方）连接服务器（下一跃点接收方）并发出一组命令，告诉服务器它要发送的消息，然后发送消息本身。这些命令大多数是客户端发送的 ASCII 码形式的文本信息，以及由服务器返回的结果返回码（和附加的 ASCII 文本）。

从源端到最终目的地之间的信息传输会通过单个 TCP 连接，在单个 SMTP 客户端/服务器对话上进行。或者，SMTP 服务器可以是中间中继，它在接收消息后承担 SMTP 客户端的角色，然后沿着到达最终目的地的路由将该消息转发到 SMTP 服务器。

SMTP 的操作包括 SMTP 发送方和接收方之间交换的一系列命令和响应。该倡议是与 SMTP 发送方建立的，后者建立 TCP 连接。一旦连接建立起来，SMTP 发送方就通过连接向接收方发送命令。每个命令由一行文本组成，以四个字母的命令代码开头，在某些情况下由参数字段开始。每个命令只从 SMTP 接收方生成一个回复。虽然，多线回复是可以的，但大多数回复都是单线的。每个回复以三位数开始，后跟额外的信息。

图 8.2 说明了客户端和服务器之间的 SMTP 交换。交换开始于客户端在服务器的 TCP25 端口建立 TCP 连接（在图中没有显示）。这会导致服务器激活 SMTP 并向客户端发送 220 回复。HELLO 命令标识出发送域，服务器通过 250 回复确认并接受该域。SMTP 发送方正在传输来自使用者 Smith@bar.com 的邮件。邮件命令标识出信息的发起人。该消息发送给计算机 foo.cm 上的三个用户，分别为 Jones、Green 和 Brown。客户端在单独的 RCPT 命令中标识出其中的每一个。SMTP 的接收方表明它有 Jones 和 Brown 的邮箱，但是没有 Green 的信息。因为至少有一个预接收人已经被验证，通过首先发送一个数据命令来确保服务器已经准备好了数据，客户端继续发送文本信息。服务器确认收到所有数据之后，产生了一个 250 OK 的信息。然后客户端发出一个 QUIT 命令服务端关闭连接。

```
S:220 foo.com 简单邮件传输服务器准备
C:HELO bar.com
S:250 OK
C:MALL FROM:<Smith@bar.com>
S:250 OK
C:RCPT TO:<Jones@foo.com>
S:250 OK
C:RCPT TO:<Jones@foo.com>
S:550 No such user here
C:RCPT TO:<Brown@foo.com>
S:250 OK
C:DATA
S:354 开始邮件输入，用<crlf>.<crlf>结束
C:Blah blah blah…
C:. . .etc.etc.etc.
C: <crlf>.<crlf>
S:250 OK
C:QUIT
S:221 foo.com 服务器关闭传输通道
```

图 8.2　SMTP 传输脚本举例

SMTP 一个重要的与安全相关的扩展，在 RFC 3207（通过传输层安全实现安全 SMTP 的 SMTP 服务扩展，200202）中称为 STARTTLS。STARTTLS 允许在 SMTP 代理之间的交换中添加机密性和身份验证。这使得 SMTP 代理商能保护一些或所有通信免受窃听者和攻击者的窃听与攻击。如果客户端确实通过启用 TLS 的端口（例如，SMPT 以前在 SSL 上使用的是 465 端口）来发起连接，则服务器可能会提示一条消息，指示 STARTTLS 选项可用。客户端然后在 SMTP 命令流中发布 STARTTLS 命令，这两部分将创建一个安全 TLS 连接。使用 STARTTLS 的优点是，服务器能在简单端口上提供 SMTP 服务，而不是为了安全和明文操作而使用单独的端口号。在 IMAP 和 POP 协议上运行的 TLS 也是使用类似的机制。

以前，使用 SMTP 来实现 MUA/MSA 信息传递。目前首选的标准是 SUBMISSION，这定义在 RFC 6409 中（邮件信息提交，201109）。虽然 SUBMISSION 来源于 SMTP，但它用一个单独的 TCP 端口，并且施加不同的要求，例如访问授权。

邮件访问协议（POP3，IMAP）：邮局协议（POP3）允许邮件客户端（用户代理）从邮件服务器（MTA）上下载一封邮件。POP3 用户代理通过 TCP 连接到服务器上（通常是 110 端口）。用户代理输入用户名和密码（要么为了方便而存储在内部，要么每次由用户输入以提高安全性）。验证之后，UA 能够发出 POP3 命令来恢复和删除邮件。

与 POP3 一样，网络邮件访问协议（IMAP）也能让电子邮件客户在电子邮件服务器上访问邮件。IMAP 也使用 TCP 协议，服务器 TCP 端口为 143。IMAP 比 POP3 更复杂。IMAP 提供比 POP3 更强的认证，并且提供 POP3 不能支持的其他功能。

8.2　邮 件 格 式

为了理解 S/MIME，我们首先需要对使用 S/MIME 的底层邮件格式有一个整体的理解，但是为了理解 MIME 的重要意义，我们需要回到传统电子邮件的格式标准，RFC 822，现在还在被普遍使用。这种格式规范的最新版本是 RFC 5322（计算机信息格式，200810）。因此，本节首先介绍这两个早一点的标准然后开始讨论 S/MIME。

RFC 5322

RFC 5322 定义使用电子邮件发送文本信息的格式。它一直是基于互联网的文本邮件消息的标准，并且仍然被经常使用。在 RFC 5322 的背景下，信息被认为有一个信封和内容。信封包含完成传输和传递所需的所有信息。内容组成要传递给接收方的对象。RFC 5322 标准仅适用于内容。然而，内容标准包含一系列标题字段，这些标题字段可能被邮件系统使用去创建信封，并且标准旨在促进通过计划获取此类消息。

符合 RFC 5322 标准的消息整体结构很简单。一个消息包含许多标题行（标题），后跟无限制文本。标题行被空行从文本中分离。但不同的是，信息是 ASCII 码文本，假定直到第一个空行的所有行都是被邮件系统的用户代理部分使用的标题行。

标题行通常由关键字，后跟冒号以及关键字的解释组成；格式允许一大行能被分成几行。最频繁使用的关键字是 From、To、Subject 和 Date。这里是一个例子：

```
Date: October 8, 2009 2:15:49 PM EDT
From: "William Stallings" <ws@shore.net>
Subject: The Syntax in RFC 5322
To: Smith@Other-host.com
Cc: Jones@Yet-Another-Host.com
Hello. This section begins the actual
  message body, which is delimited from the
message heading by a blank line.
```

RFC 5322 标头中常见的另一个字段是 Message-ID。此字段包含与此消息有关的唯一标识符。

8.2.1　多用途互联网邮件扩展类型

多用途互联网邮件扩展类型（MIME）是 RFC 5322 架构的一个扩展，它用来为电子邮件处理一些问题和简单邮件传输协议（SMTP）的使用限制，或者处理许多其他邮件传输协议和 RFC 5322。RFC 2045 通过 RFC 2049 定义 MIME，并且从那时起，已经有一些更新文件。

作为使用 MIME 的理由，[PARZ06]列举了 SMTP/5322 计划的下列限制。

（1）SMTP 无法传输可执行文件或其他二进制对象。许多方案用于将二进制文件转换为可由 SMTP 邮件系统使用的文本，包括流行的 UNIX UU 编码/ UU 解码方案。然而，这些都不是标准甚至是事实上的标准。

（2）SMTP 无法传输包含国家语言符号的文本数据，因为它们由 8 比特代码表示，值为 128 或更高，而 SMTP 被限制为 7 比特 ASCII 码。

（3）SMTP 服务器将拒绝超过特定大小的邮件。

（4）在 ASCII 和字符代码 EBCDIC 之间转换的 SMTP 网关不使用一致的映射集，从而导致转换问题。

（5）到 X.400 电子邮件网络的 SMTP 网关无法处理 X.400 邮件中包含的非文本数据。

（6）某些 SMTP 实现不完全符合 RFC 821 中定义的 SMTP 标准。常见问题包括：

- 除法，加法，重新订购回车和换行。
- 截断或包裹长度超过 76 个字符的行。
- 删除尾随空格（Tab 和空格键）。
- 填充消息中的行到相同的长度。
- 把 Tab 键转换为多空格键。

MIME 旨在以与现有 RFC 5322 实现兼容的方式解决这些问题。

概述 MIME 规范包含以下几项。

（1）5 个新的邮件头字段被定义，这些标头文件将包含在 RFC 5322 标题中。这些文件提供了关于信息体的相关信息。

（2）许多内容格式被定义，因此标准化表示支持多媒体电子邮件。

（3）定义的传输编码，允许将任何内容格式转换为受邮件系统保护以免被更改的形式。

在这一章节中，我们介绍了 5 个邮件头字段。下面两个章节处理内容格式和传输编码。

在 MIME 中定义的 5 个头字段如下所示：

- MIME-Version：必须有参数值 1.0。这个字段表明消息符合 RFC 2045 和 RFC 2046。
- 连接类型：用足够的细节描述主体中包含的数据，接收用户代理可以选择适当的代理或机制来向用户表示数据或以适当的方式处理数据。
- 内容传输编码：表示以邮件传输可接受的方式表示邮件正文的转换类型。
- Content-ID：用于在多个上下文中唯一地标识 MIME 实体。
- Content-Description：带有正文对象的文本描述，当对象可读时它有用。

任何或所有的这些字段将出现在正常的 RFC 5322 标头。兼容的实现必须支持 MIME-版本、内容-类型和内容-转换-编码字段，内容-ID 和内容-描述字段是可选的并且可以被接收方忽略。

MIME 内容类型　MIME 规范的大部分内容涉及各种内容类型的定义。这反映了在多媒体环境中提供处理各种信息表示的标准化方法的必要性。

表 8.1 列举了在 RFC 2046 中指定的内容类型。有七种不同的主要类型的内容和总共 15 种子类型。通常，内容类型声明一般数据类型，子类型指定数据类型的特定格式。

表 8.1　MIME 内容类型

类型	子类型	描　述
文本	简单的	无格式文本；可能是 ASCII 或 ISO 8859
	丰富的	提供更灵活的格式

续表

类型	子类型	描　　述
多部分	混合的	不同的部分虽然是独立的但是也一起发送。它们应按照它们出现在邮件消息中的顺序呈现给接收方
	平行的	与混合的不同之处仅在于没有定义将部件传送到接收器的顺序
	二选一的	不同的部分是相同信息的二选一版本。其订单越来越忠实于原件，接收方的邮件系统应该向用户显示“最佳”版本
	文摘	与混合型相似，但是每一部分的默认类型/子类型是信息/RFC 822
信息	RFC 822	正文本身就是符合 RFC 822 的封装消息
	部分	以对接收方透明的方式，用于允许大型邮件的碎片
	外部体	包含一个指针指向其他的对象
图片	JPEG	图片是 JPEG 格式，JFIF 编码
	GIF	图片是 GIF 格式
视频	MPEG	MPEG 格式
音频	基础的	在采样率为 8kHz 下单信道 8 比特 μ-law 编码
应用	后记	Adobe Postscript 格式
	8 字节流	一般二进制数据由 8 比特字节组成

对于正文的**文本类型**，除了支持指定的字符集之外，不需要特殊的软件来获得文本的全部含义。主要子类型是纯文本，它只是一串 ASCII 字符或 ISO 8859 字符。丰富的子类型允许更大的格式灵活性。

多部分类型表示主体包含多个独立的部分。Content-Type 头部字段包括一个参数（叫边界），这个参数定义了主体部分的分隔符。此边界不应出现在邮件的任何部分。每个边界从一个新行开始，由两个连字符后跟边界值组成。最后一个边界，表示最后一个部分的结尾，也有连字符的后缀。在每个部分中，可能有一个可选的普通 MIME 头。

这里有一个多部分消息的简单示例，多部分消息包含两部分，两者都包含简单文本（来自于 RFC 2046）：

```
From: Nathaniel Borenstein <nsb@bellcore.com>
To: Ned Freed <ned@innosoft.com>
Subject: Sample message
MIME - Version •• 1.0
Content-type: multipart/mixed; boundary="simple boundary"

This is the preamble, It is to be ignored, though it is a handy place for mail composers to include an
explanatory note to non-MIME conformant readers.
-simple boundary
This is implicitly typed plain ASCII text. It does NOT end with a linebreak.
-simple boundary
Content-type: text/plain; charset=us-ascii
This is explicitly typed plain ASCII text. It DOES end with a linebreak.
-simple boundary -
```

This is the epilogue. It is also to be ignored.

有 4 种多部分类型的子类型，所有子类型都具有相同的整体语法。当存在多个需要以特定顺序捆绑的独立主体部位时，使用**多部分/混合子类型**。对于**多部分/平行子类型**，部分的顺序并不重要。如果接收方系统合适，多个部分可以并行显示。例如，一个图片或文本部分可以被一个显示图片或者文本时播放的语音评论所伴随。

对于**多部分/交替子类型**，大部分是相同信息的不同表示。例子如下：

From:Nathaniel Borenstein <nsb@bellcore.com>

To:Ned Freed <ned@innosoft.com>

Subject:Formatted text mail

MIME-Version :1.0

Content-Type: multipart/alternative; boundary=boundary42

-boundary42

Content-Type: text/plain; charset=us-ascii

. . . plain text version of message goes here . . . .

-boundary42

Content-Type: text/enriched

. . . RFC 1896 text/enriched version of same message goes here . . .

-boundary42-

在该子类型中，正文部分按增加的优先级排序。例如，如果接收方系统能够以文本/丰富格式显示消息，则完成此操作；否则，使用纯文本格式。

当每个正文部分被解释为带有标题的 RFC 5322 消息时，使用**多部分/摘要子类型**。此子类型允许消息的结构是个人消息。例如，一个组的主持人可能会收集来自参与者的电子邮件，捆绑这些邮件，并通过一封封装的 MIME 邮件将其发送出去。

消息类型在 MIME 中提供了许多重要功能。消息/RFC 822 子类型表明实体是一整个信息，包括头和主体。尽管此子类型的名字，封装的消息不仅是一个简单的 RFC 5322 消息，而且是任何的 MIME 消息。

消息/部分子类型允许将大部分消息分段为多个部分，这些部分必须在目的地重新组装。对于此子类型，在内容-类型中指定了三个参数：消息/部分字段：相同消息的所有片段所共有的 ID、每一个片段唯一的序列号和碎片总数。

消息/外部体子类型表明在这个消息中传递的实际数据并没包含在实体中。相反，实体中包含了访问数据所需的消息。与其他的消息类型一样，消息/外部体子类型有一个外部标题和一个带有自标题的封装消息。在外标题中唯一的重要域是内容-类型域，它将此识别为消息/外部实体子类型。内部标题对于封装的消息来说是消息标题。在外标题中内容-类型域必须包括一个访问类型参数，它指明了访问的方法，例如 FTP（文件传输协议）。

应用类型涉及其他类型的数据，通常是未解释的二进制数据或由基于邮件的应用程序处理的消息。

MIME 传输编码：MIME 规范的其他主要组成，除了内容规范，是对于消息实体的传输编码的定义。目的是在最大范围的环境中提供可靠的传输。

MIME 标准定义了两种编码数据的方法。内容-传输-编码域实际上能接收 6 个值，如

表 8.2 所示。然而，其中的三个值（7 比特、8 比特和二进制）表明数据并没有被编码，但是提供了许多数据性质的信息。对于 SMTP 传输，用 7 比特很安全。8 比特和二进制适用于其他的邮件传输背景。其他的内容-传输-编码值是 X-令牌，它表明使用了一些其他编码方案，为其提供名称。这可能是特定供应商或特定应用程序方案。两个实际定义的编码方案是 Quoted-printable 和 Base64。这两种方案基本上是在人类可读的传输技术和以相当紧凑的方法对所有类型数据安全传输技术之间进行选择。

表 8.2 MIME 传输编码

7 比特	数据全部由 ASCII 字符的短行表示
8 比特	行短，但是存在非 ASCII 字符（具有高位设置的 8 比特字节）
二进制	不仅可能存在非 ASCII 字符，而且这些行不一定足够短以进行 SMTP 传输
Quoted-printable	以这样的方式对数据进行编码：如果编码的数据主要是 ASCII 文本，则数据的编码形式仍然可以被人类识别
Base64	通过将 6 比特输入块映射到 8 比特输出块来对数据进行编码，所有这些都是可打印的 ASCII 字符
X-令牌	一个命名的非标准编码

Quoted-printed 传输编码在数据主要由可打印 ASCII 字符的 8 比特字节组成时很有用。本质上它通过代码的十六进制来表示非安全字符，并引入可逆换行符以将消息行限制为 76 个字符。

Base64 传输编码，又称为 radix-64 编码，它是一种常见的任意二进制数据编码方式，它对邮件传输程序的处理是无懈可击的。它也用于 PGP 中并且在附录 H 中呈现。

一个多部分例子。图 8.3 取自 RFC 2045，是一个复杂的多部分消息的概述。消息有 5 个部分连续显示：两个介绍性的纯文本，一个是嵌入式多部分消息，一个是富文本部分和非 ASCII 字符集中封闭封装的文本消息。嵌入的多部分消息有两个部分平行呈现：图片和音频片段。

规范形式。在 MIME 和 S/MIME 中一个重要的概念是规范形式。规范形式是一种格式，它是在系统中使用的一种标准。这不同于本原格式，它是一种特定系统可能特有的格式。RFC 2049 定义了如下两种格式：

- **本原格式**：被传播的实体在系统的本原格式中产生。使用本原字符集，并在适当的情况下使用本地行尾约定。主体可以是与用于表示某种形式的消息的本地模型相对应的任何格式。例子包括一个 UNIX-型的文本文件，或者一个太阳光栅图像，或者一个 VMS 索引文件，以及存储在内存中的系统相关格式的音频数据。本质上，数据以本原形式创建，对应于媒体类型指定的类型。
- **规范格式**：整个实体，包括外带消息，例如记录长度和可能的文件属性信息，被装换成通用的规范形式。实体的特定媒体类型及其相关属性决定了所使用的规范形式的性质。转换为正确的规范形式可能涉及字符集转换、音频数据转换、压缩或各种媒体类型特定的各种其他操作。

```
MIME-Version: 1.0
        From: Nathaniel Borenstein <nsb@bellcore.com>
        To: Ned Freed <ned@innosoft.com>
        Subject: A multipart example
        Content-Type: multipart/mixed;
                boundary=unique-boundary-1
        This is the preamble area of a multipart message. Mail readers that understand multipart format should
ignore this preamble. If you are reading this text, you might want to consider changing to a mail reader that
understands how to properly display multipart messages.

      --unique-boundary-1
            ...Some text appears here...
        [Note that the preceding blank line means no header fields were given and this is text, with charset US
ASCII.   It could have been done with explicit typing as in the next part.]

        --unique-boundary-1
        Content-type: text/plain; charset=US-ASCII
        This could have been part of the previous part, but illustrates explicit versus implicit typing of body
parts.

        --unique-boundary-1
        Content-Type: multipart/parallel;     boundary=unique-boundary-2

        --unique-boundary-2
        Content-Type: audio/basic
        Content-Transfer-Encoding: base64
            ... base64-encoded 8000 Hz single-channel mu-law-format audio data goes here....

        --unique-boundary-2
        Content-Type: image/jpeg
        Content-Transfer-Encoding: base64
            ... base64-encoded image data goes here....

        --unique-boundary-2--
        --unique-boundary-1
        Content-type: text/enriched

        This is <bold><italic>richtext.</italic></bold> <smaller>as defined in RFC 1896</smaller>

      Isn't it <bigger><bigger>cool?</bigger></bigger>

        --unique-boundary-1
        Content-Type: message/rfc822

        From: (mailbox in US-ASCII)
        To: (address in US-ASCII)
        Subject: (subject in US-ASCII)
        Content-Type: Text/plain; charset=ISO-8859-1
        Content-Transfer-Encoding: Quoted-printable

            ... Additional text in ISO-8859-1 goes here ...

        --unique-boundary-1--
```

图 8.3　MIME 消息结构例子

8.3 电子邮件威胁和综合电子邮件安全

对于组织和个人，电子邮件无处不在，特别容易受到各种安全威胁的攻击。一般来说，电子邮件安全威胁可分为以下几类：

- 与真实性相关的威胁：可能导致未经授权访问企业电子邮件系统。
- 与完整性相关的威胁：可能导致未经授权修改电子邮件内容。
- 与机密性相关的威胁：可能导致未经授权的敏感信息泄露。
- 与可用性相关的威胁：可能会阻止最终用户发送或接收电子邮件。

SP 800-177（2015 年 9 月的可靠电子邮件）中提供了有用的特定电子邮件威胁列表以及缓解方法，如表 8.3 所示。

表 8.3 邮件威胁和缓解

威　　胁	对声称的发送方影响	对接收方的影响	缓　　解
通过未经授权的 MTA 在企业中发送电子邮件	声誉受损，来自企业的有效电子邮件可能会被当作垃圾邮件/钓鱼式攻击而被阻止	包含恶意链接的 UBE 和/或电子邮件可以被递送到用户收件箱中	部署基于域的身份验证技术。在电子邮件中使用数字签名
使用欺骗或未注册的发送域发送的电子邮件	声誉受损，来自企业的有效电子邮件可能会被当作垃圾邮件/钓鱼式攻击而被阻止	包含恶意链接的 UBE 和/或电子邮件可以被递送到用户收件箱中	部署基于域的身份验证技术。在电子邮件中使用数字签名
使用伪造的发送地址或电子邮件发送的电子邮件（钓鱼式攻击，鱼叉式网络钓鱼）	声誉受损，来自企业的有效电子邮件可能会被当作垃圾邮件/钓鱼式攻击而被阻止	包含恶意链接的 UBE 和/或电子邮件可以被递送到用户收件箱中。用户可能会无意中泄露敏感信息或 PII	部署基于域的身份验证技术。在电子邮件中使用数字签名
途中修改电子邮件	泄露敏感信息或 PII	泄露敏感信息，更改的消息可能包含恶意信息	在服务器之间使用 TLS 来进行邮件加密传输。使用端到端电子邮件加密
通过监控和捕获电子邮件流量来泄露敏感信息（例如 PII）	泄露敏感信息或 PII	泄露敏感信息，更改的消息可能包含恶意信息	在服务器之间使用 TLS 来进行邮件加密传输。使用端到端电子邮件加密
未经请求的批量电子邮件（UBE）（例如，垃圾邮件）	没有，除非声称的发送方被欺骗	包含恶意链接的 UBE 和/或电子邮件可以被递送到用户收件箱中	处理 UBE 的技术
针对企业电子邮件服务器的 DoS / DDoS 攻击	无法发送邮件	无法接收邮件	多个邮件服务器，使用基于云的邮件提供商

SP 800-177 建议使用各种标准化协议作为对抗这些威胁的手段。这些手段包括：

STARTTLS：SMTP 安全扩展，通过 TLS 运行 SMTP 为整个 SMTP 邮件提供身份验证、完整性、不可否认性（通过数字签名）和机密性（通过加密）。

S/MIME：提供 SMTP 消息中携带的消息体的身份验证、完整性、不可否认性（通过数字签名）和机密性（通过加密）。

DNS 安全扩展（DNSSEC）：提供 DNS 数据的身份验证和完整性保护，是各种电子邮件安全协议使用的基础工具。

基于 DNS 的命名实体认证（DANE）：旨在通过提供基于 DNSSEC 对公钥进行身份认证的备用通道来克服证书颁发机构系统中的问题，从而使用用于认证 IP 地址的相同信任关系来验证在这些地址上运行的服务器。

发送方策略框架（SPF）：使用域名系统允许域所有者创建记录，此记录把授权邮件发送方的特定 IP 地址范围与域名相关联。接收方检查 DNS 中的 SPF TXT 记录以确认消息所声称的发送方允许使用该源地址并可以拒绝不是来自授权 IP 地址的邮件是一件很容易的事。

DomainKeys 识别邮件（DKIM）：允许 MTA 签署选定的标题和邮件正文。这可以验证邮件的源域并提供邮件正文。

基于域的消息身份验证、报告和一致性（DMARC）：让发送方知道他们的 SPF 和 DKIM 策略的有效比例，并向接收方发出信号，告知他们应该在各种个人和批量攻击情况下采取什么行动。

图 8.4 显示了这些组件如何相互作用以提供消息的真实性和完整性。为简单起见，未显示出 S / MIME 还通过加密消息来提供消息机密性。

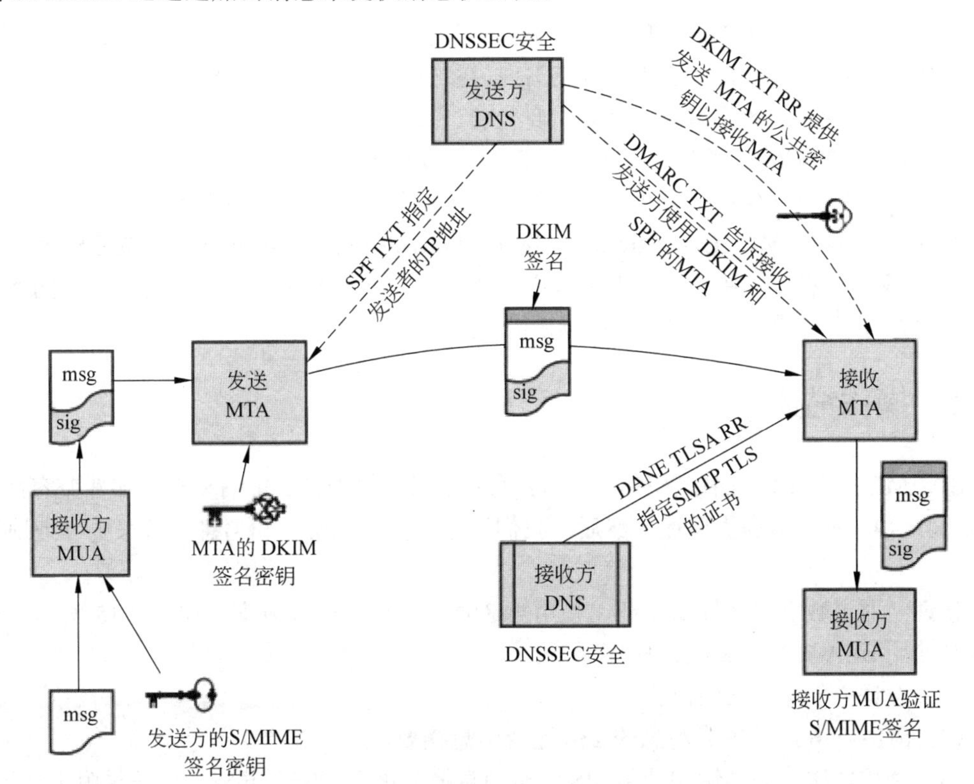

图 8.4　为确保消息的真实性和完整性 DNSSEC、SPF、DKIM、DMARC、DANE、S/MIME 之间的相互关系

DANE=DNS-based命名实体的认证
DKIM=域关键字识别邮件
DMARC=Domain-based邮件认证、报告和一致性
DNNSEC=域名系统安全扩展
SPF = 发件人策略框架
S/MIME=安全多目标网络邮件扩展
TLS RR=传输层次安全验证资源报告

图8.4（续）

8.4 S/MIME

安全/多用途互联网邮件扩展（S/MIME）是基于RSA数据安全技术的MIME 互联网电子邮件格式标准的安全增强功能。S/MIME 是一种复杂的功能，在许多文档中定义。与S/MIME相关的最重要的文档包括以下内容：

- **RFC 5750，S/MIME 版本 3.2 证书处理**：指定（S/MIME）v3.2 对 X.509 证书使用的约定。
- **RFC 5751, S/MIME 3.2 版本消息规范**：用于S/MIME消息创建和处理的主要定义文档。
- **RFC 4134, S/MIME 消息举例**：提供使用S / MIME格式化的邮件正文的示例。
- **RFC 2634 S/MIME 的增强安全服务**：描述S / MIME的四个可选安全服务扩展。
- **RFC 5652 加密消息语法（CMS）**：描述加密消息语法（CMS）。此语法用于对任意邮件内容进行数字签名、摘要、身份验证或加密。
- **RFC 3370 CMS 算法**：描述了在CMS中使用多种加密算法的约定。
- **RFC 5752 CMS 中的多种签名**：描述了对邮件使用多个并行签名。
- **RFC 1847，MIME-Multipart / Signed 和 Multipart / Encrypted 的安全性多部分**：定义一个框架，在该框架内可以将安全服务应用于MIME正文部分。如后面所解释的，数字签名的使用与S / MIME相关。

8.4.1 操作描述

S/MIME提供4种与消息相关的服务：身份验证、机密性、压缩和电子邮件兼容性（如表8.4所示），本小节提供概述。然后，我们通过检查消息格式和消息准备来更详细地了解此功能。

认证 通过数字签名提供认证，使用第3章中讨论的一般方案，如图3.15所示。最常用的是使用SHA-256的RSA。顺序如下：

（1）发送方创建一条消息。

（2）SHA-256用于生成消息的256比特消息摘要。

（3）利用发送方的私钥和使用 RSA 对消息摘要进行加密，并将加密结果附于该消息。这个附着是签名者的识别信息，它能使接收方辨析出该消息是否真由发送方发送。

（4）接收方利用RSA并使用发送方公钥解密和恢复消息摘要。

（5）接收方对该消息产生一个新的消息摘要并与解密的散列值做比较。如果两者匹配，则把该消息作为已认证消息接收。

SHA-256 和 RSA 的组合提供了有效的数字签名方案。由于 RSA 的强度，接收方可以确保只有匹配私钥的拥有者才能生成签名。由于 SHA-256 的优势，接收方可以确保没有其他人可以生成与散列值匹配的新消息，因此也就是原始消息的签名。

尽管通常会将签名附加到它们签名的消息或文件中，但情况并非总是如此：支持分离签名。分离的签名可以与其签名的消息分开存储和发送。这在几种情况下很有用。用户可能希望维护发送或接收的所有消息的单独签名日志。可执行程序的分离签名可以检测后续病毒感染。最后，当不止一方必须签署文件时，可以使用分离的签名，例如合法合同。每个人的签名都是独立的，因此仅适用于该文档。否则，签名必须嵌套，第二个签名者同时签署文档和第一个签名，依此类推。

表 8.4　S/MIME 服务总结

功　能	典 型 算 法	典 型 案 例
数字签名	RSA/SHA-256	使用 SHA-256 生成一条带有散列值的消息 此消息摘要使用 SHA-256 与发送方的私钥进行加密，并包含在邮件中
消息加密	带 CBC 的 AES-128	使用带有 CBC 的 AES-128 加密消息 使用发送方生成的一次性会话密钥。会话密钥使用 RSA 与接收方的公钥进行加密，并包含在消息中
压缩	未定义	可以压缩消息以进行存储或传输
邮件兼容性	radix-64 转换	为了提供电子邮件应用程序的透明性，可以使用 radix-64 conversion 将加密的消息转换为 ASCII 字符串

机密性　S / MIME 通过加密消息来提供机密性。最常用的是带有 128 比特密钥的 AES，采用密码链接模式（CBC 模式）。密钥本身也是加密的，通常使用 RSA，如下所述。

一如既往，必须解决密钥分发问题。在 S / MIME 中，每个对称密钥（称为内容加密密钥）仅使用一次。也就是说，为每个消息生成随机数作为新密钥。 因为它只能使用一次，所以内容加密密钥绑定到消息并随之传输。 为了保护密钥，它使用接收方的公钥进行加密。处理顺序可以描述如下：

（1）发送方生成一条消息和一个随机的 128 比特数字，仅用作此消息的内容加密密钥。

（2）消息用内容加密密钥来加密。

（3）内容加密密钥使用接收方的公钥和 RSA 加密，并附加到邮件中。

（4）接收方使用 RSA 及其私钥来解密和恢复内容加密密钥。

（5）内容加密密钥用于解密消息。

可以进行一些观察。首先，为了减少加密时间，优先使用对称和公钥加密的组合，而不是简单地使用公钥加密来直接加密消息：对于大块内容，对称算法比非对称算法快得多。其次，使用公钥算法解决了会话密钥分发问题，因为只有接收方能够恢复绑定到消息的会话密钥。请注意，我们不需要第 4 章中讨论的会话密钥交换协议，因为我们没有开始正在进行的会话。相反，每条消息都是具有自己密钥的一次性独立事件。此外，考虑到电子邮件的存储和转发性质，使用握手来确保双方都具有相同的会话密钥是不实际的。最后，使用一次性对称密钥加强了已经很强的对称加密方法。每个密钥只加密少量明文，密钥之间没有关系。因此，就公钥算法是安全的而言，整个方案是安全的。

机密性和认证 如图 8.5 所示，机密性和加密可用于同一消息。该图显示了为明文消息生成签名并附加到消息的序列。然后使用对称加密将明文消息和签名加密为单个块，并使用公钥加密对对称加密密钥进行加密。

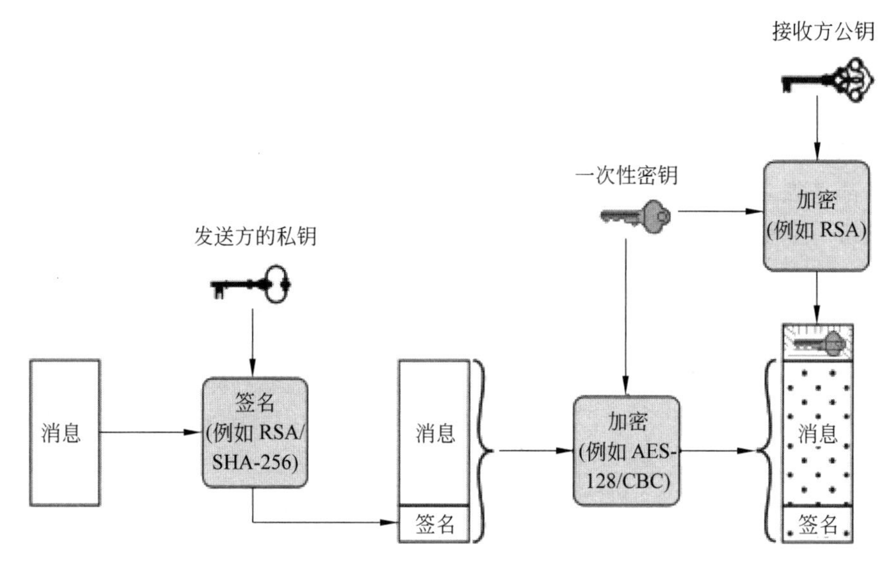

(a) 发送方签名，然后加密消息

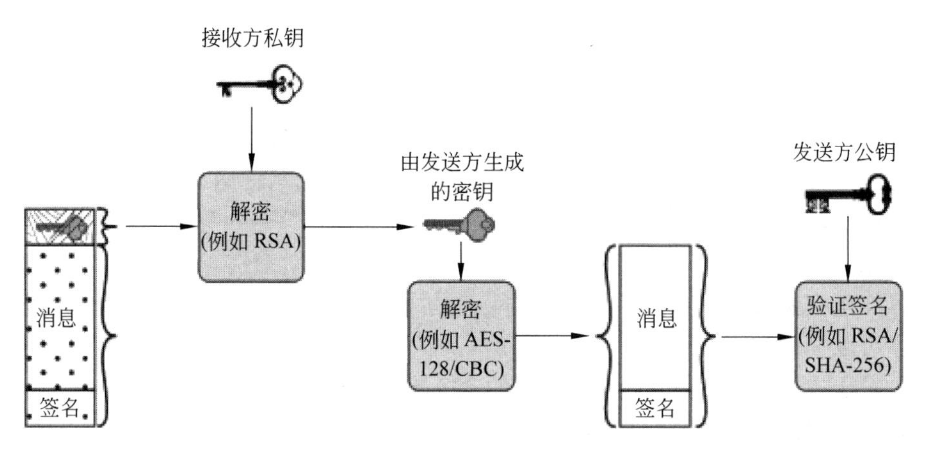

(b) 接收方解密消息，然后验证发送方的签名

图 8.5 简化的 S/MIME 功能流

S / MIME 允许以任何顺序执行签名和消息加密操作。如果首先完成签名，则加密将隐藏签名者的身份。另外，使用明文版本的消息存储签名通常更方便。此外，出于第三方验证目的，如果首先执行签名，则第三方在验证签名时不需要关注对称密钥。

如果首先进行加密，则可以在不暴露消息内容的情况下验证签名。这在需要自动签名验证的上下文中非常有用，因为验证签名不需要私钥材料。但是，在这种情况下，接收方无法确定签名者与消息未加密内容之间的任何关系。

邮件兼容性　当使用 S / MIME 时，至少部分要传输的块是加密的。如果仅使用签名服务，则加密消息摘要（使用发送方的私钥）。如果使用机密性服务，则加密消息再加签名（使用一次性对称密钥）。因此，所得到的块的一部分或全部由任意 8 比特字节流组成。但是，许多电子邮件系统只允许使用由 ASCII 文本组成的块。为了适应这种限制，S / MIME 提供了将原始 8 比特二进制流转换为可打印 ASCII 字符流的服务，该过程称为 7 比特编码。

通常用于此目的的方案是 Base64 转换。每组三个 8 比特字节的二进制数据被映射为四个 ASCII 字符。有关说明，请参阅附录 K。

Base64 算法的一个值得注意的方面是，无论内容如何，它都会盲目地将输入流转换为 Base64 格式，即使输入恰好是 ASCII 文本。因此，如果消息已签名但未加密并且转换应用于整个块，则输出将对于不经意的观察者是不可读的，这提供了一定程度的机密性。

RFC 5751 还建议即使不使用外部 7 比特编码，原始 MIME 内容也应该是 7 比特编码。这样做的原因是它允许在任何环境中处理 MIME 实体而不更改它。例如，可信网关可能会删除加密（不是签名），然后将签名的邮件转发给最终接收方，以便他们可以直接验证签名。如果站点内部的传输不是 8 比特，例如在具有单个邮件网关的广域网上，则除非原始 MIME 实体仅为 7 比特数据，否则无法验证签名。

压缩　S/MIME 还提供压缩消息的功能。这有利于节省电子邮件传输和文件存储空间。可以按照任何与签名和消息加密操作相关的顺序来实现压缩。RFC 5751 提供以下准则：

（1）不鼓励压缩二进制编码的加密数据，因为它不会产生显著的压缩。但是，可以用来压缩 Base64 加密数据。

（2）如果签名使用有损压缩算法，则需要先进行压缩，然后进行签名。

8.4.2　S/MIME 消息内容类型

S/MIME 使用以下消息内容类型，这些类型在 RFC 5652 加密消息语法中定义：

数据：指内部 MIME 编码的消息内容，然后可以将其封装在签名数据，封装数据或压缩数据内容类型中。

签名数据：用在消息中的数据签名。

封装数据：这包括任何类型的加密内容和一个或多个接收方对加密内容进行加密的加密密钥。

压缩数据：在消息中应用数据压缩。

数据内容类型也用在透明签名的过程中。对于透明签名，数字签名用于计算 MIME 编码消息中，消息和签名这两部分形成多部分 MIME 消息。与签名数据不同，签名数据涉及以特殊格式封装消息和签名，透明签名消息可以被读取并通过不实现 S / MIME 的电子邮件实体验证其签名。

8.4.3　已授权的加密算法

表 8.5 总结了 S/MIME 中使用的加密算法。S/MIME 使用的以下术语取自 RFC 2119（RFC 中用于指示需求级别的关键词，1997 年 3 月）来指定需求级别：

必须： 定义是规范的绝对要求。实现必须包括此特征以符合规范。

应该： 在特定情况下可能存在忽略此特征的正当理由，但建议实现包括特征或功能。

S/MIME 规范包括对决定使用哪种内容加密算法过程的讨论。实质上，发送代理有两个决定。首先，发送代理必须确定接收代理是否能够使用给定的加密算法进行解密。其次，如果接收代理仅能够接收弱加密内容，则发送代理必须决定使用弱加密发送是否可接收。为了支持该决策过程，发送代理可以按照其发出的任何消息的优先顺序宣布其解密能力。接收代理可以存储该信息以供将来使用。

表 8.5　S/MIME 中使用的加密算法

功　能	要　求
创建用于形成数字签名的消息摘要	必须支持 SHA-256 应该支持 SHA-1 接收方应该支持 MD5 以实现后向兼容性
用消息摘要形成一个数字签名	必须支持带有 SHA-256 的 RSA 应该支持 ● 带 SHA-256 的 DSA ● 带 SHA-256 的 RSASSA-PSS ● 带 SHA-1 的 RSA ● 带 SHA-1 的 DSA ● 带 MD5 的 RSA
加密会话密钥以便与消息一起传输	必须支持 RSA 加密 应该支持 ● RSAES-OAEP ● Diffie-Hellman 短暂静态模型
加密消息以便与一次性会话密钥一起传输	必须支持带有 CBC 的 AES-128 应该支持 ● AES-192 CBC 和 AES-256 CBC ● 三倍 DES CBC

一个发送代理应该按照以下顺序遵循以下规则：

（1）如果发送代理具有来自预期接收方的首选解密功能列表，则 SHOULD（应该）选择其能够使用的列表中的第一个（最高优先级）功能。

（2）如果发送代理没有来自预期接收方的此类功能列表但已收到来自接收方的一条或多条消息，则传出消息 SHOULD（应该）与从上次收到的上一条签名和加密消息中的预期接收方使用相同的加密算法。

（3）如果发送代理不知道预期接收方的解密能力并且愿意承担接收方可能无法解密消息的风险，则发送代理 SHOULD（应该）使用三重 DES。

（4）如果发送代理不知道预期接收方的解密能力，并且不愿意承担接收方可能无法解密消息的风险，则发送代理 MUST（必须）使用 RC2 / 40。

如果要将消息发送给多个接收方并且无法为所有接收方选择通用加密算法，则发送代理将需要发送两条消息。但是，在这种情况下，重要的是要注意通过传输具有较低安全性的一个副本使消息的安全性变得脆弱。

8.4.4　S/MIME 消息

S/MIME 使用许多新的 MIME 内容类型。所有新类型都使用 PKCS 指示，PKCS 是 RSA 实验室发布的一组公钥加密规范，可用于 S/MIME。

在首先查看 S / MIME 消息预处理的一般过程之后，我们依次检查每个过程。

保护 MIME 实体　S/MIME 用签名、加密或同时使用二者来保护 MIME 实体。一个 MIME 实体可以是整个消息（除 RFC 822 报头外），或当 MIME 内容类型为 multipart 时，MIME 实体是一个或多个消息的子部分。MIME 实体将按照 MIME 消息准备规则进行准备

工作，然后将 MIME 实体和一些与安全相关的数据（如算法标识符、证书）一起用 S/MIME 处理，得到所谓的 PKCS 对象。最后，将 PKCS 对象作为消息内容封装到 MIME 中（提供合适的 MIME 头）。当分析具体目标并举例的时候这将变得清晰易懂。

总之，需要把将要发送的消息转换为规范形式。特别地，对给定的类型和子类型而言，相应的规范形式将作为消息内容。对一个多部分的消息而言，将合适的规范形式用于每个子部分。

使用编码转换时应注意，在大多数情况下，使用安全算法后将产生部分或全部二进制数据表示的对象，将该对象包装在外部 MIME 消息中后，一般用 Base64 转换编码对其进行转换。而对一个多部分签名消息，安全处理过程并不改变子部分的消息内容，除内容用 7 比特表示以外，其他编码转换应使用 Base64 或 quoted-printable，使得应用签名的内容不会被改变。

下面逐个讨论 S/MIME 内容类型。

封装数据　子类型 application/pkcs7-mime 用于 4 类 S/MIME 处理之一，其中每一类都有一个 smime 类型的参数。其结果实体（对象）采用 ITU-T 推荐的 X.209 定义基本编码规则（Basic Encoding Rules）表示法。基本编码规则格式由 8 比特字符串组成，即为二进制数据，因此，该对象可在外部 MIME 消息中用 Base64 转换算法编码。首先看封装数据。

准备封装数据 MIME 实体的步骤如下：

（1）为特定的对称加密算法（RC2/40 或 3DES）生成伪随机的会话密钥。

（2）用每个接收方的 RSA 公钥分别加密会话密钥。

（3）为每个接收方准备一个接收方信息块，也就是所谓的 RecipientInfo，其中包含接收方的公钥证书 ID[1]、加密会话密钥的算法标识和加密后的会话密钥。

（4）用会话密钥加密消息内容。

接收方信息块后面紧跟着构成封装数据的加密内容，然后用 Base64 编码，如下所示（不包括 RFC 5322 报头）：

```
Content-Type: application/pkcs7-mime; smime-type=enveloped-data;
     name=smime.p7m
Content-Transfer-Encoding:Base64
```

1　这是一种 X.509 证书，本节后面将要讲到。

```
Content-Disposition: attachment; filename=smime.p7m
Rfvbnj75.6tbBghyHhUujhJHjH77n8HHGT9HG4VQpfyF467GhIGfHfYT67n8HHGghyHhHUuj
hJh4VqpfvF467GhIGfHfYGTrfvbnjT6jH7756tbB9Hf8HHGTrfvhjH776tbB9HG4VQbnj756
7GhIGfHfYT6ghyHhHUujpfyF40GhIGfHfQbnj756YT64V
```

为了恢复加密的消息，接收方首先去掉 Base64 编码，然后用其私钥恢复会话密钥。最后用会话密钥解密得到消息内容。

签名数据 smime 类型的签名数据实际上可以被一个或多个签名者使用。为清楚起见，将讨论范围限定在单个数字签名。MIME 实体准备签名数据的步骤如下：

（1）选择消息摘要算法（SHA 或 MD5）。

（2）计算待签名内容的消息摘要或散列函数。

（3）用签名者的私钥加密消息摘要。

（4）准备一个签名者信息块（SignerInfo），其中包含签名者公钥证书、消息摘要算法的标识符、加密消息摘要的算法标识符和加密的消息摘要。

签名数据实体包含一系列块，包括一个消息摘要算法标识符、被签名的消息和签名者信息块。签名数据实体可以包含一组公钥证书，该证书可以构成一个从顶级认证机构或更高级的认证机构证明该签名者的一条链。最后将这些数据用 Base64 转换编码如下（不包括 RFC 5322 报头）：

```
Content-Type: application/pkcs7-mime; smime-type=signed-data;
     name=smime.p7m
Content-Transfer-Encoding:Base64
Content-Disposition: attachment; filename=smime.p7m

567GhIGfHfYT6ghyHhHUujpfyF4f8HHGTrfvhJhjH776tbB9HG4VQbnj777n8HHGT9HG4VQp
fyF467GhIGfHfYT6rfvbnj756tbBghyHhHUujhJhjHHUujhJh4VQpfyF467GhIGfHfYGTrfv
bnjT6jH7756tbB9H7n8HHGghyHh6YT64V0GhIGfHfQbnj75
```

为了恢复签名消息并验证签名，接收方首先去掉 Base64 编码，然后用签名者的公钥解密消息摘要，接收方独立计算消息摘要，并将其与解密得到的消息摘要进行比较，从而验证签名。

透明签名 透明签名在对多部分内容类型的子类型签名时使用。签名过程并不涉及对签名消息的转换，因此该消息发送时是明文。因此，具有 MIME 能力而不具备 S/MIME 能力的接收方也能阅读传来的消息。

一个 multipart/signed 消息由两部分组成。第一部分可以是任何 MIME 类型，但必须做好准备，使之在从源端到目的端的传送过程中不被改变，这意味着第一部分不能是 7 比特，需要用 Base64 或 quoted-printable 编码。然后，其处理过程与签名数据相同，但签名数据格式对象的消息内容域为空，该对象与签名相分离，再将它用 Base64 编码，作为 multipart/signed 消息的第二部分。第二部分的 MIME 内容类型为 application，子类型为 pkcs7-signature。例如：

```
Content-Type: multipart/signed;
protocol="application/pkcs7-signature";
```

```
   micalg=sha1;boundary=boundary42

--boundary42
Content-Type:text/plain

This is a clear-signed message.
--boundary42
Content-Type: application/pkcs7-signature;name=smime.p7s
Content-Transfer-Encoding:Base64
Content-Disposition: attachment; filename=smime.p7s

ghyHhHUujhJhjH77n8HHGTrfvbnj756tbB9HG4VQpfyF467GhIGfHfYT64VQpfyF467GhIGf
HfYT6jH77n8HHGghyHhHUuJhjH756tbB9HGTrfvbnjn8HHGTrfvhJhjH776tbB9HG4VQbnj7
567GhIGfHfYT6ghyHhHUujpfyF47GhIGfHfYT64VQbnj756
--boundary42--
```

协议的参数表明它是由两部分组成的透明签名实体。参数 micalg 表明使用的是消息摘要类型。接收方可以从第一部分获得消息摘要，并同第二部分恢复得到的消息摘要进行比较认证。

注册请求　通常，应用或用户向认证中心申请公钥证书。S/MIME 的实体 application/pkcs10 用于传递证书请求。证书请求包括 certificationRequestInfo 块、公钥加密算法标识符、用发送方私钥对 certificationRequestInfo 块的签名。certificationRequestInfo 块包括证书主体的名字（拥有待证实的公钥实体）和该用户公钥的标识比特串。

仅证书消息　仅包含证书或证书撤销表（CRL）的消息在应答注册请求时发送。该消息的类型/子类型为 application/pkcs7-mime，并带一个退化的 smime 类型的参数。除没有消息内容并且 signerInfo 域为空以外，其步骤与创建签名数据消息相同。

8.4.5　S/MIME 证书处理过程

S/MIME 使用公钥证书的方式与 X.509 的版本 3 一致（参见第 4 章）。S/MIME 使用的密钥管理模式是严格的 X.509 证书层次结构和 PGP 的基于 Web 信任方式的一种混合方式。也就是说，验证接收到的签名和对输出消息的签名工作都是通过在本地维护证书实现的。另一方面，证书由认证机构颁发。

用户代理职责　一个 S/MIME 用户需要执行若干密钥管理职能：

- **密钥生成**：与一些管理机构相关（如与局域网管理相关）的用户必须能生成单独的 Diffie-Hellman 和 DSS 密钥对，并且应该能够生成 RSA 密钥对。每个密钥对必须用非确定的随机输入生成，并以安全方式保护。用户代理应该能生成长度在 768～1024 比特的 RSA 密钥对，且禁止生成长度小于 512 比特的 RSA 密钥对。
- **注册**：为获得 X.509 公钥证书，用户的公钥必须到认证机构注册。
- **证书存储和检索**：为验证接收到的签名和加密输出消息，用户需要访问本地的证书列表。该列表必须由用户自己维护，或由一些管理部门为部分用户维护。

8.4.6 增强的安全性服务

RFC 2634 为 S/MIME 定义了 4 种增强的安全性服务：

- **签收**：对签名数据对象要求进行签收。返回一条签收消息告知发送方已经收到消息，并通知第三方接收方已收到消息。本质上说，接收方将对整个原始消息和发送方的原始签名进行签名，并将此签名与消息一起形成新的 S/MIME 消息。
- **安全标签**：在签名数据对象的认证属性中可以包括安全标签。安全标签是描述 S/MIME 封装信息的敏感度的安全信息集合。该标签既可以用于访问控制，描述该对象能被哪些用户访问，还可以描述优先级（秘密、机密、受限等）或基础角色，即哪种人可以查看信息（如患者的卫生保健组、医疗记账代理等）。
- **安全邮件列表**：当用户向多个接收方发送消息时，需要进行一些与每个接收方相关的处理，包括使用接收方的公钥。用户可以通过使用 S/MIME 提供的邮件列表代理（MLA）来完成这一工作。邮件列表代理可以为各接收方对一个输入消息进行相应的加密处理，而后自动发送消息。消息的发送方只需将用 MLA 公钥加密过的消息发送给 MLA 即可。
- **签名验证**：此服务用于通过签名证书属性将发送方的证书安全地绑定到签名上。

8.5 PGP

另一种电子邮件安全协议是 Pretty Good Privacy（PGP），其功能与 S / MIME 基本相同，PGP 由 Phil Zimmerman 创建，并在 1991 年首次作为产品进行发布。它是免费的且在个人用户中十分流行。最初的 PGP 协议使用了一些具有知识产权限制的加密算法。1996 年，PGP 的 5.x 版本定义在 RFC 1991 中。随后，OpenPGP 被开发为基于 PGP 版本 5.x 的新标准协议。OpenPGP 定义在 RFC 4880（OpenPGP 消息格式，2007 年 11 月）和 RFC 3156（带有 OpenPGP 的 MIME 安全性，2001 年 8 月）。

S / MIME 和 OpenPGP 之间存在两个显著差异：

- **密钥认证**：S / MIME 使用由证书颁发机构（或已获 CA 授权颁发证书的当地代理商）颁发的 X.509 证书。在 OpenPGP 中，用户生成自己的 OpenPGP 公钥和私钥，然后从它们所知道的个人或组织中获取其公钥的签名。如果对受信任的根存在有效的 PKIX 链，则信任 X.509 证书，如果 OpenPGP 公钥由接收方信任的另一个 OpenPGP 公钥签名，则该信任是受信任的。这被称为信任网。
- **密钥分发**：OpenPGP 不包含每封邮件的发送方公钥，因此 OpenPGP 邮件的接收方必须单独获取发送方的公钥才能验证邮件。许多组织在受 TLS 保护的网站上发布 OpenPGP 密钥：希望验证数字签名或发送这些组织加密邮件的人需要手动下载这些密钥并将其添加到 OpenPGP 客户端。密钥也可以在 OpenPGP 公钥服务器上注册，OpenPGP 公钥服务器是维护通过电子邮件地址组织的 PGP 公钥数据库的服务器。任何人都可以将公钥发布到 OpenPGP 密钥服务器，并且该公钥可以包含任何电子邮件地址。没有审查 OpenPGP 密钥，因此用户必须使用 Web-of-Trust 来决定是否信任给定的公钥。

SP 800-177 建议使用 S / MIME 而不是 PGP，因为 CA 系统对验证公钥的信心更强。

附录 H 提供了 PGP 概述。

8.6　DNSSEC

DNS 安全扩展（DNSSEC）被用于多种协议中来为电子邮件提供安全保障。本节将简要概述域名系统（DNS），并介绍 DNSSEC。

8.6.1　域名系统

DNS 是一种目录查询服务，它实现一个互联网里面主机域名到其数字 IP 地址的映射。DNS 是互联网运行的基础。DNS 被 MUA 和 MTA 用来查找邮件派送时下一跳服务器的地址。为接收方域（@符号的右边）邮件交换资源记录（MX RR）发送 MTA 查询的 DNS，以找到接收 MTA 来进行通信。

组成 DNS 的 4 要素如下。

- **域名空间**：DNS 用一个树形结构的域名空间来识别互联网资源。
- **DNS 数据库**：概念上，域名空间树结构的每一个节点或叶子都是一组信息的标定（例如，IP 地址、这些域名的命名服务器）使其包含在资源记录（RR）中。所有资源记录（RR）的集合构成一个分布式数据库。
- **域名服务器**：为一部分域名树结构和相关的 RR 保存信息的服务器程序。
- **解析器**：在响应用户请求时，这些程序从域名服务器中提取信息。一个典型的用户请求是请求一个给定域名的 IP 地址。

DNS 数据库　DNS 是基于一个包含资源记录（RR）的分层式数据库，其中包括域名、IP 地址和主机的其他信息。以下是此数据库的主要特点。

- **域名的可变深度层次结构**：DNS 允许无限的层次，并且在打印域名时用句号（.）作为层次分隔符。
- **分布式数据库**：DNS 服务器内的数据库分散在互联网之外。
- **数据库控制下的分配**：DNS 数据库被划分成成千上万的单独管理区域，并由独立的管理员进行管理。记录的分布和更新由数据库软件进行控制。

使用这个数据库，DNS 服务器可以为需要查找特定服务器的应用提供域名到地址目录的服务。比如说，任何时候发送一封 E-mail 或存取一个网页，就必须有一个 DNS 域名查找来决定对应的 E-mail 服务器或网页服务器的 IP 地址。

表 8.6 列出了资源记录的几种类型。

DNS 操作　DNS 操作一般包含以下步骤，如图 8.6 所示。

（1）用户请求一个域名的 IP 地址。

（2）本地主机或者本地 ISP 内的解析器模块查询一个与解析器同域的本地域名服务器。

表 8.6　资源记录类型

类　型	描　述
A	一个主机地址。这种 RR 类型将系统名称映射到它的 IPv4 地址。有些系统（如路由器）有多个地址，且每个地址都有一个独立的 RR
AAAA	与 A 类型类似，但是对应的是 IPv6 地址
CNAME	规范名称。为主机指定一个别名，并将其映射到规范名称（真实名称）
HINFO	主机信息。指定主机使用的处理器和操作系统
MINFO	邮箱或邮件列表信息。将邮箱或者邮件列表名映射到主机名
MX	邮件交互。指定发往接收方域名的系统
NS	认证域名服务器
PTR	域名指针。指向域名空间的另一个部分
SOA	开始一个权威区（执行名称层次结构的部分）。包含这个区的相关参数
SRV	为给定的服务提供对应的服务器名称
TXT	任意文本。为数据库添加文本注释
WKS	知名服务。列出此主机的应用服务

（3）本地域名服务器检查所请求的域名是否在本地数据库或缓存当中，如果在，则将 IP 地址返回到请求程序；否则，域名服务器就查询其他可用的域名服务器，必要时还会进入根服务器，此后对其进行解释。

（4）当本地域名服务器接收到应答时，它就把域名/地址的映射存入到本地缓存中，并且有可能会在检索的 RR 的存活时间内保持这个入口。

（5）给定 IP 地址或错误信息到用户程序。

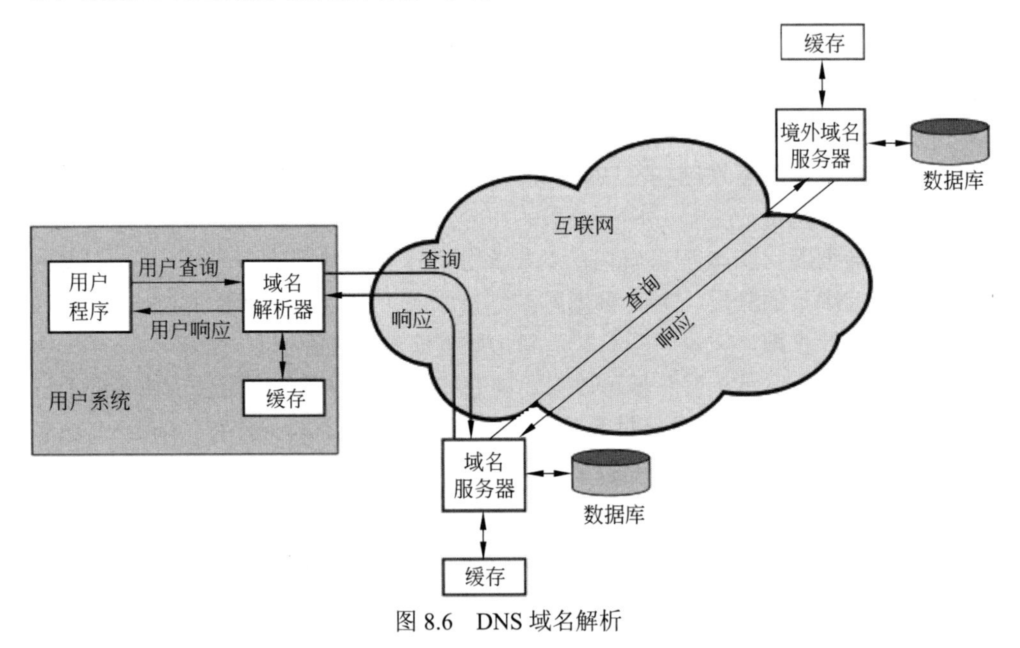

图 8.6　DNS 域名解析

8.6.2　DNS 安全扩展

DNS 安全扩展（DNSSEC）通过使用由响应区管理员创造并由接收方解析器核实的数字签名来提供端到端的保护。特别地，在来自响应区管理员的 DNS 记录到达所查询的源之前，DNSSEC 无须信任中间域名服务器以及缓存或者发送这些 DNS 记录的解析器。DNSSEC 包含一些新的资源记录和已有 DNS 协议的修正，并且由以下的文件来定义：

- **RFC 4033，DNS 安全介绍与要求**：介绍 DNA 安全扩展并描述它们的功能和限制。该文件同时讨论了 DNS 安全扩展提供和不提供的服务。
- **RFC 4034，DNS 安全扩展的资源记录**：定义 4 种为 DNS 提供安全的新资源记录。
- **RFC 4035，DNS 安全扩展中的协议修正**：定义了一个签名区，同时还定义了使用 DNSSEC 来服务和解析的要求。这些技术采用一个安全敏感的解析器来鉴别 GNS 资源记录和权威的 DNS 错误指示。

DNSSEC 操作　本质上，DNSSEC 通过使用数字签名，来避免 DNS 用户接收伪造的或已经改变了的 DNS 资源记录：

- **数据来源认证**：保证数据来源于正确的资源。
- **数据完整性验证**：确保 RR 的内容未被修改。

DNS 区管理员会对区域里的每一个资源记录集合（RRset）进行数字签名，并公布这个数字签名集，并同时公开区管理员的公匙。在 DNSSEC 中，对资源公钥（用于签名认证）的信任，是通过从一个信任区（比如根区）开始，并且建立一个从认证成功的公钥签名到当前响应资源的信任链，而不是通过第三方或者第三方链（比如在公钥基础设施（PKI）链中）。被信任的公钥被称为信任锚。

DNSSEC 资源记录　RFC 4034 定义了如下 4 种新的 DNS 资源记录。

- **DNSKEY**：包含一个公钥。
- **RRSIG**：记录数字签名。
- **NSEC**：对已有记录的权威否定。
- **DS**：授权签名者。

一条 RRSIG 是与每个 RRset 都有关系的。RRset 是指有相同标签、类别和类型的资源记录集。当用户请求数据的时候，一条 RRset 将和与其在 RRSIG 记录里相关联的数字签名一同返回。用户得到相关的 DNSKEY 公钥并验证此 RRset 的签名。

DNSSEC 取决于建立 DNS 层次结构时所讨论域名的真实性，因此它的操作取决于开始在根区中使用的加密的数字签名。DS 资源记录促进了密钥签名和 DNS 区到创建一条认证链，或者从 DNS 树的顶端到一个指定的域名中信任的签名数据序列的鉴别。为了保护包括不存在的域名和记录类型在内的所有 DNS 查询，DNSSEC 用 NSEC 资源记录来鉴定查询的消极响应。NSEC 被用来识别 DNS 域名的范围或者这个区的域名序列中不存在的资源记录类型。

8.7　基于DNS的命名实体认证

DANE是一种使用DNSSEC来实现X.509证书与DNS域名相连接的协议，X.509是一种通常用于传输层安全（TLS）的协议。它是在RFC 6698中被提出来的，用于在没有认证授权（CA）的情况下对TLS用户和服务器进行认证。

DANE的基本原理是全局PKI系统中使用CA的易损性。每个浏览器的开发者和操作系统的供应商都将一系列的根证书作为信任锚。这些就是软件的根证书并且被存入它的根证书库中。PKIX程序允许证书受体追溯证书到根。只要是根证书仍然是可靠的，并且授权成功，用户就可以继续连接。

然而，如果在互联网上成千上万的CA操作中，任何一条被盗用，那么就会产生非常广泛的影响。攻击者可以获取CA的私钥，用一个假名获取发布的证书，或者向根证书库中引入新的伪造根证书。全局PKI是没有范围限制的，并且单一的CA盗用都会影响整个PKI系统的完整性。另外，一些CA介入了一些弱的安全实践中。比如说，有些CA有发布的通配符证书，这种证书允许持有者发布子证书给任何地方的任何域或者实体。

DANE的目的是替代CA系统对DNSSEC提供的安全性依赖。考虑到一个域名的DNS管理员有权给出区的识别信息，此管理员同时也可以授权绑定可能在此域名中被主机用到的域名和证书。

8.7.1　TLSA记录

DANE定义了一种新的DNS记录类型TLSA，它可以作为一种授权SSL/TLS认证的安全方法。TLSA规定：

- 指定每个CA可以担保的证书，或指定哪个特定的PKIX终端实体证书是有效的。
- 指定可以由DNS自己直接授权的服务证书或者CA。

TLSA RR使得证书的发行和传送都和一个已给的域绑定起来。一个域服务器的持有者创建TLS的资源记录来识别证书和它的公钥。当用户在TLS协商中接收到X.509证书，作为用户认证校验程序的一部分，它会为这个域查找TLSA RR并且对比TLSA数据和证书。

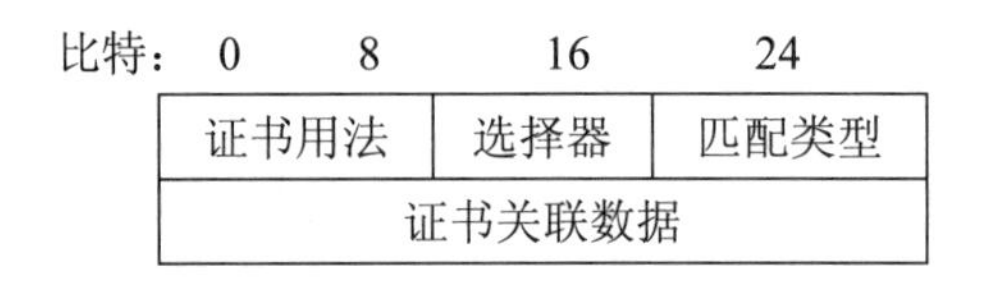

图8.7　TLSA RR传送格式

图8.7显示了TLSA RR在传送到请求实体时的格式。它由四个字段组成。证书用法字段定义了如下4种不同的使用模式，以适应需要不同认证格式的用户。

- **PKIX-TA（CA约束）**：指定信任的CA来鉴定相应服务的证书。这种使用模式限制了能够用于给主机上已给的服务发行证书的CA。服务器证书链必须通过PKIX验证，此验证终止于客户端的一个信任的根证书。

- **PKIX-EE（服务证书限制）**：定义指定服务所信任的特定终端实体服务证书。这种使用模式限制能够被主机已给服务所使用的终端实体证书。服务器证书链必须通过 PKIX 验证，此验证终止于客户端的一个信任的根证书。
- **DANE-TA（信任锚声明）**：指定一个域操作的 CA 来作为一个信任锚。这种使用模式允许域名管理员指定一个新的信任锚，例如如果该域在它自己的 CA 下发行它自己的证书，但是这种 CA 又是不希望在终端用户的信任锚集中的。服务器证书链是自发行的，不需要域客户端的信任根证书进行验证。
- **DANE-EE（域发行的证书）**：指定一个域操作的 CA 来作为一个信任锚。这种证书用法使得域名管理员可以在不涉及第三方 CA 的情况下，给一个域发行证书。服务器证书链是自发行的，不需要域客户端的信任的根证书进行验证。

前面两种使用模式被设计成与公共 CA 系统共存并加强的。后两种使用模式不需要使用公共 CA。

选择器字段表明是整个证书都会被匹配，还是只是公钥的值会被匹配。所做的匹配是 TLS 协商中提出的证书和 TLSA RR 中的证书之间的。匹配类型字段指出证书的匹配是如何进行的。可做的匹配包括完全匹配、SHA-256 散列匹配，或者 SHA-512 散列匹配。证书关联数据证书数据的行，并且是十六进制的形式。

8.7.2　DANE 的 SMTP 应用

因为由 STARTTLS 提供，所以在电子邮件传送时 DANE 与 SMIP 结合比与 TLS 结合更安全。DANE 可以认证与用户邮件客户端（MUA）通信的 SMIP 提交给服务器的证书。它也可以认证 SMIP 服务器（MTA）之间的 TLS 连接。DANE 和 SMIP 的协同使用在互联网草案（SMIP Security via Opportunistic DANE TLS, draft-ietf-dane-smtp-with-dane-19, May 29, 2015）中有记录。

正如在 8.1 节中所讨论到的一样，SMTP 可以用 STARTTLS 扩展来运行 SMTP 以产生优于 TLS 的效果，以便将整个电子邮件信息和 SMTP 信封都加密。这会在适当的时候进行。也就是说，如果两边都支持 STARTTLS，那么将会完成扩展。即使当 TLS 被用于提供机密性，用以下的方法也是很容易进行攻击的：

- 攻击者可以去除掉 TLS 的广告功能，并将连接降级为不使用 TLS。
- TLS 连接常常是无认证的。（比如自签证书和不匹配证书的使用是很寻常的。）

DANE 可以处理以上的漏洞。一个域可以将 TLSA RR 的存在作为一个指示器，从而阻止恶意的降级。一个域可以用一个 DNSSEC 签的 TLSA RR 来认证用在 TLS 连接设置中的证书。

8.7.3　DNSSEC 的 S/MIME 应用

DNSSEC 可以与 S/MIME 协同使用以实现更安全的电子邮件传送，与 DANE 功能类似。这种使用被记录在互联网草案中（Using Secure DNS to Associate Certificates with Domain Names for S/MIME, draft-ietf-dabe-smime-09, August 27, 2015），这个草案还提出了一种新的

SMIMEA DNS RR。SMIMEA RR的目的是将证书和DNS域名联系起来。

就如在8.4节中所讨论的一样，S/MIME信息通常包括协助认证信息发送方的证书，且可以用于在回复中对信息进行加密。这个特点要求接收的MUA验证发信人相关的证书。SMIMEA RR可以为这种验证提供一种安全的方法。

本质上，SMIMEA RR和TLSA RR将有想要的格式和内容，并具有相同的功能。唯一的区别在于SMIMEA RR适应于在处理邮件主体中电子邮件地址所指定的域名对MUA的需要，而不是在外部SMIP信封中所指定的域名。

8.8 发送方策略框架

SPF是发送域用来在给定域中识别和维护邮件发送方的一种标准方法。SPF处理以下一些问题：在当前电子邮件设施下，任何主机都可以使用任何域名作为邮件头的标识符，而不仅仅是主机所在的域名。这个自由度有以下两个主要的缺点：

- 减少主动发送的大量电子邮件（UBE）是一个主要的障碍，UBE也就是垃圾邮件。这会使得邮件处理程序在根据已知UBE源来过滤垃圾邮件变得困难。
- ADMD（见8.1节）会更关注其他实体可以轻松地使用其域名，且通常是恶意使用，这也是合理的。

RFC 7208定义了SPF。它提供了一个AMD可以授权主机在“MAIL FORM”或“HELO”中使用它们的域名的协议。兼容ADMD发行在DNS中的发送方策略框架（SPF）记录，指定哪些主机可以使用它们的域名，并且兼容的邮件接收器在邮件传送过程中，会使用发行的SPF记录来测试那些给定的“HELO”或者“MAIL FROM”身份的发送邮件传输代理（MTA）的授权。

SPF通过核对发送方的IP地址和在发送域中找到的任何SPF记录中的政策编码。发送域是在SMTP中用到的域，而不是如MUA中显示的邮件头中所指示的域。这就意味着SPF校验可以在信息内容被接收到之前应用。

图8.8是一个例子，说明SPF是如何发挥作用的。假设发送方的IP地址是192.168.0.1。消息从域mta.example.net传过来。发送方使用alice@exampl.org的MAIL FROM标签，指出消息来源于example.org域，但是邮件头指定alice.sender@example.net。接收方使用SPF来请求相当于example.com的SPF RR来检查192.168.0.1这个IP地址是否为有效的发送方，然后根据检验RR的结果来采取适当的操作。

8.8.1 发送方SPF

一个发送域需要识别出一个给定的域中所有的发送方，并且将这个信息作为一个单独的资源记录加到DNS当中去。接下来，发送域用SPF语法为每个发送方编码适当的策略。编码是在TXT DNS资源记录中完成的，以作为机制（mechanism）和修改符列表。机制被用来定义将要匹配的IP地址或者IP地址范围。表8.7列出SPF中最重要的机制和修改符。

SPF语法是相当复杂的，并且可以表示发送方之间的复杂关系。更多的细节见RFC 7208。

S:220 foo.com 简单邮件传输服务器准备
C;HELO mata.example.net
S:250 OK
C:MALL FROM:<alice@example.org>
S:250 OK
C:RCPT TO:<Jones@foo.com>
S:250 OK
C:RCPT TO:<Jones@foo.com>
S:250 OK
C:DATA
S:354 开始邮件输入，用<crlf>.<crlf>结束
C:To:bob@foo.com
C:From: alice.sender@example.net
C:Data:Today
C:Subject:Meeting Today

图 8.8　SMTP 信封头和消息头不匹配的例子

表 8.7　常用的 SPF 机制和修改符

标签	描　述
ip4	指定一个 IPv4 地址或者一个在此域中被授权的发送方的地址范围
ip6	指定一个 IPv6 地址或者一个在此域中被授权的发送方的地址范围
mx	声明列出的邮件交换 RR 的主机也是该域里有效的发送方
include	列出另一个域，这个域里的接收方需要查找一个 SPF RR 作为进一步的发送方。这对于有很多域或者有很多有一组共享发送方子域的大机构来说是很有帮助的。include 机制是递归的，在 include 机制中，找到的记录中的 SPF 校验是把它作为一个整体来进行测试的，并且是在继续操作之前进行的。它不仅仅是校验的串联
all	匹配所有没有被另外匹配的 IP 地址

（a）SPF 机制

修改符	描　述
+	给定的机制校验必须通过。这是默认的机制，并且不需要明确地列出来
-	给定的机制不可以代表域发送电子邮件
~	给定的机制处在转变之中，并且如果一封电子邮件可以被列出的主机/IP 地址看到，那么电子邮件就会被接收并标记以便进一步检查
?	SPF RR 中没有明确的声明机制。在这种情况下，默认操作是接收电子邮件（这回使得这个和‘+’相等，除非有一些离散的或者汇总的信息回顾被执行）

（b）SPF 机制修改符

8.8.2　接收方 SPF

如果在接收方实现 SPF，则 SPF 实体采用 SMTP 信封 MAIL FROM：处理域和发送方的 IP 地址来查询一个 SPF TXT RR。SPF 校验可以在电子邮件主体信息被接收之前开始，

这可能会阻塞 E-mail 内容的传送。作为一种选择，整个信息可以被吸收和缓冲，直到所有的校验都完成为止。不论哪种情况，校验都必须在邮件内容发送到终端用户收件箱之前完成。

校验包括以下规则：

（1）如果没有返回 SPF TXT RR，就默认操作是接收邮件。

（2）如果 SPF TXT RR 有格式错误，则默认操作是接收邮件。

（3）否则 RR 中的机制和修改符就被用于确定 E-mail 的位置。

图 8.9 说明了 SPF 操作。

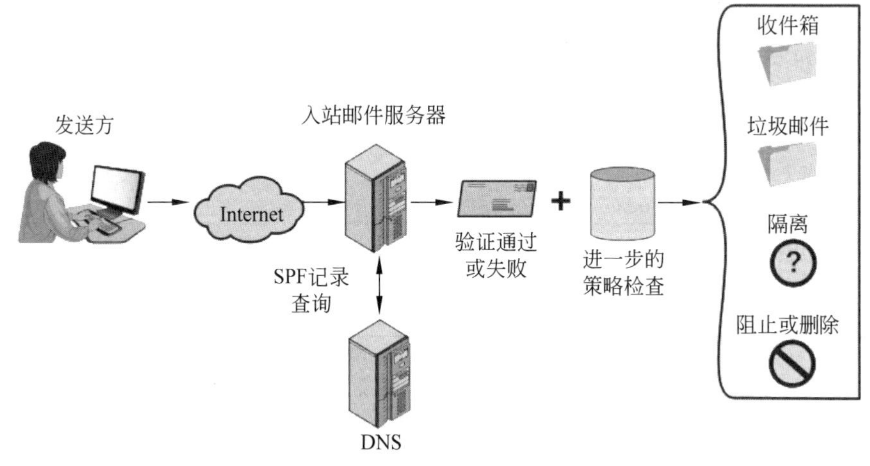

图 8.9 发送方策略框架操作

8.9 域名密钥识别邮件

DKIM（域名密钥识别邮件）是一个电子邮件信息密码签名规范，它通过一个签名域对邮件流中的某个邮件负责。信息接收方（或代理人）可以通过直接查询签名者的域，获得适当的公钥并确定信息是由掌握特定密钥的一方发出，从而验证签名。DKIM 是一种网络标准（RFC 6376：关键字识别邮件签名（DKIM）），它被众多电子邮件使用者广泛接受，包括团体、政府机构、Gmail、Yahoo 以及许多互联网服务提供商。

本节讨论 DKIM。在开始讨论 DKIM 之前，要介绍标准互联网邮件体系结构，然后说明 DKIM 能够处理的威胁，最后介绍 DKIM 的工作过程。

8.9.1 电子邮件威胁

RFC 4684（DKIM 的威胁分析）从特性、能力、潜在攻击者的位置三个角度描述了 DKIM 处理的威胁。

特性 RFC4686 描述了攻击者的三个威胁等级。

（1）在最低级，攻击者只是想要发送接收方不想接收的 E-mail。攻击者可以从众多可买到的工具中选择其一，伪造信息的原始发送地址。这使得接收方很难基于原始地址来过滤垃圾信息。

（2）更高等级的是职业垃圾邮件发送方。这些攻击者通常是商业公司，代表第三方发送信息。它们使用更加复杂的工具，包括 MTA、已经注册的域名以及控制了的计算机（僵尸）网络来发送信息或者大量获得可以发送的地址。

（3）在最专业的层次上，攻击者技术娴熟并有充实的财力支持（例如从基于电子邮件的诈骗中获取的商业利益）。这些攻击者会使用上述各种手段，并且攻击网络基础设施，包括 DNS 缓存病毒攻击和 IP 路由攻击。

能力　RFC 4686 列出了攻击者可能具备的能力。

（1）向互联网上不同位置的 MTA 和 MSA 提交信息。

（2）随意构造信息报头域，包括那些可以表示目标地址清单、中继者和其他邮件代理。

（3）在它们的控制下对信息进行域签名。

（4）生成大量貌似签名或者未签名的消息，从而进行拒绝服务攻击。

（5）重发已经被域签名过的信息。

（6）传输任何封装了必要信息的消息。

（7）假装成某个被控制的计算机并发送消息。

（8）操纵 IP 路由。这可以从特定或难以追踪的地址发送消息，或者转发消息到某指定的目标域。

（9）使用例如缓存病毒等来对部分 DNS 施加有限影响。这可以用来影响消息的路由或者伪造基于 DNS 的广告者的密钥和签名。

（10）控制大量的计算机资源，例如，通过征召感染蠕虫的僵尸计算机，这样可以让攻击者进行各种穷举攻击。

（11）窃听现有的通信信道，例如无线网络。

定位　**DKIM** 主要关注处于管理单元之外的攻击者，这些管理单元声称了源发送方和接收方。这些管理单元频繁地与发送方、接收方身边受到保护的网络部分进行通信。在这些范围里，可信的消息提交所需信任关系并不存在，并且也不太可能实现。因此，在这些管理单元内部，相对于 DKIM 有其他更简单也更可能使用的方法。外面的攻击者通常企图利用电子邮件自由收发的特性，这一特性使得接收方的 MTA 接收任何地方发到本地域的信息。他们可能不使用签名，或使用错误的签名，或使用难以追踪的域中的正确签名来生成信息。他们还可以伪造邮件列表、贺卡或者其他可以合法发送或重发消息的代理。

8.9.2　DKIM 策略

DKIM 被用来提供一种对终端用户透明的 E-mail 认证技术。实际上，一个用户的 E-mail 消息被管理域中的私钥签名。签名包括了消息的所有内容以及一些 RFC 5322 消息头。在接收方，MDA 可以通过 DNS 获得对应的公钥并且验证签名，从而确定消息来自特定的管理域。这样，来自其他地方却声称源于指定域的信件不会通过认证测试，从而被拒绝。该方法不同于 S/MIME 和 PGP，后两者使用发送方的私钥来对消息内容签名。使用 DKIM 是基于以下原因[1]。

（1）S/MIME 要求发送方和接收方都使用 S/MIME。对于多数用户来说，大部分接收的信件并不使用 S/MIME，大部分发送的消息也不使用 S/MIME。

（2）S/MIME 只对消息内容签名。因此，RFC 5322 关于来源的头消息就被损失了。

（3）DKIM 不在用户程序（MUA）中实现，这样它就对用户透明，使用者不必对其操作。

（4）DKIM 适用于所有来自协作域的邮件。

（5）DKIM 使得合法发送方可以证明他们的确发送了消息，并且避免伪造者假扮成合法发送方。

图 8.10 是 DKIM 工作的简单例子。从一个由用户生成的消息开始，它进入 MHS 被送至用户管理域中的 MSA。E-mail 消息通过客户程序生成，消息的内容加上 RFC 5322 的头消息被 E-mail 提供商使用私钥签名。签名人与域相关，域可以是联合的局域网、互联网服务供应商、公共 E-mail 机构例如 Gmail。被签名的消息随后通过一系列 MTA 穿过互联网。在目的地，MDA 收取签名的公钥并且验证签名，之后才把消息继续传送给客户。默认的签名算法是使用 SHA-256 的 RSA，也可使用 SHA-1 的 RSA。

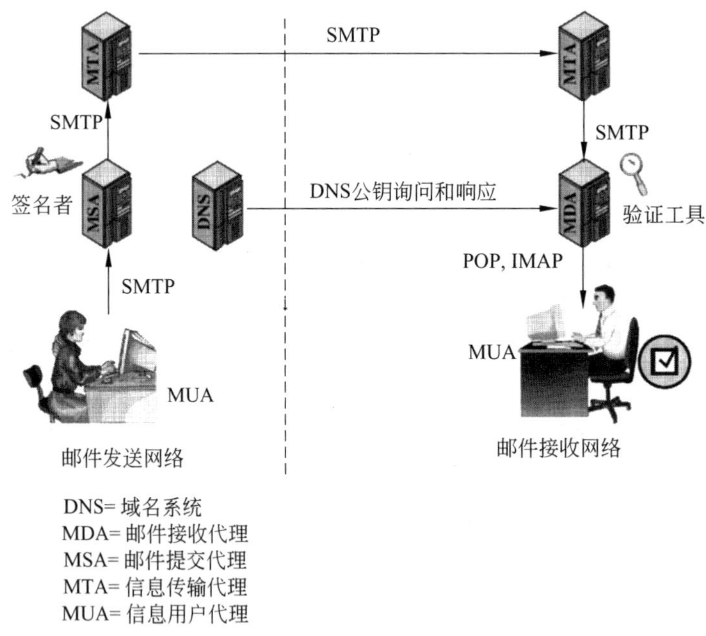

图 8.10　DKIM 的应用举例

8.9.3　DKIM 的功能流程

图 8.11 对 DKIM 工作中的元素提供了更加详细的说明。基本的消息处理被分为签名行政管理域（ADMD）和一个验证用的 ADMD。最简单的情况是，过程涉及发送方的 ADMD 和接收方的 ADMD，但是可能还有处理路径上的其他 ADMD。

1　这些原因被描述为使用 S/MMIE 的结果，同样也可针对 PGP。

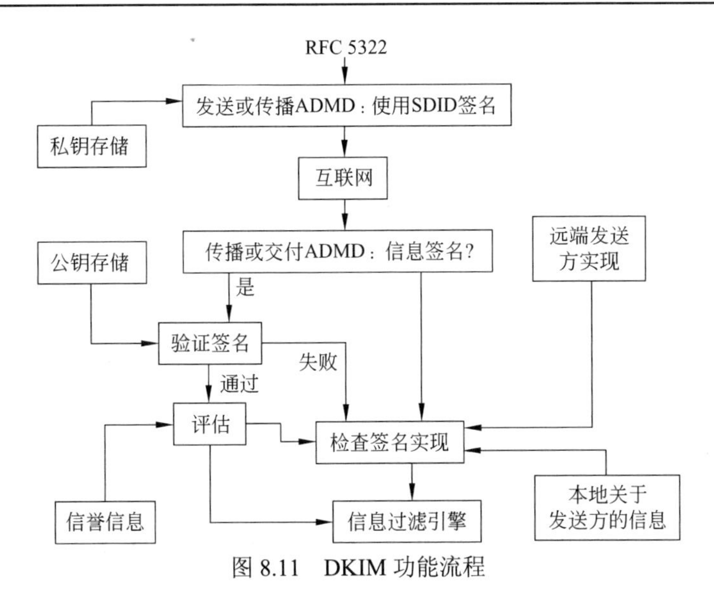

图 8.11　DKIM 功能流程

签名过程通过签名 ADMD 中经过授权的模型实现，并且使用密钥存储中的私密信息。在发送方 ADMD 中，签名可能由 MUA、MSA 或 MTA 实现。验证过程通过验证 ADMD 中经过授权的模型实现，在接收方 ADMD 中，验证可能由 MTA、MDA 或者 MUA 实现。模型验证签名并且决定是否需要特定签名。验证过程使用密钥存储中的公共信息。如果签名通过，使用信任消息来评估签名者，消息被送往消息过滤系统。如果签名失败或没有使用所有者域中的签名，则关于签名的消息会与远程或本地的所有者联系，该消息也会通过邮件过滤系统。例如，如果发送方（如 Gmail）使用 DKIM 但没有用 DKIM 的签名，那么消息就会被认为是欺骗性的。

签名以附加报头的形式添加到 RFC 5322 消息中，它以关键字 Dkim-Signature 开头。可以使用 View Long Headers 选项查看文件，例如：

```
Dkim-Signature:v=1; a=rsa-sha256; c=relaxed/relaxed; D=gmail.com;  s=gamma;
h=domainkey-signature:mime-version:received:data:message-id:
subject: from:to:content-type:content-transfer-encoding;
bh=5mZvQDyCRuyLb1Y28K4zgS22MPOemFToDBgvbJ7GO90s=;
b=PcUvPSDygb4ya5Dyj1rbZGp/VyRiScuaz7TTGJ5qW5s1M+klzv6kcfYdGDHzEVJW+Z
FetuPfF1ETOVhELtwH0zjSccOyPKEiblOf6gLLObm3DDRm3Ys1/FVrbhV01A+/jH9Aei
uIIw/5iFnRbSH6qPDVv/beDQqAWQfA/wF7O5k=
```

在消息被签名之前，RFC 5322 的报头域和正文都需要经过一个被称为规范化的过程。规范化是用来处理消息中微小变化的可能性，包括字符编码、消息行中的空格处理以及头域中可折叠和不可折叠的行。规范化的目的是尽最大可能减少消息的传输，使得在接收方最大可能地产生规范的值。DKIM 定义了两个报头标准化算法（“simple”和“relaxed”）和两种正文算法。simple 算法几乎不允许修改，而 relaxed 算法允许普通的修改。

签名包括一系列域。每个域用标识码开头，后面跟着等号并以分号结束。域包括以下这些：

- V=DKIM 版本。

- a=用来生成签名的算法，必须是 RSA-SHA-1 或者 RSA-SHA-256。
- c=对报头和正文的标准化方法。
- d=作为标识符的域名，用来识别一个负责用户或组织。在 DKIM 中，这个标识符称为签名域标识符（SDID），在例子中，这个域是指发送方使用 Gmail 地址。
- s=为了使不同的密钥可以用在同一域的不同情况，DKIM 定义了一个选择器，它被验证工具用来在验证过程中获得恰当的密钥。
- h=签名的报头域。一个冒号分隔的报头域名称列表，这些报头域名标志了签名算法的报头域。注意在例子中，签名涵盖了域密钥签名域。这与一个目前仍在使用的更老的算法有关。
- bh=为消息正文部分标准化后的散列值，这提供了消息验证失败时的附加信息。
- b=基 64 格式的签名数据，是加密后的散列编码。

8.10 基于域的邮件身份验证、报告和一致性

基于域的邮件身份验证、报告和一致性（DMARC）允许邮件发送方指定他们的邮件被处理的策略，接收方可以返回的报告类型，以及这些报告发送的频率。这些都在 RFC 7489 中被定义（Domain-based Message Authentication, Reporting, and Conformance, March 2015）。

DMARC 与 SPF 和 DKIM 一起起作用。SPF 和 DKM 通过 DNS 使发送方可以通知接收方，无论从发送方来的邮件是否有效，也无论这个邮件是应该被发送，被标记或者被丢弃。然而，SPF 和 DKIM 都没有一个机制来通知接收方 SPF 或者 DKIM 是否在使用中，同时它们也没有反馈机制来通知发送方反垃圾邮件技术的有效性。例如，如果一封没有 DKIM 签名的邮件被接收方接收了，那么 DKIM 没有相应的机制来允许接收方知道这个信息是否是真实的，或者是否是哄骗，而只会让接收方知道这封邮件的发送方没有执行 DKIM。DMARC 通过使 E-mail 接收方用 SPF 和 DKIM 机制执行 E-mail 身份验证的标准化来从根本上解决这个问题。

8.10.1 标识符对齐

DKIM、SPF 和 DMARC 认证个人信息的多个方面。DKIM 认证给信息贴上签名的域。SPF 则主要关注在 RFC 5321 中定义的 SMTP 信封。它可以认证 SMTP 信封中出现在 MAIL FROM 部分的域，或者 HELO 域，或者两者一起。这些可能是不同的域，并且通常对终端用户不可见。

DMARC 认证处理消息头中的 From 域，这个域在 RFC 5322 中被定义。这个字段被用作 DMARC 机制的中心身份，因为这是一个必要的消息头字段，所以必须保证在规范的消息中出现。并且，大多数的 MUA 都把 RFC 5322 的 From 字段当成是消息的发送方，并且将这个头字段的部分或者全部内容发给终端用户。这个字段中的 E-mail 地址是被终端用户用来识别消息来源的，所以是滥用的首要目标。

DMARC 需要 From 地址和 DKIM 或 SPF 认证的标识符匹配（即对准）。就 DKIM 来说，

所做的是 DKIM 签字域和 From 域的匹配。就 SPF 来说，所做的是 SPF 已认证的域和 From 域的匹配。

8.10.2　发送方 DMARC

邮件发送方若是使用 DMARC，就必须同时使用 SPF 或 DKIM，或这两者一起。发送方在 DNS 中公布一个 DMARC 策略来建议接收方该如何处理声称来源于发送方域的消息。该策略是以 DNX TXT 资源记录的形式给出。发送方也需要建立 E-mail 地址来接收汇总报告和鉴定报告。由于这些 E-mail 地址是不加密的公布在 DNS TXT RR 中的，并将 poster 标题作为垃圾邮件，所以这些地址是非常容易发现的。因此，DNS TXT RR 的 poster 需要实行一些滥用对策。

与 SPF 和 DKIM 相似，TXT RR 中的 DMARC 策略也是由一系列由分号隔开的标签=值对（tag=value）来编码的。表 8.8 描述了一些常见的标签。

一旦 DMARC RR 被发布，发送方的消息通常按以下的步骤被处理：

（1）域名持有人建立一个 SPF 策略并且将其公布在它的 DNS 数据库中。域名持有人也会为 DKIM 签名配置它的系统。最后，域名拥有者通过 DNS 公布一个 DMARC 信息处理策略。

（2）创建者生成一条信息并将信息交到域名持有人的特定邮件提交服务中。

（3）邮件提交服务将相关的细节传到 DKIM 签名模块来产生要贴在消息里的 DKIM 签名。

（4）邮件提交服务把当前签名的消息传送到特定的传送服务以发送到目标接收方。

8.10.3　接收方 DMARC

发送方生成的消息可能会经过其他的中继，但最终会到达接收方传送服务。接收方典型的 DMARC 处理顺序如下：

（1）接收方执行标准的验证测试，比如核对 IP 堵截名单和域信誉名单，也会对特定来源强制执行速率限制。

（2）接收方从消息中提取出 RFC 5322 From 地址。它必须包含一个单一的、有效的地址，否则邮件将会被当成一个错误而被拒收。

（3）接收方请求基于发送域的 DMARC DNS 记录。如果不存在，则终止处理。

（4）接收方执行 DKIM 签名检查。如果消息中出现多个 DKIM 签名，则必须对其进行验证。

（5）接收方请求发送域的 SPF 记录并执行 SPF 验证检查。

（6）接收方进行 RFC 5321 From 和 DKIM 记录（如果存在的话）之间的标识符对齐检查。

（7）这些步骤的结果和作者域一起被送到 DMARC 模块。DMARC 模块将尝试为该域从 DNS 中检索一个策略。如果没有找到，DMARC 模块就决定其组织域并继续尝试从 DNS 中检索一个策略。

表 8.8 DMARC 的标签和值

标签（名字）	描 述
v=(version)	版本字段必须是作为首元素出现。其缺省值通常是 DMARC1
p=(Policy)	强制性策略字段。可能采用 none 或 quarantine 或 reject 这值。这形成了逐渐紧缩的策略，使得发送方域名显示邮箱无特定行动导致 DMARC 检查失败（p=none）。通过将检查失败的邮件当成是可疑的（p=quarantine），以此来拒收所有检查失败的邮件（p=reject），最好在 SMTP 传输阶段
aspf=(SPF Policy)	值 r（默认）代表宽松的（relaxed）SPF 域执行，s 代表严格的（strict）SPF 域执行。严格的对齐要求 From 地址域之间精确匹配，同时（通过的）SPF 检查必须与 MailFrom 地址（HELO 地址）精确匹配。宽松的对齐只要求 From 和 MailFrom 地址域名对齐。比如，MailFrom 地址域名 smtp.example.org 和 From 地址 announce@example.org 是对齐的，但不是严格对齐
adkim=(DKIM policy)	可选。值 r（默认）代表宽松的（relaxed）DKIM 域执行，s 代表严格的（strict）DKIM 域执行。严格的对齐要求消息头中的 From 域与（d=DKIM）标签中出现的 DKIM 域精确匹配。宽松对齐仅仅要求域部分是对齐的（如在 aspf 中）
fo=(failure reporting options)	可选。如果没有出现 ruf，那就将这个忽略掉。值 0 指示如果所有的潜在机制都没能产生一份对齐通过结果，那么接收方需要生成一份 DMARC 故障报告。值 1 意味着如果任何一个潜在机制产生了对齐通过结果之外的东西，那么就生成一份 DMARC 故障报告。其余可能的值有 d（如果一个签名验证不成功，则生成一份 DKIM 故障报告），s（如果信息没有通过 SPF 评估，则生成一份 SPF 故障报告）。这些值并不是单独出现的，也可能结合在一起
ruf=	可选，但是需要 fo 时存在的。列出一系列的 URI（当前只是 mailto:<emailaddress>），URI 列出发送验证反馈报告应该发送的地方。这是适合消息特定的故障报告
rua=	可选的 URL 列表（就像在 ruf=中，使用 mailto:URI），列出从哪里将总的反馈发回到发送方。这些报告是基于用 ri=option 来请求的时间间隔进行发送的，如果没有列出来，那么缺省值是 86400 秒
ri=(Reporting interval)	是可选的，缺省值为 86400 秒。列出来的值是发送方希望的报告间隔
pct=(percent)	可选的，缺省值为 100。表示发送方邮件应该有多少比例应该遵循给定的 DMARC 策略。这允许发送方逐渐地增强他们的策略实施，并且在收到已有策略的反馈之前，不需要遵循一个严格的策略
sp=(receiver policy)	可选的，缺省值为 none。其他的取值范围与 p=相同。对于来自于所有的已给 DMARC RR 中认证了的子域邮件，都应用这个策略

（8）如果找到了一个策略，它与作者、SPF 以及 DKIM 结果相结合来产生 DMARC 策略结果（通过或失败），并且可以根据需要生成两种报告中的一种。

（9）接收方传输服务或者将信息传送到接收方信箱，或者基于 DMAEC 结果采取其他本地策略操作。

（10）当被请求时。接收方传输服务会从被用于提供反馈的消息传递会话中收集数据。

基于 DMARC.org 的实例，图 8.12 总结了发送和接收功能的流程。

8.10.4 DMARC 报告

DMARC 报告提供发送方在 SPF、DKIM、标识符对齐和消息处理策略上的反馈，这使

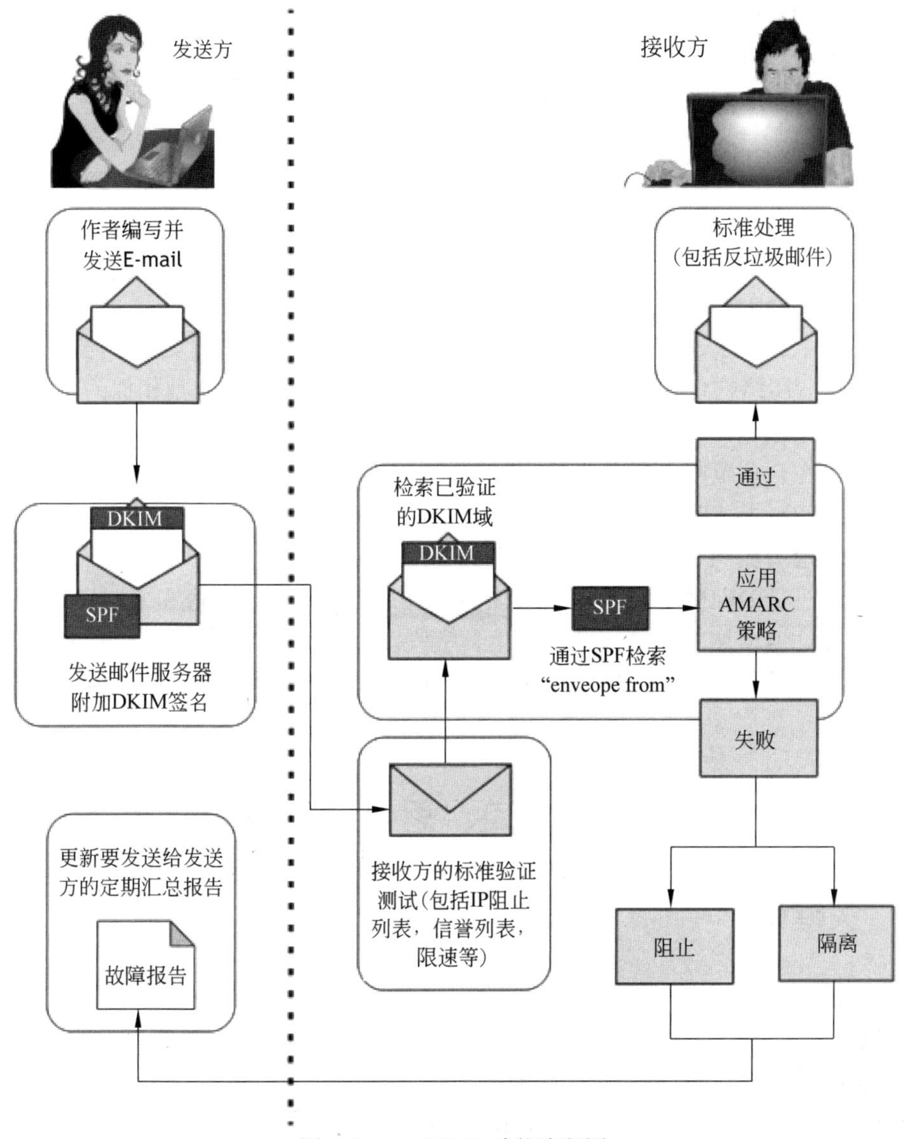

图 8.12　DMARC 功能流程图

发送方可以提高这些策略的有效性。两种类型的报告被发送：汇总报告和故障报告。

汇总报告是接收方周期性发送的并且包括消息认证成功和不成功的总数，包括：

- 发送方在该间隔的 DMARC 策略。
- 接收方对消息的处理（比如传送、隔离、拒收）。
- 给定 SPF 标识符的 SPF 验证结果。
- 给定的 DKIM 标识符的 DKIM 验证结果。
- 标识符是否对齐。
- 发送方子域名分类结果。
- 发送和接收域对。
- 应用的策略，以及这个策略和所请求的策略是否不同。

- 认证成功的次数。
- 收到的消息总数。

这些信息是发送方可以找到的E-mail基础设施和策略中的差距。SP 800-177建议发送域名以设置一个以p=none开头的DMARC策略，以使没有通过某些检查的消息的最终处理是由接收方本地策略决定。当DMARC汇总报告被收集时，发送方对发送方的E-mail在多大程度上是被外部接收方认证为有更好的定量评估，并且可以设置p=project策略，指示任何没有通过SPF，DKIM和对齐检查的消息都应该被拒收。从他们自己的流量分析中，接收方可以决定一个发送方的p=project策略是否是值得信任的。

一个故障报告帮助发送方改善组件SPF和DKIM机制，也提醒发送方他们的域名正在被用做垃圾邮件/网络钓鱼的一部分。故障报告和汇总报告在格式上是相似的，只有以下的一些改变：

- 接收方在合理范围内尽可能多地包含消息和消息头，来使得域可以调查故障。适当地和DKIM与SPF DMARC字段一起，添加一个身份对齐字段。
- 选择性地增加一个传送-结果字段。
- 如果消息是DKIM签名的，则增加DKIM域名、DKIM身份和DKIM选择器字段。也选择性地增加DKIM规范头和主体字段。
- 增加一个额外的DMARC认证故障类型，用于当一些认证机制没能生成对齐标识符时。

8.11 关键词、思考题和习题

8.11.1 关键词

分离签名	PGP	信任
DKIM	基-64	ZIP
电子邮件	会话密钥	
MIME	S/ MIME	
DMARC	DNS	MUA
DNSSEC	DKIM	MIME
DANE	电子邮件	POP3
CMS	IMAP	PGP
ADMD	MDA	SPF
基64	MSA	会话密钥
	MHS	SMTP
	消息存储	STARTTLS
	MTA	SUBMISSION
		信任

8.11.2　思考题

8.1　RFC 5321 和 RFC 5322 之间的区别是什么?
8.2　SMTP 和 MIME 标准是什么?
8.3　MIME 的内容类型和其传输编码之间的区别是什么?
8.4　简要解释基 64 编码
8.5　基 64 转换为什么对电子邮件应用很有用?
8.6　S/MIME 提供的 4 种主要服务是什么?
8.7　一个独立签名的用途是什么?
8.8　什么是 DKIM?

8.11.3　习题

8.1　字符序列“<CR><LF>.<CR><LF>”明示到 SMTP 服务器的邮件数据已结束。如果邮件数据本身就包含这个字符序列将如何?

8.2　POP3 和 IMAP 是什么?

8.3　无损压缩算法（如 ZIP）用于 S/MIME，为什么在压缩之前生成签名会更好呢?

8.4　在域名系统部署之前，一个在 SRI 网络信息中心被集中维护的简单文本文档（HOSTS.TXT）是用于将主机域名映射到地址的。每一个与网络连接的主机都需要有一份更新了的本地副本，以便能直接使用主机域名，而不用处理它们的 IP 地址。讨论 DNS 相对于老的集中 HOSTS.TXT 系统有哪些主要优点?

8.5　对于这个问题和接下来的几个，请参阅附录 H。图 H.2 中的公钥环的每一项都有一个所有者信任域可以指明其所有者的信任度。它为什么不够用? 所有者被信任，而且这也是该所有者的公钥，为什么还不能被 PGP 足够信任使用这个公钥?

8.6　在密钥分级和密钥信任意义下，X.509 和 PGP 的本质区别是什么?

8.7　在 PGP 体制中，在前一次会话密钥生成后，希望生成多少个会话密钥?

8.8　PGP 用户可能有多个公钥。为了使接收方知道发送方正在使用哪个公钥，会有一个由公钥的最低 64 比特组成的密钥 ID 同该消息一起发送。具有 N 个公钥的用户具有至少一个重复密钥 ID 的概率是多少?

8.9　PGP 签名消息摘要中的前 16 比特是以明文方式存在的。这能使接收方通过比较这个明文的前两字节和解密后摘要的前两字节来确定是否使用了正确的公钥解密消息摘要。

　a. 这对散列算法的安全性有多大威胁?

　b. 这对其设计功能有多少帮助? 也就是说，帮助判断解密摘要的 RSA 密钥是否正确。

8.10　基-64 转换是一种加密形式，它没有密钥。但假设对手知道某种加密文本的替代算法是基 64 的。则这种算法对抗密码分析的能力如何?

8.11 对文本“plaintext”用下列方法进行编码。这里假设字母是以 8 比特 ASCII 偶数零校验存储。

a. Radix-64。

b. Quoted-printable。

8.12 用一个 2×2 的矩阵来对 DANE 中四种证书使用模式的性能进行分类。

第 9 章　IP　安　全

9.1　IP 安全概述

9.2　IP 安全策略

9.3　封装安全载荷

9.4　安全关联组合

9.5　因特网密钥交换

9.6　密码套件

9.7　关键词、思考题和习题

学习目标

学习完这一章后，你应该能够：

- 给出 IP 安全（IPSec）的概述。
- 解释传输模式和隧道模式的区别。
- 理解安全关联数据库和安全策略数据库的区别。
- 总结 IPSec 为出站报文和入站报文而执行的流量处理函数。
- 给出封装安全载荷的概述。
- 讨论安全关联组合的替代。
- 给出因特网密钥交换协议的概述。
- 总结 IPSec 使用的密码套件的替代。

有很多针对各种应用领域而开发的专用安全机制，包括电子邮件（S/MIME、PGP）、客户端/服务器（Kerberos）、Web 访问（安全套接层）等。然而，用户也关心协议层安全。例如，一个企业可以用一些方法运行一个安全专有的 TCP/IP 网络使其拒绝与不被信任的节点连接，加密离开节点的包，认证进入节点的包等。通过实现 IP 层安全，一个组织不但能保证在应用层有安全机制，而且能保证在没有应用层安全机制时，网络也是安全的。

IP 层安全包括三个方面：认证、保密和密钥管理。认证机制确保接收到的包是报头标识指出的源端实体发出的。另外，认证还确保了包在传输过程中没有被篡改。保密性使正在通信的节点对消息加密，进而防止第三方的窃听。密钥管理机制与密钥交换安全相关。

以 IPSec 概述和 IPSec 体系结构介绍作为本章的开始，接下来对上述三方面情况给予详细阐述。

9.1 IP 安全概述

1994 年，互联网体系结构委员会（IAB）发表了一个题为“互联网结构体系安全”的报告（RFC 1636）。该报告给出了安全机制的关键领域。它们是从非授权角度保障网络基础设施安全的必要性，网络流量控制，用认证和加密机制保障终端用户到终端用户的安全等。

为了提供安全，互联网体系结构委员会总结出认证和加密应该是下一代 IP 包括的必要的安全特性，且这些在已发行的 IPv6 已经实现。幸运的是，这些安全特性被设计为在当前的 IPv4 和将来的 IPv6 中均可以使用。这就意味着供应商现在就可以提供这些特性。且许多供应商的产品中确实有一些 IPSec 特性。现在 IPSec 规范已作为一套互联网安全标准而存在。

9.1.1 IPSec 的应用

IPSec 提供了在 LAN、专用和公用 WAN 以及互联网中安全通信的性能。它的用途包括如下方面：

- **通过互联网安全分支机构接入**：一个公司可以在互联网或者公用 WAN 上建立一个安全的虚拟专用网络。这使得强烈依赖互联网的交易成为可能，并减少了对专用网络的需求，节约了成本和网络管理的费用。
- **通过互联网进行安全远程访问**：这使得使用 IPSec 协议的终端用户能通过在本地向互联网服务提供商（ISP）提出申请，以获得对公司网络的安全访问。这样就降低了出差员工和远程通信者的费用。
- **与合作者建立企业间联网和企业内联网接入**：可以使用 IPSec 实现和其他组织的安全通信，确保认证和保密，并提供密钥交换机制。
- **加强电子商务安全性**：虽然一些 Web 和电子商务应用建立在内置的安全协议上，但是使用 IPSec 可以提高安全性。

使得 IPSec 能支持这些不同应用的基本特性是它能在 IP 层对所有的流量进行加密和/或认证。这样能保护所有的分布式应用，包括远程登录、客户端/服务器、电子邮件、文件传输和 Web 访问等。图 9.1（a）示出了一个名为隧道模型的 IPSec 选项的简化分组模式，接下来对其进行描述。隧道模型采用一个 IPSec 函数，一个名为封装安全载荷（ESP）的组合认证/加密的函数，以及一个密钥交换函数。对 VPN 而言，通常认证和加密都是需要的，因为一方面需要保证未授权的用户不能穿透 VPN，另一方面需要保证窃听者无法阅读通过 VPN 发送的信息。

图 9.1（b）是使用 IPSec 的一个典型方案。一个维护 LAN 的组织可以分散在各地。非安全的 IP 流量在每个 LAN 上进行。对于某种形式的专用或者公用 WAN 外部流量则使用 IPSec 协议。这些协议在网络设备中运行，如连接 LAN 与外部的防火墙和路由器。IPSec 网络设备一般对进入 WAN 的所有流进行加密、压缩，对来自 WAN 的所有流量进行解密和解压缩。这些工作对于在 LAN 上的工作站和服务器是透明的。当然对于拨号上网的个人用户也可以实现安全传输。这些用户的工作站必须使用 IPSec 协议来提供安全性。

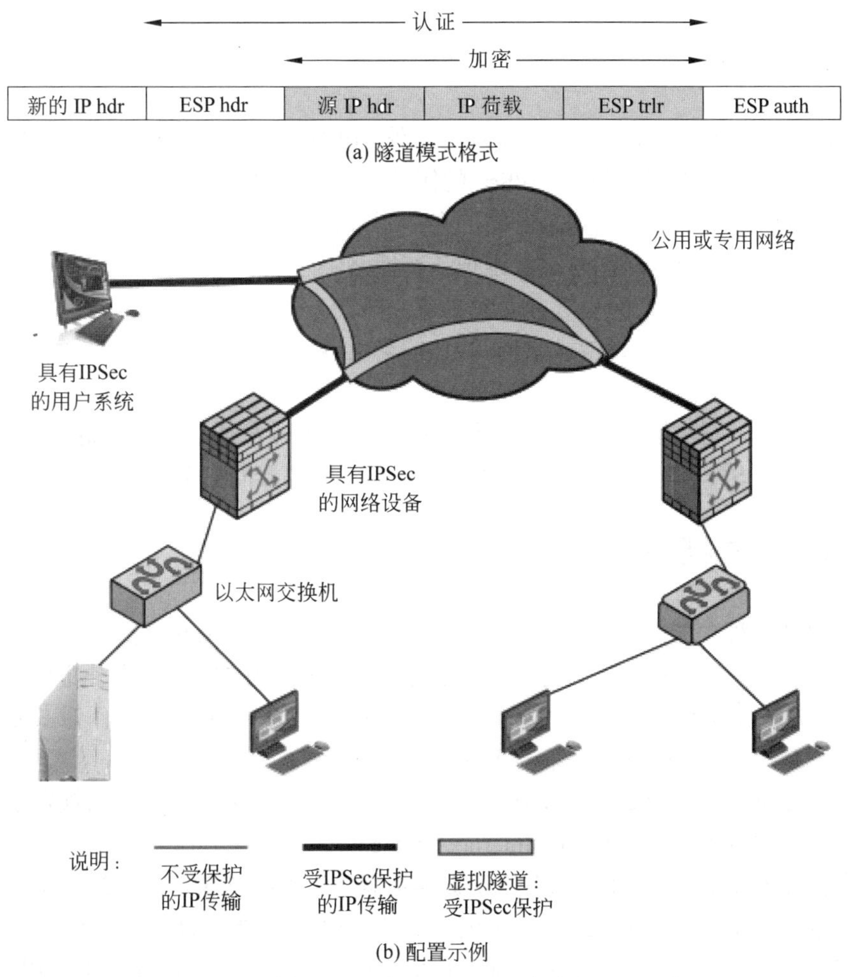

图 9.1　一个 IPSec VPN 脚本

9.1.2　IPSec 的好处

IPSec 的一些好处如下：

- 当在路由器和防火墙中使用 IPSec 时，它对通过其边界的所有通信流提供了强安全性。公司或者工作组内部的通信不会引起与安全相关的开销。
- 防火墙内的 IPSec 能在所有的外部流量必须使用 IP 时阻止旁路，因为防火墙是从互联网进入组织内部的唯一通道。
- IPSec 位于传输层（TCP、UDP）之下，所以对所有的应用都是透明的。因此当防火墙或者路由器使用 IPSec 时，没有必要对用户系统和服务器系统的软件做任何改变。即使终端系统中使用 IPSec，上层软件和应用也不会受到影响。
- IPSec 可以对终端用户是透明的。不需要对用户进行安全机制的培训，如分发基于每个用户的密钥资料（keying material），或在用户离开组织时撤销密钥资料。
- 若有必要，IPSec 能给个人用户提供安全性。这对网外员工非常有用，它对在敏感的应用领域中组建一个安全虚拟子网络也是有用的。

9.1.3 路由应用

除了支持终端用户和保护上述系统及网络外，IPSec 在互联网的路由结构中扮演着非常重要的角色。[HUIT98]列举了使用 IPSec 的例子。IPSec 可确保：

- 路由器广播（新的路由器公告它的存在）来自授权的路由器。
- 邻居广播（路由器试图建立或维护与其他路由区域中路由器的邻居关系）来自授权的路由器。
- 重定向报文，它来自被发送给初始包的路由器。
- 路由更新未被伪造。

没有上面的安全措施，攻击者可能会中断通信或者转发某些流。路由协议（比如开放最短路径优先（OSPF））应该运行在由 IPSec 定义的路由器间安全关联的最上层。

9.1.4 IPSec 文档

IPSec 包括三种功能：认证、机密性和密钥管理。全部 IPSec 规范散在于相当多 RFC 和 IETF 草案文献中，使其变得非常复杂，也使得要掌握所有 IETF 规范是困难的。掌握 IPSec 本质的最好方法是去参考 IPSec 文档路线图的最新版本，在本书写作时其最新版本是[FRAN09]。所有文档可以分为以下若干种类：

- **体系结构**：包括 IPSec 一般的概念、安全需求、定义和机制，当前的规定是 RFC 4301（Security Architecture for the Internet Protocol）。
- **认证报头**（AH）：AH 是一个用于提供消息认证的扩展头，当前的规范是 RFC 4302（IP Authentication Header）。由于消息认证是由 ESP 提供的，所以 AH 的使用是透明的，这是在 IPSecv3 中用来保证向后兼容的并且无法在新的应用中使用，本章不具体介绍 AH 内容。
- **封装安全载荷**（ESP）：ESP 包含了一个封装的头和尾，用来提供加密或者机密和认证的结合。当前的规范是 RFC 4303（IP Encapsulating Security Payload（ESP））。
- **因特网密钥交换**（IKE）：这是描述用于 IPSec 中的密钥交换方案的文档集合。主要的规范是 RFC 4306（Internet Key Exchange（IKEv2）Protocol），而且还有大量相关的 RFC 文档。
- **密码算法**：这一类中是大量定义和描述用于加密、认证、伪随机函数（PRF）和密钥交换的密码算法文档。
- **其他**：是其他与 IPSec 相关的 RFC 文档，包含处理安全策略和管理信息库的内容。

9.1.5 IPSec 服务

IPSec 通过让系统选择所需的安全协议，决定服务中使用的算法和为请求服务提供任何加密密钥来实现 IP 级的安全服务。有两种协议可以用来提供安全性：一个是使用 AH 协议报头指定的认证协议；另一个是由用于该协议的包格式指定的加密/认证联合协议 ESP。

RFC 4301 列举了如下服务：

- 访问控制；
- 无连接完整性；
- 数据源认证；
- 拒绝重放包（一种部分顺序完整性的格式）；
- 保密性（加密）；
- 受限制的流量保密性。

9.1.6 传输模式和隧道模式

AH 和 ESP 都支持两种使用模式：传输模式和隧道模式。要理解这两种模式的运作，最好学习对 ESP 描述的内容，它将在 9.3 节介绍。在这里仅提供一个简单的概述。

传输模式。传输模式主要为上层协议提供保护。也就是说，传输模式保护增强了对 IP 包[1]载荷的保护，如对 TCP 段、UDP 段或 ICMP 包的保护（这些均直接运行在主机协议栈的 IP 之上）。一般地，传输模式用于在两个主机（如客户端和服务器，或两台工作站）之间进行端对端的通信。当主机在 IPv4 上运行 AH 或 ESP 时，其载荷通常是接在 IP 报头后面的数据。对于 IPv6 而言，其载荷通常是接在 IP 报头后面的数据和任何存在的 IPv6 扩展报头，其中可能会把目的选项报头除外，因为它可能在保护状态下。

传输模式下的 ESP 加密和认证（认证可选）IP 载荷，但不包括 IP 报头。传输模式的 AH 认证 IP 载荷和 IP 报头的选中部分。

隧道模式。隧道模式对整个 IP 包提供保护。为了达到这个目的，在把 AH 或者 ESP 域添加到 IP 包中后，整个包加上安全域被作为带有新外部 IP 报头的新“外部”IP 包的载荷。整个原始的或者说是内部的包在“隧道”上从 IP 网络中的一个节点传输到另一个节点，沿途的路由器不能检查内部的 IP 报头。因为原始的包被封装，新的更大的包有完全不同的源地址和目的地址，因此增加了安全性。隧道模式被使用在当 SA 的一端或者两端为安全网关时，比如使用 IPSec 的防火墙和路由器。在传输模式下，即使不使用 IPSec，位于防火墙后的主机间也可能进行安全通信。这种主机产生的未受保护的包借助隧道模式 SA 穿越外部网络，隧道模式 SA 是由防火墙中的 IPSec 软件或本地网络边缘的安全路由器建立的。

下面是隧道模式 IPSec 如何工作的例子。一个网络中的主机 A 生成了以另一个网络中的主机 B 作为目的地址的 IP 包。这个包先路由到源主机 A 所在网络边缘的路由器或安全网关。防火墙过滤所有输出包来决定是否要进行 IPSec 处理。如果从 A 到 B 的包需要 IPSec 处理，则防火墙执行 IPSec 处理并用外部的 IP 报头对包进行封装。此外部 IP 包的源 IP 地址是防火墙的 IP 地址，目的 IP 地址可能是 B 的本地网络边界防火墙的 IP 地址。现在，此包被路由到 B 的防火墙，中间的路由器仅检查外部 IP 报头。在 B 的防火墙处，外部的 IP 报头被除去，内部的包向主机 B 传输。

隧道模式的 ESP 加密和认证（认证可选）包括内部 IP 报头的整个内部 IP 包。隧道模式下的 AH 认证整个内部 IP 包和外部 IP 报头被选中的部分。

1 本章中，术语 IP 包指的是 IPv4 数据包或者 IPv6 包。

表9.1总结了传输模式和隧道模式的功能

表9.1 传输模式和隧道模式的功能

	传输模式SA	隧道模式SA
AH	对IP载荷和IP报头的选中部分、IPv6的扩展报头进行认证	对整个内部IP包（内部报头和IP载荷）和外部IP报头的选中部分、外部IPv6的扩展报头进行认证
ESP	对IP载荷和跟在ESP报头后面的任何IPv6扩展报头进行加密	加密整个内部IP包
带认证的ESP	对IP载荷和跟在ESP报头后面的任何IPv6扩展报头进行加密。认证IP载荷但不认证IP报头	加密整个内部IP包。认证内部IP包

9.2 IP安全策略

IPSec操作的基础是应用于每个由源地址到目的地址传输中IP包安全策略的概念。IPSec安全策略本质上由两个交互的数据库，**安全关联数据库**（SAD）和**安全策略数据库**（SPD）确定。本节概述这两个数据库并简要介绍它们在IPSec操作中的作用。图9.2给出了它们的对应关系。

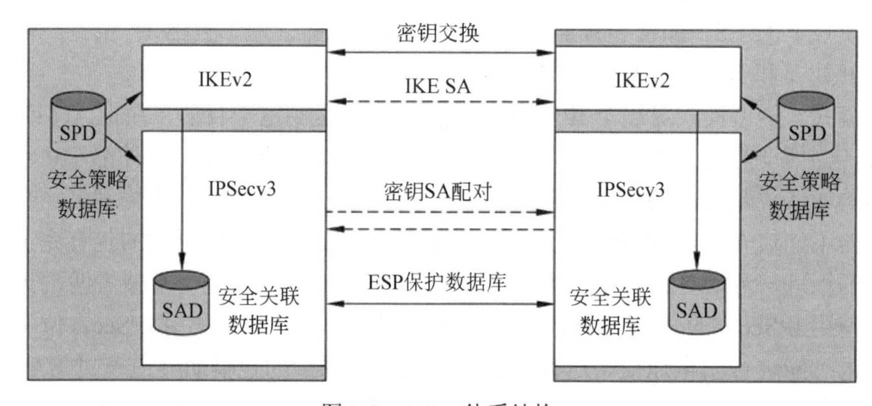

图9.2 IPSec体系结构

9.2.1 安全关联

在IP认证和加密机制中都会出现的一个重要概念就是安全关联（SA）。安全关联是发送方和接收方之间用于对它们之间传递的数据流提供安全服务的一个单向逻辑连接。如果一个同伴关系需要进行双向的安全交换，则需要两个安全关联。SA提供的安全服务取决于所选用的安全协议（AH或ESP，但两者不能同时选用）。

一个安全关联由如下三个参数唯一地确定。

- **安全参数索引**（SPI）：赋给此SA的一个仅在本地有意义的比特串。此SPI由AH和ESP报头携带，使得接收系统能选择合适的SA（接收到的数据包将在此SA下处理）。
- **IP目的地址**：目前仅允许使用单播地址，这是SA的目的端点地址，可以是终端用户系统或者防火墙、路由器这样的网络系统。

- **安全协议标识**：它标识关联是一个 AH 安全关联还是一个 ESP 安全关联。

因此，在任何 IP 包中，安全关联由 IPv4 或者 IPv6 报头的目的地址唯一标识，而 SPI 被标识在封装扩展报头中（AH 或者 ESP）。

9.2.2 安全关联数据库

在每个 IPSec 的实现中都有一个名义[1]的安全关联数据库（SAD），它定义了与每个 SA 相关的参数。在一个 SAD 实体中一个安全关联通常用以下参数定义：

- **安全参数索引**：由 SA 接收方选定的一个 32 比特数值，用于唯一标识该 SA。在一个外联型 SA 的 SAD 实体中，该 SPI 用于构造包的 AH 或 ESP 的头。在一个内联型 SA 实体中，该 SPI 把流量映射到相应的 SA。
- **序列号计数器**：一个 32 比特的数值，它被用来生成 AH 和 ESP 报头中的序列号域。详见 9.3 节（在所有实现中均需要）。
- **序列计数器溢出**：这是一个标识，它用来表明序列号计数器的溢出是否生成一个可审计事件并阻止在此 SA 上继续传输数据包（在所有实现中均需要）。
- **防止重放窗口**：用于判断内部的 AH 或者 ESP 数据包是否是重放的，详见 9.3 节（在所有实现中均需要）。
- **AH 信息**：认证算法、密钥、密钥生存期和用于 AH 的相关参数（在 AH 实现中需要）。
- **ESP 信息**：加密和认证算法、密钥、初始值、密钥生存期和用于 ESP 的相关参数（在 ESP 实现中需要）。
- **安全关联的生存期**：一个时间间隔或者字节计数。超过此值后，安全关联必须终止或者被一个新的安全关联（和新 SPI）取代，并且加上应该进行何种操作的指示（在所有实现中均需要）。
- **IPSec 协议模式**：隧道模式、传输模式或者通配符模式。
- **最大传输单元路径**（path MTU）：任何观察到的最大传输单元（可以不经过分割来传输的最大的包长度）路径和迟滞变量（在所有实现中均需要）。

分发密钥使用的密钥管理机制只能通过安全参数索引与认证、保密机制相联系。因此，认证与保密的规定与任何密钥管理机制无关。

在 IPSec 用于 IP 流量时，IPSec 为用户提供了相当好的灵活性。正如后面看到的，不同 SA 可以用多种方式组合以获得理想的用户配置。进一步，在由 IPSec 保护本身引起的流量和不使用 IPSec 时的流量之间，IPSec 还提供了一个很高的细粒度变化范围。

9.2.3 安全策略数据库

IP 流量与特定的 SA 相关联（不需要 IPSec 保护时没有 SA）的方法在名义上是安全策

---

1 这里的名义具有如下意义：安全关联数据库提供的功能必须在任何 IPSec 实现中存在。至于提供功能的方式则由实现者自己决定。

略数据库（SPD）。在最简单的情况下，一个 SPD 应该包括入口，每个入口都定义了一个 IP 流量子集并为该流量指向一个 SA。在更复杂的情况下，多个入口可以与一个 SA 相关，或者多个 SA 与一个 SPD 入口相关。读者可以参考 IPSec 的相关文档来获得完整讨论。

每个 SPD 入口由一个 IP 集和上层协议的域值定义，称为**选择器**。实际上，这些选择器用于过滤输出流，这是为了将流映射到一个特定的 SA。每个 IP 包的输出过程遵循下面的一般顺序：

（1）将包中相应域的值（选择器）与 SPD 比较，找到一个匹配的 SPD 入口，它可能指向零个或者多个 SA。

（2）若该包存在 SA，则为该包确定 SA 以及与其关联的 SPI。

（3）执行所需的 IPSec 处理（如 AH 或 ESP 处理）。

SPD 入口由以下选择器决定：

- **远程 IP 地址**：可以是单一的 IP 地址、一个枚举列表、一个地址范围或一个通配符（掩码）地址。后两种需要支持多个目的地系统共享一个 SA（例如，位于防火墙之后）。
- **本地 IP 地址**：可以是单一的 IP 地址、一个枚举列表、一个地址范围或一个通配符（掩码）地址。后两种需要支持多个源系统共享一个 SA（例如，位于防火墙之后）。
- **下层协议**：该 IP 协议头（IPv4、IPv6 或 IPv6 扩展）包括一个域（对 IPv4 就是协议，对 IPv6 或其扩展是下一个头），该域规定了 IP 层上的协议操作。这是一个单独的协议号，可以是任何数，但对 IPv6 不透明。如果使用 AH 或 ESP，则该协议头必须立即置于包中该 AH 或 ESP 头的前面。
- **名称**：来自操作系统的用户标识。在 IP 层或者更上层报头中它不是一个域，但若 IPSec 和用户处于同一操作系统，此域就是可获得的。
- **本地和远程端口**：可以是单个 TCP 或 UDP 端口值、端口枚举列表或一个通配符端口。

表 9.2 提供了一个主机系统（与网络系统相对，如防火墙或者路由器）上的 SPD 的例子。该表反映了以下配置：本地网络配置包含两个网络。基本的企业网络配置拥有的 IP 为 1.2.3.0/24。本地配置还包含一个安全局域网，也就是 DMZ，被确认为 1.2.4.0/24。DMZ 被防火墙从外部和剩余企业局域网两个方向进行保护。本例中主机的 IP 地址为 1.2.3.101，被

表 9.2 主机 SPD 例子

协议	本地 IP	端口	远程 IP	端口	动　作	注　释
UDP	1.2.3.101	500	*	500	通过	IKE
ICMP	1.2.3.101	*	*	*	通过	错误信息
*	1.2.3.101	*	1.2.3.0/24	*	保护：ESP 传输方式	加密内部网传输
TCP	1.2.3.101	*	1.2.4.10	80	保护：ESP 传输方式	加密到服务器
TCP	1.2.3.101	*	1.2.4.10	443	通过	TLS：避免双重加密
*	1.2.3.101	*	1.2.4.0/24	*	丢弃	DMZ 的其他内容
*	1.2.3.101	*	*	*	通过	Internet

授权连接到 DMZ 的服务器 1.2.4.10。

SPD 中的实体需要是自解释的。例如，UDP 端口 500 是 IKE 的特定端口。为了 IKE 交换而在当地主机和远程主机之间的任何通信要通过 IPSec 进程。

9.2.4 IP 通信进程

IPSec 是在报文到报文的基础上执行的。当 IPSec 执行时，发往外部的 IP 包在传送前经过 IPSec 逻辑的处理,而发往内部的 IP 包在接收之后并且发送报文内容到更高层之前(例如 TCP 或者 UDP）经过 IPSec 逻辑的处理。我们分别看一下这两种情况。

出站报文。图 9.3 标识了 IPSec 处理出站报文的主要要素。来自高层（如 TCP）的数据块，传输到 IP 层并形成 IP 包，报文包含 IP 头和 IP 数据体。然后发生以下步骤。

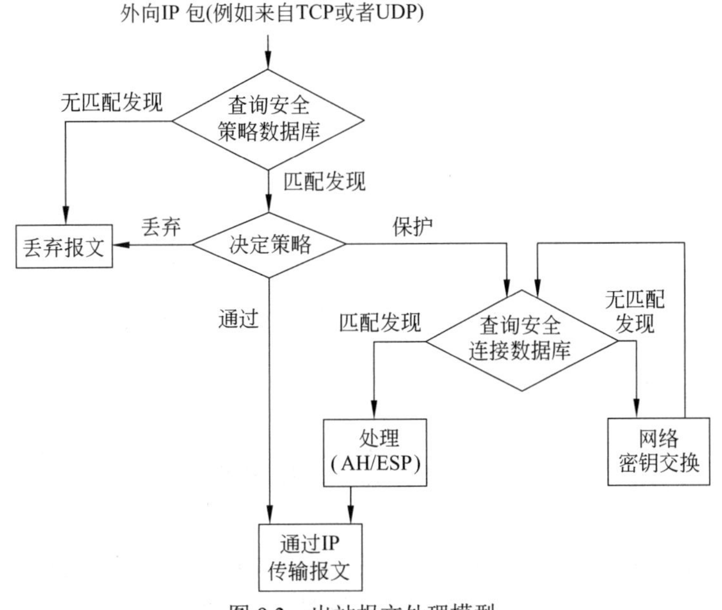

图 9.3 出站报文处理模型

（1）IPSec 查询 SPD 对该报文寻找匹配。

（2）如果没有匹配，报文被丢弃并生成错误信息。

（3）如果发现匹配，则进一步的处理由 SPD 中的第一个匹配接口决定。如果对该报文的策略是丢弃，则该报文被丢弃。如果策略是通过，则没有进一步的 IPSec 处理；报文传向网络以便发送。

（4）如果策略是保护，则查询 SAD 来寻找匹配接口。如果没有发现接口，则引入 IKE 生成具有合适密钥的 SA，并在 SA 上产生接口。

（5）SA 上的匹配接口决定报文的进一步处理。对报文加密或者认证，或者两者都被执行，并且既可以使用传输模式，也可以使用隧道模式。报文传向网络以便发送。

入站报文。图 9.4 标识了 IPSec 处理入站报文的主要要素。一个到来的 IP 包引起 IPSec 进程，并发生以下步骤。

（1）通过检测 IP 协议域（IPv4）或者下一个头域（IPv6），IPSec 决定这是一个不安全的 IP 包，还是一个有 ESP 或者 AH 头/尾的报文。

（2）如果报文不安全，IPSec 查询 SPD 为该报文寻找匹配。如果第一个匹配接口的策略是通过，则 IP 头经过处理后被剥离，而 IP 数据体传输到更高层（如 TCP）。如果第一个匹配接口的策略是保护或者丢弃，或者没有匹配接口，则报文被丢弃。

（3）对于安全报文，IPSec 查询 SAD。如果没有匹配，报文被丢弃。否则，IPSec 使用合理的 ESP 或者 AH 进程。然后 IP 头经过处理后被剥离，而 IP 数据体传输到更高层（如 TCP）。

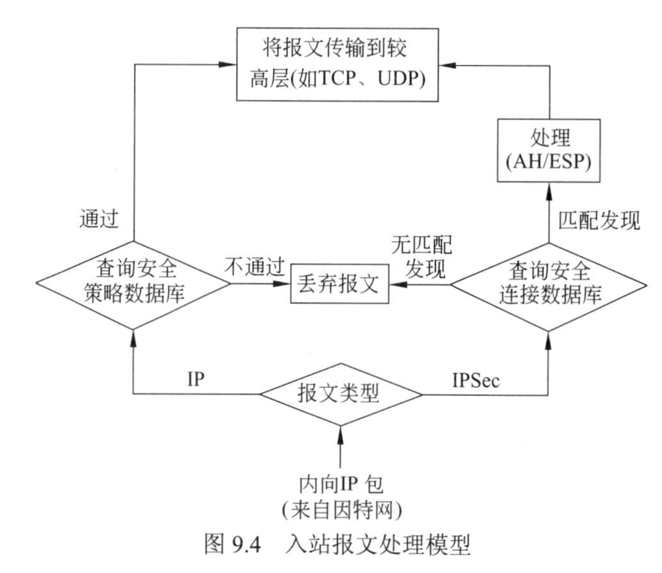

图 9.4　入站报文处理模型

9.3　封装安全载荷

ESP 可以提供机密性、数据源认证、中断连接后的完整性、一次抗重放攻击服务（一种部分序列完整性形式）和（受限的）流量机密性。所提供的服务集合依赖于建立安全关联(SA)时的选择和在一个网络拓扑中的位置。

ESP 支持很多加密和认证算法，包括如 GCM 这样的既认证又加密算法。

9.3.1　ESP 格式

图 9.5（a）给出了一个 ESP 包的顶层格式。它包括下列一些域。

- **安全参数索引**（32 比特）：标识一个安全关联。
- **序列号**（32 比特）：一个递增的计数值，提供了抗重放功能，如 AH 讨论的那样。
- **载荷数据**（长度可变）：这是被加密保护的传输层分段（传输模式）或者 IP 包（隧道模式）。
- **填充域**（0～255 字节）：此域的目的将在后面讨论。
- **填充长度**（8 比特）：标明此域前面一个域中填充数据的长度。
- **邻接报头**（8 比特）：通过标识载荷中的第一个报头来标识包含在载荷数据域中的数

据类型（例如 IPv6 的扩展报头或 TCP 这样的上层协议）。

- **完整性校验值**（长度可变）：一个可变长的域（必须为 32 比特的字长的整数倍），它包含 ICV。ICV 的计算参量为 ESP 包中除认证数据域外的其他部分。

当使用任何组合式算法时，该算法本身既能够返回解密的明文，又能够返回一个指示完整性校验通过或不通过的信息。对组合式算法，通常应该会在 ESP 包（当选择完整性校验时）最后出现的 ICV 值会被省略。当选择完整性校验且省略 ICV 值时，在载荷数据内设置一种与 ICV 等价的方法去验证包的完整性则成为组合式算法的职责。

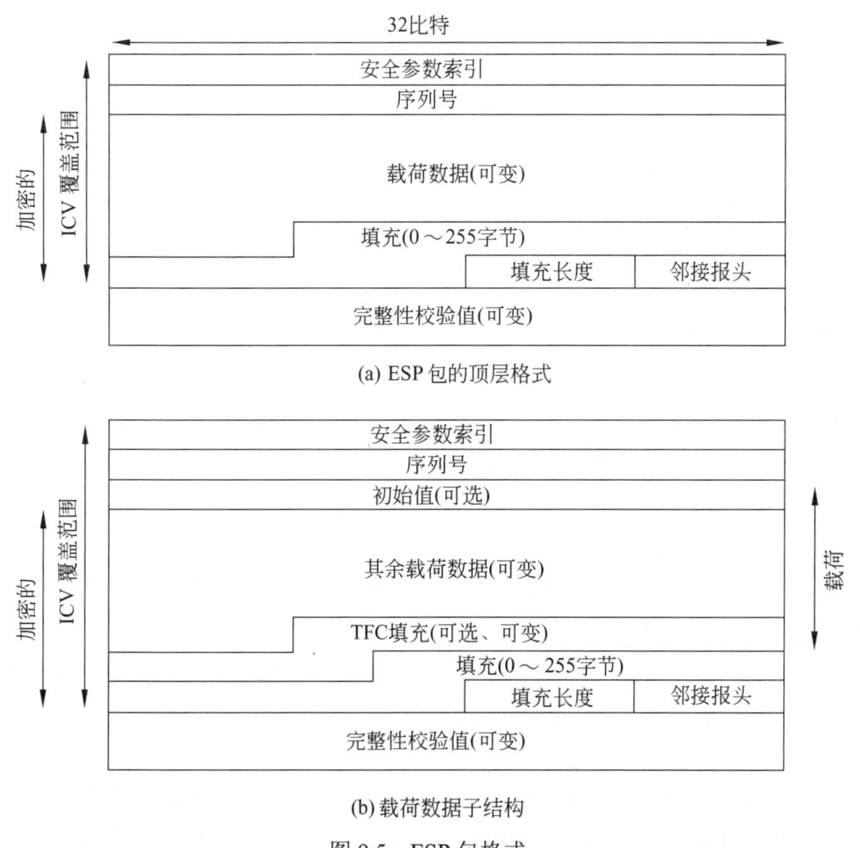

(a) ESP 包的顶层格式

(b) 载荷数据子结构

图 9.5 ESP 包格式

在（见图 9.5（b））载荷中，可能会出现两个额外的域。一个是**初始值**（IV）或随机数，它在针对 ESP 的加密或认证加密算法要求出现时会出现。对另一个，如果是隧道模式，则 IPSec 的实现可能会在载荷数据之后，填充域之前，增加**流量机密性**（TFC）填充。

9.3.2 加密和认证算法

ESP 服务加密载荷数据、填充域、填充长度和邻接报头域，如果用于加密载荷的算法需要使用密码同步数据，如初始向量（IV），则这些数据可以在载荷数据域的开始处显式地传输。如果包括 IV，它虽然被看成是密文的一部分，但不会被加密。

ICV 域是可选的。仅当选择了完整性服务且该服务或者由一个单独的完整性算法提供，或者由用于 ICV 的组合式算法提供时，该域才会出现。ICV 值是在加密完成后才被计算。

这种处理顺序能使在对包解密前就可对接收方的重放或伪造做出快速的检测与拒绝，从而可以潜在地降低拒绝服务攻击（DoS）的影响。它还对接收方对包的并行处理的可能性留有余地。也就是说，解密和完整性校验可以并行地处理。注意，由于 ICV 值未作加密保护，对 ICV 值的计算需要用带密钥的完整性算法。

9.3.3 填充

填充域有如下几个作用：

- 如果加密算法要求明文为某个数目字节的整数倍（如分块加密中要求明文是单块长度的整数倍），填充域用于把明文（包括载荷数据、填充、填充长度、邻接报头域）扩展到需要的长度。
- ESP 格式要求填充长度和邻接报头域为右对齐的 32 比特的字，同样，密文也是 32 比特的整数倍，填充域用来保证这样的排列。
- 增加额外的填充能隐藏载荷的实际长度，从而提供部分流量的保密。

9.3.4 防止重放服务

重放攻击就是一个攻击者得到了一个经过认证的包的副本，稍后又将其传送到其希望被传送到的目的站点的攻击。重复的接收经过认证的 IP 包可能会以某种方式中断服务或产生一些不希望出现的结果。序列号域就是为了阻止这样的攻击而设计的。首先，讨论一下发送方怎样产生序列号，然后，再讨论接收方怎样处理它。

当建立一个新的 SA 时，发送方把序列号计数器的初始值设为 0，每次在 SA 上发送一个包，则发送方增加计数器的值并把这个值存放到序列号域中。这样第一个被使用的值是 1。如果要求抗重放（默认），则发送方不许循环计数（循环计数值到达（$2^{32}-1$）后返回到 0），否则，一个序列号会对应很多合法的包。如果到了（$2^{32}-1$）这个极限，发送方就会终止这个 SA，用新的密钥协商生成新的 SA。

因为 IP 是个无连接的不可靠的服务，协议不能保证包能按照顺序传输，也不能保证所有的包均被传输。因此，IPSec 认证文档规定接收方应该实现一个大小为 W 的窗口（W 的默认值是 64）。窗口的右端代表最大的序列号 N，记录目前收到的合法包的最大序列号。序列号在（$N-W+1$）～N 的包已经被正确地接收（即被认证），并在窗口的相应位置上做好标记（如图 9.6 所示）。当接收到包时，内部的处理过程如下。

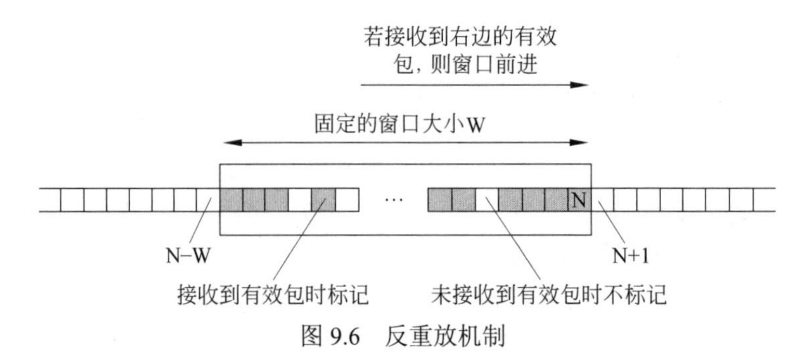

图 9.6 反重放机制

（1）如果接收到的包在窗口中而且是新包，则验证消息认证码（MAC）。若验证通过，就标记窗口中相应的位置。

（2）如果接收到的包超过了窗口的右边界而且是新包，则验证 MAC。若验证通过，就让窗口前进以使得这个序列号成为窗口的右边界，并标记窗口中的相应位置。

（3）如果接收到的包超过了窗口的左边界或者没有通过验证，就丢掉这个包，这是一个可审计事件。

9.3.5 传输模式和隧道模式

图 9.7 说明了可用于 IPSec ESP 服务的两种方式。图 9.7（a）在两个主机之间直接提供加密和认证（认证可选）。图 9.7（b）说明了如何使用隧道模式建立**虚拟专用网络**。在这个例子中，一个组织有 4 个通过互联网相互连接的专用网络。内部网络的主机通过互联网传输数据，但是不和其他基于互联网的主机发生交互。通过终止安全网关中通向各个内部网的隧道，配置就允许主机不使用这些安全功能。前者的技术由传输模式的 SA 支持，后者的技术由隧道模式的 SA 支持。

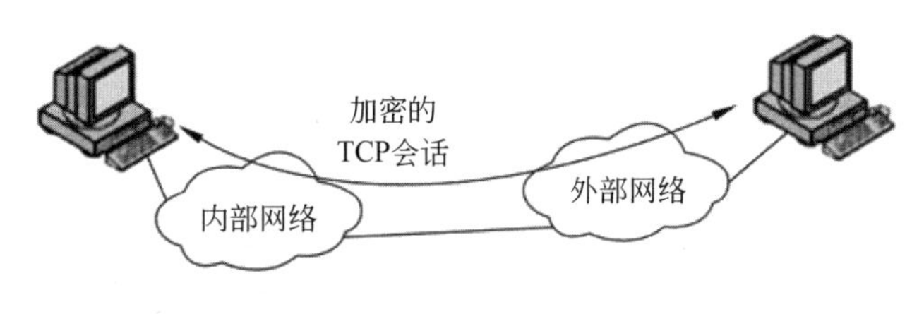

(a) 传输层安全

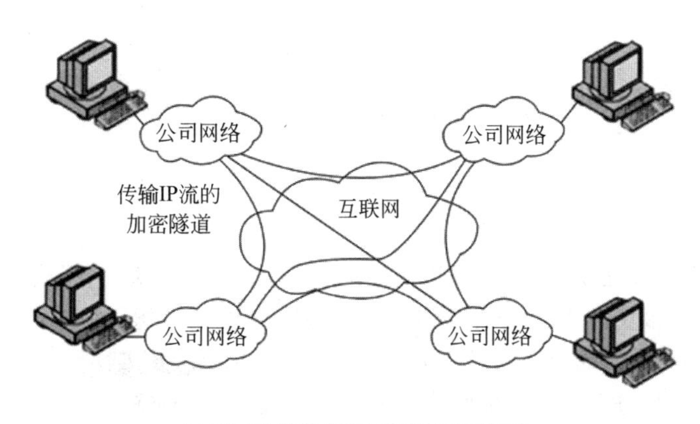

(b) 通过隧道模式建立的虚拟专用网络

图 9.7 传输模式和隧道模式加密的比较

在本节，我们介绍 ESP 的两种模式，针对 IPv4 和 IPv6 要有略微不同的考虑。我们使用图 9.8（a）所示的包的格式作为开始。

传输模式 ESP。传输模式 ESP 用于加密和认证（认证可选）IP 携带的数据（如 TCP 分段），如图 9.8（b）所示。当传输模式使用 IPv4 时，ESP 报头被插在传输层报头（例如 TCP、UDP、ICMP）前面的 IP 包中，ESP 尾（填充、填充长度和邻接报头域）被放在 IP 包的后面。如果选择认证，ESP 认证数据域就被放在 ESP 尾部之后，整个传输层分段和 ESP

尾部一起被加密，认证覆盖了所有的密文和 ESP 报头。

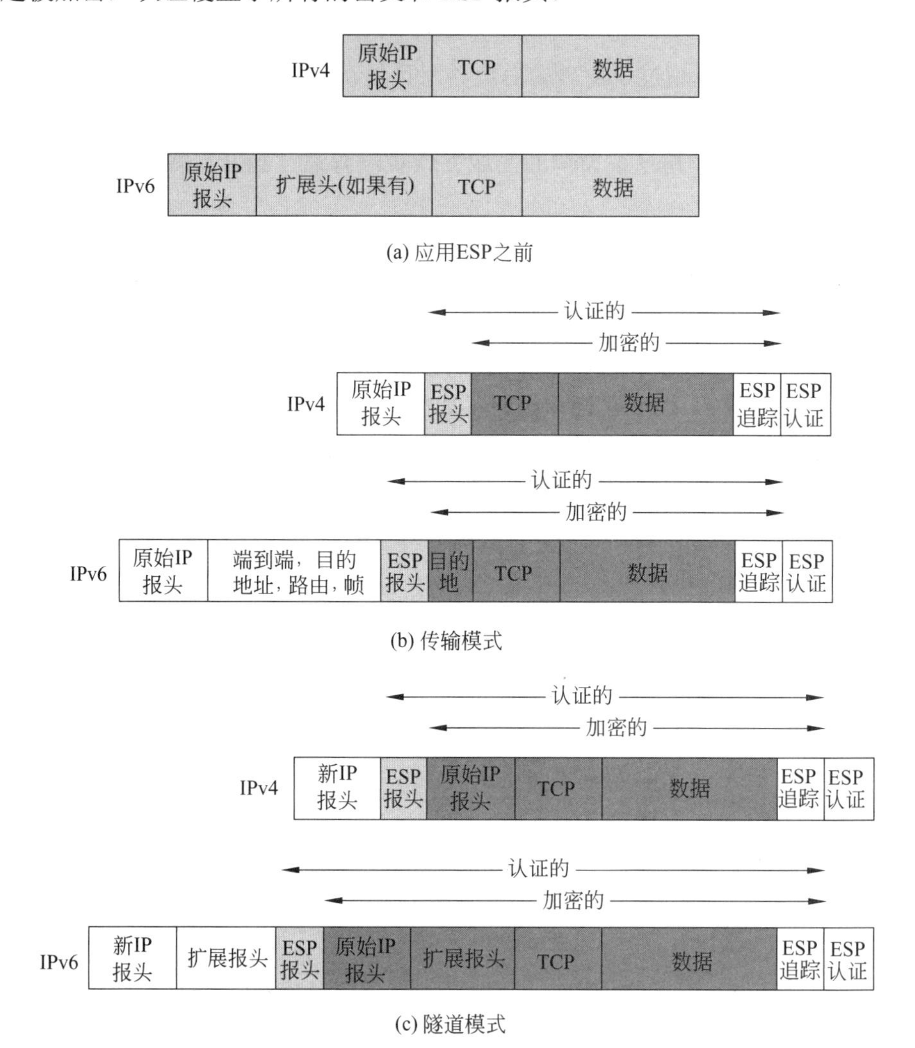

图 9.8　ESP 加密和认证的范围

在 IPv6 的情况下，ESP 被看成是端对端的载荷，也就是说，它不会被中间路由器检查或处理。因此，ESP 报头出现在 IPv6 基本报头、逐跳选项、路由选项和分段扩展报头之后。而目的可选扩展报头是出现在 ESP 报头之前还是之后，由语义来决定。对于 IPv6，加密将覆盖整个传输层分段、ESP 尾部和目的可选扩展报头（如果目的可选扩展报头出现在 ESP 报头之后）。认证将覆盖密文和 ESP 报头。

关于传输模式操作总结如下。

（1）在源端，将加密由 ESP 尾部和整个传输层分段组成的数据块，然后此块的密文取代其明文形成要传输的 IP 包。若是选择了认证，则加上认证。

（2）之后，将包路由到目的地。每个中间路由器都要检查和处理 IP 报头和任何明文形式的 IP 扩展报头，但是不需要检查密文。

（3）目的节点检查和处理 IP 报头和任何明文形式的 IP 扩展报头，然后基于 ESP 报头中的 SPI，目的节点解密包的剩余部分，恢复明文形式的传输层分段。

传输模式操作为使用它的任何应用提供了保密性，这样就不用在每个应用中实现保密性。同时这种模式的操作也当然是高效的，仅增加了少量的 IP 包的长度。此模式的一个弱点是对传输包进行流量分析是可能的。

隧道模式 ESP。隧道模式 ESP 被用来加密整个 IP 包（如图 9.8（c）所示）。在这种模式下，ESP 报头是包的前缀，所以包与 ESP 尾部被一同加密，该模式可用来阻止流量分析。

由于 IP 报头包含了目的地址，还可能包含源路由指示以及逐跳信息，所以不可能简单地传输带有 ESP 报头前缀的加密过的 IP 包。中间路由器不能处理这样的包。因此，使用能为路由提供足够信息却没有为流量分析提供信息的新 IP 报头封装整个模块（ESP 报头、密文和验证数据，如果它们存在）是必要的。

传输模式适合于保护支持 ESP 特性的主机之间的连接，而隧道模式在包含防火墙或其他类型的用于保护可信内网不受外网侵害的安全网关的配置中是有用的。在后一种情况下，加密发生在外部主机和安全网关之间，或者是发生在两个安全网关之间。这就减轻了网内主机的加密负担，并通过降低所需密钥数来简化密钥分发任务。另外，它阻止基于最终目的地址的流量分析。

考虑以下情况：外部主机希望与受防火墙保护的内部网络主机通信，ESP 在外部主机和防火墙中实现。从外部主机到内部主机的传输层分段将按照如下步骤传送。

（1）源端将产生一个以目的地内部主机作为目的地址的内部 IP 包。这个包以 ESP 报头为前缀，然后加密包和 ESP 尾部，并且可能添加认证数据。再用目的地址是防火墙地址的新 IP 报头（基本报头和可选的扩展，如路由和 IPv6 的逐跳信息）封装数据块，从而形成了外部的 IP 包。

（2）将外部 IP 包路由到目的地防火墙，每个中间路由器要检查和处理外部的 IP 报头和任何外部 IP 扩展报头，但不需要检查密文。

（3）目的地防火墙检查和处理 IP 报头和任何外部 IP 扩展报头。然后目的地节点利用 ESP 报头里的 SPI 对 IP 包剩余的部分解密，恢复内部 IP 包的明文，这个包就可以在内部网络中传输。

（4）内部包在内部网络中经过零个或者多个路由器到达目的地主机。

图 9.9 给出了两种模式下的协议架构。

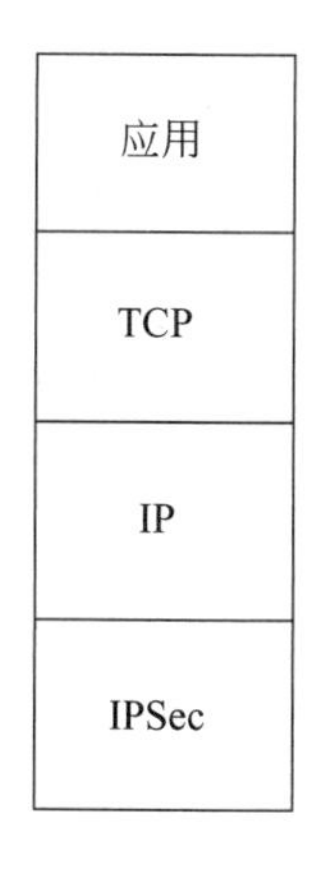

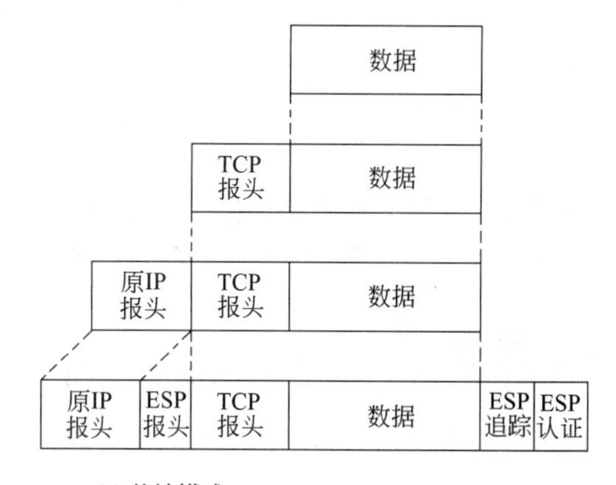

(a) 传输模式

图 9.9 ESP 协议操作

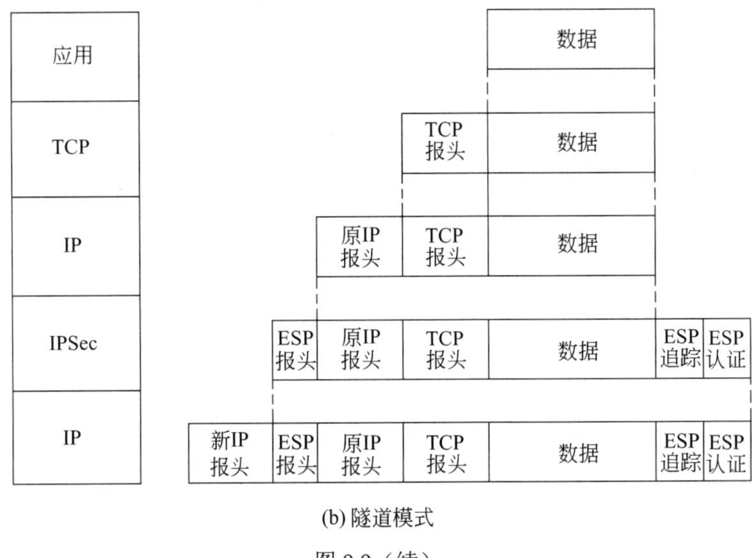

(b) 隧道模式

图 9.9（续）

9.4 安全关联组合

单个 SA 能实现 AH 或者 ESP 协议，但是不能同时实现这两者。有时，特定的流量能调用由 AH 和 ESP 提供的服务。另外，特定的流量可能需要主机间的 IPSec 服务和安全网关（比如防火墙）间的独立服务。在这些情况下，同一个流量可能需要多个 SA 才能获得想要的 IPSec 服务。术语**安全关联束**指的是为提供特定的 IPSec 服务集所需的一个 SA 序列。安全关联束中的 SA 可以在不同节点上终止，也可以在同一个节点上终止。

安全关联可以通过如下两种方式组合成安全关联束。

- **传输邻接**：这种方法指在没有激活隧道的情况下，对一个 IP 包使用多个安全协议。这种组合 AH 和 ESP 的方法仅考虑了单层组合，更多层次的嵌套不会带来收益，因为所有的处理都是在一个 IPSec 实例处执行的，这个实例就是（最终）目的地。
- **隧道迭代**：指通过 IP 隧道应用多层安全协议。这种方法考虑了多层嵌套，因为每个隧道都能在路径上的不同 IPSec 节点处起始或终止。

可以组合使用这两种方法，例如，在主机之间使用传输 SA，在安全网关的路径上使用隧道 SA。

关于安全关联束，值得一提的是在给定的端点之间加密和认证的顺序和方法，下面先讨论这个问题，然后讨论一下至少涉及一个隧道的 SA 的组合。

9.4.1 认证加保密

加密和认证可以组合起来以实现在主机之间传送同时需要保密和认证的 IP 包。下面讨论几种认证加保密的方法。

带认证选项的 ESP

如图 9.8 所示，首先，用户对要保护的数据使用 ESP，然后添加认证数据域，这又分为如下两种情况。

- **传输模式 ESP**：被传送到主机的 IP 载荷使用了认证和加密，但是 IP 报头不受保护。
- **隧道模式 ESP**：认证作用于被发送到外部 IP 目的地址（如防火墙）的整个 IP 包，并在目的地进行认证。整个内部 IP 包由专用机制保护，这是为了被传送到内部 IP 目的地。

在这两种情况下，认证作用于密文而不是明文。

传输邻接

在加密之后使用认证的另一种方法就是使用两个捆绑在一起的传输SA，内部是ESP SA，外部是 AH SA，在这种情况下，使用的 ESP 没有认证选项。由于内部 SA 是一个传输 SA，所以加密仅作用于 IP 载荷。最后得到由 IP 报头（可能有 IPv6 扩展报头）和接在其后的 ESP 组成的包。之后，使用传输模式下的 AH，以使认证能作用于 ESP 和除了可变域之外的源 IP 报头（与扩展报头）。与仅使用带 ESP 选项的单个 ESP SA 相比，这种方法的优点是认证能覆盖更多的域（包括源 IP 地址和目的 IP 地址），缺点是有两个 SA 的开销，而不是一个。

传输-隧道束

在加密之前使用认证有几个优点。第一，因为加密能保护认证数据，所以，中途截获数据并更改数据而不被发觉是不可能的。第二，可能会希望在目的地存储带着报文的认证信息以便将来查阅。如果将认证信息应用于未加密的消息，则进行这样的处理更加方便，否则，要重新加密消息来验证认证信息。

在两个主机之间先认证再加密的一种方法是使用包括内部 AH 的传输 SA 和外部 ESP 的隧道 SA 的安全关联束。此时，认证被作用于 IP 载荷和除了可变域之外的 IP 报头（包括扩展报头），然后隧道模式 ESP 处理得到的 IP 包。结果是整个经过认证的内部包被加密，并增加了新的 IP 报头（和扩展报头）。

9.4.2 安全关联的基本组合

IPSec 体系结构文档列举了 IPSec 主机（如工作站、服务器）和安全网关（如防火墙、路由器）必须支持的 4 个 SA 组合的例子，如图 9.10 所示。在该图中，每种情况的下部表示元素的物理连接；上部表示一个或多个嵌套 SA 的逻辑连接。每个 SA 可以是 AH 或 ESP。

对于主机对主机的 SA 来说，既可以是传输模式也可以是隧道模式，除此之外都是隧道模式。

情况 1：实现 IPSec 的终端系统提供所有的安全。对于通过 SA 通信的任意两个终端系统而言，它们必须共享密钥，有下面几种组合：

① 传输模式下的 AH；

② 传输模式下的 ESP；

③ 在传输模式下，ESP 后面紧接 AH（ESP SA 内置于 AH SA 中）；

④ ①、②、③任何一个内置于隧道模式下的 AH 或 ESP。

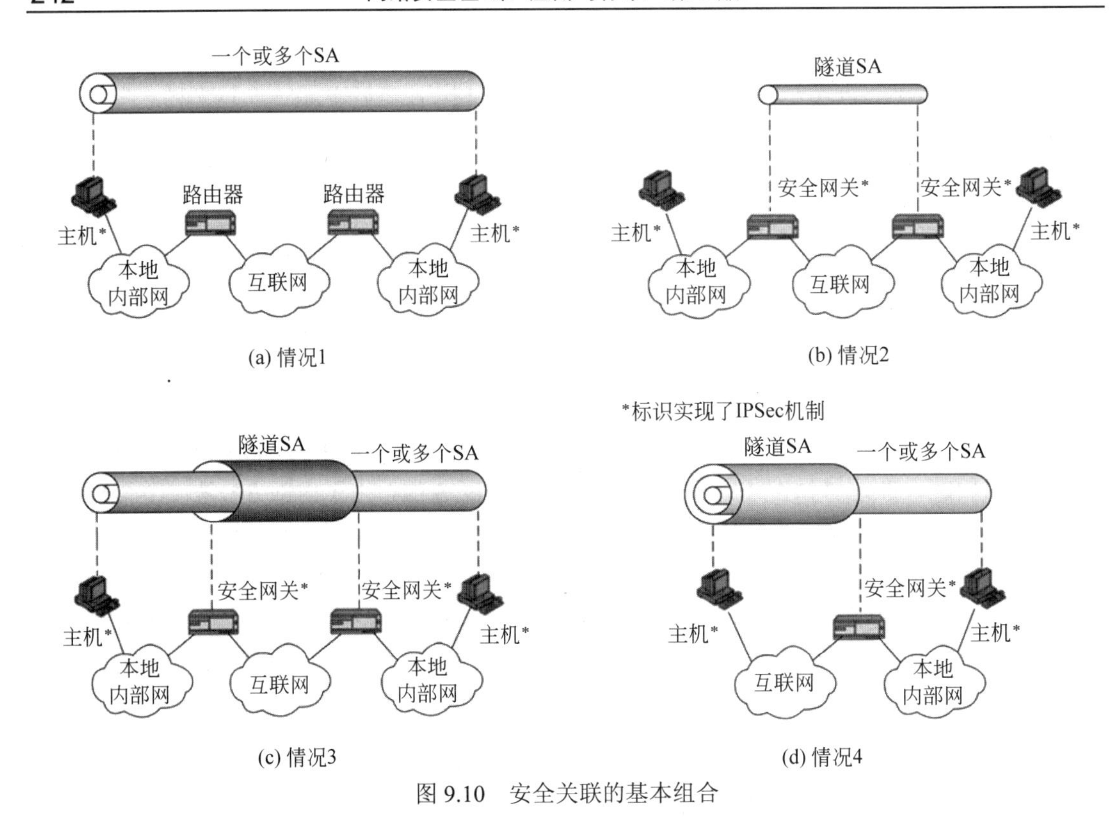

图 9.10　安全关联的基本组合

我们已经讨论了各种组合是如何用来支持认证、加密、先认证再加密和先加密再认证的。

情况 2：仅在安全网关（比如路由器、防火墙等）之间提供安全性，主机没有实现 IPSec。这种情况说明了简单的虚拟专用网络支持。安全体系结构文档说明在这样的情况下仅需要单个隧道模式的 SA。隧道可以支持 AH、ESP 或带认证选项的 ESP。因为 IPSec 服务被应用于整个内部包，所以不需要嵌套的隧道。

情况 3：在情况 2 的基础上加上端对端安全。在情况 1 和情况 2 中讨论的组合在情况 3 中均被允许。网关对网关的隧道为终端系统间的所有流提供了认证或保密或认证加保密。当网关对网关隧道为 ESP 时，则对流提供了一定的保密性。个人主机可以根据特定的应用或用户的需要实现任何额外的 IPSec 服务，这是通过使用端对端 SA 来实现的。

情况 4：为通过互联网到达组织的防火墙然后获得在防火墙后面特定的工作站和服务器的访问权限的远程主机提供支持。在远程主机和防火墙之间仅需要隧道模式，如情况 1 提到的，在远程主机和本地主机之间可能使用一个或者多个 SA。

9.5　因特网密钥交换

IPSec 的**密钥管理**部分包括密钥的确定和分发。一个典型的要求是两个应用之间的通信需要 4 个密钥：用于完整性和机密性的发送对和接收对。IPSec 的体系结构文档要求支持如下两种类型的密钥管理。

- **手动类型：**系统管理者为每个系统手动配置系统自己的密钥和其他通信系统的密钥，

这对小的、相对静态的环境是可行的。

- **自动类型**：自动系统能够在需要时为 SA 创建密钥，并通过这种配置来使一个大型分布式系统中密钥的使用更加方便。

默认的 IPSec 自动类型密钥管理协议是 ISAKMP/Oakley，它由以下几部分组成。

- **Oakley 密钥确定协议**：Oakley 是基于 Diffie-Hellman 算法的密钥交换协议，但它提供了额外的安全性，Oakley 的通用性在于它没规定任何特殊的格式。
- **互联网安全关联和密钥管理协议**（ISAKMP）：ISAKMP 为互联网密钥管理提供了一个框架，并提供了特定的协议支持，包括格式和安全属性协商。

ISAKMP 本身没有规定特定的密钥交换算法，而是由一组支持使用各种密钥交换算法的消息类型组成。Oakley 是 ISAKMP 最初版本中规定使用的特定密钥交换算法。

在 IKEv2 中，不再使用术语 Oakley 和 ISAKMP，并且与 IKEv1 中对 Oakley 和 ISAKMP 使用相比较，有着明显的差别。然而，基本功能还是相同的。这一节介绍 IKEv2。

9.5.1 密钥确定协议

IKE 密钥确定是 Diffie-Hellman 密钥交换算法的细化。回忆一下 Diffie-Hellman 包含用户 A 和用户 B 之间的如下交互。首先，在两个全局参数上达成一致：一个大素数 q 和 q 的本原根 α 。A 随机地选择一个整数 X_A 作为它的私钥，把它的公钥 $Y_A = \alpha^{X_A} \bmod q$ 传给 B；同样，B 随机地选择一个整数 X_B 作为它的私钥，把它的公钥 $Y_B = \alpha^{X_B} \bmod q$ 传给 A。这样每一方都可以计算它们的会话密钥：

$$K = (Y_B)^{X_A} \bmod q = (Y_A)^{X_B} \bmod q = \alpha^{X_A X_B} \bmod q$$

Diffie-Hellman 算法有两个优点：

- 仅在需要时生成密钥，而不需要长时间地存储密钥，从而增加了安全性。
- 交换仅需要全局参数达成一致，不需要其他预先存在的基础设施。

然而，正如[HUIT98]中所指出的那样，Diffie-Hellman 也有很多弱点：

- 它没有提供标识各方身份的任何信息。
- 它易受中间人攻击。在中间人攻击中，第三方 C 当与 A 通信时冒充 B，当与 B 通信时冒充 A。这样 A、B 都与 C 协商了密钥，第三方 C 能窃听和传递流。中间人攻击过程如下：

（1）B 发送其公钥 Y_B 给 A（如图 3.13 所示）。

（2）攻击者 E 截获此消息，保存 B 的公钥并用 B 的用户标识和 E 的公钥 Y_E 向 A 发送消息，用此方式发送，该消息好像来自于 B 的主机系统。A 接收到 E 的消息，并存储了带着 B 用户标识的 E 的公钥。同理，E 给 B 发送带有 E 的公钥声称来自 A 的消息。

（3）B 基于 B 的私钥和 E 的公钥 Y_E 计算一个密钥 K_1；A 基于 A 的私钥和 E 的公钥 Y_E 计算一个密钥 K_2；E 使用其私钥 X_E 和 Y_B 计算 K_1，使用 X_E 和 Y_A 计算 K_2。

（4）从现在起，E 能转发从 A 到 B 的消息和从 B 到 A 的消息，用适当的方式适当地改变途中的密文，而 A 和 B 都不知道他们正在和 E 共享通信。

- 算法是计算密集型的。后果是，该算法易受拥塞攻击。在这种攻击中攻击者申请很多密钥。这样遭到攻击的主机就会消耗大量的计算资源做无用的模幂运算，而不是做真正的工作。

IKE 密钥确定的设计保持了 Diffie-Hellman 的优点，而弥补了它的不足。

IKE 密钥确定的特性。IKE 密钥确定算法有如下 5 个重要的特性。

（1）它运用了一种称为 Cookie 的机制来防止拥塞攻击。

（2）它允许双方协商得到一个组，在本质上，这就是详细列出 Diffie-Hellman 密钥交换的全局参数。

（3）它使用随机数来阻止重放攻击。

（4）它允许交换 Diffie-Hellman 的公钥值。

（5）它认证 Diffie-Hellman 交换，以此阻止中间人攻击。

我们已经讨论了 Diffie-Hellman 算法，下面逐个讨论这些剩下的问题。首先，考虑拥塞攻击的问题。在此攻击中，对手伪造合法用户的源地址并向受害者发送一个 Diffie- Hellman 公钥。受害者执行模幂运算来计算密钥。重复这类消息可以利用无用工作拥塞受害者的系统。**Cookie 交换**要求各方在初始消息中发送一个伪随机数 Cookie，此消息要得到对方的确认。此确认必须在 Diffie-Hellman 密钥交换的第一条消息中重复。如果源地址被伪造，那么攻击者就不会收到应答。这样，攻击者仅能让用户产生应答而不进行 Diffie-Hellman 计算。

ISAKMP 规定 Cookie 的产生必须满足三个基本要求：

（1）Cookie 必须依赖于特定的通信方，这能防止攻击者得到一个正在使用真正的 IP 地址和 UDP 端口的 Cookie，因此也就无法用该 Cookie 向目标主机发送大量的来自随机选取的 IP 地址和端口号的请求，以达到浪费主机资源的目的。

（2）除了发起实体以外的任何实体都不可能产生被它承认的 Cookie。这就意味着发起实体在产生和验证 Cookie 时，要使用本地的秘密信息，并且，根据任何特定的 Cookie 都不可能推断出该秘密信息。实现这个要求的目的在于发起实体不需要保存它发行的 Cookie 的副本，仅在必要时能验证收到的 Cookie 应答，所以就降低了泄露的可能性。

（3）Cookie 的产生和验证方法必须很快，以阻止企图占用处理器资源的攻击。

推荐的创建 Cookie 的方法是根据 IP 的源地址、目的地址、UDP 的源端口、目的地端口和本地产生的秘密值来进行快速散列运算（比如 MD5）。

IKE 密钥确定支持使用不同的**组**进行 Diffie-Hellman 密钥交换。每个组都包括两个全局参数的定义和算法标识。当前的规范包括如下组：

- 768 比特模的模幂运算：

$$q = 2^{768} - 2^{704} - 1 + 2^{64} \times \left(\left\lfloor 2^{638} \times \pi \right\rfloor + 149686 \right)$$

$$\alpha = 2$$

- 1024 比特模的模幂运算：

$$q = 2^{1024} - 2^{960} - 1 + 2^{64} \times \left(\left\lfloor 2^{894} \times \pi \right\rfloor + 129093 \right)$$

$$\alpha = 2$$

- 1536 比特模的模幂运算：

  —参数待定。

- 基于 2^{155} 的椭圆曲线组：

  —生成器（十六进制）：$X = 7B$，$Y = 1C8$。

—椭圆曲线参数（十六进制）：A=0，Y=7338F。

- 基于 2^{185} 的椭圆曲线组：

  —生成器（十六进制）：X＝18， Y＝D。

  —椭圆曲线参数（十六进制）：A＝0， Y＝1EE9。

前三组是使用模幂运算的经典的 Diffie-Hellman 算法，后两组使用类似于 Diffie-Hellman 的椭圆曲线。

IKE 密钥确定使用**随机数**来防止重放攻击，每个随机数都是本地产生的伪随机数。它在应答中出现，并在交换的特定部分被加密以保护它的可用性。

IKE 密钥确定可以使用如下三个不同的**认证**方法。

- **数字签名**：用双方均可以得到的散列码进行签名的方法来认证交换，每一方都用自己的私钥加密散列值。散列值是使用重要的参数（如用户 ID、随机数）生成的。
- **公钥加密**：用发送方的私钥对参数（如 ID、随机数）加密来认证交换。
- **对称密钥加密**：使用其他方法传送密钥，并用该密钥对交换参数进行对称加密，从而实现对密钥交换过程的认证。

IKEv2 交换。IKEv2 协议的消息交换以配对形式出现。前两对交换的消息称为起始交换（见图 9.11（a））。交换的第一阶段中，双方交换有关密码算法的信息和连同随机数及 Diffie-Hellman 值在内的其他他们愿意使用的安全参数。这轮交换的最终结果是他们建立了一个称为 IKE SA 的特别安全关联（见图 9.2）。该 SA 为通信双方随后要在其上进行消息交换的安全通道定义参数。因此，随后的任何 IKE 消息交换都受加密和消息认证保护。在交换的第二阶段，通信双方相互认证和建立第一个 IPSec SA，并将之存于 SADB 以便保护正常通信（亦即非 IKE）之用。因此就通常的应用，建立一个初次安全关联 SA 需要四类消息。

CHEATE_CHILD_SA 交换可用于建立进一步保护流量的 SA。信息交换用于交换管理信息，IKEv2 错误信息和其他通知。

9.5.2 报头和载荷格式

IKE 定义建立、协商、修改和删除安全关联的程序和包的格式。作为安全关联建立的一部分，IKE 定义了交换密钥生成和认证数据的载荷。这些数据载荷格式提供了独立于特定的密钥交换协议、加密算法和认证机制的统一框架。

IKE 报头格式。IKE 消息由一个 IKE 报头和其后的一个或多个载荷组成，这些在传输协议中均有阐述，规范规定实现必须在传输协议中支持 UDP。

图 9.12（a）显示了一条 IKE 消息的报头格式，它由以下域组成。

- **发起者** SPI（64 比特）：一个由发起者选定的用于唯一标识 IKE 安全关联（SA）的值。
- **响应者** SPI（64 比特）：一个由响应者选定的用于唯一标识 IKE SA 的值。
- **邻接载荷**（8 比特）：指明消息中第一个载荷的类型；载荷将在下一节中讨论。
- **主版本**（4 比特）：指明正在使用的 IKE 的主版本。
- **从版本**（4 比特）：指明正在使用的从版本。
- **交换类型**（8 比特）：指明交换类型。将在本节的稍后讨论。

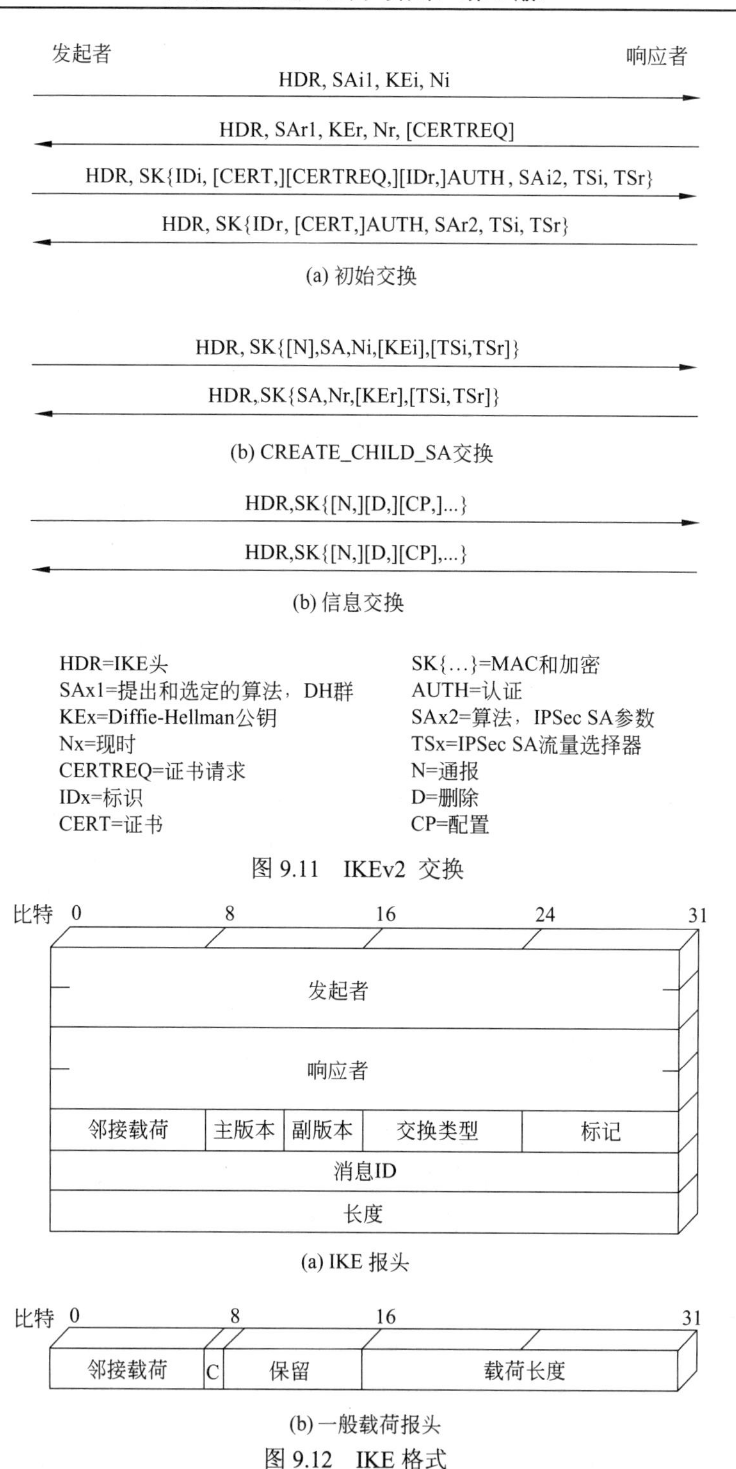

图 9.11 IKEv2 交换

图 9.12 IKE 格式

- **标志**（8 比特）：指明这个 IKE 交换的特定的选项集。到目前为止定义 3 个比特。发起者比特指明该包是否由发起者发送。版本比特指明传输者是否有能力使用一个比当前指明的版本号更高的一个主版本号。响应者比特指明该响应是否是对一个包含同样消息 ID 消息的响应。

- **消息 ID**（32 比特）：用于控制丢包的再传请求与响应的匹配。
- **长度**（32 比特）：以字节（一个字节为 8 比特）为单位的消息的总长度（报头及所有的载荷）。

IKE 载荷类型。所有的 IKE 载荷都开始于相同的一般载荷报头（如图 9.12(b)所示）。如果某个载荷是这个消息中的最后一个载荷，则邻接载荷域的值为零，否则，邻接载荷的类型就是邻接载荷域的值。载荷长度域指明以字节为单位的载荷与一般载荷报头的长度和。

当发送方不能识别前一个载荷的邻接载荷的类型码时，发送方希望得到发送收据以便浏览该载荷，这时临界比特值取 0。当发送方不能识别该载荷类型，并且发送方希望得到该载荷收据以便拒绝该主体消息时，临界比特值设定为 1。

表 9.3 总结了 IKE 定义的载荷类型，列出了作为每个载荷的部分的域和参数。**SA 载荷**用于开始建立一个 SA。该载荷有一个复杂的层次结构。该载荷可能包括多种提议。每个提议又可能包括多种协议。每个协议又会包括多种转换。每个转换又包含多个属性。这些情况在一个载荷内以子结构的方式说明如下：

- **提议**：这一子结构包括一个提议号、一个协议 ID（AH、ESP 或 IKE）、一个转换书指示器和一个转换子结构。如果一个提议中包括多于一个的协议时，则会有一个与提议数相同的并发提议子结构。
- **转换**：不同的协议支持不同的转换类型。转换的原意是用来定义一个特别协议使用的密码算法的。
- **属性**：每一个转换可能包括一些修改和完善转换规范的属性，如密钥长度。

表 9.3 IKE 载荷类型

类 型	参 数
安全关联	提议的
密钥交换	DH 群号，密钥交换数据
标识	标识类型，标识数据
证书	证书编码，证书机构
认证	认证方法，认证数据
随机数	随机数数据
公告	协议 ID，SPI 大小，公告消息类型，SPI，公告数据
删除	协议 ID，SPI 大小，SPI 数，SPI（一个或更多）
供应商 ID	供应商 ID
流量选择器	流量选择器数量，流量选择器
加密	IV，加密的 IKE 载荷，填充，填充长度，ICV
配置	CFG 类型，配置属性
可扩展认证协议	可扩展认证协议信息

密钥交换载荷可用于各种密钥交换技术，包括 Oakley、Diffie-Hellman 和 PGP 使用的基于 RSA 的密钥交换。密钥交换数据域包含产生会话密钥所需要的数据，并独立于所使用的密钥交换算法。

标识载荷用于确认通信双方的身份，也可用来确认信息的真实性。典型的 ID 数据域包括IPv4或IPv6的地址。

证书载荷传送公钥证书。证书编码域标明证书的类型或者与证书相关的一些信息，可能包括如下部分：

- PKCS #7包装的X.509证书；
- PGP证书；
- DNS签名密钥；
- X.509证书——签名；
- X.509证书——密钥交换；
- Kerberos令牌；
- 证书撤销列表（CRL）；
- 认证撤销列表（ARL）；
- SPKI证书。

在IKE交换的任何时候，发送方都可能包含一个**证书请求**载荷来请求其他通信实体的证书。载荷可以列出多个可接受的证书类型和多个可接受的认证中心（CA）。

认证载荷包括用于消息认证目的的数据。目前定义的认证方法有RSA数字签名、共享密钥消息完整性码和DSS数字签名。

随机数载荷包括用于交互的随机数据，它用来阻止重放攻击。

公告载荷包括与该SA或SA协商相关的错误或状态信息，下面列出已经定义的IKE公告信息。

错误信息	状态信息
不受支持的属性	首次关联
载荷	建立窗口大小
无效的IKE SPI	可能有其他TS流
无效的主版本	IPCOMP已获支持
无效语法	IP源地址NAT检测
无效的载荷类型	IP目的地址NAT检测
无效的消息标识	Cookie
无效的SPI	使用传输模式
建议未选	支持HTTP证书查询
无效的KE载荷	SA返回密钥
认证失败	不支持ESP TFC填充
需要单配对	首帧还未出现
无额外SAS	
内部地址失效	
CP请求失败	
不可接受的TS流	
无效选择器	

删除载荷指明一个或多个发送方从其数据库里删除的且不再有效的SA。

供应商 ID 载荷包含一个供应商定义的常数。该常数供应商用于标识和识别它们产品实现的远程实例。这种机制可以使一个供应商在保持向后兼容情况下实验新特性。

流量选择器载荷允许用户识别 IPSec 服务器正在处理的数据包流。

被加密载荷包含其他加密形式的载荷。加密后的载荷格式类似于 ESP。它可能包含一个在加密算法要求下的初始向量 IV 和认证需要的 ICV。

配置载荷用于 IKE 用户之间交换配置信息。

可扩展认证协议（EAP）载荷允许使用 EAP 对 IKE SA 认证，这一点已在第 6 章中讨论过了。

9.6　密 码 套 件

IPSecv3 和 IKEv3 协议依赖多种密码算法。正如从本书中所看到的，每种类型的密码算法有多个，而每个密码算法的参数又有多种，如密钥大小。为了互操作性，两个 RFC 文档给出了推荐的密码算法组及不同应用下的参数选择。

RFC 4308 为虚拟私有网（VPN）的建立定义了两组密码。VPN-A 对应于 2005 年 IKEv2 发布前最普遍应用于 VPN 安全的 IKEv1 的实现。VPN-B 提供了更强的安全性并推荐在实现 IPSecv3 和 IKEv2 组建新的 VPN 时使用。

表 9.4 列出了这两组密码的算法及参数。关于这两组密码，需要注意几点。关于对称密码，VPN-A 采用 3DES 和 HMAC，而 VPN-B 采用 AES。使用的秘密钥算法有三种类型：

- **加密**：关于加密，使用了密码分组链接（CBC）模式。
- **消息认证**：关于消息认证，VPN-A 采用了基于 SHA-1 并将输出值裁剪到 96 比特的 HMAC，而 VPN-B 采用了输出被裁减为 96 比特的 CMAC 的一个变形。
- **伪随机函数**：IKEv2 通过对使用的消息认证码 MAC 重复使用的方法产生伪随机比特。

RFC 4869 定义了 4 种可选的能够兼容美国国家安全局规定的 B 套件规范的可选密码算法套件。2005 年，NSA 公布了 B 套件，其中定义了保护敏感信息的算法和强度。对 ESP 和 IKE，在 RFC 4869 中定义的 4 种密码套件提供了可选性。根据密码算法的强度选择和根据 ESP 选择既提供机密性又提供完整性，或只提供完整性的选择，4 种密码套件是不同的。所有 4 种密码套件提供的保护强度都要高于 RFC 4308 中定义的两种 VPN 的强度。

表 9.4（b）对两个密码套件列出了算法及参数。和 RFC 4308 一样，秘密钥算法可分成为如下 3 类。

- **加密**：对 ESP，认证加密由 128 比特或 256 比特密钥 AES 下的 GCM 模式提供。对 IKE 加密，与 VPN 密码套件一样，使用的是 CBC 模式。
- **消息认证**：对 ESP，如果仅要求认证，则使用 GMAC。GMAC 是基于第 2 章中讨论的 CRT 模式下的一种消息认证码算法。对于 IKE，消息认证由使用 SHA-3 散列函数的 HMAC 提供。

伪随机函数：和 VPN 密码套件一样，IKEv2 通过对使用的消息认证码 MAC 重复使用的方法产生伪随机比特。

表 9.4 IPSec 的密码组

（a）虚拟私有网（RFC 4308）

	VPN-A	VPN-B
ESP 加密	3DEC-CBC	AES-CBC（128 比特密钥）
ESP 完整性	HMAC-SHA-1-96	AES-XCBC-MAC-96
IKE 加密	3DEC-CBC	AES-CBC（128 比特密钥）
IKE PRF	HMAC-SHA-1	AES-XCBC-PRF-128
IKE 完整性	HMAC-SHA-1-96	AES-XCBC-MAC-96
IKE DH 群	1024 比特 MODP	2048 比特 MODP

（b）NSA 密码套件 B（RFC 4869）

	GCM-128	GCM-256	GCM-128	GCM-256
ESP 加密/完整性	AES-GCM（128 比特密钥）	AES-GCM（256 比特密钥）	空	空
ESP 完整性	空	空	AES-GMAC（128 比特密钥）	AES-GMAC（256 比特密钥）
IKE PRF	AES-CBC（128 比特密钥）	AES-CBC（256 比特密钥）	AES-CBC（128 比特密钥）	AES-CBC（256 比特密钥）
ESP 加密	HMAC-SHA-256	HMAC-SHA-384	HMAC-SHA-256	HMAC-SHA-384
IKE 完整性	HMAC-SHA-256-128	HMAC-SHA-384-192	HMAC-SHA-256-128	HMAC-SHA-384-192
IKE DH 群	256 比特随机 ECP	384 比特随机 ECP	256 比特随机 ECP	384 比特随机 ECP
IKE 认证	ECDSA-256	ECDSA-384	ECDSA-256	ECDSA-384

关于 Difffie-Hellman 算法，使用了模一个素数的椭圆曲线群。关于认证，也使用了椭圆曲线数字签名。原先 IKEv2 文献中使用的是基于 RSA 的数字签名。用较少的密钥比特，ECC 就可以达到同样或更高的安全强度。

9.7 关键词、思考题和习题

9.7.1 关键词

防止重放服务
认证报头（AH）
封装安全载荷（ESP）
因特网密钥交换（IKE）
互联网安全关联和密钥管理协议（ISAKMP）
IP 安全（IPSec）
IPv4
IPv6
Oakley 密钥确定协议
重放攻击
安全关联（SA）
传输模式
隧道模式

9.7.2 思考题

9.1 举出一个应用 IPSec 的例子。

9.2 IPSec 提供哪些服务？

9.3 哪些参数标识了 SA？哪些参数表现了一个特定 SA 的本质？

9.4 传输模式与隧道模式有何区别？

9.5 什么是重放攻击？

9.6 为什么 ESP 包括一个填充域？

9.7 捆绑 SA 的基本方法是什么？

9.8 Oakley 密钥确定协议和 ISAKMP 在 IPSec 中起到什么作用？

9.7.3 习题

9.1 描述或解释表格 9.2 中的每一行。

9.2 对 AH 画一个类似于图 9.8 的图。

9.3 分别列出 AH 和 ESP 提供的主要安全服务。

9.4 在讨论 AH 的过程中，提到过并不是 IP 报头中的所有域均参与 MAC 计算。

a. 指明在 IPv4 报头的所有域中，哪些是不可变的，哪些是可变但可预测的，哪些是可变的（0 优先级 ICV 计算）？

b. 对 IPv6 报头做上述处理。

c. 对 IPv6 扩展报头也做上述处理。

对于每种情况，说明你对每个域的结论是合理的。

9.5 假设当前的重放窗口由 120 扩展到 530：

a. 如果下一个进来的已认证包有序列号 105，则接收方需如何处理该包？处理后的窗口参数是什么？

b. 如果下一个进来的已认证包的序列号是 440，则接收方又当如何处理？处理后的窗口参数又是什么？

c. 如果下一个进来的已认证包的序列号是 540，则接收方又当如何处理？处理后的窗口参数又是什么？

9.6 当使用隧道模式时，将创建一个新的外部 IP 报头。IPv4 和 IPv6 都指明了外部包中每个外部 IP 报头域和每个扩展报头同内部 IP 包对应的域或扩展报头之间的关系。请问：哪些外部值是由内部值推导而来，哪些外部值是独立于内部值而创建的？

9.7 在两个主机之间需要实现端对端加密和认证。请画出类似于图 9.8 的示意图来说明：

a. 传输邻接，先加密后认证。

b. 一个隧道 SA 中有一个传输 SA，先加密后认证。

c. 一个隧道 SA 中有一个传输 SA，先认证后加密。

9.8 IPSec 的体系结构文档规定：当两个传输模式的 SA 被捆绑在一起以允许 AH 协议和 ESP 协议可以在同一个端对端流中得以实现时，仅有一个顺序看起来是较为合理的——先执行 ESP 协议再执行 AH 协议。请问：为什么推荐这种顺序而不是先认证后加密？

9.9 对 IKE 密钥交换，指出哪些参数属于 ISAKMP 载荷类型。

9.10 IPSec 是在协议栈中处于什么位置？

第 10 章 恶 意 软 件

10.1 恶意软件类型
10.2 高级持续性威胁
10.3 传播-感染内容-病毒
10.4 传播-漏洞利用-蠕虫
10.5 传播-社会工程-垃圾邮件与特洛伊木马
10.6 载荷-系统破坏
10.7 载荷-攻击代理-僵尸病毒与机器人
10.8 载荷-信息窃取-键盘监测器、网络钓鱼与间谍软件
10.9 载荷-隐身-后门与隐匿程序
10.10 防护措施
10.11 分布式拒绝服务攻击
10.12 关键词、思考题和习题

学习目标

学习完这一章后，你应该能够：

- 描述三种恶意软件的传播机制。
- 理解病毒、蠕虫和特洛伊木马的基本操作。
- 描述恶意载荷的四种类型。
- 理解僵尸、间谍软件和 Rootkit 的三种不同威胁。
- 描述恶意软件防御的一些方法。
- 描述进行恶意软件检测机制的三个位置。

恶意软件可以说是计算机系统最大的威胁之一。SP 800-83（台式机和笔记本电脑的恶意软件事件预防和处理指南，2013 年 7 月）将恶意软件定义为“隐蔽植入另一段程序的程序，它企图破坏数据，运行破坏性或者入侵性程序，或者破坏受害者数据，应用程序或操作系统的机密性、完整性和可用性”。因此，我们关心恶意软件对应用程序和工具程序如编辑器、编译器和内核级程序带来的威胁。我们同样关心它在被恶意感染的网站和服务器上的使用，尤其是那些制作垃圾邮件和其他信息的网站和服务器，这些信息企图欺骗用户泄露个人敏感信息。

本章[1]对恶意软件的威胁和防护措施展开研究。本章从综述各种恶意软件的类型开始，首先基于恶意软件传播的方法，然后基于恶意软件到达指定目标后执行的动作对其进行分类。传播机制包括病毒、蠕虫和特洛伊木马使用的机制。载荷包括系统污染、僵尸、网络钓鱼、间谍

1 我要感谢澳大利亚国防研究院的 Lawrie Brown，他提供了本章素材。

软件和 Rootkit。接着讨论对应的防护措施。最后，讨论分布式拒绝服务攻击。

10.1 恶意软件类型

在这个领域中，对于术语的使用存在着一些问题。这是因为缺少对这些术语的通用协议，而同时又存在着某些领域的交叠。表 10.1 提供了一个很好的指示。

表 10.1 恶意程序的术语

名　称	描　述
病毒	当执行时，向可执行代码传播自身副本的恶意代码；传播成功时，可执行程序被感染。当被感染代码执行时，病毒也执行
蠕虫	可独立执行的计算机程序，并可以向网络中的其他主机传播自身副本
逻辑炸弹	入侵者植入软件的程序。逻辑炸弹潜藏到触发条件满足为止，然后该程序激发一个未授权的动作
特洛伊木马	貌似有用的计算机程序，但也包含能够规避安全机制的潜藏恶意功能，有时利用系统的合法授权引发特洛伊木马程序
后门/陷门	能够绕过安全检查的任意机制；允许对未授权的功能访问
可移动代码	能够不变的植入各种不同平台，执行时有身份语义的软件（例如，脚本、宏或者其他可移动指令）
漏洞利用	针对某一个漏洞或者一组漏洞的代码
下载者	可以在遭受攻击的机器上安装其他条款的程序。通常，下载者是通过电子邮件传播的
自动路由程序	用于远程入侵到未被感染的机器中的恶意攻击工具
病毒生成工具包	一组用于自动生成新病毒的工具
垃圾邮件程序	用于发送大量不必要的电子邮件
洪流	用于占用大量网络资源对网络计算机系统进行攻击从而实现 DoS 攻击
键盘日志	捕获被感染系统中的用户按键
Rootkit	当攻击者进入计算机系统并获得低层通路之后，使用的攻击工具
僵尸	活跃在被感染的机器上并向其他机器发射攻击的程序
间谍软件	从一个计算机上收集信息并发送到其他系统的软件
广告软件	整合到软件中的广告。结果是弹出广告或者指向购物网站

10.1.1 恶意软件的分类

恶意软件有很多种分类模式，其中一种常用的分类方法首先基于恶意软件传播的方法，然后基于恶意软件到达指定目标后执行的动作将其可以分为两类。

传播机制包括通过病毒感染已存在的可执行或解释执行的内容，随后传播到其他系统；蠕虫或者下载驱动病毒利用本地或者网络上软件漏洞从而使恶意软件得以复制；劝说用户绕开安全机制从而安装特洛伊木马程序或者对网络钓鱼攻击做出应答的社会工程攻击。

以前的恶意软件分类方法根据其是否需要驻留在宿主程序中或者独立于宿主程序将其

分为两类。前一类软件比如病毒，称为**寄生的**。后一类软件是可以被操作系统调度并运行的独立程序，这类软件有蠕虫、木马和僵尸等。另一个分类标准是根据恶意软件是否进行复制，不进行复制的软件有特洛伊木马、垃圾邮件，进行复制的软件有病毒和蠕虫。

当恶意软件到达目标系统时，它会污染系统或者数据文件，窃取服务从而使得系统成为僵尸网络攻击中的僵尸代理；通过键盘日志或者间谍软件从系统中窃取有用信息比如登录密码或者其他个人信息；或者恶意软件隐藏在系统中从而避免对它进行的检测。

尽管早些时候的恶意软件使用一种传播方式传递载荷，随着恶意软件的发展，我们看到越来越多的恶意软件使用混合方式，它同时使用传播机制和载荷，从而提高其传播、隐藏或者在目标系统执行动作的能力。**混合攻击**使用多种感染或者传播方法，从而最大化传染速度和攻击严重性。一些恶意软件甚至支持更新机制从而可以改变传播范围和载荷机制。

下面研究各种类型的恶意软件，然后讨论合适的应对措施。

10.1.2 攻击套件

最初，恶意软件的开发和部署需要软件作者相当高的技术技能。随着在 20 世纪 90 年代初的病毒创建工具的发展，这种要求改变了，后来到 2000 年年初的时候有了更通用的攻击套件，极大地促进了恶意软件的开发和部署[FOSS10]。这些工具套件，通常称为**犯罪软件**，包括各种传播机制和载荷模块，即便是初学者也可以结合、选择和部署。他们可以轻易地利用最新发现的漏洞进行定制从而利用漏洞发布和为应对漏洞而发布的补丁之间的时间差。这些套件极大地扩大了能够部署恶意软件的攻击者的数量。尽管使用这种套件创造的恶意软件没有完全从零设计的恶意软件成熟，但是攻击者使用这些工具套件产生的恶意软件新变种的绝对数量对那些防卫系统免受这些攻击的人来说，带来了明显的问题。

Zeus 犯罪软件工具套件是一个最近比较突出的此类攻击套件的例子，使用这种软件产生一系列有效的、隐蔽的恶意软件，由此引发了许多犯罪活动，尤其是捕获和利用银行证书[BINS10]。

10.1.3 攻击源头

在过去几十年间，恶意软件另一个明显的发展是攻击者从想要向同伴展示自己技术才能的个人变成了更加有组织的、危险的攻击源头。这些源头包括出于政治动机的攻击者、犯罪者和有组织的犯罪；向公司和国家出售自己服务的组织；国家政府机构。这明显改变了恶意软件兴起的动机和可用资源，而且确实导致了地下经济的发展，这包括出售攻击套件，访问被攻破的主机和被盗信息。

10.2 高级持续性威胁

近年来，高级持续性威胁（APT）逐渐凸显。这并不是一种新型的恶意软件，而是一种资源充沛的、持久的攻击，它具有大量的入侵技术和恶意软件来选择目标，这些目标通常是商业的或者政治的。APT 通常是由国家赞助的组织所为，也有一些攻击可能来自于犯罪集团。我们会在第 11 章进一步讨论这些入侵类别。

APT 与其他类型的攻击都不同，它会非常谨慎地选择目标，对其进行持续性的，通常也是秘密的攻击，并且通常需要长久地进行入侵。一些有名的攻击例子包括 Aurora，RSA，APT1 以及 Stuxnet。他们具有以下的特点：

- 高级：被那些有大量入侵技术和恶意软件的攻击者所使用，如果需要的话还包括开发定制的恶意软件。单独的组件可能不需要在技术层面上非常的先进，但是一定是针对已选的攻击目标而非常谨慎的选择出来的。
- 持续性：决定在较长时间内对所选目标应用攻击来最大化攻破的概率。大量的攻击会逐渐的，常常也是秘密地应用到攻击目标上，直到目标被盗用。
- 威胁：对于被选中的目标来说，其所受到的威胁，来自于有组织的、有能力的并且设备齐全的攻击者们试图对特别选中的目标造成危害。在这个过程中，由于自动攻击工具和成功攻击的可能性，使得人的积极参与将极大地增加威胁级别。

这些攻击的目的，有的是盗窃知识产权，有的是破坏安全和基础设施相关的数据，造成对基础设施的物理破坏。用到的技术包括社交工程，鱼叉式网络钓鱼邮件，在目标中的人员可能会访问的被选中的受到破坏的网站中进行过路式下载，以用有多种传播机制和有效载荷的复杂的恶意软件去传染目标。一旦他们在目标组织里面获得初始访问权限，更多的攻击工具就会被用来保持并扩展他们的入口。

因此，由于这种靶向性和持续性，就使得这种攻击的防护变得特别的困难。这需要技术对策的结合，正如这章后面会讨论的一样，同时也要提高意识、加强训练来帮助个人抵抗这种攻击。即便是当前最优的对策，零日攻击和新的攻击方法的使用都意味着这些攻击有的可能会攻击成功[SYMA13, MAND13]。所以需要多层防护层，且这些防护层应具有检测、响应和减缓这种攻击的机制。这可能包括监控恶意软件命令和控制通信量，以及对泄露通信量的检测。

10.3　传播-感染内容-病毒

第一种恶意软件传播策略与驻留在某些已有可执行程序中的寄生软件碎片有关。这些碎片可能是机器代码，能够感染现存的应用程序、工具程序、系统程序甚至是计算机系统启动代码。近来这些碎片更多的是某种形式的脚本代码，一般用来支持诸如 Microsoft Word 文件、Excel 表格和 Adobe PDF 等数据文件中的活动性内容。

10.3.1　病毒本质

计算机病毒是能够通过修改而达到“感染”其他程序的一段软件，或者说实际上任何形式的可执行内容都可以被感染。这种修改操作包括在原始代码中注入能够复制病毒代码的例程，而这些例程又能够继续感染其他内容。

计算机病毒在它的指令码中携带有能够完美复制自身的方法。典型的病毒进入主机并植入计算机的程序或是可执行内容的载体中。之后，一旦被感染的计算机与未被感染的代码片段接触，病毒副本就会传入这个新区域。可信用户会通过磁盘、USB 等存储设备或计算机网络来交互这些受感染的程序和文件，计算机病毒就借此在计算机之间传播开来。在网络环境中，访问文件、应用程序和其他计算机上的系统服务程序成为病毒代码传播的温床。

依附于可执行程序的计算机病毒可以做该程序运行权限内的任何事，不过是在宿主程序运行时秘密地执行。一旦病毒执行，它可以实现病毒设计者所设计的任何功能，比如只有当前授权用户才能做的删除文件或程序操作。早年间计算机病毒在恶意软件领域占主导地位，原因之一是那时的个人电脑系统缺乏用户认证和访问管理。这使得病毒可以感染系统中的任何可执行内容。数量众多的软件程序借助软盘共享也使得病毒传播变得容易，尽管有些缓慢。现代操作系统中严密的访问控制有效降低了这类计算机可执行代码型的传统病毒的传染性。这导致了宏病毒的发展。宏病毒攻击诸如 Microsoft Word、Excel 文件或是 PDF 文档等文件类型所支持的活动性内容。作为系统常规使用功能的一部分，这些文档极易被用户修改或共享，且不具备与程序同等程度的访问控制保护。一般来说，病毒感染模式是当前恶意软件使用的几种传播机制之一，其他的机制还包括蠕虫和特洛伊木马。

计算机病毒，以及更一般来说时下的多种恶意软件，都包含一种或者多种下述组成部分及其变体。

- **感染机制**：病毒散布或传播的方法，能使病毒复制。这种机制也被称作感染载体。
- **触发**：决定载荷何时被激活或者传输的事件或条件，有时也称为逻辑炸弹。
- **载荷**：除传播外，病毒要做的事。载荷通常会做一些有害的或者恶性的动作。

典型病毒的生命周期，包含以下 4 个阶段：

- **休眠阶段**：在这个阶段中，病毒不执行操作，而是等待被某些事件激活，这些事件包含某一个特定日期、其他程序或文件的出现、磁盘容量超出了某些限度等。并非所有的病毒都有这一阶段。
- **传播阶段**：病毒将与其自身完全相同的副本植入其他程序或磁盘的某些系统区域。副本可能并不是与传播的版本完全一致；病毒经常产生变种以逃避监测。每个被传染的程序中都将包含病毒的一个副本，并且这些副本会自动进入传播阶段，继续向其他程序传播病毒。
- **触发阶段**：病毒在这一阶段中将被激活以执行其预先设定的功能。和休眠阶段类似，病毒进入触发阶段可以由很多系统事件引起，其中包括病毒复制的数量达到某个数值。
- **执行阶段**：在这个阶段，病毒将实现其预期的功能。这些功能可能无害，比如在屏幕上显示一条信息；也可能是破坏性的，比如对程序或数据文件的损坏等。

大多数感染可执行程序文件的病毒都针对某一个特定的操作系统以某种特定的方式执行，在某些情况下，还可能是针对某个特定的硬件平台。因此，病毒的设计需要对特定系统的细节和弱点有深入的了解。不过宏病毒所针对的是特定的文件类型，多种系统都可支持。

可执行病毒的结构

传统的机器可执行病毒代码在一些可执行程序之前或之后执行，还可以以其他形式嵌入到程序中。病毒执行的关键是被感染的程序在被调用时，将首先执行病毒代码，之后才执行程序的原始代码。

图 10.1 是对病毒结构的一个非常通用的描述。在这个例子中，病毒代码 V 设置在感染

程序的前端。它还作为程序的入口，当程序被调用时，病毒程序被首先执行。

```
program V :=

{goto main;
  1234567;

  subroutine infect-executable :=
     {loop:
     file := get-random-executable-file;
     if (first-line-of-file = 1234567)
        then goto loop
        else prepend V to file; }

  subroutine do-damage :=
     {whatever damage is to be done}

  subroutine trigger-pulled :=
     {return true if some condition holds}

main:   main-program :=
     {infect-executable;
     if trigger-pulled then do-damage;
     goto next;}

next:

}
```

(a) 简单病毒

```
program CV :=

{goto main;
  01234567;

  subroutine infect-executable :=
          {loop:
             file := get-random-executable-file;
          if (first-line-of-file = 01234567) then goto loop;
(1)       compress file;
(2)       prepend CV to file;
       }

main: main-program :=
          {if ask-permission then infect-executable;
(3)       uncompress rest-of-file;
(4)       run uncompressed file;}
       }
```

(b) 压缩病毒

图 10.1 病毒逻辑实例

被感染的程序以病毒代码开始，按照下面的步骤运行。第一行代码标识了该程序，程序执行时首先执行病毒的主要行为模块。第二行是病毒的一个特殊标记，病毒利用该标记判断潜在的受害程序是否已经被感染。当程序被调用时，控制权会立即转移给主病毒程序。病毒程序首先寻找未被感染的可执行文件并对它们进行感染操作。之后，一旦所需的任一触发条件满足，病毒就可能执行其载荷内的操作。最后，病毒将控制权移交给宿主程序。如果感染过程足够快，那么用户很难注意到程序感染前后在执行时的区别。

由于感染后的程序比感染之前的程序长，所以像前面所描述的一样，这种病毒很容易被检测到。防止这种检测方法的手段，是对可执行文件进行压缩，使得无论该程序是否被感染，它的长度都是相同的。图 10.1（b）概括地展示了所需的逻辑。这个病毒的关键部分已用时间标示出来，而图 10.2 说明了这一操作过程。以 t_0 为初始时刻，P'_1 是感染了病毒 CV 的 P_1 程序，P_2 是并未感染 CV 的洁净程序。当 P_1 被调用，控制权由病毒掌管，并按以下几个步骤操作：

t_1 对发现的每个未被感染的文件 P_2，病毒首先压缩该文件，生成比原始文件小的 P'_2，P'_2 与 P_2 在文件大小上的差异，刚好是病毒 CV 的大小。

t_2 病毒 CV 将其副本放置在该压缩程序的前端。

t_3 对最初被感染的程序的压缩版 P'_1 进行解压缩。

t_4 执行解压缩后的原始程序 P_1。

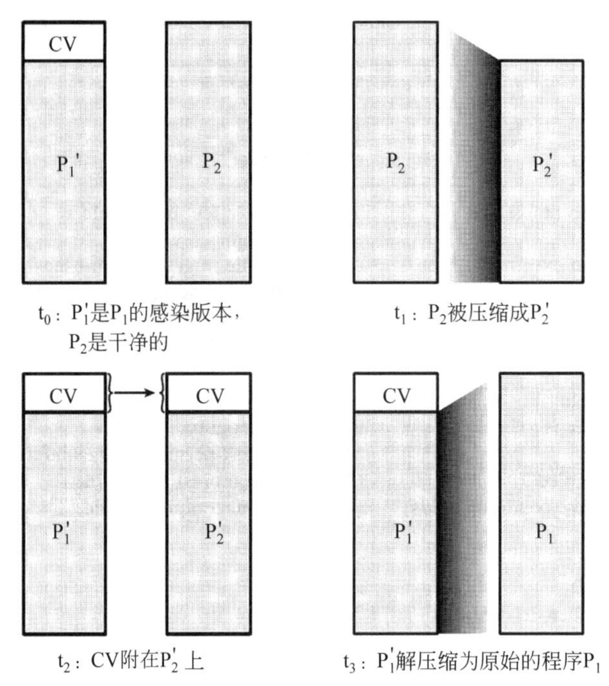

图 10.2　压缩病毒

在这个例子中，病毒除传播外没有执行其他功能。但正如前面例子中提到的，病毒中也可能包含一个或多个载荷。

一旦病毒通过感染某个程序而进入系统，则当这个被感染的文件开始执行时，它就可以继续感染系统中部分甚至是所有可执行文件。因此，如果能防止病毒感染的第一步，就可以使整个系统对病毒具有免疫能力。不幸的是，由于病毒可以是系统之外的任意程序的一部分，所以对病毒的预防是格外困难的。因此，除非能做到自己编写独立的系统程序和应用程序完全不与外部交互，否则系统是很容易受到病毒攻击的。很多形式的感染可以通过拒绝普通用户修改系统上的程序而得以防止。

10.3.2　病毒分类

自从病毒出现以来，在病毒制造者和反病毒软件的开发者之间就一直存在着激烈竞争。每当对已有病毒的有效防护措施开发出来，就会有新病毒出现，因此对病毒没有一个简单或一致认可的分类方法。本节我们采用[AYCO06]中沿着两个正交轴进行分类的方法对病毒分类：目标型病毒，即企图感染的病毒；方法型病毒，即病毒隐藏自己以逃过用户或反病毒软件的监测。

按目标进行分类的病毒包括下面一些种类。

- **引导扇区感染病毒**：引导扇区病毒感染主引导记录或者其他引导记录，当系统从包含这种病毒的磁盘启动时，病毒将传播开来。
- **文件感染病毒**：感染被操作系统或 Shell 认为是可执行的文件。
- **宏病毒**：在一个应用程序解释宏代码或脚本代码时感染文件。

- **混合体病毒**：用多种方式感染文件。实际上，混合体病毒能够感染多种类型的文件，因此清除该病毒要处理所有可能感染的地方。

按隐藏策略进行分类的病毒包括以下几种：

- **加密病毒**：一种典型的方法如下：病毒的一部分产生一个随机的加密密钥并加密病毒的其他部分。密钥同时存放在这个病毒中。当一个受感染的程序被调用时，病毒用存储的密钥解密该病毒。当病毒被复制时，另选一个不同的随机密钥。因为对该病毒的每一个实例，加密的密钥不同，所以无法从中找到固定的位模式。
- **隐形飞机式病毒**：这种病毒设计的巧妙之处是它自身具有较好的隐蔽性，可以逃避反病毒软件的检测。因此，隐藏起来的是完整的病毒而非仅仅一个载荷。诸如压缩之类的代码变形和根工具箱技术都可能被采用以实现病毒隐藏的目的。
- **多态病毒**：这种病毒在每次感染时都会表现为不同的形态，从而使得通过病毒“签名”来进行检测的方法无法实现。
- **变形病毒**：如多态病毒一样，变形病毒在每次感染过程中也会表现为不同形态。但不同的是变形病毒在每次反复的过程中会完全改写自身的代码，从而增加检测的难度。变形病毒既可以改变它们的行为，也可以改变外观。

10.3.3 宏病毒与脚本病毒

宏病毒的感染对象是多种类型用户文件中用以支持活动内容的脚本代码。宏病毒具有非常高的危险性，原因有以下几点：

（1）宏病毒是平台无关的。大多数宏病毒会感染常用应用程序中的活动性内容，比如Microsoft Word文档中的宏，或者Adobe PDF文档中的脚本代码。因此任何支持这些应用的硬件平台和操作系统都可以被宏病毒感染。

（2）宏病毒感染的目标是文档，而不是可执行的代码段。而实际上，传入计算机系统中的大部分信息都以文档而非程序的方式保存。

（3）宏病毒易于传播，因为常规应用会共享这些病毒要利用的文档。一个非常普遍的传播媒介是电子邮件。

（4）由于宏病毒感染用户文档而非系统程序，而用户被允许修改这些文件，因此传统的文件访问控制系统在阻止病毒传播时作用有限。

宏病毒利用的是内嵌在文字处理文档或其他类型文件中支持活动性内容的脚本语言或宏语言。宏的典型应用是，用户可以使用它来自动完成一些重复性的工作，而不必进行重复的键盘输入。宏也被用于支持动态内容、表单验证和其他与文档相关的有用任务。

在Microsoft办公软件的后续版本中，增强了对抗宏病毒的保护措施。例如，Microsoft提供一种可选的宏病毒防护工具，这种工具会检测到可疑的Word文件并向用户报告打开带有宏的文件可能潜在的风险。很多种反病毒产品供应商也已经开发了检测和移除宏病毒的工具。与其他病毒一样，在对抗宏病毒的领域，制造与防护的斗争也非常激烈。但现在，宏病毒已经不再是主流的病毒威胁。

宏病毒型恶意软件的另一个可能宿主是Adobe PDF文档。这类文档支持不同的嵌入式组件，包括Java脚本和其他类型的脚本代码。尽管最近的PDF阅览器包含在这类代码运行时警告使用者的功能，用户也可能会被修改过的提示信息欺骗而允许这些代码执行。如果这一情况发生，这些代码就会作为潜在的病毒而感染在用户系统上可访问的其他PDF文档。也有其他可能，在系统内安装特洛伊病毒或者充当蠕虫病毒，接下来将详细讨论。

10.4 传播-漏洞利用-蠕虫

蠕虫是一种可以主动的寻找更多目标机器进行感染，而每台被感染的机器又变成对其他机器实时攻击的源头的程序。蠕虫发掘用户或服务程序中的软件漏洞从而获得每个新系统的访问权限。蠕虫可以借助网络连接在系统间传播，也可以借助共享媒介传播，比如USB驱动器、CD或DVD数据磁盘。电子邮件蠕虫以文档中的宏代码或脚本代码形式传播，这些文档来源于电子邮件附件或者即时通信文件传输。一旦激活，蠕虫就可以再次复制和传播。除传播以外，蠕虫还会携带某些形式的载荷，比如下面即将讨论的这些。

为了实现自身的复制，蠕虫病毒需要使用一些方法以访问远程系统。这些方法包括：

- **电子邮件或即时通信设施**：蠕虫可以借助电子邮件将自身的副本邮寄给其他系统，还可以作为附件凭借即时通信设施将自己发送出去，从而使得蠕虫的代码在邮件或附件被接收或打开时运行。
- **文件共享**：蠕虫创建自身副本或者像病毒那样感染USB驱动之类可移动媒介中其他适宜感染的文件。接着，在驱动与其他系统连接或者用户打开目标系统上的受感染文件时，蠕虫会通过发掘一些软件漏洞以自动运行的机制执行。
- **远程执行功能**：利用此功能，蠕虫可以在其他系统上执行自身的副本，这样要么使用直接的远程可执行工具，要么利用一个网络服务中的程序缺陷去破坏该系统的操作。
- **远程文件访问或传输能力**：蠕虫使用远程文件访问或到另一个系统的传输服务将自己从一个系统复制到其他系统，而那些系统的用户将会执行这些蠕虫。
- **远程登录能力**：蠕虫可以以用户的身份登录一个远程系统，并用命令将自身从一个系统复制到其他系统，然后在那里运行自己。

新的蠕虫程序副本稍后会在远程系统上运行，除在该系统上执行它所携带的载荷功能外，它还会继续蔓延下去。

一个典型的蠕虫使用与计算机病毒相同的运行周期：休眠、传播、触发和执行。传播阶段通常执行以下功能：

- 通过检查已感染主机的宿主表、地址簿、好友列表、信任同伴或其他类似的存放远程系统访问细节的相应文件，通过扫描可能的目标宿主地址，或者通过搜寻所使用的适宜的可移动媒介装置，得到感染其他系统的合适的访问机制。
- 使用找到的访问机制传送自身副本到远程系统并使之运行。

蠕虫将自身复制给某个系统之前，可能还会尝试检测该系统是否已经被感染。在一个多道程序设计系统中，蠕虫还能够将自身命名为一个系统进程名或其他不易被系统操作员注意的名字而伪装其存在。更多新近出现的蠕虫甚至可以将它们的代码插入到系统的现有进程中并使用该进程中的附加线程而运行，从而更进一步地伪装其存在。

10.4.1 目标搜寻

网络蠕虫在传播阶段的第一个功能是搜索其他可以感染的系统，这一过程又称为扫描或指纹识别。作为能够发掘远程可访问网络服务器中软件漏洞的蠕虫，它必须鉴别因运行易受攻击服务而具备感染潜质的系统并实施感染。 之后的典型步骤是，安装在被感染机器上的蠕虫代码重复扫描过程，直到产生一个巨大的由受感染机器组成的分散式网络。

[MIRK04]列出了此类蠕虫可以使用的网络地址扫描策略，其类型如下：

- **随机**：每一台受到影响的主机都会借助不同的种子来探测其 IP 地址空间中的随机地址。该技术会产生很大的互联网通信量，这甚至会在实际攻击开始前引起一般意义上的系统崩溃。
- **预先生成的目标列表**：攻击者首先编制一张很长的潜在可攻击计算机列表。这是一个缓慢进程，通过在进行攻击时避免检测可以完成黑名单的编制，但是这需要很长时间。一旦列表编制完成，攻击者就会开始感染该列表上的计算机。每一台被感染的计算机都会被分配一部分列表以进行扫描。这一策略会带来极短的扫描周期，从而使得在感染发生时不易被检测到。
- **内部目标列表**：这一方法使用被感染的受害计算机中包含的信息去寻找更多可以扫描的主机。
- **本地子网**：如果一台主机在防火墙的保护之下被感染，那么之后该主机就会在其自身的本地网络中寻找攻击目标。该主机借助子网地址组织结构来寻找其他不能被这一防火墙保护的主机。

10.4.2 蠕虫传播模式

设计精巧的蠕虫可以迅速传播并感染大量计算机。拥有计算蠕虫传播速率的通用模型很有使用价值。计算机病毒和蠕虫表现出与生物病毒类似的自复制与传播行为。因此可以通过经典的指数模型来理解计算机病毒和蠕虫的传播行为。一个简化的经典指数模型可以表述如下：

$$\frac{\mathrm{d}T(t)}{\mathrm{d}t}=\beta I(t)S(t)$$

其中：

$I(t)=$ 在时刻 t 时受传染的个体数量；

$S(t)=$ 在时刻 t 时易感染的个体数量（易于感染但还未被感染）；

$\beta=$ 感染率；

N=总体规模，$N=I(t)+S(t)$。

图 10.3 显示了蠕虫传播模型的动态特性。传播经历三个阶段。在初始阶段，受感染的主机数呈指数增长。为了更加形象，考虑一种简单的情况，蠕虫从一个主机上开始感染附近两个主机。而每一个受到感染的主机再感染另外两个，依次类推。这就形成了指数增长。一段时间过后，在攻击已被感染的主机时会耗费时间，这样就降低了感染率。在这个中间

阶段，增长呈线性，但增长率还是很高。当大部分有漏洞的主机均被感染时，蠕虫试图感染难以确认身份的剩余主机而使传播进入一个慢速结束阶段。

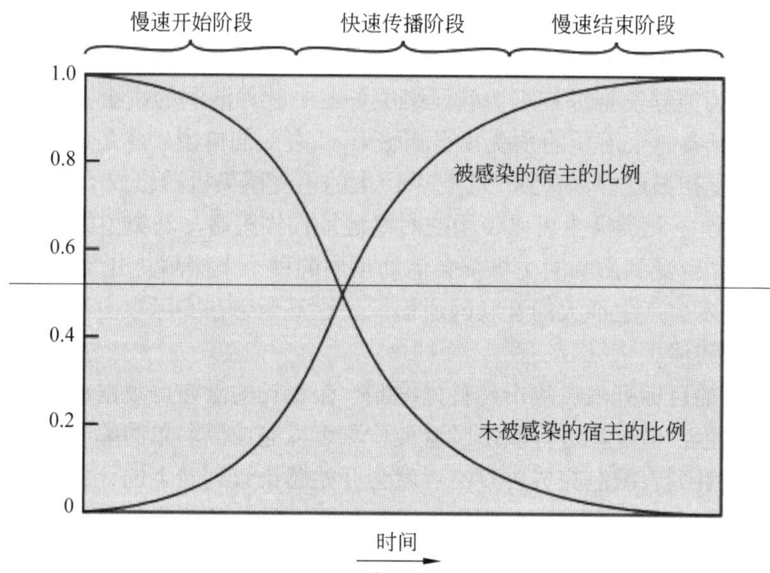

图 10.3 蠕虫传播模型

很明显，防御蠕虫的目标就是在慢速开始阶段，当较少主机被感染时控制蠕虫。

Zou 和其他人[ZOU05]描述了一个基于当时网络蠕虫攻击分析的蠕虫传播模型。传播速度和受感染主机总量依赖于多种因素，包括传播方式、漏洞的利用以及与以前攻击的相似程度。对于最后一种因素，如果攻击是以前攻击的变种，则防御起来要比新型攻击有效。Zou 的模型与图 10.3 非常吻合。

10.4.3 莫里斯蠕虫

最早的重大蠕虫感染是 1988 年由 Robert Morris 发布到互联网上。莫里斯蠕虫被设计为在 UNIX 系统上传播，并使用多种不同的传播技术。当一个副本开始执行时，它的首要任务就是搜寻从当前主机上可以进入的其他主机。这个任务通过检查系统中的多个目录和列表完成，其中，列表包括当前主机信任的其他机器名单列表、用户的电子邮件转发文件、用户赋予登录权限的远程账户列表以及某些报告网络连接状态的程序等。对每一个新发现的主机，蠕虫病毒都会尝试多种方法以获得访问权限。

（1）蠕虫尝试以合法用户的身份登录远程主机。这种方法中，蠕虫首先尝试破解本地密码文件，之后利用得到的密码和相应的账号进行登录。这种方法假定有很多用户在不同系统上使用相同密码。为获得这些密码，蠕虫会运行一个密码破译程序，该程序尝试以下几点：

a. 枚举每个用户的账户名及其简单置换。

b. 枚举内置的 432 个莫里斯认为常用的候选密码[1]。

c. 枚举本地系统路径中的所有词汇。

1 完整列表见本书网站。

（2）蠕虫攻击 UNIX 中 finger 协议的漏洞，这个漏洞会报告远程用户所在的位置。

（3）蠕虫攻击接收并发送邮件的远程程序的调试选项中的一个陷门。

如果上述几种攻击中的任何一种成功，蠕虫就完成与操作系统命令解释器的通信。之后，蠕虫会向该解释器发送一条简短的引导程序，并发出运行该程序的命令，然后注销当前的远程登录。引导程序之后会回调父程序并下载蠕虫的其余部分。新的蠕虫然后被执行。

10.4.4 蠕虫病毒技术现状

蠕虫技术的现状包括以下几个方面。

- **多平台**：新型蠕虫不再局限于 Windows 操作系统计算机，而是可以攻击多样化的平台，尤其是现在流行的 UNIX，或者攻击流行文件类型所支持的宏语言或脚本语言。
- **多攻击点**：新蠕虫能够以多种方式入侵系统，其中包括攻击网络服务器、浏览器、电子邮件、文件共享及其他基于网络的应用，或者借助于共享媒介。
- **超速传播**：利用各种技术以最优化蠕虫传播速度，从而最大化蠕虫在短时间内定位尽可能多易感染计算机的可能性。
- **多态**：为逃避检测，跳过过滤并阻止实时分析，蠕虫采用病毒的多态技术。每个蠕虫副本都可以利用功能上等价的指令以及加密技术生成新代码。
- **变形**：除改变自身形态外，变形蠕虫还在复制的不同阶段中释放不同行为模式的指令表。
- **传输工具**：由于蠕虫可以迅速危及大量系统的安全，他们是传播多种恶意载荷的理想工具，比如 DDoS 攻击、Rootkit、垃圾邮件生成器和间谍软件。
- **零天攻击**：为达到最有效的突袭和最广的分布，蠕虫需要攻击不为人知的漏洞。这种漏洞在蠕虫发起进攻时才被网络公众发现。

10.4.5 恶意移动代码

SP 800-28（活动内容和移动代码指南，2008 年 3 月）将恶意移动代码定义为可以不加改变地运送到异构平台集合并使用缩进语义执行的程序（例如脚本、宏或其他可移植指令）。

恶意移动代码从远程系统传送到本地系统，并且在没有用户明确指令的情况下在本地系统上执行。恶意移动代码通常为病毒、蠕虫或者特洛伊木马充当一种机制，从而被传输到用户工作站。在其他情况下，恶意移动代码利用漏洞来执行自身的动作，比如未授权数据的访问或者超级用户权限。比较流行的恶意移动代码载体包括 Java Applet、ActiveX、JavaScript 和 VBScript。使用恶意移动代码在本地系统进行恶意操作的最普遍方法是跨站脚本攻击、交互和动态网站、电子邮件附件以及来自不可信网站的下载或不可信软件。

10.4.6 客户端漏洞和网站挂马攻击

攻击软件漏洞的另一个方法是发掘用户安装恶意软件的应用中的问题。实现该方法的一种通用方式是攻击浏览器漏洞，当用户浏览一个攻击者控制的网页时，网页包含的代码会攻击浏览器漏洞，从而在用户不知晓并且没有用户许可的情况下下载恶意软件到该系统并安装。这一方法被称为网站挂马攻击，是近期的攻击工具箱中的一种常用攻击。大多数情况下，这种恶意软件并不会像蠕虫那样活跃的传播，而是等待未知用户访问恶意网页从而将恶意软件传播至这些用户系统。

一般而言，网站挂马攻击针对的是访问受感染网站并且容易被所使用的漏洞影响的人。水坑攻击区域的变种用于高度针对性的攻击。攻击者研究他们的目标受害者以识别他们可能访问的网站，然后扫描这些网站以识别那些有漏洞的人，这些漏洞允许他们通过逐个下载攻击进行攻击。然后，他们等待其中一名受害者访问其中一个受感染的网站。甚至可以编写他们的攻击代码，以便它只会感染属于目标组织的系统，并且不会对该站点的其他访问者采取任何操作。这大大增加了网站妥协未被发现的可能性。

恶意广告是另一种在网站上放置恶意软件而不会实际损害它们的技术。攻击者支付极有可能被放置在其预期目标网站上的广告，并且其中包含恶意软件。使用这些恶意添加，攻击者可以感染访问显示它们的网站的访问者。同样，可以动态地生成恶意软件代码以降低检测机会或仅感染特定系统。

前述恶意软件的相关变体可以攻击一般电子邮件客户端的漏洞，比如 2001 年 10 月出现的 Klez 大批量邮件蠕虫，该蠕虫以 Microsoft Outlook 和 Outlook Express 程序的 HTML 句柄中的一个漏洞为攻击目标从而自动运行。或者，此类恶意软件可能把通用的 PDF 阅读器作为攻击目标，当用户浏览恶意的 PDF 文档时，在未经用户许可的情况下恶意软件会被同时下载并安装。这类文档可能经由垃圾邮件传播，或者充当网络钓鱼攻击的目标的一部分，我们将在下面进行介绍。

10.4.7 点击劫持

点击劫持也称为用户界面（UI）覆盖攻击，是攻击者用于收集受感染用户点击的漏洞。攻击者通过可以强制用户执行各种操作，从调整用户的计算机设置到无意中将用户发送到可能具有恶意代码的网站。此外，通过利用 Adobe Flash 或 JavaScript，攻击者甚至可以在合法按钮下方或上方放置按钮，从而使用户难以检测。典型的攻击使用多个透明或不透明层来诱使用户在打算单击顶级页面时单击其他页面上的按钮或链接。因此，攻击者劫持了针对一个页面的点击并将其路由到另一个页面，很可能是由另一个应用程序，亦或两者所有。

使用类似的技术，键击也可能被劫持。通过精心设计的样式表，内嵌框架和文本框组合，导致用户相信他们输入的是他们的电子邮件或银行账户的密码，然而是输入由攻击者控制的隐形框架。

有许多种技术可以完成点击劫持攻击，并且开发了新技术，因为对旧技术的防御已经到位。[NIEM11]和[STONIO]是有用的讨论。

10.5 传播-社会工程-垃圾邮件与特洛伊木马

我们考虑到的最后一种恶意软件传播策略包含社会工程，即欺骗用户去协助恶意软件窃取他们自己的系统或个人信息。这一情况可能会在用户浏览或回复垃圾邮件，以及允许安装和运行某些特洛伊木马病毒或脚本代码时发生。

10.5.1 垃圾（未经同意而发送给接收方的巨量）邮件

未经同意而发送给接收方的巨量邮件，即通常所指的垃圾邮件，既大大增加了用来传送信息的网络设备花费，又加重了用户从垃圾邮件洪流中挑选出正当邮件所耗费的精力。为了应对迅猛增加的垃圾邮件，提供监测和甄别垃圾邮件产品的反垃圾邮件产业也同等迅速地发展起来。这导致了垃圾邮件制造者和防护者之间的激烈竞争，前者使用各种技术使垃圾邮件逃过检测，而后者则努力阻止这些垃圾信息。

虽然部分垃圾邮件是由合法服务器发送的，但近来绝大部分的垃圾邮件是由僵尸网络使用被控制的用户系统发送的，我们将在 10.7 节讨论。垃圾邮件内容的一个重要组成部分仅仅是广告，尝试劝说接收方网购某种商品或者用于诈骗，比如股票诈骗或者招聘广告。但是垃圾邮件也是恶意软件的一个重要载体。电子邮件可能有个文档附件，该文件一旦打开就会利用软件漏洞从而将恶意软件安装在用户系统上，就如同我们在之前的章节中讨论的那样。也可能垃圾邮件的附件是特洛伊木马程序或脚本代码，一旦运行也会安装恶意软件到用户系统上。某些特洛伊木马通过利用软件漏洞而自动安装，避免了对用户许可的需要，我们将在下面进行介绍。最后，垃圾邮件还可能被应用于钓鱼攻击，比较典型的方式是引导用户到看上去提供某些合法服务的虚假网站，比如一个网上银行站点，该站点会尝试破获用户的登录与密码信息，或者要求用户填写有足够个人信息的表格，从而使得攻击者能够通过身份盗窃假冒用户身份。垃圾邮件的这些应用方法使其成为一个很大的安全隐患。不过在大多数情形下，是由用户决定是否浏览垃圾邮件及其附件文档，是否允许某些程序的安装，这些操作都有可能导致攻击发生。

10.5.2 特洛伊木马

特洛伊木马是一种有用的，或者是表面上有用的程序或实用工具，它包含隐藏代码，一旦被调用，将会执行一些不想要或有害的功能。

特洛伊木马可以间接完成一些攻击者无法直接完成的功能。例如，为获得用户存储在文件中的敏感个人信息的访问权限，攻击者可以设置一个木马程序，当这个程序执行时，它会浏览存储有所需敏感信息的用户文件并通过网站、电子邮件或者文字消息将副本发送给攻击者。之后攻击者可以将木马包含到游戏或者实用工具中，并借由已知的软件发布站点或应用商店进行发布，从而引诱用户执行该木马程序。这种攻击方法近来常借助于一些实用工具，这些实用工具“宣称”自己是最新的反病毒检测器或者系统的安全升级，但实际上却是恶意特洛伊木马，常会携带各种载荷，比如会搜索银行证书的间谍软件。因此，用户需要提高警惕验证任何要安装的软件的来源。

不同特洛伊木马可归入下列三种模式之一：

- 在继续执行原程序功能之外还执行一个独立的恶意动作。
- 继续执行原程序的功能，但修改某些功能以便能够执行恶意动作（例如，一个能够获取密码的特洛伊木马登录程序）或者掩盖其他恶意动作（例如，一个不显示一些恶意进程的特洛伊木马进程列表显示程序）。

- 执行恶意功能并完全取代原有程序的功能。

一些木马程序通过利用某些软件漏洞使得自身能够自动安装并执行，从而不再需要用户的辅助。从这一角度来说这些木马与蠕虫有相似特点，但与蠕虫不同的是，它们并不复制。此类攻击的一个突出案例是在 2009 年和 2010 年年初极光行动中使用的 Hydrag 特洛伊木马。这个木马利用了 IE 浏览器的漏洞来安装自己并攻击了几家知名公司。它就是典型的借助垃圾邮件或者通过被攻破网站的网站挂马攻击来进行散播的。

10.6 载荷-系统破坏

一旦恶意软件在目标系统上被激活，接下来需要关心的就是它会在该系统上进行什么操作，也即，它所携带的载荷会做什么。一些恶意软件会携带空载荷或者无功能的载荷。或是有意或是偶然的提早发布所致，这类恶意软件的唯一目的是传播。更常见的是，恶意软件携带一个或更多的载荷，这些载荷为攻击者执行转换操作。

一种在某些病毒和蠕虫中发现的早期的载荷，当一定的触发条件满足时会导致受感染系统上的数据毁坏[WEAV03]。一个相关的载荷在被触发时，会在用户系统上显示有害的信息或内容。更为严重的，另一种载荷的变体企图对系统造成实质伤害。所有的这些操作都是以计算机系统中软件、硬件或用户数据的完整性为攻击对象的。这些改变不是立即出现的，仅当满足逻辑炸弹代码的特殊触发条件时才发生。

除了单纯毁坏数据这一方式外，某些恶意软件会加密用户的数据然后要求用户付款来得到恢复信息的密钥。这类软件被称为勒索软件。1989 年出现的 PC Cyborg 特洛伊就是勒索软件的早期实例。然而，在 2006 年年中，大批采用公共密钥来加密数据的蠕虫和特洛伊出现了，比如 Gpcode Trojan，且其密钥的规模在以惊人的速度增大。用户需要支付赎金或者从特定站点购买以得到解密数据的密钥。早期的例子使用比较弱的加密算法，因而可以不付赎金就被破解，而后来的版本使用密钥庞大的公钥算法，不能用此方式破解。

10.6.1 实质破坏

系统破坏载荷的更进一步的变体试图对物理设备造成损害。被感染的系统很显然最容易成为攻击目标。Chernobyl 病毒不仅破坏数据，还试图重写初始启动计算机的 BIOS 代码。一旦这种病毒攻击成功，启动进程就会失败，而且只有对 BIOS 芯片重编程或者更换 BIOS 芯片才能继续使用该系统。

Stuxnet 蠕虫以某些特定的工业控制系统软件作为它的主要载荷。如果使用带有特定设备配置的西门子工业控制软件的控制系统被感染了，接下来蠕虫会使用故意驱动控制设备超出其正常运行范围的代码来替换原始的控制密码，从而导致附属设备损坏。伊朗铀浓缩项目中所使用的离心机被怀疑是这种蠕虫的攻击目标，因为有报告显示在该蠕虫开始活跃的一段时期，机器的故障率远高于正常值。如前面的讨论中提到的，这引发了对使用复杂的有针对性的恶意软件进行工业破坏的极大担忧。

10.6.2　逻辑炸弹

数据破坏型恶意软件的一个关键组成部分是逻辑炸弹。逻辑炸弹实际上是嵌入到恶意软件中的代码段，当遇到某些特定条件时，它便会“爆发”。可以引爆逻辑炸弹的条件很多，比如某些特定文件或系统设备的存在或缺失、遇到某个特定的日期或星期、一些软件的某个特定版本或者配置或者是某个特定用户运行应用程序等。逻辑炸弹一旦被引爆，将修改或删除文件中的数据甚至整个文件，这将引起系统停机或者其他危害。这一节中描述的所有例子都包含这类代码。

10.7　载荷-攻击代理-僵尸病毒与机器人

我们接下来要讨论的载荷类型是，恶意软件破坏已感染系统的计算和网络资源以便被攻击者使用。这类系统被称为机器人、僵尸或者无人机，会秘密的接管另一台连接到互联网的计算机，之后使用那台计算机来发动或控制攻击，而这些攻击很难被追溯。机器人一般被安置在数百或数千属于受信任第三方的计算机上。机器人的集合能够以协调的方式运作，这样的一个集合被称作机器人网络。这类载荷攻击的是被感染系统的完整性和有效性。

10.7.1　机器人的用途

[HONE05]列举了如下这些机器人的用途：

- **分布式拒绝服务（DDoS）攻击**：DDoS 攻击针对计算机系统或网络，会引起对用户的服务失效。我们会在 10.11 节介绍 DDoS 攻击。
- **垃圾邮件**：在一个机器人网络和数千机器人的协助下，攻击者可以发送大量的垃圾邮件。
- **流量探测**：机器人还可以使用一个数据包嗅探器来观测受感染的系统上感兴趣的明文数据传送。嗅探器主要用来检索用户名和密码之类的敏感信息。
- **键盘记录**：如果被感染的机器使用加密的通信信道（比如 HTTPS 或者 POP3S），那么只是检测受害者计算机上的网络数据包就没有用处了，因为解密数据包的密钥丢失了。但是借助捕获被感染机器上键盘录入的键盘记录，攻击者就可以恢复出敏感信息。
- **扩散新型恶意软件**：机器人网络可以用来散布新的机器人。这很容易做到，因为所有机器人的执行机制都是通过 HTTP 或 FTP 下载和执行一个文件。一个拥有 10000 台主机的机器人网络若作为蠕虫或邮件病毒的源头，可以使之极其迅速的传播并引起更严重的危害。
- **安装广告插件和浏览器助手 BHO**：机器人网络也可以用来获取经济利益。这需要通过建立带有广告的虚假网站来实现。网站的运营者与一些托管服务公司签订协议使之为广告单击付款。借助于机器人网络，这些单击可以被“自动化”，以便这些弹窗广告在顷刻之内就有数千机器人单击。这一过程可以被进一步强化，如果机器人劫持被感染机器的起始页面，那么受害用户每次使用浏览器时“单击”就会被执行。

- **攻击 IRC 网络：**机器人网络也被用于攻击互联网中继聊天（Internet Relay Chat，IRC）网络。攻击者中很流行的一种模式是克隆攻击。在这种攻击中，控制者命令每一个机器人连接大量的克隆用户到受害的 IRC 网络上。受害网络被数千机器人的服务需求，或者说这些克隆机器人的信道连接服务需求所淹没。通过这种方式，受害 IRC 网络崩溃，与 DDoS 攻击很相似。
- **操控在线投票和游戏：**在线投票/游戏得到越来越多的关注，而且借助机器人网络来操纵它们非常容易。每个机器人都有一个独立的 IP 地址，因此它们的每一次投票都与真人投票有着相同的可信度。在线游戏也可以用相同的方式进行操控。

10.7.2 远程控制设备

远程控制设备正是机器人区别于蠕虫的地方。蠕虫会自我复制并自我激活，与之相反，机器人是受某些中央设备控制的，至少在执行开始时是这样的。

一个典型的实现远程控制设备的方法是使用 IRC 服务器。所有的机器人加入到服务器的同一个特殊信道中并按照命令处理输入的信息。最近更多的机器人网络倾向于避免 IRC 机制，转而借助 HTTP 之类的协议来使用隐蔽通信信道。使用点对点协议的分散式控制机制也被采用，为的是避免单点失效。

控制模块与机器人之间的通信路径一旦建立，控制模块就可以操纵机器人。最简单的模式是，控制模块向机器人简单地发布命令，使机器人执行已经内置好的程序。为了更灵活的操纵，控制模块可以发布升级命令来引导机器人从某个因特网站点下载文件并加以执行。在后一种情况中，机器人成为可以用于复合攻击的更为通用的工具。

10.8 载荷-信息窃取-键盘监测器、网络钓鱼与间谍软件

现在我们考虑这种类型的载荷，恶意软件收集存储在被感染系统上的数据，以便被攻击者使用。比较常见的攻击目标是用户登录银行、游戏和相关站点的用户名和密码证书，攻击者之后会利用这些信息冒充用户登录到这些站点以寻求利益。不太常见的，载荷可能会以文档或系统配置详情为攻击目标，为的是侦查或者间谍活动。这些攻击是以信息中的机密性为目标的。

10.8.1 证书窃取、键盘监测器和间谍软件

比较典型的，用户通过加密的通信信道（比如 HTTPS 或 POP3S）发送他们的用户名和密码证书到银行、游戏及相关的站点，这些加密信道通过监控网络数据包来防止这些信息被捕获。为了避开这些，攻击者可以安装一个键盘监测器来捕获被感染系统上的键盘输入，从而使得攻击者能够监控这些敏感信息。因为这将导致攻击者收到被攻击计算机上所有文

本输入的复制，键盘监测器一般会实现某些形式的过滤机制，仅返回与所需关键字较为密切的信息（比如 login、password 或者 paypal.com）。

作为应对键盘监测器的对策，一些银行和其他站点转为使用绘图小程序来输入关键的信息，比如密码。因为这些并不借助键盘输入文本，传统的键盘监测器不能捕获这些信息。作为回应，攻击者开发出了更为通用的间谍软件载荷，这类软件会破坏被感染的机器使之允许对系统上的多种不同活动进行监测。这些监测包括监测浏览活动的历史和内容，重定向网页需求以伪造出受攻击者控制的站点，动态修改浏览器与感兴趣的特定站点间的数据交换。所有这些行为都会导致用户个人信息受到严重危害。

10.8.2 网络钓鱼和身份窃取

另一个用来获取用户的登录名和密码认证的方法，是在垃圾邮件中包含一个连接到受攻击者控制的虚假网站的 URL，但这需要模拟某些银行、游戏或类似站点的登录界面。这些邮件通常还包含一些信息，告知用户需要立刻去验证其账户以防止账户被锁。如果用户粗心而没能意识到被欺骗了，那么单击链接并且提供了攻击所需的详细信息，必定会导致攻击者借助获取的证书攻破用户的账户。

更一般的情况是，这样的垃圾邮件会引导用户到一个攻击者控制的虚假网站或者去完成一些附带的表格，并且返回可以被攻击者访问的邮件，这可以用来收集用户的各种私密的个人信息。只要得到足够的信息，攻击者就能“冒充”用户的身份来获取其他资源的访问权限。这种攻击被称为网络钓鱼，它利用社会工程，通过伪装成来自可信站点的通信来骗取用户的信任。

这种普通的垃圾邮件一般会借助机器人网络被分发给数量极为庞大的用户。尽管垃圾邮件的内容与很大一部分接收方的受信来源并不能恰当的匹配，攻击者仍能依靠这一方法接触到足够多指定受信站点的用户，这些用户中较易上当的一部分会做出回应，而这就是有利可图的。

网络钓鱼更为危险的一种变体是鱼叉式网络钓鱼。这仍是一封声称来自受信来源的电子邮件。但是，接收方是被攻击者仔细调查过的，每一封邮件都是精巧设计，专门迎合其接收方，通常会引用各种信息来获取他或她对邮件的信任。这极大地提升了接收方作出攻击者所需的回应的可能性。

10.8.3 侦察和间谍

证书和身份窃取是更一般的具有侦查功能的载荷的特殊应用，其目标是获取某些类型的所需信息并将其返回给攻击者。这些特殊的情况自然是最常见的，但也有其他的攻击目标。2009 年，极光行动（Operation Aurora）使用一种特洛伊木马访问并修改了一些高科技公司、安全公司和国防承包商的源代码库[SYMA13]。2010 年发现的 Stuxnet 蠕虫包含捕获硬件和软件配置信息的功能，为的是确定其是否已经感染了指定的目标系统。这一蠕虫的早期版本返回相同的信息，这些信息之后被用来在更新版本中发动攻击[CHEN11]。

10.9 载荷-隐身-后门与隐匿程序

我们所讨论的最后一类载荷，关注的是恶意软件用来在被感染系统上隐藏自己存在的技术和提供该系统隐秘访问权限的技术。这类载荷也对受感染系统的完整性进行攻击。

10.9.1 后门

后门也称陷门，是程序的秘密入口点，它使得知情者可以绕开正常的安全访问机制而直接访问程序。后门是一种识别特定输入序列的代码，它也可以被某个特定用户 ID 或某个特定的事件序列激活。

后门通常作为监听某些攻击者可以连接到的非标准端口的网络服务来实现，攻击者可以发布命令从而在被感染的系统上运行。

在应用程序中通过操作系统实现对后门的控制很困难。应对后门的安全措施必须集中关注程序开发过程和软件更新活动，还有希望提供网络服务的程序。

10.9.2 隐匿程序

隐匿程序是安装在系统上的一组程序，它利用管理员（或者根[1]）特权隐蔽连接到该系统的访问路径，同时最大程度的掩盖自己存在的证据。这提供了访问操作系统所有功能和服务的可能。隐匿程序用一种恶意并且隐秘的方式修改主机的标准功能。凭借着根访问权限，攻击者可以全权控制系统，并且可以添加或修改程序和文件、监控进程、收发网络数据流，还能在需要时访问后门。

隐匿程序可以对系统进行很多改动以隐藏自身的存在，这使得判断隐匿程序是否存在和辨别系统被做了哪些改动对用户来说很困难。实质上，隐匿程序通过破坏计算机的进程、文件以及注册表的监测和报告机制来隐藏自己。

隐匿程序可以借助以下这些特点进行分类：

- **持续型**：在每次系统开机时启动。隐匿程序必须将代码存储在持久性的存储器中，比如注册表或者文件系统，并且配置一个不需用户介入就自动执行代码的方法。这意味着该隐匿程序比较容易被察觉，因为永久性存储器中的副本很有可能被扫描到。
- **记忆依赖型**：没有永久性的代码，因此重启后就不存在了。但是，因为该隐匿程序只存在于内存中，更难被发现。
- **用户模式**：拦截对 API（应用程序接口）的调用并修改返回结果。举例来说，当一个应用程序操作目录列表，返回的结果不会包括鉴别隐匿程序相关文件的记录。
- **内核模式**：在内核模式[2]中，隐匿程序可以拦截对本地 API 的调用。隐匿程序还能通

1 在 UNIX 操作系统中，管理者或者超级用户账户被称作根，因此有根访问权限之说。

2 内核是操作系统的一部分，包括最经常使用以及最关键部分的软件。内核模式是一个为内核执行保留的特权模式。一般来说，内核模式允许访问非特权模式中进程无法访问的主存部分，而且能够执行只有在内核模式才能运行的机器指令。

过将恶意软件进程从内核的活动进程列表中移除来隐藏其存在。

- **虚拟机依赖型**：这个类型的隐匿程序首先安装轻量级虚拟机监控器，然后在位于监控器之上的虚拟机中运行该系统。之后隐匿程序就能够光明正大的拦截和修改虚拟机系统中出现的状态与事件。
- **外置模式**：恶意软件位于被攻击系统的常规运行模式之外，在 BIOS 或系统管理模式之中，在这些模式中恶意软件可以直接访问硬件。

上述分类呈现了隐匿程序作者与其对抗者之间持续的激烈斗争，前者开发更强的隐匿机制以隐藏其代码，而后者则开发使系统更为安全的机制以对抗此类破坏或者使系统在破坏发生时能够监测到。

10.10 防 护 措 施

10.10.1 恶意软件防护方法

SP 800-83 列出了四种主要的防护元素：政策、觉悟、漏洞缓解、威胁缓解。通过适当的政策发布恶意软件预防为实现合适的预防措施提供了依据。

应该采用的第一种防护措施是确保所有的系统尽可能是最新的，已经打完所有的补丁，从而减少在系统中可能被利用的漏洞。第二种防护措施是对存储在系统上的应用程序和数据设置合适的访问权限。减少用户可以访问的文件数量，从而减少了由于执行恶意代码而导致的感染或者污染。这些措施的矛头指向蠕虫、病毒和特洛伊木马使用的主要传播机制。

第三种常用的防护机制，针对社会工程攻击中的用户，可以通过合适的用户觉悟和训练进行应对。这种措施旨在让用户更好的意识到这种攻击，尽量减少由于不当操作造成系统被攻破。SP 800-83 提供了合适的觉悟问题的例子。

如果预防措施失败，技术机制可以用来支持以下的威胁缓解选项：

- 检测：一旦感染发生，检测可以用来决定感染是否发生并定位恶意软件。
- 鉴定：一旦检测完成，鉴定感染系统的恶意软件。
- 移除：一旦特定的恶意软件被鉴定出来，从被感染系统中移除所有的恶意软件病毒的痕迹，从而使得恶意软件无法继续传播。

如果检测成功但是无法鉴定或者移除，一个替代选择是丢弃所有被感染的文件并重新加载一份未被感染的备份版本。如果感染特别严重，那么有可能需要将整个存储空间格式化，重新建立一个干净的系统。

首先考虑恶意软件有效防护措施的一些要求：

- 通用性：所采取的防护措施应该能够处理各种类型的攻击。
- 及时性：防护措施应该快速响应，以便限制受感染的程序或系统以及感染之后带来的活动。
- 弹性：这种方法应该能够抵抗攻击者为了隐藏他们的恶意软件而采用的入侵技术。
- 最小拒绝服务攻击成本：这些防护措施应该能够最小地减少所需的容量或者服务，不应该明显的破坏正常操作。

- 透明性：不需要修改现有的操作系统、软件应用程序与硬件，就可以使用防护措施软件或设备。
- 全局和局部覆盖：这些防护措施应该能够处理来自公司网络内部或者外部的攻击。

满足所有的需求通常需要同时采用多种防护措施。

检测恶意软件的存在有可能发生在很多位置。有可能发生在感染的系统，在那些系统上运行着基于主机的反病毒程序，监控进入系统的数据，运行在系统上的可执行程序。它也有可能在组织的防火墙和入侵检测系统（IDS）中作为部分的边界安全机制使用。最后，检测有可能使用分布式机制，收集来自主机和边界传感器的数据，这些数据有可能来自许多网络和组织，从而最大限度的观测恶意软件的活动。

10.10.2 基于主机的扫描器

反病毒软件使用的第一个位置是每一个终端系统。这不仅使得该软件可以最大限度访问恶意软件与目标系统进行交互时的行为信息，同时也可以访问恶意软件整体活动概况信息。病毒和恶意软件技术与反病毒和反恶意软件技术的发展是齐头并进的。早期的恶意软件使用相对简单并容易检测的代码，因此可以被同样相对简单的反病毒软件包鉴别并清除。随着恶意软件的不断进化，恶意软件的代码以及反病毒软件都变得更加复杂和成熟。

[STEP93]定义了四代反病毒软件：

- **第一代**：简单的扫描器。
- **第二代**：启发式扫描器。
- **第三代**：活动陷阱。
- **第四代**：全功能保护。

第一代扫描器需要恶意软件签名从而可以鉴别恶意软件。签名可能包含通配符，但是同一恶意软件所有复制的签名有相同的架构和比特模式。这种基于签名的扫描器仅限于用来检测已知的恶意软件。另一类型的第一代扫描器记录所有程序的长度，因此当有病毒感染时，通过寻找长度变化的程序即可检测出已感染文件。

第二代扫描器不依靠特殊的签名。相反，扫描器使用启发式规则寻找可能的恶意软件实例，一种此类型的扫描器寻找与恶意软件关联的代码碎片。比如，扫描器有可能通过寻找在多态病毒中使用的加密循环的开始从而可以发现加密密钥。一旦密钥被发现，扫描器可以解密恶意软件从而鉴别它，移除感染使得程序正常提供服务。

另一种第二代扫描器方法是完整性检查。校验和可以附在每个程序的后面。如果恶意软件修改或者代替了一些程序，但是没有改变校验和，那么完整性检查会发现这种改变。对那些修改程序之后可以同时改变校验和的恶意软件，可以使用加密的散列函数。加密密钥与程序独立存放，这样恶意软件即便能产生新的散列码也无法用密钥加密。通过使用散列函数代替简单的校验码，可以阻止恶意软件调整程序从而产生跟以前一样的散列码。如果程序的保护列表被保存在安全的位置，那么这种方法同时可以检测到在这些位置安装流氓代码或程序的尝试。

第三代扫描器是驻留在内存中的程序，它通过在已感染程序中恶意软件的行为而不是结构来鉴别恶意软件。这种程序的好处是不需要为各种各样的恶意软件使用签名或者启发式扫描器。相反，它只需要鉴别企图入侵的恶意软件的一小部分行为集合，然后进行干预处理即可。

第四代扫描器是由各种反病毒技术组成的程序包。这包括扫描和活动陷阱组件。另外，这种程序包包括访问控制能力，可以限制恶意软件入侵系统的能力，同时也有限制恶意软件更新文件以便传播的能力。

“军备竞争”还在持续。随着第四代程序包的出现，一个更加全面的防御策略被采用。将防御的范围扩展到一般用途的计算机安全措施。这包括更加成熟的反病毒措施。我们着重介绍三个最重要的：

基于主机的行为阻挡软件：与启发式或者基于指纹的扫描器不同，行为阻挡软件集成到主机的操作系统中，实时监控恶意程序的行为[CONR02，NACH02]。行为阻挡软件在恶意软件影响系统之前阻挡其恶意的行为。监控的行为包括以下内容：

- 尝试打开、浏览、删除和/或修改文件。
- 尝试格式化磁盘驱动器以及其他不可恢复的磁盘操作。
- 修改逻辑可执行文件和宏文件。
- 修改关键系统设置，比如启动设置。
- 将电子邮件和即时信息客户端脚本化以便发送可执行内容。
- 初始化网络通信。

因为行为阻挡可以实时阻挡可疑软件，与已经建立的如指纹或启发式反病毒检测技术相比，它具有独特的优势。通常说来有上万亿种不同的混淆和倒换病毒或者蠕虫指令的方式，有很多方式能避开指纹扫描器或者启发式扫描器。但是最终恶意代码必须向操作系统做一个明确定义的请求。鉴于阻挡行为可以拦截所有的请求，不管程序逻辑看上去多混乱，它都可以鉴别和阻挡恶意行为。

行为阻挡有它的局限性。因为恶意代码在所有行为被辨别出之前已经运行在目标机器上了，因此在被检测和阻挡之前，它会对系统造成损害。比如，一种新型的恶意软件有可能将磁盘上的许多看似不重要的文件顺序打乱，然后才在修改某个文件的时候被阻止。尽管真正的修改被阻止了，但是用户有可能无法定位他/她的文件，引起效率降低甚至带来更坏的影响。

间谍软件检测和移除：尽管通用的反病毒产品包括签名以检测间谍软件，但是，这种恶意软件带来的威胁以及隐形技术的使用，意味着必须有一系列特定的间谍检测及移除工具存在。这些工具专门用于检测和移除间谍软件，提供更多的鲁棒性能。因此，它们弥补了通用反病毒产品功能的不足，应该与该产品一起使用。

Rootkit 防护措施：Rootkit 病毒特别不容易被检测和消除，尤其是内核级的 Rootkit。许多用来检测 Rootkit 病毒或者它的轨迹的管理工具可以被 Rootkit 轻易攻破，因此 Rootkit 是不可以检测的。

抵制 Rootkit 病毒需要许多网络-计算机级别的安全工具。网络和基于主机的 IDS 可以从传入流量中寻找已知 Rootkit 攻击的代码签名。基于主机的反病毒软件同时可以辨认已知签名。

当然，总会有新的 Rootkit 病毒或者现存的 Rootkit 病毒修改版本出现，导致出现新的签名。对这些情况而言，系统需要寻找能表明这些 Rootkit 存在的行为，比如侦听系统调用，或者与键盘驱动器交互的键盘记录器。这种行为很难直接检测。比如典型的反病毒软件也会侦听系统调用。

另一种方法是对文件进行完整性检查。SysInternal 公司的免费软件包 RootkitRevealer 就是这样的例子。这个软件包将使用 API 进行系统扫描的结果跟不使用 API 直接使用指令的真实存储视图进行比较。因为 Rootkit 病毒通过修改管理者调用的存储视图来隐藏自己，RootkitRevealer 抓住了两者间的差距。

如果内核级 Rootkit 被检测出来，唯一安全可靠的恢复方法是在已感染机器上重新安装一个全新的操作系统。

10.10.3 边界扫描方法

病毒软件使用的下一个位置是组织机构的防火墙和 IDS（入侵检测系统）。这一般包括运行在这些系统上的电子邮件和 Web 代理服务，也有可能包含在 IDS 的流量分析组件中。这使得反病毒软件可以访问通过网络连接到任何组织系统的处于传输状态的恶意软件，同时可以大规模地观测恶意软件的活动。这种软件有可能包含入侵预防措施，阻挡可疑流量，由此可以阻止恶意软件到达并破坏组织内部或外部的目标系统。

然而，这种方法仅局限于扫描恶意软件内容，因为它没有访问任何运行在已感染系统的已观测行为的权限。有两种类型的监控软件可能被使用：

- **入口监控**：这种软件位于企业网络和互联网的边界处。它有可能是边界路由器或者外部防火墙或者单独的被动监控工具中的入口过滤软件。蜜罐技术可以捕捉恶意软件传入流量。一个入口监控检测技术的例子是寻找未使用的局部 IP 地址的传入流量。
- **出口监控**：这种软件位于企业私有局域网的出口点，也可以位于企业网络和互联网的边界上。在前面一种情况下，出口监控可以是局域网路由器或开关的出口过滤软件。跟入口监控一样，外部防火墙或者蜜罐技术可以为监控软件提供场所。其实，这两种监控软件可以并置排列。入口监控软件被设计用来通过监控传出流量中的扫描迹象或者其他可疑行为从而捕捉恶意软件的攻击源。

边界监控同样可以通过检测不正常的流量模式从而对僵尸网络的活动做出检测和应答。一旦僵尸被激活，攻击正在进行，这种监控可以用来检测攻击。然而，基本的目标是在僵尸网络的建造阶段使用我们刚刚讨论的各种扫描技术，辨别并阻挡用来进行传播这种载荷类型的恶意软件，从而检测并禁止该网络。

边界蠕虫防护措施：处理病毒和蠕虫的技术有很大程度的交叠。一旦蠕虫常驻机器，可以使用反病毒软件来检测并移除它。另外，因为蠕虫传播产生了很大的网络活动，边界网络活动和使用监控可以组成基本的蠕虫防护措施。根据[JHI07]，我们列出了 6 种蠕虫防护措施：

（1）**基于签名的蠕虫扫描过滤**：这种防护措施产生蠕虫签名，该签名用来阻止蠕虫扫描进入/离开网络/主机。典型的，这种方法包括鉴别可疑数据流并产生蠕虫签名。这种方法容易受到多态蠕虫的攻击；或者是检测软件漏掉该蠕虫，即便可以处理这种蠕虫，有可能花费太长的反应时间。[NEWS05]是这种方法的例子。

（2）**基于过滤的蠕虫遏制**：这种方法与方法（1）类似，但是它关注于蠕虫内容而不是扫描签名。过滤器检查信息以决定该信息中是否有蠕虫代码。Vigilante[COST05]使用的就是这种方法，它依赖在终端系统合作的蠕虫检测方式。这种方法非常有效，但是需要高效的检测算法和迅速的警报传播。

（3）**基于载荷分类的蠕虫遏制**：这些基于网络的技术检查数据包查看里面是否包含蠕虫。许多异常检测技术可以使用，但是必须小心高层次的漏报和误报。这种方法的一个例子在[CHIN05]中有介绍，它在网络流中寻找溢出代码。这种方法不产生基于字节模式的签名，而是寻找暗示了溢出的控制和数据流结构。

（4）**阈值随机游走（TRW）扫描检测**：TRW 随机选择连接目的地，以检测扫描器是否正在运行[JUNG04]。TRW 适合部署在高速、低成本的网络设备上。它可以有效抵抗蠕虫扫描中的常见行为。

（5）**速率限制**：这种方法限制已感染主机的扫描流量速率。可以使用各种策略，比如限制在一个窗口时间内一个主机可以连接的新机器数量，检测高连接失败率，限制在一个窗口时间内一个主机可以扫描的 IP 地址数量。[CHEN04]就是这样一个例子。这种类型的防护措施有可能对正常流量导致更长的延时。这种防护措施不适合传播缓慢以便避免基于活动级别检测技术的隐蔽的蠕虫。

（6）**速率停止**：当外出连接速率值或者连接尝试次数超过指定阈值，这种方法直接阻挡外出流量[JHI07]。这种方法必须包括以一种透明方式快速的解除被错误封锁的主机。速率停止方法可以将基于签名和过滤器的方法整合到一起，这样一旦签名或者过滤器产生了，每一个被封锁的主机都可以被解除封锁。速率停止看上去提供了一种很有效的防护措施。跟速率限制一样，速率停止技术不适用于低速、隐蔽的蠕虫。

10.10.4 分布式情报搜集方法

反病毒软件使用的最后一个位置是分布式配置。它从大量的基于主机和边界传感器中收集数据，将这些数据传达给中央分析系统，进行关联和分析，然后返回更新的签名和行为模式，使所有的协调系统可以应对和防御这种恶意软件攻击。很多这种系统被提出。我们将在剩下的部分中介绍其中一种方法。

图 10.4 展示了分布式蠕虫防护措施架构（基于[SIDI05]）。这个系统工作方式如下：

（1）部署在网络不同地方的传感器检测潜在的蠕虫，传感器逻辑可以采用 IDS 传感器。

（2）传感器向中央服务器发送警报信息，分析接收到的警报信息。相关服务器决定观察到的蠕虫攻击和主要攻击特性之间的相似度。

（3）服务器将该信息转发到受保护的环境中，在该环境中，潜在的蠕虫有可能被用来分析和测试。

（4）受保护的系统测试可疑软件以确定其易受攻击程度。

（5）受保护的系统产生一个或更多的软件补丁并进行测试。

（6）如果补丁不容易受感染，而且不攻击应用程序的功能，系统将该补丁发送到应用程序主机，从而更新目标引用程序。

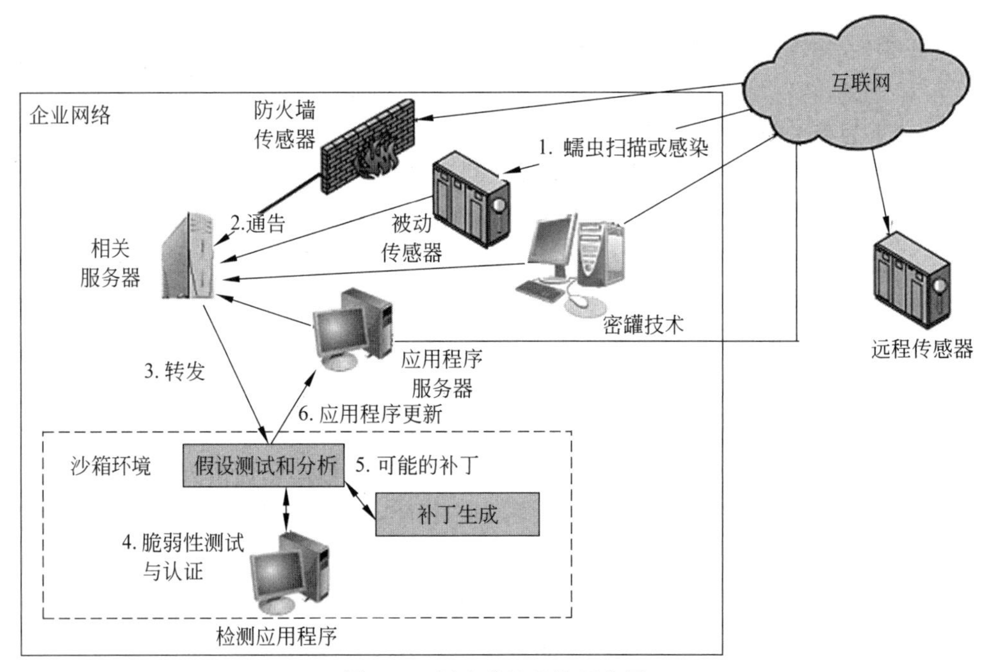

图 10.4　蠕虫监控器放置位置

10.11　分布式拒绝服务攻击

拒绝服务（DoS）攻击是指试图阻止某种服务的合法用户使用该服务。如果这种攻击是从某个单一的主机或者网站发起的，那么它就被称为 DoS 攻击。DDoS 攻击所带来的是一种更为严重的网络威胁。在 DDoS 攻击中，攻击者可以募集遍及整个互联网的大量主机，在同一时间或者以协同发射方式对目标站点发起进攻。

本节重点关注 DDoS 攻击，首先介绍这种攻击的特征和种类；之后研究攻击者在募集用于发射攻击的网络主机时所采用的方法；最后将讨论相应对策。

10.11.1　DDoS 攻击描述

DDoS 攻击试图消耗目标设备的资源，使其不能够提供服务。DDoS 攻击可以按照它所消耗的网络资源进行分类。广泛来说，被消耗的资源既可以是目标系统中的内部主机资源，也可以是攻击目标所在的局部网络的数据传输能力。

内部资源攻击的一个简单实例是 SYN 突发流量攻击。图 10.5（a）中列出了这种攻击的步骤。

（1）攻击者获取互联网上多个主机的控制权，并指示它们与目标网络服务器取得联系。

（2）被夺取控制权的主机开始向目标服务器发送 TCP/IP SYN（同步/初始化）封包，并提供错误的返回 IP 地址信息。

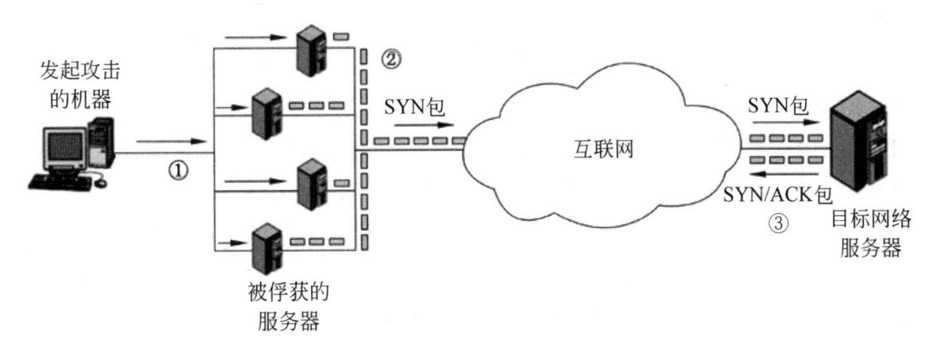

(a) 分布式SYN突发流量攻击

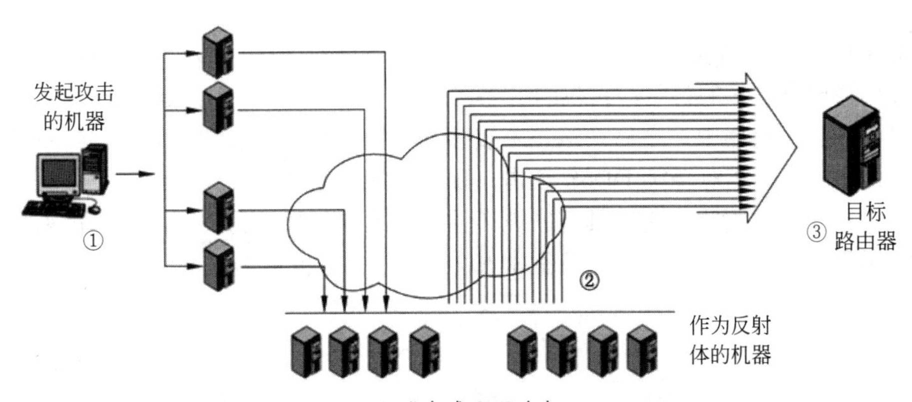

(b) 分布式ICMP攻击

图 10.5 简单 DDoS 攻击实例

（3）每个 SYN 包就是打开一条 TCP 连接的请求。对于每个这样的信息包，网络服务器都会使用 SYN/ACK（同步/响应）封包做出回应，试图与一个使用伪造 IP 地址的 TCP 实体建立 TCP 连接。网络服务器会为每个 SYN 请求保存数据结构并等待回应。随着越来越多的流量不断涌入，服务器会逐渐陷入困境而停顿下来。这种操作的结果是被攻击的服务器始终在等待着完成与伪造 IP 的“半开”连接，而合法用户的连接却被拒绝。

TCP 状态数据结构是 DDoS 攻击的一种很流行的内部资源目标，但绝不是唯一的。[CERT01]中给出了下面几个实例。

（1）在许多系统中，只有有限的数据结构可保留进程信息（进程标识符、进程表入口、进程位置等）。入侵者可以通过写一些除重复生成副本外不进行其他操作的简单程序或者脚本，来消耗掉这些数据结构。

（2）入侵者还可能试图通过其他方法消耗磁盘空间，这些方法包括：

- 产生过多的邮件消息。
- 故意产生必须记录的错误。
- 在匿名 FTP 空间或者网络共享空间中放置文件。

图 10.5（b）举出了**通过消耗数据传送资源进行攻击**的一个实例。这个例子包含下面几个步骤。

（1）攻击者获取互联网上多个主机的控制权，指示它们盗用目标站点的地址向一组担当反射体的主机发送 ICMP ECHO 封包[1]。这点将在后续部分具体描述。

（2）反射站点上的节点接收到多个虚假请求后，通过向目标站点发送响应应答（echo reply）封包做出应答。

（3）目标路由器将被反射站点发出的封包淹没，而丧失容纳合法用户数据传送的能力。

另一种对 DDoS 攻击进行分类的方法是将其分为直接 DDoS 攻击和反射 DDoS 攻击。在**直接 DDoS 攻击**（见图 10.6（a））中，攻击者可以通过互联网向大量分布网站灌输僵尸软件。通常，DDoS 攻击采用双重僵尸机制，即主僵尸和从僵尸。具有任一种僵尸的主机都被恶意代码所感染。攻击者首先调整并触发主僵尸，之后主僵尸会继续调整并触发从僵尸。双重僵尸的作用使得追踪原始攻击者变得越发困难，而同时也向网络中弹回更多的攻击者。

反射 DDoS 攻击向攻击机制中加入了另一个层（见图 10.6（b））。在这种攻击方式中，从僵尸会构造要求回应的封包，封包的 IP 头中包含有以目标 IP 作为源 IP 的地址。这些封包被发送到未感染机器中。之后，这些未被感染的机器作为反射体，会根据封包的要求对目标机器做出回应。相对直接 DDoS 攻击，反射 DDoS 攻击可以简单地使更多机器和更多的网络流量被卷入，因此，它所具有的破坏性更加不容忽视。另外，由于攻击来自广泛分布的未被感染的机器，回溯攻击源或者过滤攻击封包也变得更加困难。

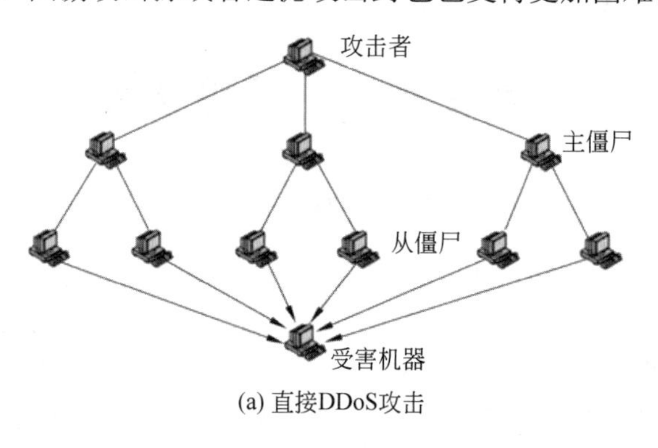

(a) 直接DDoS攻击

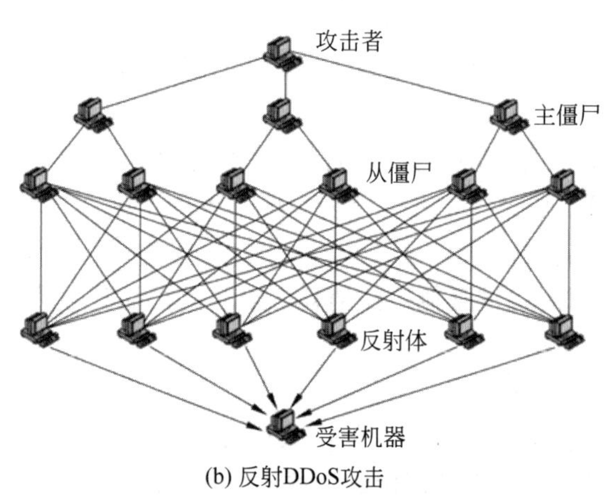

(b) 反射DDoS攻击

图 10.6 基于突发流量式 DDoS 攻击的类型

1 网络控制信息协议（ICMP）是一种用于在路由器同主机或者主机同主机之间交换控制信息包的 IP 层协议。ECHO 信息包要求接收方使用 echo reply（响应应答）做出回应，由此确定在两个实体之间的通信是可以的。

10.11.2 构造攻击网络

DDoS 攻击的第一步是攻击者使用僵尸软件感染大量机器，这些僵尸软件最终将被用于执行攻击。这一阶段的攻击主要有以下几点。

（1）可以执行 DDoS 攻击的软件。这种软件必须可以在大量机器上运行、必须可以隐藏它的存在、必须可以与攻击者进行通信或者具有某种时间触发机制、必须可以向目标发射预期攻击。

（2）存在大量系统漏洞。攻击者必须清楚地知道很多系统管理员和个体用户都尚未修补这个系统漏洞，从而使得攻击者可以在这些系统中安装僵尸软件。

（3）定位存在漏洞机器的策略，一种方法称作扫描。

在扫描过程中，攻击者首先搜寻大量存在漏洞的机器并将其感染。之后，被安装在被感染机器上的僵尸软件通常会重复相同的扫描方法，直到由被感染机器组成的大型分布式网络建立完成。[MIRK04]列出以下几种扫描策略类型：

- **随机**：每个被感染主机使用不同的种子探查 IP 地址空间中的随机地址。这种技术会产生大量的网络流量，即使在攻击没有发生之前，攻击地址也是没有显著特点的分布。
- **攻击表**：攻击者首先编译一份潜在漏洞机器列表。为避免在攻击准备时被检测到，这个编译工作可能是一个在很长时间内的漫长过程。一旦潜在漏洞机器列表被编译完成，攻击者将开始感染列表中的机器。每当有新的机器被感染之后，攻击者会提供给该机器一部分漏洞机器列表，使其继续加入扫描。这个策略的结果是扫描阶段非常短，使得很难检测到感染正在发生。
- **拓扑**：拓扑法利用被感染机器包含的信息去寻找更多主机来进行扫描。
- **本地子网路**：如果一个处于防火墙之后的主机被感染，那么这个主机将在它所处的本地网络中寻找其他目标。使用子网络地址结构，这个主机可以寻找到处于防火墙保护下外部感染源无法感染到的其他主机并将其感染。

10.11.3 DDoS 防护措施

对抗 DDoS 攻击有三种较普遍的方法[CHAN02]：

- **攻击预防和先占（攻击之前）**：这类机制使得受害服务器需要忍受攻击尝试，但不会对合法客户端执行拒绝服务。这种技术包括对资源消耗的强制执行政策和在需要时提供可利用的后备资源。另外，预防机制修改互联网上的系统和协议，从而减少 DDoS 攻击的可能性。
- **攻击检测和过滤（攻击进行中）**：这些机制试图在攻击开始时就对其进行监测并立即做出回应。这会使攻击对目标造成的影响降到最低。监测还包括搜寻可疑的行为模式。回应还包括过滤掉可能是攻击组成部分的封包。
- **攻击源回溯和鉴定（攻击进行中或攻击完成后）**：尝试鉴定攻击源是为了阻止将来的攻击所要进行的第一步。但是，这种方法通常无法得到足够快的结果以减轻正在进行的攻击。

应付 DDoS 攻击这种挑战完全在于可以利用的操作方法数量。因此，DDoS 对策必须与威胁一同发展。

10.12 关键词、思考题和习题

10.12.1 关键词

广告软件	下载驱动	勒索软件
攻击套件	电子邮件病毒	反射 DDoS 攻击
后门	洪流攻击	Rootkit
行为阻止软件	键盘日志	扫描
混合攻击	逻辑炸弹	鱼叉式网络钓鱼
启动磁区感染者	宏病毒	间谍软件
僵尸	恶意软件	隐形飞机式病毒
僵尸网络	变形病毒	陷门
犯罪软件	恶意移动代码	特洛伊木马
直接 DDoS 攻击	寄生病毒	病毒
分布式拒绝服务攻击	网络钓鱼	蠕虫
下载者	多态病毒	零天攻击

10.12.2 思考题

10.1 恶意软件用于传播的三种主要机制是什么？

10.2 恶意软件携带的四种主要类型的载荷是什么？

10.3 描述病毒或蠕虫的生命周期中有哪些典型阶段？

10.4 病毒隐藏自己的机制有哪些？

10.5 机器可执行病毒和宏病毒的区别是什么？

10.6 蠕虫用什么手段访问远程系统从而得以传播自己？

10.7 什么是下载驱动？它跟蠕虫的区别是什么？

10.8 什么是逻辑炸弹？

10.9 区分下列名词：后门、僵尸、键盘日志、间谍软件、Rootkit。它们可以同时出现在一款恶意软件中吗？

10.10 列出在一个系统中，Rootkit 为进行攻击有可能使用的各个不同层次。

10.11 描述一些恶意软件防护措施。

10.12 列出三个恶意软件防护措施可以被实施的位置。

10.13 简要描述四代反病毒软件。

10.14 行为阻止软件怎么工作？

10.15 什么是分布式拒绝服务系统？

10.12.3 习题

10.1 在图 10.1（a）中的病毒程序中存在一个缺陷。这个缺陷是什么？

10.2 请说明如果要开发一种程序，用它来分析一段软件代码并判断该软件是不是病毒，这种做法是否可行？假设有程序 D 可以执行这一功能。也就是说，对任意程序 P，如果运行 D（P），就可以返回结果 TRUE（P 是病毒）或者 FALSE（P 不是病毒）。现考察下面一段程序：

```
Program CV :=
{ …
  main-program :=
      { if D(CV) then goto next:
          Else infect-executable;
      }
Next:
}
```

在前面的程序中，infect-executable 是一个扫描存储器的可执行程序，并将自身复制到这些程序中的模块。确定 D 能否正确判断 CV 是不是病毒。

10.3 下面的代码片段显示了病毒指令的序列和一个病毒的变形版本。描述变形代码的作用。

原 始 代 码	变 形 代 码

mov exa, 5
add exa, ebx
call [exa]
	mov exa, 5
	push ecx
	pop ecx
	add eax, ebx
	swap eax, ebx
	swap ebx, eax
	call [eax]
	nop

10.4 本书网站提供了 Morris 蠕虫使用的密码列表。

a. 许多人认为该列表中的内容只是作为密码使用。你认为可能吗？证明你的结论。

b. 如果该列表不仅是作为密码使用，建议一些 Morris 用来建立该列表的方法。

10.5 考虑下面的片段：

```
legitimate code
if data is Friday the 13th;
   crash_computer();
legitimate code
```

这是何种类型的恶意软件？

10.6 考虑下面认证程序的一个片段：

```
username=read_username();
password=read_password();
if  username is "133t h4ck0r"
     return  ALLOW_LOGIN
if  username and password are valid
     return  ALLOW_LOGIN
else   return  DENY_LOGIN
```

这是何种类型的恶意软件？

10.7 假设你在停车场发现了一个 USB 记忆棒，如果你将这个记忆棒插到你的工作计算机上检查它里面的内容，这将会对你的计算机产生什么威胁？特别地，考虑是否我们前面讨论的每一种恶意软件传播机制都可以使用这种记忆棒传播。可以采取何种措施以便降低风险同时安全的查看记忆棒里面的内容？

10.8 假设你观察到家里的计算机对来自网络的信息请求反应很慢，而且你观察到你的网关网络活动频繁，即便当你关闭了电子邮件客户端，Web 浏览器以及其他访问网络的程序。哪种类型的恶意软件有可能导致这种状况？讨论这种恶意软件是如何获取你系统的访问权限的。你采取什么措施可以检测这种恶意软件，如果检测到这种恶意软件，你如何才能让自己的系统恢复正常运行？

10.9 假设当你在一些网站上试图观看一些视频时，你看到一个弹出窗口要求你安装定制编解码器，才能正常观看视频。如果你同意安装请求，你的计算机有可能会面临什么威胁？

10.10 假设你有一部新的智能手机，可以下载更多的应用程序。你听说了一款非常有意思的新游戏，你用手机上网搜了一下，在一个免费网上市场发现该游戏。你将这款应用程序下载下来，安装的时候，你被要求批准授予该应用程序访问你手机的权限，这些权限包括发送 SMS 消息，访问你的通信录。如果你对这款应用程序授予了这些权限，那么你的手机有可能遭受什么威胁？你是否应该授予这些权限，然后继续安装过程？这有可能是何种恶意软件？

10.11 假设你收到了一封看似是你公司高级经理发送的邮件，主题关于你当前正在完成的一项工程。当你查看这封邮件时，你发现经理要你审查附件中以 PDF 文档格式呈现的修订的新闻稿，确保在管理层发布之前，所有的细节都是正确的。当你尝试打开这个 PDF 文档时，阅读器弹出一个对话框，显示“启动文件”，暗示着该文件以及相应的阅读器将会由这个 PDF 文档启动。在这个标有“文件”的对话框中，有许多空行，在最后一行显示着“单击打开按钮从而阅读文档”。你同时还发现在该区域还有一个垂直滚动条。如果你单击打开按钮，你的计算机系统有可能面临何种风险？你可以怎样在不威胁系统的情况下，验证你的怀疑？与这条信息关联的攻击类型是什么？有多少人有可能收到这封特殊的邮件？

10.12 假设你收到了一封看似是你的银行发来的邮件，邮件中有你所在银行的图标以及以下内容：

“亲爱的用户，我们的记录显示您的网络银行入口因为您多次错误登录尝试而被封锁，这些错误登录包括输入不正确的用户名、密码或者安全号码，我们希望您立即点击下面的链接从而恢复您的账户，避免账户被永久关闭，谢谢您的客户服务团队”这封电子邮件在尝试何种攻击类型？发送这封电子邮件最有可能使用的机制是什么？你应该怎样应对这种电子邮件？

10.13　假设你收到一家金融公司的来信，信中说你拖欠银行贷款。但是就你所知，你根本没有向该银行申请或者从该银行中收到任何贷款。是什么导致了这份贷款的创建？哪种恶意软件，在哪个计算机系统上有可能为攻击者提供这种信息从而使得他或她成功获得该贷款？

10.14　建议一些可以被蠕虫产生者使用的攻击蠕虫防护架构的方法，并对这些方法的防护措施提出建议。

第 11 章　入　侵　者

11.1　入侵者概述
11.2　入侵检测
11.3　口令管理
11.4　关键词、思考题和习题

学习目标

学习完这一章后，你应该能够：

- 区别不同类型的入侵行为模式。
- 理解入侵检测基本的原则和要求。
- 讨论入侵检测系统的关键特征。
- 定义入侵检测交换格式。
- 解释蜜罐技术的目的。
- 解释为实现用户认证而使用散列过的口令的机制。
- 理解在口令管理中 Bloom 滤波器的使用。

网络系统一个重要的安全问题是由于用户或者恶意软件的入侵或误操作而导致的入侵攻击。用户入侵包括未授权登录机器或授权用户非法获取超出其授权范围的权限等形式。软件入侵包括病毒、蠕虫、特洛伊木马等形式。

所有这些攻击都是和网络安全相关的，这是因为从网络上可以获得系统的入口。然而，这些攻击并不仅仅局限于通过网络所进行的攻击。拥有对本地终端访问权的用户可能会尝试以不通过网络的方式进行入侵。病毒或特洛伊木马可以通过软盘等介质进入到系统中。只有蠕虫是借助网络连接在系统间传播。因此，系统入侵是一个网络安全和计算机安全交叉的领域。

由于本书的焦点是网络安全，我们不准备对与系统入侵相关的问题和应对措施进行全面的分析，但是在这部分中，我们会对这些问题作一个大致的概述。

本章的主题是入侵者。首先我们研究攻击的本质，然后介绍应对攻击的防范策略和防范失败后的攻击检测方法，最后介绍口令管理的相关问题。

11.1　入侵者概述

入侵者是公认的两种对系统安全威胁最大的方式之一（另一种是病毒），通常被称为黑客（Hacker）或骇客（Cracker）。在关于入侵的一篇早期研究中，Anderson[ANDE80]将入侵者分成 3 类：

- **假冒用户**：未授权使用计算机的个体，或潜入系统的访问控制来获取合法用户的账户。
- **违法用户**：系统的合法用户访问未授权的数据、程序或者资源，或者授权者误用其权限。
- **隐秘用户**：通过某些方法夺取系统的管理控制权限，并使用这种控制权躲避审计机制和访问控制，或者取消审计集合的个体。

假冒用户一般是系统外部的入侵者；违法用户通常是系统内部的入侵者；而隐秘用户既可能是系统内部的也可能是系统外部的入侵者。

入侵攻击包括无恶意的和恶意的。无恶意行为是指单纯地想探索网络，看看里面是些什么的行为。而恶意行为是指试图读取特权数据、对数据进行非授权修改或致使系统瘫痪的行为。

[GRAN04]列举了下面的入侵例证：

- 入侵一个邮件服务器的远程登录系统。
- 破坏 Web 服务器。
- 猜测和跟踪口令。
- 复制包含信用卡号的数据库。
- 获取敏感数据，包括薪水记录和病历信息等。
- 在一个工作站运行一个报文嗅探器以捕获用户名和口令。
- 在匿名 FTP 服务器上使用错误的许可去分发盗版软件和音乐文件。
- 接通不安全的电话网线并获得内网访问权。
- 假扮为主管，请求帮助，重新设置主管的邮件口令，从而得到新口令。
- 未经允许，使用一个已登录进去的无人值守工作站。

11.1.1 入侵者行为模式

入侵者的技术和行为模式是不断变化的，以利用最新发现的缺陷以及避开检测和反抗措施。即便如此，入侵者一般也会遵循许多已知行为模式中的一种，而这些模式与普通用户所使用的明显不同。接下来，介绍三种比较普遍的入侵者行为模式的例子，给读者对于安全管理者所面临的挑战一个直观的印象。

黑客

通常情况下侵入计算机的人如此做是为了寻求刺激或者是为了地位。黑客组织是一种精英制度，而其中的地位则由竞争的程度决定。因此，黑客经常寻找敌对方的目标并与其他的人共享信息。[RADC04]描述了入侵一个大型经济组织的典型例子。入侵者利用了企业网络运行不受保护的服务这一事实，而这些服务有些甚至是不需要的。在这种情形下，侵入的关键是 pcAnywhere 的使用。生产商 Symantec 介绍该程序是能够与远程设备安全连接的远程控制措施。但黑客很容易获得 pcAnywhere 的接入；对于程序，管理者使用相同的三字节用户名和口令。在这种情形下，700 节点的企业网络没有入侵检测系统。只有当副总裁走进她的办公室发现光标正在她的 Windows 工作站移动文件时才能发现入侵者。

尽管消耗资源并且减慢合法使用者的操作，良性入侵还是可以忍受的。但是，没有办法提前就知道入侵是良性的还是恶性的。因此，即使是没有特别敏感资源的系统，也要控制该问题。

入侵检测系统（IDS）和入侵防护系统（IPS）被设计用来防御该类型的黑客威胁。除了使用这些系统之外，组织可以考虑限制远程登录的 IP 地址以及/或者使用虚拟专用网络技术。

随着对于入侵者问题的不断认识，其中的一个结果就是许多计算机安全应急响应组的建立。这些机构收集有关系统漏洞的信息并传送给系统管理者。黑客也阅读 CERT 报告。因此，对于系统管理者尽快对发现的漏洞插入补丁是很重要的。不幸的是，考虑到许多 IT 系统的复杂性以及补丁发行的速度，没有自动更新时，尽快插入补丁难以实现。即使成功，也会有因更新软件的不兼容引起的问题。因此，在处理对于 IT 系统的安全威胁时，需要多层的保护。

犯罪

对于基于互联网的系统来说，黑客组织已经变成广泛传播的和普遍的威胁。这些组织可以受雇于企业或者政府，但组织经常是由黑客组成的联系并不紧密的工作组。通常这些工作组非常年轻，是经常在网上工作的东欧或者南亚黑客[ANTE06]。他们在类似 DartMarket.org 和 theftservices.com 的地下论坛会面来交流信息和数据，并协调攻击。一个普通的目标是 e-commerce 服务器上的信用卡文件。攻击者想要获得管理员登录。组织严密的犯罪组使用卡号而卡号被发送到信用卡网址，在其中其他人可以接入并使用账号；这不仅模糊了使用方式还使调查变得复杂。

传统的黑客在寻找有机会的目标，而犯罪黑客则有明确的目标，或者至少是考虑好的目标种类。一旦侵入目标，攻击者动作迅速，取得尽可能多的信息后退出。

入侵检测系统和入侵防护系统也可以用于该类型的攻击，但由于攻击的快进快出而使得效果没那么好。对 e-commerce 站点，需要对敏感的客户信息进行数据库加密，特别是信用卡信息。对主机 e-commerce 站点（由外部服务器提供），e-commerce 组织需要使用专用服务器（不用来支持多种客户）并监听提供商的安全服务。

内部攻击

内部攻击最难进行检测和防护。员工已经能够接入企业数据库并了解其结构和内容。内部攻击可能是基于报复或者仅仅是为了体验权利的感觉。前者的一个例子是 Kenneth Patterson 的案例，他是作为 American Eagle Outfitters 的数据通信经理被解雇的。在 2002 年假期的 5 天时间，Patterson 使得公司不能够处理信用卡购物。而对于体验权利的感觉，总有许多员工感觉有权利获得更多的公司服务来进行家用，如今已经扩展到了企业的数据。一个例子就是某股票分析公司的销售副总裁跳槽到竞争者那里。在离开之前，她复制了客户数据库并带走。而违法者认为她对于前公司没有恶意；仅仅是认为有用才想得到数据。

尽管入侵检测系统和入侵防护系统可以用来防护内部攻击，但其他更直接的方法更受欢迎。一些例子如下：

- 执行最少权利制度，只允许员工接入到工作所需的资源。
- 设置日志查看什么用户接入，都做了什么操作。

- 对敏感资源加强认证。
- 结束时，删除员工计算机和网络的接入。
- 结束时，对员工的硬盘做镜像。如果竞争者那里出现了公司的信息，可以作为证据使用。

在本节，我们讨论了入侵的技术。下面我们考察检测入侵的方法。

11.1.2 入侵技术

入侵的目标是获得系统的访问权限或者是提升系统的访问权限级别。大多数开始时的攻击都利用了系统或软件的弱点，这样的弱点能让一个用户执行打开后门进入系统的代码。同样地，入侵者试图获取应该受到保护的信息。在有些情况下，这种信息是以用户口令的形式存在的。一旦入侵者知道某些其他用户的口令，他就可以登录系统，并且享有该合法用户的所有权限。

通常来说，系统必须维护一个与每个授权用户相关的口令文件。如果系统对该口令文件没有任何保护措施，那么这就很容易被攻击者入侵并且获得口令。口令文件可以用以下两种方法之一来加以保护：

- **单向函数**：系统只保存一个基于用户口令的函数值。当用户输入口令的时候，系统计算该口令的函数值并且和系统内部存储的值相比较。实际应用中，系统通常执行单向变换（不可逆），在这个变换中，口令被用于产生单向函数的密钥并产生固定长度的输出。
- **访问控制**：访问口令文件的权限仅授予一个或者非常有限的几个账户。

如果系统适当地实现了上述方法中的一种或两种，那么即使是有潜力的入侵者，要想得到口令也要花费一番工夫。[ALVA90]在对相关文献进行调研并采访了大量口令破译者的基础上，报告了以下几种获取口令的方法。

（1）尝试标准账户使用的系统默认口令。许多管理员为了方便并没有更改这些默认值。

（2）穷举尝试所有短口令（只包含一到三个字符的口令）。

（3）尝试系统在线字典中的词汇或者可能的口令列表。例如那些在黑客公告栏上很容易得到的词汇。

（4）收集用户的相关信息，例如全名、配偶及子女的名字、办公室的图片以及与用户业余爱好有关的书籍等。

（5）尝试用户的电话号码、社会保险号码以及门牌号码等。

（6）尝试该州所有的合法牌照号码。

（7）使用特洛伊木马（在第10章描述）绕开对访问的限制。

（8）在远程用户和主机系统之间搭线窃听。

前6种方法是多种不同的猜测用户口令的方法。如果入侵者试图用各种猜测来进入系统，那将是一个乏味且容易被检测到的攻击方式。例如，系统可以简单地设置为如果连续三次输入错误口令就拒绝登录请求，这样就需要入侵者重新连接到主机上进行重试。在这种情况下，尝试的口令如果超过一定数量就不切合实际了。然而，入侵者似乎不会采用这么笨拙的方法。例如，如果入侵者能够获取一个低级别的访问权限并访问到被加密的口令文件，那么他通常所采取的策略是捕获该文件，然后从容地根据该系统所采用的加密机制对口令文件进行分析，直到发现具有更高访问权限的口令。

当利用大量工具尝试自动口令猜测并且猜测程序不会被系统发现时，猜测攻击是可取的，而且效率很高。本章后面将对如何防止猜测攻击进行更加详细的阐述。

上面列出的第（7）种攻击方法，即特洛伊木马，是一种很难应付的攻击方法。[ALVA90]中有这样一个通过木马程序绕过访问控制机制的实例。一个低权限的用户开发了一个游戏程序并邀请系统操作员在空闲时间里进行娱乐，这个程序的确是一个游戏程序，但是在程序后台包含有将口令文件复制到用户文件的代码，这里说的口令文件并没有加密，但是有访问权限限制。因为这个游戏是在操作员的高权限模式下运行的，一旦运行这个游戏，木马就可以访问口令文件。

第（8）种攻击方法——搭线窃听，是一个涉及物理安全的问题。

其他的入侵技术不需要得到口令。入侵者通过采用某些攻击来进行系统访问，例如利用运行在特定权限下的程序的缓冲区溢出进行攻击。通过这个方法也可以增加访问权限。

我们接着讨论两种主要的对策：检测和防护。检测是指检测到攻击的存在，不管攻击是否已经成功发生；而防护是一个具有挑战性的安全目标，同时也是一个时时刻刻与入侵者进行斗争的战场。安全防护的难点在于安全防护人员必须努力阻止所有可能的攻击。但这一点实际上很难做到，因为攻击者可以充分尝试各种可能的漏洞，并且对系统防护链中最薄弱的环节进行攻击。

11.2　入侵检测

即使最好的入侵防护系统也难免失效。系统安全的第二道防线就是入侵检测，这也成为近年来很多研究的焦点。这种兴趣的产生来自以下几个方面的考虑。

（1）如果能够足够快地检测到入侵行为，那么就可以在入侵者危害系统或者危及数据安全之前将其鉴别并驱逐出系统。即使未能及时检测到入侵者，越早发现入侵行为就会使系统的受损程度越小，系统也就能够越快得到恢复。

（2）有效的入侵检测系统是一种威慑力量，能够起到检测入侵者的作用。

（3）入侵检测可以收集入侵技术信息，这些信息可以用于增强入侵防护系统的防护能力。

入侵检测技术假定入侵者的行为和合法用户的行为之间存在可以量化的差别。当然，我们不能期望入侵者对系统资源发起的攻击和普通用户对系统资源的授权使用之间存在极为明显的区别。事实上，这两者之间存在交叉部分。

图11.1在一个比较抽象的层面上，指出入侵者任务的本质就是和入侵检测系统的设计者抗衡。虽然入侵者的典型行为和授权用户的典型行为是不同的，但两者之间还是存在着交叠部分。因此，如果对入侵行为的定义过为宽松，虽然能够捕获到更多的入侵行为，但是也容易导致“误报警”的出现，或者把授权用户误认为是入侵者。相反，如果对入侵行为的定义过为严格，就会导致“漏报警”的出现，可能漏过真实的入侵者。因此，入侵检

测系统的设计是一门折中的艺术。

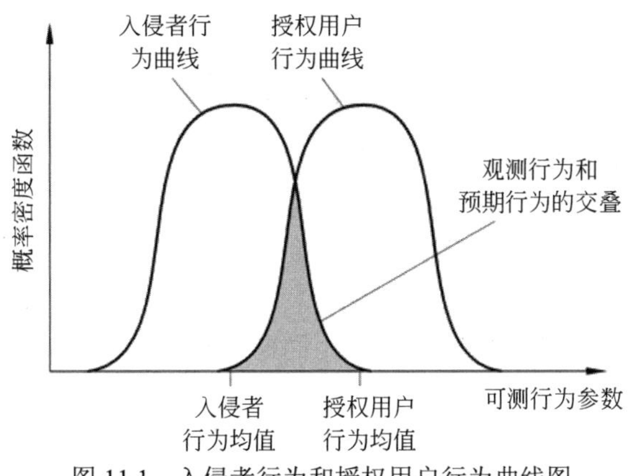

图 11.1　入侵者行为和授权用户行为曲线图

在 Anderson 的研究[ANDE80]中，假定某个系统能够合理地确定假冒用户和合法用户之间的区别。合法用户的行为模式可以通过观察它们的历史记录来建立。因此那些严重背离这种行为模式的行为将被检测出来。Anderson 说，检测违规行为者（合法用户以未授权的方式进行操作）是非常困难的，因为用户的异常行为和正常行为之间区别很小，Anderson 认为仅仅检查异常行为无法检测出这种违规使用。同时他还认为，对隐秘用户的检测已经超出了纯粹的自动化检测技术范围。这份研究中的观测数据是在 1980 年得到的，时至今日其结果仍然是正确的。

[PORR92]给出了以下两种入侵检测方法：

（1）**统计异常检测**：包括一定时间内与合法用户的行为相关的数据集合。然后使用统计学测试方法对观察到的用户行为进行测试，以便能够更加确定地判断该行为是否是合法用户行为。

（a）阈值检测：这个方法包括对各种事件的出现频率定义独立于个体用户的阈值。

（b）基于行为曲线：为每个用户建立行为曲线，之后可以用来检测个体账户的行为变化。

（2）**基于规则的检测**：包括尝试定义一套能够用于判断某种行为是否是入侵者行为的规则或者攻击模型。这通常被称为签名检测。

简单而言，统计方法用来定义普通的或者期望的行为，而基于规则的方法则致力于定义正确的行为。

根据之前列出的攻击类型，统计异常检测是检测假冒用户的有效手段，这是因为假冒用户不能完全正确地模仿合法用户的行为方式。另外，统计异常检测却不能用来有效地检测违规用户。对于这种攻击来说，基于规则的检测方法则可以有效地检测出代表渗透攻击行为的时间或者动作序列。实际应用中，系统必须把两种异常检测方法结合起来，使其能更有效检测到更多类型的攻击。

11.2.1　审计记录

入侵检测的一个基本工具就是审计记录。对用户当前行为的记录可以用作入侵检测系统中的输入参量以检测攻击行为是否发生。一般来说，有以下两种审计记录：

- **原始审计记录**：事实上所有的多用户操作系统都包含了收集用户活动信息的账户统计软件。使用这些信息的优点是不需要额外的收集软件，缺点是原始审计记录并不包含所需要的信息或者包含的信息格式不便于直接应用。
- **面向检测的审计记录**：这是一种收集工具，只生成入侵检测系统所需信息的审计记录。这种方法的一个优点是它采用第三方的审计记录收集机制，适用于多种类型的系统。其缺点在于需要额外的处理开销，因为这种方法使得系统内部同时运行两种账户统计工具包。

Dorthy Denning 所做的工作就是一个应用面向检测审计记录的很好实例[DENN87]。每条审计记录包含下面几个工作域：

- **主体**：行为的发起者。主体通常是指一个终端用户，但也可能是代表用户或者用户群的进程。所有的行为都是由主体的命令发起的。主体可以划分为不同的访问类，这些类可能会存在交叠部分。
- **行为**：由主体所执行的施加于客体上的操作。例如系统登录、读取操作、输入/输出操作、执行操作。
- **客体**：行为的接受者。例如文件、程序、消息、记录、终端、打印设备以及用户或者程序创建的结构。当主体是一个行为的接收方（例如接收电子邮件）时，也可以将主体看成是客体。客体可以根据类型分组。客体的粒度可以根据客体的类型和环境而改变。例如，在数据库操作中，可以将数据库的整体作为一个客体，也可以将数据库的记录层作为一个客体。
- **异常条件**：表示有异常发生的时候，返回异常条件。
- **资源使用情况**：记录各种资源的使用情况，作为对当前行为的一种判据（例如所打印和显示的进程数、读/写记录的数量、处理器时间、输入/输出单元的使用、会话流逝的时间）。
- **时间戳**：在行为发生的时候用于记录该时刻的一种机制。

大多数的用户操作都是由一系列基本行为组成的。例如，一个文件的复制操作包含了用户命令的执行，而用户命令执行又包括访问的确立、复制的建立、从某个文件中读取、写入到另一个文件中等一系列行为。考虑以下命令：

```
COPY GAME.EXE TO <Library>GAME.EXE
```

这条命令由 Smith 发出，用来从当前目录复制一个可执行文件 GAME 到<Library>目录中。这个操作将会产生以下几条审计记录：

Smith	execute	<Library>COPY.EXE	0	CUP = 00002	11058721678
Smith	read	<Smith>GAME.EXE	0	RECORDS = 0	11058721679
Smith	execute	<Library>COPY.EXE	write-viol	RECORDS = 0	11058721680

在这种情况下，复制将会被中止，因为 Smith 并没有写入到<Library>的权限。

把用户操作分解成为基本行为的集合有以下三个好处：

（1）因为客体是系统中的受保护实体，对于客体的基本行为是可以被审计的。因此，将用户操作分解成为基本行为的集合，系统就有能力检测出试图逃避访问控制机制的行为（这是通过检测异常条件实现的），同时也可以检测出成功逃避访问控制机制的行为（这是通过检测可以访问主体的客体集合的异常情况实现的）。

（2）单客体，单行为的审计记录简化了模型的复杂度和实现难度。

（3）由于细节检测审计记录具有简单而又统一的结构形式，可以通过直接将已有的原始审计记录映射到细节检测审计记录的方式使获取信息变得相对容易。

11.2.2 统计异常检测

正如前面提到的，统计异常检测技术可以分为两种主要的种类：阈值检测和基于行为曲线的检测。阈值检测包括在一定时间间隔内对某种特定类型事件出现的次数进行统计。如果统计结果超过了预先定义的阈值，则认为出现了入侵行为。

阈值分析，从其自身看来，即使对于复杂度一般的攻击行为来说也是一种效率低下的粗糙检测方案。阈值和时间间隔二者都必须是确定的。由于不同的访问用户之间行为变化很大，从而使得阈值检测可能产生较多的“误报警”（阈值较低的时候）或者“漏报警”（阈值较高的时候）。然而，简单的阈值检测技术和其他复杂检测技术结合起来会有更好的结果。

基于用户行为曲线的异常检测的焦点是建立单个用户或者相关用户群的行为模型，然后检测当前用户模型和该模型是否有较大的偏离。行为曲线可能包含一组参数，因此仅仅单个参数发生偏离对其自身来说是不足以发出报警信号的。

这种方法的基础是分析审计记录。审计记录以两种方式对入侵检测功能提供输入。第一，设计者必须确定用来衡量用户行为的参量。在一定时间内的审计记录可以用来对用户的活动进行分析，根据分析结果决定平均用户的活动行为曲线。因此审计记录可以用来定义普通的行为。第二，用户当前操作的审计记录可以用作检测系统入侵的输入。也就是说，入侵检测模型分析接收审计记录并且判断它相对于过去行为的审计记录的偏差。

基于行为曲线的入侵检测方法中，通常有以下几个衡量标准。

- **计数器**：只能增加不能减少的非负整数，直到被管理行为复位。通常用来记录一定时间内某些事件类型的发生次数。例如，单个用户在一小时内的登录次数、在一次用户会话期间某条命令被执行的次数、一分钟内口令登录失败次数等。
- **计量器**：可以增加也可以减少的非负整数。通常来讲，计量器主要用于测量一些实体的当前值。例如，分配到某个用户的应用程序的逻辑连接数目、在某个用户进程队列中排队的消息数量等。
- **间隔定时器**：两个相关事件的时间间隔。例如同一个账户两次成功登录的时间间隔长度等。
- **资源使用情况**：在特殊时间间隔内资源的使用情况。例如，在一次用户会话期间所打印的页数或某程序执行的总时间等。

给定这些标准之后，很多测试就可以用来判断当前用户行为的偏离量是否在可以接受的限制范围内了。[DENN87]列出了以下几种可行的方法：

- 均值和标准偏差。

- 多元变量。
- 马尔可夫过程。
- 时间序列。
- 操作。

最简单的统计学测试方法是在一定的历史时间间隔内测量一个变量的**均值和标准偏差**。这种方法反映了平均行为和其可变度。均值和标准偏差的方法可以应用于很多计数器、定时器和资源度量器。但是这些测量，从其自身来看，并不能很好地完成入侵检测任务。

变量的均值和标准差是一种简单的计算方法。在一段给定的时间内，这些值提供了一个度量平均行为及其可变性。这两个计算可以应用于各种计数器，计时器和资源量度。但是，这两个度量本身不足以有效检测入侵。

多元变量模型基于两个或者多个变量之间的关联。通过对这种关联的分析，可以对入侵行为做出可信度比较高的判断（例如，处理器时间和资源使用的关联，或者登录频率和会话消逝时间的关联等）。

马尔可夫过程模型用于建立所有不同状态之间的转移概率。例如，这个模型可以用来观测两个特定命令之间的转移。

时间序列模型用于在一定的时间间隔内寻找那些发生频率过高或者过低的事件序列。很多统计学测试都可以用来刻画这种由时间序列引起的异常。

最后，**操作**模型基于对“什么是异常”的判断，而不是对历史审计记录进行自动分析。典型的操作模型是定义一个固定的界限，当观察到超出这种界限的行为时就可以推断有入侵行为。当入侵行为可以从固定类型的活动推断出来的时候，这种方法是最有效的。例如，在很短时间内的大量登录尝试就可以推断为入侵尝试。

下面是应用这些不同衡量标准和模型的例子，表 11.1 给出了对斯坦福研究学院（Stanford Research Institute, SRI）的入侵检测专家系统（Intrusion Detection Expert System, IDES）[ANDE95,JAVI91]进行评价和测试时所采用的不同度量方法和 Emerald（NEUM99）的后续计划。

表 11.1 可用于入侵检测的度量方法

度 量 方 法	模 型	入侵检测类型
登录和会话活动		
每天或某段时间内的系统登录频率	均值和标准偏差模型	入侵者很可能在非高峰期时登录
不同地点的登录频率	均值和标准偏差模型	入侵者可能从一个特定用户很少使用或者从未使用过的地点登录
距上一次登录之间的时间间隔	操作模型	从一个不再存在的账户非法闯入
每次会话消逝的时间	均值和标准偏差模型	较大的偏离暗示了假冒用户的出现
本地数据向外传输的数量	均值和标准偏差模型	传输到远程地区的数据超出一定数量将意味着敏感数据的泄露
会话资源使用情况	均值和标准偏差模型	处理器或 I/O 的异常占用预示了入侵者的存在
登录口令错误	操作模型	试图通过猜测口令来非法闯入
特殊终端的登录失败	操作模型	试图非法闯入

续表

度量方法	模 型	入侵检测类型
命令或程序执行活动		
执行频率	均值和标准偏差模型	可以检测出试图运行不同命令或成功潜入合法用户从而获取权限命令的入侵者
程序资源使用情况	均值和标准偏差模型	异常值预示了病毒或者特洛伊木马的入侵，它们产生了副作用，增加了 I/O 或处理器的使用率
执行被拒绝	操作模型	可以检测用户试图提高权限的渗透行为
文件访问活动		
读、写、创建、删除频率	均值和标准偏差模型	用户异常的读、写访问可能预示假冒用户或浏览者的出现
记录的读、写	均值和标准偏差模型	异常意味着通过推断或集总式手段来获得敏感数据
读、写、创建、删除的失败累计	操作模型	可以检测持续尝试访问未授权文件的用户

使用统计学方法的主要优点是不需要具备太多的系统安全漏洞的先验知识。检测程序本身具有学习功能，它可以通过学习来确定什么是“异常”行为，并对当前行为的偏离做出判断。这个方法并不基于系统相关的特征和漏洞。因此这种方法在不同的系统中的使用就显得更加便捷。

11.2.3 基于规则的入侵检测

基于规则的技术是通过观察系统内发生的事件或应用一组用于判断某个给定的行为模式是否可疑的规则来检测入侵的。概括地说，可以把基于规则的入侵检测分为两类：异常检测和渗透检测，这两种方法存在交叠。

基于规则的异常检测从其采用的方法和所具有的能力来看，和统计异常检测很相似。在基于规则的方法中，对历史审计记录的分析被用来识别使用模式、并自动生成描述这些模式的规则集。这些规则代表了用户以前的行为方式、程序、权限、时间槽和访问终端等实体的历史行为模式。然后将当前行为和这些规则进行匹配，并且根据匹配情况来判断当前行为是否和某条规则所代表的行为一致。

与统计异常检测相似，基于规则的异常检测并不需要具备系统安全漏洞的先验知识。相反，该方案基于对过去行为的观察，假设将来的行为和以前的行为相似。为了使得这个方法更加有效地工作，则需要一个更大的规则数据库。例如，一个在[VACC89]中提到的方案中包含了 10^4～10^6 个规则。

基于规则的渗透检测是一种基于专家系统技术的检测方法，与之前提到的入侵检测技术有很大的不同。这种方法的关键特征是它利用规则集识别已知的渗透模式和可能发生的对系统安全漏洞进行的渗透模式。它还可以定义规则集，使其能够识别可疑的行为——即使该行为并没有超出已建立的可用模式范围。通常来说，这些系统所用的规则是机器和系统所特有的。获取这种规则最有效的方法是对网络上搜集到的攻击工具和记录进行分析。对有经验的安全人员提出的规则也是这种规则集的补充。对形成规则集的后一种情况，通常的制定过程是采访系统管理员和安全分析员从而收集到一组已知的渗透场景和威胁目标系统的重要事件。

可用作规则集类型的一个简单实例可以在 NIDX 中找到，早期的 NIDX 系统使用启发式规则来检测当前活动的可疑度[BAUE88]。启发式规则的例子有如下几点。

（1）用户不应该对其他用户的个人目录下的文件进行读操作。

（2）用户不可以对其他用户的文件进行写操作。

（3）几个小时后登录的用户通常会访问他们之前曾经访问过的文件。

（4）用户通常不直接对磁盘设备进行读写，而是依赖于更高级的操作系统功能进行。

（5）用户不应该对同一个系统进行重复登录。

（6）用户不应复制系统程序。

IDES 使用的渗透检测方案具有代表性，其主要策略是，实时地检查审计记录并且和规则集进行匹配操作。如果找到匹配，那么该用户的可疑度就会提高。如果找到了足够多的匹配，那么该用户的可疑度将会超过一个阈值，这将导致系统产生异常报告。

IDES 方法是基于对审计记录的核查来实现的。这种方法的缺点是它的灵活性比较差。对于一个给定的渗透攻击，可能存在多个差异或大或小的日志记录序列，通过规则集将这些差异都表现出来是很困难的。另一种方法是实现一种与特定审计记录无关的高层次的模式，基于状态转移图的 USTAT[VIGN02, ILGU95]系统就是一个这样的例子。USTAT 处理的是广义动作，而不关注 UNIX 审计机制记录的特定行为细节。USTAT 运行在 SunOS 系统上，这个系统可以提供 239 个事件的审计记录。而 USTA 系统的预处理器只对其中 28 种进行处理，将它们映射为 10 种广义动作（如表 11.2 所示）。利用这些行为和每个行为所调用的参数，可以生成用来描述可疑活动特性的状态转换图。由于大量不同的可审计事件被映射到少数的行为集中，因此规则的创建过程变得相对简单。此外，状态转换图模型更加容易进行修改以适应最新的入侵行为。

表 11.2 USTAT 行为与 SunOS 事件类型

USTAT 动作	SunOS 事件类型
Read	open_r,open_rc,open_rtc,open_rwc, open_rwtc,open_rt,open_rw,open_rwt
Write	truncate,ftruncate,creat,open_rtc,open_rwc, open_rwtc,open_rt,open_rw,open_rwt, open_w,open_wt,open_wc,open_wct
Create	mkdir,creat,open_rc,open_rtc,oprn_rwc, open_rwtc,open_wc,open_wtc,mknod
Delete	rmdir,unlink
Execute	exec,execve
Exit	exit
Modify_Owner	chown,fchown
Modify_Perm	chmod,fchmod
Rename	rename
Hardlink	link

11.2.4 基率谬误

在实际应用中，入侵检测系统必须能够保证检测真实入侵行为的百分率，同时又能够将误报率维持在一个可以接受的水平上。如果入侵检测系统只能检测到有限的几种攻击行为，那么这种系统事实上对于解决安全问题没有实质价值。另一方面，如果在没有入侵的时候系统频繁地发出报警（误报警），那么系统管理员将会忽略警报，不然就会浪费更多的时间对误报警进行分析。

不幸的是，由于相关概率的本质原因，想同时满足高检测率和低误报率是很难的。一般来说，如果系统中的真正入侵数量低于合法用户的数量，那么误报警的概率将会很高，除非系统测试过程是由一些非常容易识别的攻击实例组成的。[AXEL00]的一份对现有的入侵检测系统的研究表明，现今的入侵检测系统没有解决概率谬误的问题。

11.2.5 分布式入侵检测

迄今为止，入侵检测系统的工作重点是如何对单机系统实施有效的入侵检测。然而，越来越多的大型组织还需要对由 LAN 或者互联网连接起来的分布式主机进行安全防护。虽然可以在每台机器上使用单独的入侵检测系统来实现安全防护，但是更加有效的防护措施是通过网络使单机入侵检测系统进行协同操作。

Porras 在[PORR92]中指出了以下几点设计分布式入侵检测系统的主要问题。

- 分布式入侵检测系统可能需要处理不同的审计记录格式。在异构的环境下，不同系统使用不同的记录收集机制，因此用于入侵检测系统的安全性相关审计记录具有不同的格式。
- 网络中的一个或者多个主机将充当数据收集和分析的宿主机，从而使审计数据或摘要数据必须通过网络进行传输。因此，需要确保数据的完整性和机密性。完整性用于防止入侵者通过改变传输的审计信息来掩饰其攻击行为。机密性也是有必要的，这是因为通过网络传输的审计信息可能是有价值的。
- 集总式体系结构和分布式体系结构都是可用的。对于集总式体系结构，所有审计数据的收集和分析都是在单台机器上完成的，这简化了数据关联分析的任务，但是主机也将成为系统潜在的瓶颈，还可能发生单点故障。而对于分布式体系结构，审计数据的收集和分析都是在多台机器上完成的，但是这些机器之间必须建立一种协作和信息交换的机制。

加利福尼亚大学的戴维斯分校（University of California at Davis）曾经开发出一套很好的分布式入侵检测系统[HEBE92，SNAP91]。图 11.2 给出了它的完整体系结构，它包含以下三个组成部分：

- **主机代理模块：**这是一个审计集合模块，在受监控系统中作为后台进程运行，它的目的是收集主机上与安全相关事件的数据，并把结果传输给中央管理器。
- **LAN 监测代理模块：**其工作机理和工作方式与主机代理模块相同。不同点是它对 LAN 流量进行分析并把结果报告给中央管理器。

- **中央管理器模块**：接收来自 LAN 监测代理模块、主机代理模块的报告，并且对这些报告进行处理和关联分析从而检测攻击。

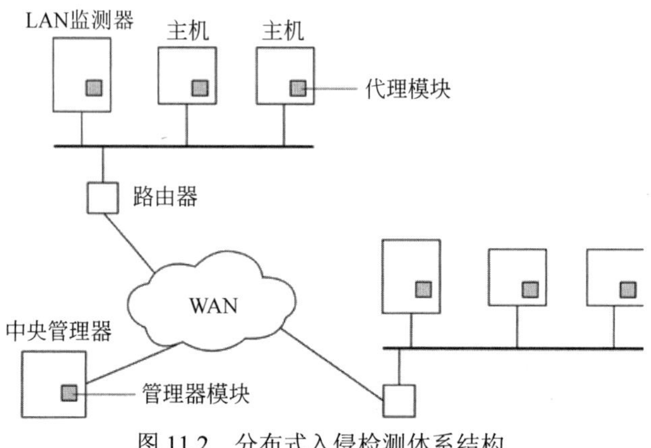

图 11.2　分布式入侵检测体系结构

这个方案的设计是独立于任何操作系统或系统审计实现的。图 11.3 给出了它所采用的通用方法[SNAP91]。首先，代理获取所有由原始审计收集系统生成的审计记录，通过过滤手段从这些原始记录中提取与安全相关的部分，并将它们标准化为主机审计记录（Host Audit Record，HAR）格式。之后，由模板驱动逻辑模块对这些记录进行分析，搜索是否有可疑行为发生。最底层的代理负责扫描明显偏离于历史记录的事件，包括失败的文件访问、系统访问、修改文件访问控制等；而较高层的代理则负责寻找是否有与攻击模式相匹配的事件序列，如已知的攻击模式（特征码）等。最后，代理根据用户的历史行为曲线来寻找是否有异常行为发生，例如被执行的程序数、被访问的文件数等。

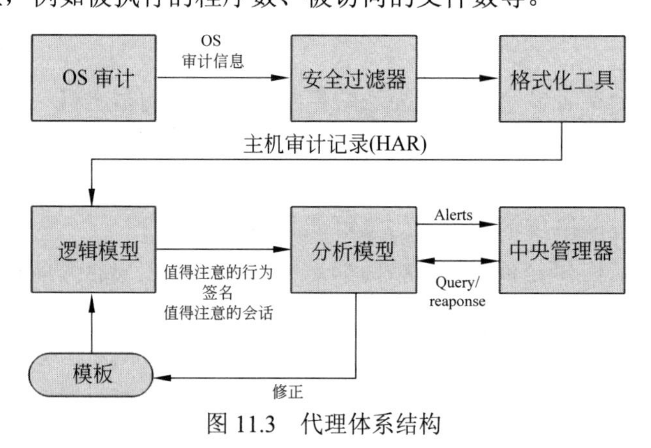

图 11.3　代理体系结构

当检测到可疑行为时，报警信息被传递给中央管理器。中央管理器中包含一个专家系统，它可以从接收到的数据中得出结论。另外，管理器还可以从单个系统中得到主机审计记录的副本，并将其与来自其他代理的审计记录进行关联分析。

LAN 监测器代理也为中心管理器提供信息。它主要负责审计主机与主机之间的连接、服务的使用、通信量等信息，同时还负责搜索有意义的事件，如网络负载的突变、安全相关服务的使用以及网络上的远程登录命令等。

在图 11.2 和图 11.3 中所描述的体系结构是通用而灵活的。它提供了一种从处理单机信息的主机入侵检测扩展到对多个主机信息进行关联分析处理的分布式入侵检测方法基础，这种经过扩展后建立的分布式入侵检测系统将有能力检测出单机检测系统无法检测到的可疑行为。

11.2.6 蜜罐

近年来，入侵检测技术出现了一次革新，那就是蜜罐技术。蜜罐是一个诱骗系统，用来把潜在的攻击者从重要系统中引诱开。蜜罐设计目的如下：

- 转移攻击者对重要系统的访问。
- 收集关于攻击者活动的信息。
- 鼓励攻击者停留在系统中足够长时间以便管理员做出反应。

蜜罐系统中填满了看起来有价值的虚假信息，但是系统的合法用户不会访问这些信息。因此，任何访问蜜罐的行为都是可疑的。蜜罐系统装备了敏感监测器和事件登录器用于检测对蜜罐系统的访问行为并收集攻击者的活动信息。由于对蜜罐系统的任何攻击在攻击者看来似乎是很成功的，管理员有足够时间来调度、登录继而追踪攻击者，甚至无须暴露系统。

蜜罐是一个没有生产价值的资源，没有任何合法的理由能让任何网络之外的任何人跟蜜罐进行交互。因此，任何系统进行交流的尝试很有可能是一次探测、扫描或者攻击。反过来，如果蜜罐启动出站通信，那么系统有可能已经被攻破了。

最初的工作是设计一个有 IP 地址的单一蜜罐主机以吸引攻击者的注意力。最近的研究工作重点是建立蜜罐网络，该网络包含实际或模拟的网络流量和数据。一旦黑客进入网络，管理员就可以观察到他们的行动细节并且设计出更好的安全防护方案。

蜜罐可以被部署在很多位置。图 11.4 展示了一些可能的位置。位置依赖于许多因素，

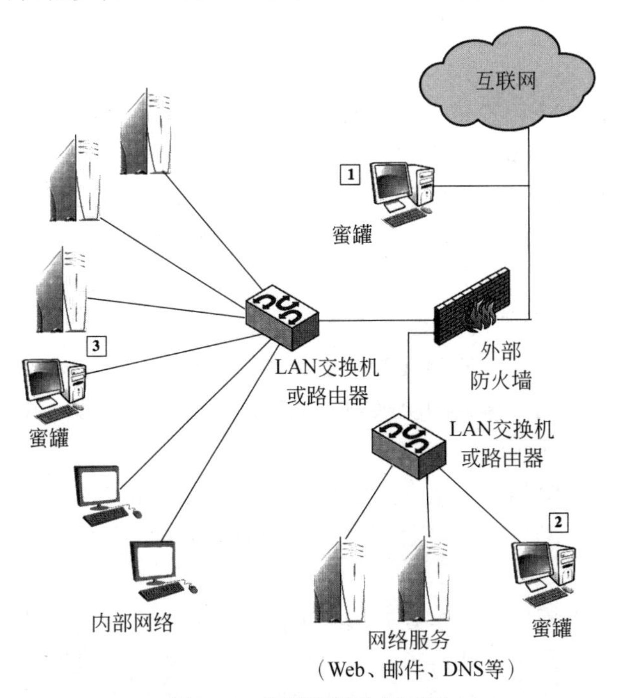

图 11.4 蜜罐部署位置示例

比如组织感兴趣收集的信息类型，组织为获得最大数据量可以容忍的冒险级别。

位于外部防火墙之外的蜜罐（**位置 1**）对追踪尝试在网络内连接到未使用 IP 地址很有用。位于这个位置的蜜罐没有增加内部网络的风险。防火墙之后可以避免被攻破。另外，因为蜜罐吸引了很多潜在的攻击者，它减少了防火墙或者内部 IDS 传感器发布的警报数量，降低了管理负担。外部蜜罐技术的坏处是它无法捕捉内部攻击者，尤其是如果外部防火墙过滤器的流量是双向的。

外部网络可用服务，比如 Web、邮件，通常称为 DMZ（非军事化区），是另一个可以放置蜜罐的候选地点（**位置 2**）。安全管理者必须确保 DMZ 中的其他系统对于由蜜罐产生的任何活动都是安全的。将蜜罐放置此处的坏处是典型的 DMZ 并不是完全可以访问的，防火墙一般会阻挡那些尝试访问不需要服务的到 DMZ 的流量。因此，防火墙要么开放它所允许之外的流量，当然，这是有风险的，要么限制蜜罐技术的有效性。

一个完全内部的蜜罐（**位置 3**）有几个优点。最重要的优点是它可以捕捉内部攻击。位于这个位置的蜜罐同样可以检测配置错误的防火墙，该防火墙转发从互联网到内部企业网络不被允许的流量。当然，它也有一些缺点。最严重的缺点是如果蜜罐被攻破，那么就可以攻击其他内部系统。任何从互联网到攻击者的流量都不会被阻挡，因为防火墙认为该流量只是到蜜罐的。位于该位置蜜罐的另一个困难是，跟位置 2 一样，防火墙必须调整过滤能力从而允许到蜜罐的流量。因此，防火墙配置更复杂，也有可能攻破内部网络。

11.2.7 入侵检测交换格式

为了促进不同平台、环境、标准上运行的分布式入侵检测系统的发展，IETF 入侵检测工作组制定了用于增进不同系统间协同操作性的技术标准。工作小组的目的是指定数据格式和交换程序，从而使得入侵检测、响应系统以及可能与其协同工作的管理系统可以共享它们所关心的信息。

这个工作小组在 2007 年发布了以下 RFC：

- **入侵检测信息交换需求（RFC 4766）**：这个文档定义了入侵检测信息交换格式（IDMEF）的需求。这个文档同时为 IDMEF 通信指定了通信协议需求。
- **入侵检测信息交换格式（RFC 4765）**：这个文档描述了表示入侵检测系统导出信息的数据模型，解释了这个模型的合理性。给出了用 XML 语言实现的数据模型以及 XML 文档类型定义的使用示例。
- **入侵检测交换协议（RFC 4767）**：这个文档描述了入侵检测交换协议（IDXP），这是一个在入侵检测实体之间交换数据的应用层级别的协议。IDXP 在一个面向连接的协议中支持相互认证、完整性和机密性。

图 11.5 给出了入侵检测信息交换方法基于模型的主要组成元素。这个模型没有针对任何特别的产品或实现，但它的功能组件是任何 IDS 系统的主要组成元素。功能性组件包括如下。

- **数据源**：IDS 系统使用原始数据检测未授权或者不希望的活动。常用数据源包括网络数据包、操作系统审计日志、应用程序审计日志、系统产生的校验和数据。
- **传感器**：从数据源收集数据。传感器转发向分析者转发事件。

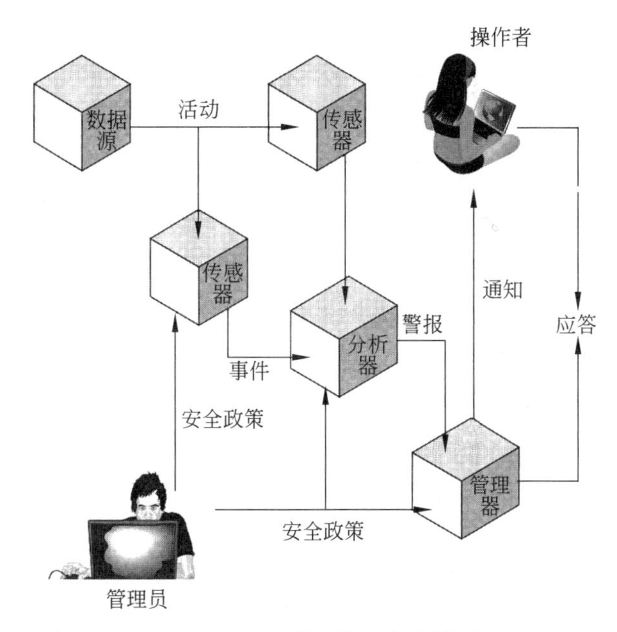

图 11.5 入侵检测信息交换模型

- **分析器**：ID 组件或进程分析由传感器收集的未授权或者不希望的活动的数据，也分析有可能引起安全管理者兴趣的事件。在很多已存在的 IDS 中，传感器或者分析器是同一组件的组成部分。
- **管理员**：负责为组织设置安全策略，决定 IDS 的部署和配置。这跟 IDS 的操作者可以是同一个人，也可以是不同的人。在一些组织中，管理员跟网络或者系统管理组相关联。在其他组织中，它是独立的职位。
- **管理器**：操作者管理的 ID 系统中众多组件中的 ID 组件或进程。管理功能一般包括传感器配置、分析器配置、事件通知管理、数据合并和报告。
- **操作者**：IDS 管理器管理的基本用户。操作者经常监控 IDS 的输出，发起或者建议采取下一步行动。

在这个模型中，入侵检测按照下面的方式进行。传感器监控数据源，寻找可疑**活动**，比如展现不期望的 Telnet 活动的网络会话，显示有用户尝试访问其未被授权访问的操作系统日志，显示持续登录失败的操作系统日志。传感器将可疑活动以**事件**的形式传给分析器，这个事件可以表征在一段给定时间内的活动。如果分析器决定它对该事件感兴趣，那么它向管理器发送**警报**信息，该信息包含检测出的异常活动的信息，以及该事件的具体细节。管理器组件向操作者发布**通知**。管理组件或者操作者可以自动发起**应答**。应答的例子包括为该活动记录日志；记录能表征该事件的原始数据（从数据源）；终止网络，用户或者应用程序会话；或者修改网络或者系统访问控制权。**安全策略**是预定义的、正式文档化的声明，它定义了允许在组织的网络或主机上发生什么活动，以满足组织的需求。这包括但又不局限于哪些主机被拒绝访问。

说明书定义了事件和警报信息的格式，信息类型以及用于入侵检测信息通信的交换协议。

11.3 口 令 管 理

口令系统是防御入侵者的第一道防线。事实上，所有的多用户系统都要求用户不仅提供用户名或者是标识符（ID），还要提供口令。口令用于对登录到系统上的 ID 进行认证。ID 依次通过以下几种方法保证安全性。

- ID 确定了用户是否被授权访问系统。在某些系统中，只有拥有系统中已有 ID 的用户，才有权限访问系统。
- ID 确定了用户的访问权限。在系统中，有少数几个用户会拥有管理权或“超级用户”权限，这些用户有权读取那些受到操作系统保护的文件，也可以执行一些由操作系统保护的功能。有些系统设有来宾账号或匿名账号，使用这些账号的用户的访问权限通常会有很多限制。
- ID 还可以被用于自主访问控制机制中。例如，用户可以列出其他用户的 ID 列表，并分别对这些用户授权读取自己文件的权限。

11.3.1 口令的脆弱性

在这一节，概括了主要的针对基于口令认证的攻击形式，并简要介绍了防护策略。11.3 节的其余部分会详细介绍主要的防护措施。

一般来说，使用基于口令认证的系统维持一个按用户 ID 索引的口令文件。经常使用的一种技术是不存储用户的口令，而是存储口令的散列函数值，我们将在下面介绍。

下面给出一些攻击策略和防护措施。

- **离线字典攻击**：典型地，强访问控制权限用来保护系统的口令文件。然而，经验表明，有些黑客经常可以避开这种控制从而获得对该文件的访问权限。攻击者获得系统口令文件，将口令散列值与常用口令的散列值进行比较。如果发现匹配，攻击者可以使用那个口令与口令组合从而获得访问权限。防护措施包括阻止未授权访问口令文件，使用入侵检测措施鉴别口令文件是否被攻破，如果口令文件被攻破，进行快速口令补发。
- **专用账号攻击**：攻击者以指定账号作为攻击目标，进行口令猜测直到发现正确口令。标准的防护措施是账号锁定机制，如果超过指定登录次数仍没有成功，就会将该账号锁定。一般尝试次数不会超过五次。
- **常用口令攻击**：上一种攻击方法的变种是使用常用的口令对许多用户 ID 进行尝试。用户一般会选择容易记住的口令，很不幸这会导致口令很容易被猜出。防护措施包括使用政策禁止用户选择常用口令，扫描认证请求的 IP 地址和客户端 cookie。
- **针对单用户的口令猜测**：攻击者尝试获得账户持有人和系统口令政策的知识，使用这些知识猜测口令。防护措施包括通过实施口令政策，使得口令难以被猜出。这些政策专注于保密，最小化口令长度和特征集，禁止使用知名的用户标识符，也规定了口令多长时间内必须被改变。

- **工作站劫持**：攻击者一直等待到工作站无人看管。标准的防护措施包括当一段时间没有活动时工作站自动注销登录，入侵检测模式可以用来检测用户行为的改变。
- **利用用户错误**：如果系统分配了口令用户很有可能将口令写下来，因为口令不是很好记忆。这种情况为敌手提供了潜在的阅读口令的机会。用户本来有可能想分享口令，从而使得同伴可以共享文件。同时，攻击者经常会通过社会工程学手段欺骗用户或者账户管理者泄露口令从而获得口令。很多计算机系统为系统管理员配备了预配置好的口令。除非这些预配置好的口令改变了，否则它们可以很容易被猜测出来。防护措施包括用户培训，入侵检测以及与其他认证机制结合的简单口令。
- **利用多个口令的使用**：如果网络设备对给定用户共享相同的或者类似的口令，那么攻击可以变得非常高效且具破坏力。防护措施包括对特定的网络设备禁止使用相同或者类似的口令。
- **电子监控**：如果通过网络登录到远程系统，口令很容易受到窃听的攻击。简单的加密不会解决这个问题，因为加密口令其实可以被敌手观察到并重新使用。

11.3.2 使用散列后的口令

一种广泛使用的口令安全技术是使用散列后的口令和加盐。这种模式在所有 UNIX 变种以及其他操作系统中都有使用。使用下面的步骤（见图 11.6（a））。为了加载一个新的口令到系统中，用户选择或者被分配一个口令。口令与固定长度的加盐值结合使用[MORR79]。在比较老的实现中，加盐值与将口令分配给用户时的时间相关。较新的实现中，使用伪随机数或真随机数。口令和加盐值作为散列函数的输入，产生一个固定长度的散列码。散列算法被设计成慢速执行以便阻止攻击。然后，将用户散列后的口令和加盐值的明文副本保存在口令文件中。散列口令方法对许多口令攻击方法都是安全的[WAGN00]。

当一个用户尝试登录到 UNIX 系统时，用户提供 ID 和口令（见图 11.6（b））。操作系统使用 ID 检索口令文件，取回明文加盐值和加密的口令。加盐值和用户提供的口令作为加密例程的输入。如果结果跟存储的值匹配，口令被接受。

Salt 的三个目的如下。

- 防止在口令文件中的口令副本可见。即使两个用户选取了相同的口令，但由于这些口令的分配时间不同，它们经过 salt 扩展后的口令也将是不同的。
- 极大增加了离线字典攻击的难度。对长度为 b 比特的加盐值，可能的口令数量增加了因子 2^b，从而增加了在字典攻击中猜测口令的难度。
- 找出一个用户是否在两个或多个系统上使用了同一口令变得不可能了。

接下来，让我们考虑离线字典攻击的一种方式。攻击者获得口令文件的一份副本，首先假设没有使用加盐值。攻击者的目标是猜测口令。为此，攻击者向散列函数提交大量的可能口令。如果其中的某一个猜测匹配文件中的散列值，那么，攻击者在该文件中找到了口令。但是对 UNIX 模式而言，对字典文件里的每一个加盐值，攻击者必须猜测每一种可能密钥，并将该密钥提交给散列函数，这使得必须进行的猜测数大大增加。

UNIX 口令模式有两种威胁。第一种，用户可以使用来宾账号或者其他手段获得机器的访问权限，在那台机器上运行口令猜测程序，该程序称为口令破解程序。攻击者应该能够

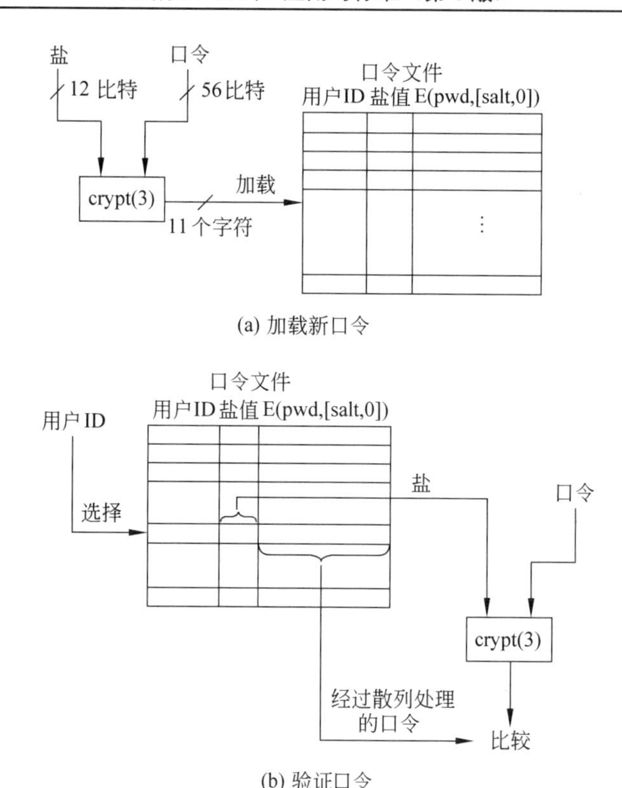

图 11.6　UNIX 口令方案

使用极小的资源消耗检查数千种可能的口令。另外，如果攻击者能够获得口令文件的复制，那么口令破解程序可以从容地在另一台机器上运行。这使得攻击者能够在合理的时间内检查数百万种可能的口令。

UNIX 实现　在 UNIX 的原始开发中，大多数实现依靠下面的口令模式。每一个用户选择一个口令，长度为 8 且为可打印字符。这被转换成 56 位值（使用 7 位的 ASCII）作为密钥输入到加密例程中。散列例程，被称为 crypt(3)，基于 DES 算法。使用了 12 位的加盐值。修改 DES 算法执行时输入 64 位的全零值。算法的输出作为第二次加密的输入。整个加密过程持续 25 次。最终的 64 位输出被转换成 11 个字符的序列。修改该 DES 算法将它转变为一个单向散列函数。crypt(3)例程被设计用来阻止猜测攻击。DES 的软件实现要慢于硬件实现。25 轮迭代使得所需时间增加了 25 倍。

这种特殊的实现现在被认为远远不够。比如，[PERR03]报道了使用超级计算机进行字典攻击的结果。攻击者能在 80 分钟内处理五千万个密钥猜测。更进一步，任何人只要花费 10 000 美元，使用单处理器机器可以在几个月的时间内完成同样的任务。尽管已知 UNIX 的这些弱点，UNIX 模式仍然需要与现在的账户管理软件或者多厂商环境兼容。

对 UNIX 而言，还有其他更强大的散列/加盐模式。为许多 UNIX 系统，如 Linux、Solaris 和 FreeBSD 推荐的散列函数基于 MD5 安全散列算法（跟 SHA-1 类似，但是没有 SHA-1 安全）。MD5 加密例程使用了 48 位的加盐值，对口令的长度没有限制。它产生 128 位的散列值。它要远远慢于 crypt(3)。为了降低速度，MD5 可以在内部循环中使用 1000 次迭代。

也许最安全的 UNIX 版本散列/加盐模式是 OpenBSD 系统中使用的模式。OpenBSD 是另一个广泛使用的开源 UNIX。[PROV99]中介绍了这种模式，它使用了基于 Blowfish 对称分组口令的散列函数。这种散列函数，称为 Bcrypt，执行速度很慢。Bcrypt 允许口令长度为 55 字符，随机加盐值 128 位，产生 192 位的散列值。Bcrypt 同样包含成本变量；成本变量增加导致执行 Bcrypt 散列算法时间的增加。分配一个新口令的成本是可配置的，所以管理者可以对特权用户分配一个高成本口令。

口令破译方法 传统的猜测口令或者破译口令的方法是使用字典存放所有可能的口令，使用这个字典攻击口令文件。这意味着每一个口令必须使用每一种加盐值求散列值，然后跟存储的散列值比较。如果没有发现匹配，那么破译程序尝试字典中所有可能口令的变种。这些变种包括反向拼写单词、其他数字、特殊字符或字符序列。

一个替代方法是通过预计算可能的散列值在时间与空间进行折中。在这种方法中，攻击者产生一个包含所有可能口令的字典。对每一个口令，攻击者计算跟每一个加盐值对应的散列值。计算的散列值组成的表称为彩虹表。比如，[OECH03]展示了使用 1.4GB 的数据，他可以在 13.8 秒内破解 99.9%的由字母数字组成的 Windows 口令散列值。使用足够大的加盐值和足够大的散列长度可以使这种方法失效。FreeBSD 和 OpenBSD 方法在可预见的将来对这种攻击是安全的。

11.3.3 用户口令选择

尽管这种猜测口令的速率已经非常惊人，但试图使用原始的蛮力攻击技术来猜测所有可能的字符组合模式以求得口令的方法仍是不可行的。事实上，破译器成功的关键因素依赖于一些用户倾向于选择某些易于猜测的口令。

当系统允许用户自行设置口令时，某些用户会选择过于短的口令。普渡大学的一份研究报告[SPAF92a]研究了 54 台机器上大约 7000 个用户账户的口令变化。约有 3%的用户口令只有 3 个字符或者更短。对于这种长度过短的口令，攻击者可以穷举所有长度不超过 3 的字符串来猜测口令从而开始攻击。一个简单的补救方法是系统不接受长度小于 6 个字符的口令，甚至有些系统要求所有的口令长度为 8 个字符。绝大部分的用户对于这种限制都是可以接受的。

口令长度仅仅是口令威胁的一个方面。另外一个隐患是，当系统允许用户自行设定口令时，很多用户选择了易于猜测的口令，比如用户的名字、街道名以及字典里的常见词汇等等。这使得口令破译变得更加简单。破译者只需要将口令文件与一个可能的口令列表文件进行简单的对比测试，就可能达到破解的目的。因为许多人使用这种易于猜测的口令，所以这样的攻击策略几乎在所有系统上都有机会获得成功。

[KLEI90]的一份报告展示了这种攻击的有效性。研究者通过各种途径收集了 UNIX 的口令文件，其中包含将近 14 000 个加密过的口令。表 11.3 给出了研究的结果，对这份结果，研究者给出了令人震惊的评价。在所有的口令中，接近四分之一的口令被成功猜测出来。下面是所使用的口令破解策略。

（1）尝试用户的姓名、首字母大写、账户名以及其他个人相关信息。对每一个用户总共有 130 种不同的组合用于破解尝试。

（2）尝试不同字典中出现的词汇。研究者编辑了一个超过 60 000 个单词的字典，其中

表 11.3 对 13 797 个账户样本进行的口令破解[KLEI90]

口令类型	搜索范围	匹配数	匹配口令百分比	成本/利益比[注]
用户/账户名	130	368	2.7%	2.830
字母顺序	866	22	0.2%	0.025
数字	427	9	0.1%	0.021
中文	392	56	0.4%	0.143
地名	628	82	0.6%	0.131
通用名	2239	548	4.0%	0.245
女性名	4280	161	1.2%	0.038
男性名	2866	140	1.0%	0.049
特殊名	4955	130	0.9%	0.026
神话/传说	1246	66	0.5%	0.053
莎士比亚作品	473	11	0.1%	0.023
体育项目	238	32	0.2%	0.134
科幻小说	691	59	0.4%	0.085
电影或演员	99	12	0.1%	0.121
卡通	92	9	0.1%	0.098
名人	290	55	0.4%	0.190
短语和句型	933	253	1.8%	0.271
姓氏	33	9	0.1%	0.273
生物学	58	1	0.0	0.017
系统字典	19 683	1027	7.4%	0.052
机器名	909	132	1.0%	0.015
记忆术	14	2	0.0	0.143
钦定版圣经	7525	83	0.6%	0.011
混杂的单词	3212	54	0.4%	0.017
意第绪语单词	56	0	0.0	0.000
小行星	2407	19	0.1%	0.007
总共	62 727	3340	24.2%	0.053

注：由匹配数除以搜索大小而得。测试一个匹配需要测试的字越多，成本利益比越低。

包括系统自带的在线字典以及其他一些词汇列表。

（3）对步骤（2）中所得到的词汇进行排列、置换等相应处理。这包括将词汇的首字母大写、添加一个控制字符、将整个单词大写、反写词汇、将字母“o”改成阿拉伯数字“0”等。这些排列方法在列表中增加了近 1 000 000 个单词。

（4）对步骤（2）中所得到的词汇，进行步骤（3）中没有考虑的各种大写变换。这种做法又将在列表中增加了近 2 000 000 个单词。

这样，这种测试中共包括了将近 3 000 000 个单词。使用前面提到的最快的 Thinking Machines 方案，在不到一个小时的时间内就可以用所有可能的 salt 值加密完所有这些单词。

这样穷举攻击的成功率为 25%，而每一次成功都会帮助攻击者获得系统的更高权限。

访问控制。阻止口令攻击的一种方法是拒绝攻击者访问口令文件。如果文件中被加密的口令部分只能够被某特权用户访问，那么如果攻击者不知道该特权用户的口令就无法读取该文件。[SPAF92a]指出了这种策略中的一些不足。

- 包括大部分 UNIX 系统在内的许多系统，对于不可预见的非法闯入攻击是应对乏力的。一旦攻击者通过某些途径获得了对系统的访问权限，那么他会试图收集大量的口令，以便使用不同的账户登录从而减少被检测到的风险，或者某个具有账户的用户可能会谋求其他用户的账户以访问机密文件或者破坏用户。
- 某个安全防护事故可能导致口令文件变得可读，因此危及所有用户的安全。
- 某些用户在不同的保护措施下的机器里使用相同的口令。因此，一旦某台机器中该用户的口令被读取，攻击者就可以利用得到的口令轻而易举地进入另外的机器。

因此，一个更加有效的策略就是强制用户选择难以猜测的口令。

11.3.4　口令选择策略

从[SPAF92a]和[KLEI90]所给出的数据中可以得到这样的教训，很多用户选择的口令太短或者过于容易猜测。在另一种极端情况下，如果系统给每个用户分配一个随机选择的 8 比特可打印字符口令，那么攻击者要对其进行破解基本上是不可能的。

但这种做法的结果是，对于绝大部分的用户来说，很难记住分配给他的口令。幸运的是，即使我们通过某种限制将口令变得易于记忆，这样的长度本身对于攻击者来说也是难以破解的。我们的目标是在尽量避免易于猜测的口令的同时保证用户的口令易于记忆。为了实现这个目标，目前正在使用 4 种基本技术：

- 用户教育。
- 由计算机生成口令。
- 后验口令检验。
- 先验口令检验。

可以引导用户认识到选择难于猜测的口令的重要性，也可以提供一些具体的选择这类口令的指导原则。这种**用户教育**策略在很多时候是无效的，尤其是在用户数量众多或者流通量较大的情况下。许多用户很容易忽略了指南。还有另一些用户很难分辨什么是高强度的口令。比如，许多用户会错误地以为把单词调转过来或者把最后一个字母大写，就会使口令难以猜测。

由计算机生成口令的方法同样存在问题。如果计算机生成的口令是非常随机的，那么即使该口令是可以拼读的，用户也会因为难以记住它们而将口令写下来。一般来说，由计算机生成口令的方案并不容易被用户所接受。FIPS PUB 181 中定义了一种最优设计的自动口令生成器。这个标准不仅包括了该方法的描述，还给出了完整的 C 源代码算法列表。该算法通过构造可拼读音节并将其连接成单词的形式来产生口令。首先，由随机数产生器产生一个随机字符串，然后对该字符串进行相应的变换处理生成用户口令。

后验口令检验其策略是由系统周期性地运行它自身的口令破解程序来检验易于猜测的口令。对于易于猜测的口令，系统将通告用户并删除该口令。这个方法也有一些缺点。第一，系统自带的破解程序在运行时将消耗大量系统资源，这是一种资源的负担。因为能够盗取口令文件的攻击者会为了一个任务而占用几乎全部 CPU 时间几个小时甚至几天，相比之下，一个有效的后续口令检查程序就存在着很明显的缺点了。另外，在检查出易于猜测的口令之前，该口令一直存在，其脆弱性给系统带来了很大的安全隐患。

目前最为认可的一种提高口令安全的方法是**先验口令检验**。这种方案允许用户选择自己的口令。但是在选择之初，系统会检测口令是否是难以猜测的，如果不是，那么将拒绝该口令。这种破译机是基于哲学体系的，通过系统所给出的有效提示，用户可以从庞大的口令选择空间中选出一个容易记忆又能有效抵御字典式攻击的口令。

先验口令检验器的技巧在于寻找用户接受能力和口令安全强度之间的平衡点。如果系统拒绝太多的口令，用户将会抱怨选择口令过于困难；而如果系统用来确定可接受指令的算法过于简单，那么又会使口令攻击者有机可乘。在本节的剩余部分，我们将讨论先验口令检验的几种可行的方法。

第一种方法是用于规则强制的简单系统。比如以下规则就可以被强制：

- 所有的口令的长度不得少于 8 个字符。
- 在口令的前 8 个字符中，必须包含至少一个大写字母、小写字母、数字和标点符号。

这些规则也可以和对用户的建议结合起来。虽然这个方法优于简单的用户教育，但它仍不足以阻止口令破译者。同时这种方法还使攻击者知道了破解时无须尝试那些口令也同样可以得到有效的口令破解。

另一种可行的方法是编辑一份完整的“不可行”口令字典。当用户选择口令时，系统检查该口令并确定它未出现在字典中。这种方法存在以下两个问题：

- **空间消耗**：字典必须非常大才有效。例如，普渡大学研究所用的字典[SPAF92a]占用了超过 30MB 的存储空间。
- **时间消耗**：对如此庞大的字典进行搜索可能需要很长的时间。此外，字典中各个词汇存在着各种变换方式。如果将这些可能的变换也加到字典中，将使字典变得更为庞大；也可以不将这些词加入字典，但这样做的后果是每次的搜索都要增加相应处理。

11.3.5 Bloom 滤波器

[SPAF92a，SPAF92b]提出了一种有效和高效的先验口令检查技术，该技术基于拒绝列表上的单词，已经在许多系统上使用了，包括 Linux 系统。该方法基于 Bloom 滤波器[BLOO70]。首先，我们介绍一下 Bloom 滤波器的操作原理。一个 k 阶 Bloom 滤波器包含 k 个相互独立的散列函数 $H_1(x), H_2(x), \cdots, H_k(x)$，每个散列函数将一个口令映射为一个范围在 0～$N-1$ 的散列值，即

$$H_i(X_j)=y \quad 1\leqslant i\leqslant k; \quad 1\leqslant j\leqslant D \quad 0\leqslant y\leqslant N-1$$

其中：

X_j=口令字典中的第 j 个词；

D=口令字典中的单词总数。

在上述定义的基础上，对口令字典进行如下操作：

（1）定义一个 N 比特的散列表，所有比特被初始化为 0。

（2）对于每一个口令，计算它的 k 个散列值，并将散列表中的相应位置置为 1。因此，如果某数字对(i,j)，$H_i(X_j)=67$，那么散列表中的第 67 比特将会被设置为 1。如果该比特已经是 1，那么将保持不变。

当一个新口令被提交给口令检验器后，检验器将计算该口令的 k 个散列值，并按照上述方法对散列表进行置位操作。如果散列表中所有的相应比特均为 1，那么该口令将被拒绝。易猜测口令字典中的所有口令都会被拒绝。然而这种方法仍然会存在一些“误判断”的情况（即不在口令字典中但是能够与散列表匹配的口令）。为了便于理解这个问题，考虑一个具有 2 个散列函数的方案。假设口令字典中有 undertaker 和 hulkhogan 两个口令，但是没有 *xG%#jj98*。进一步假设有如下计算结果：

$$H_1(undertaker)=25\text{，}\quad H_1(hulkhogan)=83\text{，}\quad H_1(xG\%\#jj98)=665$$
$$H_2(undertaker)=998\text{，}\quad H_2(hulkhogan)=665\text{，}\quad H_2(xG\%\#jj98)=998$$

如果口令 *xG%#jj98* 被提交给系统，那么即使它并不是口令字典中的口令，它也会被系统拒绝。如果这样的误判断情况发生过多，那么用户选择口令将变得较为困难。因此，我们应该设计更好的散列方案来使得误判断的发生达到最小化。可以用下面的方法近似估计误判断的概率：

$$P\approx(1-e^{kD/N})^k=(1-e^{k/R})^k$$

也可以用其等价公式：

$$R\approx\frac{-k}{\ln(1-P^{1/k})}$$

其中：

k=散列函数的个数；

N=散列表的比特数；

D=口令字典中的口令数；

$R=N/D$，是散列表规模（比特）和字典规模（字）的比率。

图 11.7 描绘了对于不同 k 值的 P-R 图。假设口令字典中有 1 000 000 个口令，而对于不

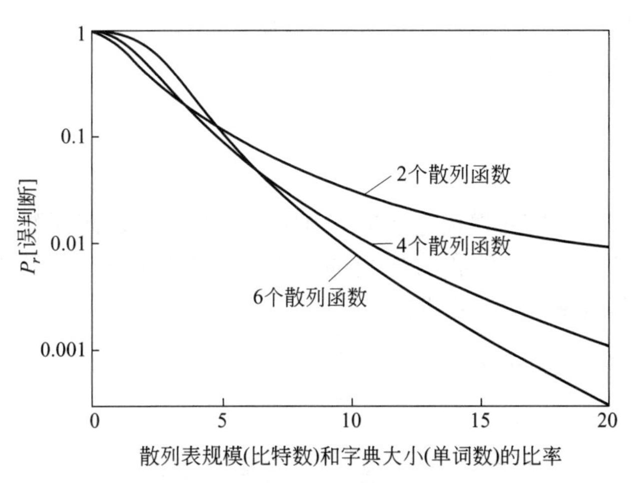

图 11.7　Bloom 滤波器的性能

在口令字典中的口令的预期误判断率为 0.01。从图 11.7 中可以看出，当散列函数的个数为 6 时，需要的比率 R=9.6。因此，需要的散列表规模为 9.6×10^6 比特，即大约 1.2 MB 的存储空间。相反，整个口令字典的存储需要 8 MB 的存储空间，相比之下，采用这种方法所需要的存储空间压缩为近七分之一。另外，这种方法中进行的口令检验只是对 6 个散列函数值的直接计算，与口令字典的规模是无关的，而如果采用搜索口令字典的方法，所要进行的搜索工作量则是巨大的[1]。

11.4 关键词、思考题和习题

11.4.1 关键词

审计记录	入侵者	彩虹表
基率谬误	入侵检测	基于规则的入侵检测
Bloom 滤波器	入侵检测交换格式	salt 随机数
分布式入侵检测	口令	签名检测
蜜罐	统计异常检测	

11.4.2 思考题

11.1 列出并简要定义三类入侵者。
11.2 用于保护口令文件的两种通用技术是什么？
11.3 入侵防御系统可以带来哪三个好处？
11.4 统计异常检测与基于规则入侵检测之间有哪些区别？
11.5 对于基于行为曲线入侵检测来说，采用什么尺度是有益的？
11.6 基于规则的异常检测和基于规则的渗透检测之间有什么不同点？
11.7 什么是蜜罐？
11.8 在 UNIX 口令管理的 context 中，salt 是指什么？
11.9 列出并简要定义四种用于防止口令猜测的技术。

11.4.3 习题

11.1 以 IDS 为背景，我们将误报定义为由 IDS 产生的警报，而该警报的情况实际上是良性的。漏报则发生在一个需要产生警报而没有产生的情形。使用下面的图，描述出分别表示误报和漏报的两条曲线。

---

1 Bloom 滤波器应用了概率统计技术。不在口令字典中的口令也有很小的可能被拒绝。使用概率技术设计算法时一般会导致耗时较小或复杂度较小的方案，或者两者兼有。

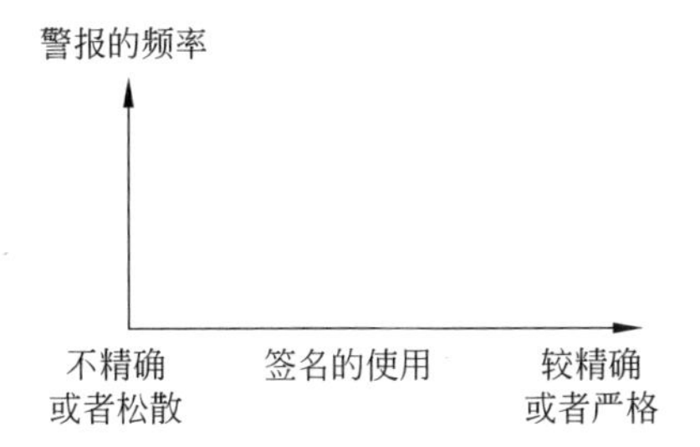

11.2 图 11.1 中两个概率密度函数的重叠区域代表既有可能误报又有可能漏报的区域。还有，图 11.1 是理想化的并且不必要描绘出两个密度函数的相对形状。假设 1000 个授权用户中有 1 个实际入侵，并且重叠区覆盖了 1%的授权用户和 50%的入侵者：

a. 描绘该密度函数草图并讨论这并非不合理的描绘。

b. 一个事件发生在该区域并且是授权用户的概率是多少？考虑 50%的入侵者在该区域。

11.3 基于主机的入侵防护检测工具的一个例子是 Tripwire 程序。这是一个文件完整性检测工具，能够扫描基本系统上的文件和目录并将变化告知管理者。其使用受保护数据库中每个受检测文件的口令校验和，并与扫描时重新计算的值进行比较。必须配置一系列的文件和附录以备检查，并且允许改变。例如，日志文件可以有新的添加，但不能改变已存在的内容。使用该工具的优点和缺点是什么？考虑如何确定哪些文件较少改变，哪些文件改变频繁以及如何改变，以及哪些改变太快而不能进行检查。因此，工作的数量要考虑程序的配置以及系统管理员监听的回复。

11.4 一个出租车在深夜卷入了一场致命的撞车事故后逃匿。城市中有两家出租车公司，姑且称其为绿色公司和蓝色公司。有以下两点情况可以告诉你：

- 城市里的出租车中有 85%属于绿色公司，另外 15%属于蓝色公司。
- 目击者证实该启事的出租车是蓝色公司的。

法院对相同条件下的类似事件进行调查，认为目击者的判断中有 80%的可信度。我们的问题是：在当晚的交通事故中，出事出租车属于蓝色公司而不是属于绿色公司的概率是多大？

11.5 解释下列口令是否合适：

a. YK334　　b. mfmitm(my favorite movie is tender mercies)

c. Natalie1　　d. Washington

e. Aristotle　　f. tv9stove

g. 12345678　　h. dribgib

11.6 早期尝试让用户使用包括计算机提供的口令在内的不易猜测的口令。口令使用 8 位长度并从生僻字和数字选择。由随机数发生器产生的具有 2^{15} 可能的起始值。估算计算时间，遍历由 36 个希腊字母组成的 8 位字符串需要 112 年。实际上，这不是系统安全的真实反映。解释该问题。

11.7 假设口令是从 26 个英文字母中任意选取 4 个组成的，攻击者可以以每秒一个口令的攻击速率尝试破解。

a. 假设攻击者做了所有尝试后系统才有反馈，那么攻击者找到正确的口令需要多长时间？

b. 假设每次尝试失败之后都有系统反馈，那么攻击者找到正确的口令需要多长时间？

11.8 假设长度为 k 的源元素通过某种方式映射到长度为 p 的目标元素，如果每一比特能够取 r 个值里面的一个，那么源元素共有 r^k 个取值，目标元素有 r^p 个取值。源元素中的一个特定值 x_i 被映射为一个特定的目标元素 y_j。

a. 攻击者一次就可以通过目标元素正确找到源元素的概率是多少？

b. 攻击者能够以多大的概率将不同的源元素 $x_k(x_i \neq x_k)$ 映射到相同的目标地址 y_j 中？

c. 攻击者一次就可以通过源元素正确产生目标元素的概率是多少？

11.9 一个语音口令生成器可以随机将两部分组成六个字符长的口令，每一部分的组成模式为 CVC（辅音、元音、辅音），其中 V 代表元音字母的集合<a,e,i,o,u>，C 代表字母表中其他字母，即 $C = \overline{V}$。

a. 这种模式总共可生成多少个口令？

b. 攻击者正确猜测口令的概率是多少？

11.10 假设口令长度为 10，且只能从可打印的 95 个 ASCII 字符中选取。一个口令破译器每秒钟可以进行 6 400 000 次加密操作。那么攻击者如果想完整地测试所有 UNIX 系统上可能的口令需要多长时间？

11.11 由于 UNIX 口令系统存在着众所周知的脆弱性，SunOS-4.0 文档建议删除系统中的口令文档，而用一个公众可读的/etc/publickey 文件取代。对于用户 A 而言，该文件中与 A 相关的条目有三部分：用户标识符 ID_A、用户公钥 PU_a 以及相应的私钥 PR_a。这个私钥是由用户口令 P_a 经过 DES 算法加密之后得到的。当 A 登录系统的时候，系统解密 $E[P_a, PR_a]$ 来得到用户私钥 PR_a。

a. 之后系统如何验证用户所提供的 P_a 是正确的？

b. 攻击者怎样才能攻陷这个系统？

11.12 UNIX 中使用的加密机制是单向的，它不能够反推出来。由此，是否可以认为这种方法实际上是对口令进行的散列变换而不是将口令进行加密呢？

11.13 据称，随机数 salt 的引入使得 UNIX 口令方案的猜测难度提高了 4096 倍。但是 salt 的值以明文形式和与之对应的密文口令共同存储在口令文件的同一个文件中。因此，攻击者无须猜测也可以同时获得这两个值。那么为什么还可以认为 salt 的值提高了系统的安全性呢？

11.14 假设你正确回答了上一问题，并且理解了 salt 的重要意义，那么请回答另一个问题。是否可以通过扩充 salt 的比特数（如扩充到 24 比特或 48 比特）来遏制所有的口令攻击呢？

11.15 回顾一下在 11.3 节中讨论过的 Bloom 滤波器。定义 k=散列函数的个数；N=散列表的比特数；D=口令字典中的口令数。

a. 证明散列表中的预期比特数为 0 的条件是：

$$\phi = \left(1 - \frac{k}{N}\right)^D$$

b. 证明输入一个不属于口令字典中的口令而被误判断的概率是：

$$P = (1-\phi)^k$$

c. 证明问题 b 中的概率还可以近似表示为：

$$P \approx (1-e^{-kD/N})^k$$

11.16 设计一个文件访问系统，可以根据用户被授予的权限，允许特定的用户有权对文件进行读写操作。指令应该具有下列格式：

READ(F,User A)：用户 A 尝试读文件 F。

WRITE(F,User A)：用户 A 尝试储存一个可能的对文件 F 进行修改的副本。

每个文件都包含一个头记录，其中包含该文件所授予的权利。也就是说，每个文件都包含一个用户权限列表，其中记录了不同用户对该文件的读写权限。文件将利用一个只有系统知道而用户无法获知的密钥进行加密。

第12章 防 火 墙

12.1 防火墙的必要性

12.2 防火墙特征与访问策略

12.3 防火墙类型

12.4 防火墙载体

12.5 防火墙的位置和配置

12.6 关键词、思考题和习题

学习目标

学习完这一章后，你应该能够：

- 解释防火墙在计算机和网络安全策略中起的作用。
- 列出防火墙的关键特性。
- 讨论各种防火墙载体选项。
- 理解防火墙位置和配置的各种选择的相对优点。

防火墙是一种用于保护本地系统或者系统网络不受基于网络的安全威胁的有效方法，同时支持通过广域网和互联网访问外部世界。

12.1 防火墙的必要性

公司、政府部门及其他一些机构的信息系统都经历了一个稳定的发展过程：

- 集中化数据处理系统，包括一个可支持许多终端与其直接连接的中央大型机系统。
- 局域网（LAN）将PC和终端相互连接起来并连接到大型机。
- 驻地网络，包括大量LAN，将PC、服务器以及一两个主机相互连接起来。
- 企业级网络，包括多个地理上分布式的，通过私有广域网（WAN）互连的驻地网。
- 互联网连接，其中多个驻地网都连到互联网，各个驻地网可以通过专用广域网连接，也可以相互独立。

对于组织而言，互联网连通性是不可选的。可以通过互联网获得的信息和服务对组织来说是很重要的。而且，组织中的个人用户希望并且需要访问互联网，如果不能通过他们的局域网进行连接，他们便会使用拨号功能从他们的PC连接到互联网服务提供商（Internet service provider，ISP）。但是，在互联网访问为组织带来益处的同时，它也使得外部世界能访问并且和本地网络资源进行交互，这给组织带来了威胁。尽管可以给驻地网的每个工作站和服务器都配备强大的安全措施，例如入侵保护，但这是一种不实用的方法。考虑一个有成百成千系统的网络，运行这各种各样的操作系统，如各种版本的UNIX和Windows。

这就要求可变的可配置管理和强有力的修补功能。虽然困难，但是如果只使用了基于主机的安全时，这是可能的也是有必要的。一种广泛接受的替代方法是防火墙，它至少对基于主机的安全是一种补充。防火墙设置在驻地网和互联网之间，建立起二者之间的可控链接，并且为驻地网搭建了一个安全的周界环境。这种安全周界的目的是保护驻地网不受基于互联网的攻击，提供了一个能加强安全性和审计的遏制点（single choke point）。防火墙可以是单机系统，也可以是协作完成防火墙功能的两个或更多的系统。

因而，防火墙提供额外的防御层，它把内部系统与外部网络隔离。这是把传统军事原则中的“纵深防御”，作为一个应用，引用到了 IT 安全。

12.2　防火墙特征与访问策略

[BELL94b]列出了以下的防火墙设计目标。

（1）所有入站和出站的网络流量都必须通过防火墙。这可以通过物理阻断所有避开防火墙对内部网络访问的企图来实现的。可以通过其他的方式对防火墙进行各种各样的配置来做到这一点，将在本节的后续部分进行解释。

（2）只有经过授权的网络流量，例如符合本地安全策略定义的流量，防火墙才允许通过。可以使用不同类型的防火墙，实现不同类型的安全策略，将在本节的后续部分进行解释。

（3）防火墙本身不能被攻破。这意味着防火墙应该运行在有安全操作系统的可信系统上。可信计算系统运行一个防火墙是合适的，且是政府应用中经常所要求的。

规划和实施防火墙的关键组件是指定合适的访问策略。 这列出了授权通过防火墙的流量类型，包括地址范围、协议、应用程序和内容类型。该政策应根据组织的信息安全风险评估和政策制定。应根据组织需要支持的流量类型的广泛规范来制定此策略。然后对其进行细化，以详细说明我们接下来讨论的过滤器元素，然后可以在适当的防火墙拓扑中实现。

SP 800-41-1（防火墙和防火墙政策指南，2009 年 9 月）列出了防火墙访问策略可用于过滤流量的一系列特征，包括：

- **IP 地址和协议值**：根据源或目标地址和端口号，入站或出站流方向以及其他网络和传输层特征来控制访问。包过滤器和状态检测防火墙使用此类过滤。它通常用于限制对特定服务的访问。
- **应用程序协议**：根据授权的应用程序协议数据控制访问。这种类型的过滤由应用程序级网关使用，该网关中继和监视特定应用程序协议的信息交换，例如，检查 SMTP 电子邮件中的垃圾邮件，或仅检查授权站点的 HTPP Web 请求。
- **用户身份**：根据用户身份控制访问，通常用于使用某种形式的安全身份验证技术（如 IPSec）识别自身的内部用户（第 9 章）。
- **网络活动**：根据时间或请求等因素控制访问，例如，仅在工作时间；请求率，例如，检测扫描尝试；或其他活动模式。

在进一步阐述防火墙类型和配置的细节之前，最好总结一下防火墙的预期作用。下面的功能都属于防火墙的范围。

（1）防火墙定义一个遏制点用于把未授权用户阻止在受保护的网络之外，阻止潜在安全威胁的服务进入或离开网络，并且提供防止各种IP假冒攻击和路由攻击。使用遏制点简化了安全管理，因为单系统或多系统的安全性被巩固了。

（2）防火墙提供了监视安全相关事件的场所。防火墙系统可以执行审计和警告。

（3）防火墙是一个可以用于一些与安全性不相关的互联网功能的便利平台。这些功能包括网络地址转换器，将本地地址映射到互联网地址；网络管理功能，审计或记录互联网的使用情况。

（4）防火墙可以作为IPSec平台。使用第9章描述的隧道模式功能，防火墙可以用来实现虚拟专用网。

防火墙有其局限性，如下：

（1）防火墙不能阻止那些绕开防火墙的攻击。互联网系统可能具有拨号连接到ISP的功能，内部局域网可以支持调制解调器池，为外地出差的职员或远程工作者提供拨号进入系统的功能。

（2）防火墙不能完全防止内部威胁，比如心存不满的职员或无意中被外部攻击者利用的职员。

（3）一个安全性不当的无线局域网可能会受到来自该系统外的访问。隔离一个企业网络端口的内部防火墙不能预防通过该内部防火墙不同方面的局部系统之间的无线通信。

（4）笔记本电脑、掌上电脑（PDA）或掌上存储设备可能会被使用中的外部网络利用、感染，然后再被接入到内网和在内网中被使用。

12.3 防火墙类型

防火墙可以监控多个级别的网络故障，从单个或作为流的一部分的低级网络数据包到传输连接中的所有故障，直到检查应用协议的细节。选择哪个级别是合适的由所需的防火墙访问策略决定。防火墙可以作为包过滤器使用。它能以正向的方式运行，即只允许满足特定条件的包通过，或者它也能以反向的方式运行，即拒绝任何满足一定条件的包。按照防火墙的类型，它可能检查每个包中的一个或更多协议头、每个包的载荷或者由一系列包生成的图案。本节考察主要类型的防火墙。

12.3.1 包过滤防火墙

包过滤防火墙对每个接收和发送的IP包应用一些规则，然后决定传递或者丢弃此包（见图12.1（b））。防火墙一般会配置成双向过滤（来自内部网或从内部网发送出去）。过滤规则基于网络包中所包含的信息：

- **源IP地址**：发送IP包的系统的IP地址（例如，192.178.1.1）。
- **目的IP地址**：IP包要到达的系统的IP地址（例如，192.168.1.1）。
- **源端和目的端传输层地址**：指传输层（例如，TCP或UDP）端口号，为不同应用程序定义了不同的端口号，比如SNMP或Telnet。

- **IP 协议域**：用于定义传输协议。
- **接口**：对于有三个或更多端口的路由器来说，哪个接口用于包的出站，哪个接口用于包的入站。

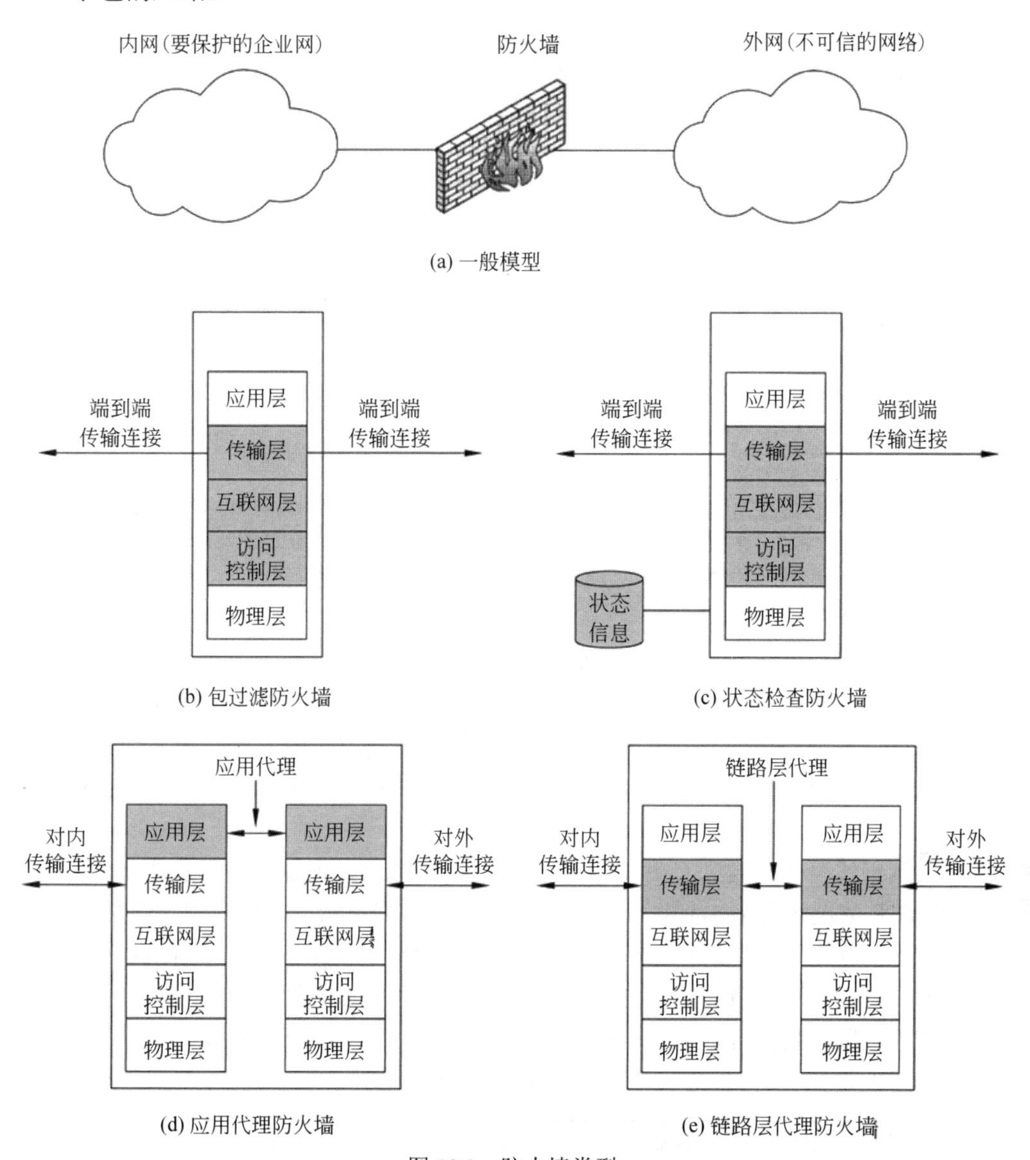

图 12.1　防火墙类型

典型地，包过滤器设置成一些基于与 IP 或 TCP 字头域匹配的规则。如果与其中某条规则匹配，则调用此规则来判断是传递还是丢弃包。如果没有匹配的规则，则执行默认操作。有两种可能的默认策略：

- **默认** = 丢弃：没有明确准许的将被阻止。
- **默认** = 传递：没有明确阻止的将被准许。

默认丢弃策略是一种更加保守的策略。在该策略中，最初所有的操作将会被防火墙阻止，必须一条一条地添加服务。该策略下的用户更容易感觉到防火墙的存在，但多数用户会因为麻烦而把防火墙视为一种阻碍。然而，这种策略企业和政府组织可能愿意选用。进一步，已创建了对用户降低透明性的规则。默认传递策略提高了终端用户使用的方便性，但是提供的安全性也降低了；实际上，安全管理员必须对每一种透过防火墙出现的安全威胁作相关处理。这种策略一般可能会被更加开放的组织使用，如大学。

表 12.1 给出了 SMTP 流量规则集的简单例子。目标是允许入站和出站的电子邮件流量，但是阻止其他任何流量。对每一个数据包，规则从上到下应用。

表 12.1　包过滤例子

规则	方向	源地址	目的地址	协议	目的端口	动作
A	入	外部	内部	TCP	25	允许
B	出	内部	外部	TCP	>1023	允许
C	出	内部	外部	TCP	25	允许
D	入	外部	内部	TCP	>1023	允许
E	任何	任何	任何	任何	任何	拒绝

A. 从外部源流入的入站的邮件是允许通过的（端口号 25 是 SMTP 接收方口）。
B. 这条规则允许对入站 SMTP 连接响应。
C. 到外部源的出站邮件是允许通过的。
D. 这条规则允许对入站 SMTP 连接响应。
E. 对默认政策的明确声明。所有的规则隐式的将这条规则作为最后一条规则。

此规则集存在几个问题。规则 D 允许外部流量到 1023 以上的任何目标端口。作为利用此规则的示例，外部攻击者可以打开从攻击者的端口 5150 到端口 8080 上的内部 Web 代理服务器的连接。这应该被禁止并且可能允许攻击服务器。为了应对此攻击，可以用每行的源端口字段来配置防火墙规则集。对于规则 B 和 D，源端口设置为 25；对于规则 A 和 C，源端口设置为> 1023。

但是漏洞仍然存在。规则 C 和 D 旨在指定任何内部主机可以向外部发送邮件。目标端口为 25 的 TCP 数据包将路由到目标计算机上的 SMTP 服务器。此规则的问题是端口 25 用于 SMTP 接收仅是默认值;可以将外部计算机配置为将某个其他应用程序链接到端口 25。根据修订后的规则 D，攻击者可以通过发送 TCP 源端口号为 25 的数据包来访问内部计算机。为了应对这种威胁，我们可以为每一行添加 ACK 标志字段。对于规则 D，该字段将指示必须在传入分组上设置 ACK 标志。规则 D 现在看起来像这样：

规则	方向	源地址	源端口	目的地址	协议	目的端口	标志	动作
D	入	外部	25	内部	TCP	>1023	ACK	允许

这些规则利用了 TCP 连接的一个特征，一旦连接建立，TCP 段的 ACK 标志比特将置位，标志了该段是从对方传递过来的。因此，这一规则集实际上就是允许源 IP 地址在某些指定的内部主机的范围内，同时目的 TCP 端口号是 25 的 IP 包流出防火墙。

包过滤路由的一个优点是简单。典型地，包过滤对用户是透明的，而且具有很快的处理速度。[SCAR09b]列出了包过滤防火墙的如下弱点。

- 因为包过滤防火墙不检查更高层的数据，因此这种防火墙不能阻止利用了特定应用的漏洞或功能所进行的攻击。例如，包过滤防火墙不能阻止特定的应用命令；如果包过滤防火墙允许某个特定的应用通过防火墙，那么该应用程序中所有有效的功能都被允许了。

- 因为防火墙可利用的信息有限，使得包过滤防火墙的日志纪录功能也有限。包过滤防火墙通常指记录用于访问控制决策的相同信息（源地址、目的地址，以及通信类型）。
- 大多数包过滤防火墙不支持高级的用户认证机制。这种限制同样是由于防火墙对更高层应用缺乏支持造成的。
- 包过滤防火墙对利用 TCP/IP 规范和协议栈存在的问题进行的攻击没有很好的应对措施，比如网络层地址假冒攻击。包过滤防火墙不能检测出包的 OSI 第三层地址信息的改变，入侵者通常采用地址假冒攻击来绕过防火墙平台的安全控制机制。
- 最后，包过滤防火墙只根据几个变量来进行访问控制决策，不恰当的设置会引起包过滤防火墙的安全性容易受到威胁。换句话说，在配置防火墙的时候，容易在不经意间违反组织内部的消息安全策略，将一些本来应该拒绝的流量类型、源地址和目的地址配置在允许访问的范围内。

下面是针对包过滤路由器可能受到的攻击方式以及合适的应对措施。

- **IP 地址假冒攻击**：入侵者从外部向内传递包，将源 IP 地址域改成内部主机地址。攻击者希望通过这样的假冒内部可信主机地址的包来渗透防火墙系统。应对措施是丢弃那些外部接口到达的而源地址标记为内部主机地址的包。事实上，这种对策经常在防火墙外的路由器上实现。
- **源路由攻击**：源端指定包通过互联网使用的路由，希望可以绕过对源路由信息的安全检查。应对措施是丢弃所有使用了此选项的包。
- **细小帧攻击**：入侵者利用 IP 帧选项来产生特别小的数据帧，并强制使将 TCP 字头信息装入到分散的帧中。设计这个攻击主要是为了绕过基于 TCP 字头信息的过滤规则。典型情况下，包过滤将确定是否过滤包的第一个帧。在第一个帧被否决的基础上，包所有其他帧再单独过滤。攻击者希望过滤路由只检查第一个帧，而其他帧直接通过。应对细小帧攻击的措施可以通过执行以下规则：包的第一个帧必须包含最少的预定的传输字头。如果第一个帧被否决了，过滤器将记住这个包并丢弃紧接着的所有帧。

12.3.2 状态检测防火墙

传统的包过滤防火墙仅仅对单个数据包做过滤判断，不考虑更高层的上下文信息。要理解上下文信息的意义以及为什么限制传统包过滤受限于对上下文信息的考虑，需要一点背景知识。大多数在 TCP 顶部运行的应用程序都遵循客户端/服务器模式。例如，对简单邮件传输协议（SMTP），电子邮件从客户端系统传送到服务器系统。客户端系统产生新的电子邮件消息，典型的情况是来自于用户输入。服务器系统接收到来的电子邮件消息，放到合适的用户邮箱。SMTP 执行时在客户端和服务器之间建立一个 TCP 连接，其中 TCP 服务器端口号是 25，该端口和 SMTP 服务器的应用程序相对应。SMTP 客户端的 TCP 端口号由 SMTP 客户端产生，是一个在 1024 和 65 535 之间的数。

通常情况下，当一个应用程序使用 TCP 创建一个到远程主机的会话，需要建立一个客户端与服务器端之间的 TCP 连接，其中远程（服务器）应用程序的 TCP 端口号是一个小于 1024 的数，本地（客户端）应用程序的 TCP 端口号是一个介于 1024 和 65 535 之间的数。小于 1024 的号都是“公认”端口号，被永久性地分配给特定的应用程序（例如，25 是 SMTP 服务器）。介于 1024 和 65 535 之间的号是动态产生的，只具有在一次 TCP 连接期间的临时含义。

一个简单的包过滤防火墙必须允许来自基于 TCP 流量的所有高端口上的入站网络流量。这样就产生了可能被未授权用户利用的漏洞。

状态检测包过滤器通过建造了一个出站 TCP 连接目录加强了 TCP 流量的规则，如表 12.2 所示。当前每个已建立的连接都有一个入口与之相对应。包过滤器仅当那些数据包符合这个目录里面某个条目的资料的时候，允许那些到达高端口的入站流量通过。

表 12.2 状态防火墙连接状态表[SP 800-41-1]实例

源地址	源端口	目的地址	目的端口	连接状态
192.168.1.100	1030	210.9.88.29	80	已建立
192.168.1.102	1031	216.32.42.123	80	已建立
192.168.1.101	1033	173.66.32.122	25	已建立
192.168.1.106	1035	177.231.32.12	79	已建立
223.43.21.231	1990	192.168.1.6	80	已建立
219.22.123.32	2112	192.168.1.6	80	已建立
210.99.212.18	3321	192.168.1.6	80	已建立
24.102.32.23	1025	192.168.1.6	80	已建立
223.212.212	1046	192.168.1.6	80	已建立

状态包检测防火墙检查的包信息与包过滤防火墙的相同，但却还记录有关 TCP 连接的信息（见图 12.1（c））。有些状态防火墙还保存 TCP 序列号轨迹以阻止这些序列号的攻击，如任务劫持攻击。对一些著名的协议，如 FTP、IM 和 SIPS 命令，有些包状态防火墙更检查一定数量这些协议下的应用数据，以识别和追踪相关连接。

12.3.3 应用层网关

应用层网关，也称为代理服务器，起到了应用层流量缓冲器的作用（见图 12.1（d））。用户使用 TCP/IP 应用程序，比如 Telnet 或 FTP，连接到网关，同时网关要求用户提供要访问的远程主机名。当用户应答并提供了一个有效的用户 ID 和认证信息，网关会联系远程主机并在两个端点之间转播包含应用程序数据的 TCP 段。如果网关不包含某种服务的代理实现机制时，该服务将不会得到网关的支持，并且对服务器的请求不能通过防火墙。网关可以被设置为只支持应用程序中网络管理者认为可接受的那部分特性，拒绝应用其他的特性。

应用层网关往往比包过滤器更安全。应用层网关并不需要判断大量的 TCP 和 IP 层上的连接是允许通过的或禁止通过的，而只需要细查少数可以允许的应用程序。另外，在应用层上很容易记录和审计所有的入站流量。

应用层网关的最大缺点是带来了对每个连接的额外处理开销。实际上，在两个末端用户之间建立两个接合的连接，在接合点有网关，并且网关必须对所有双向的流量进行检查和传送。

12.3.4 链路层网关

第四种类型的防火墙是**链路层网关**，或链路层代理（见图 12.1（e））。它可能是单机系统或者是应用层网关为特定应用程序执行的专门功能。作为一种应用网关，链路层网关不允许点对点 TCP 连接；相反，此网关建立两个 TCP 连接，一个在自身和内部主机 TCP 用户之间，一个在自身和外部主机 TCP 用户之间。典型情况下，一旦这两个连接建立了，网关在两个连接之间转播 TCP 段，不检查其内容。安全功能包括判断哪些连接是允许的。

链路层网关的一个典型应用是系统管理员信任系统内部用户。此时，链路层网关可以被设置为支持两种连接，一种是请求应用层服务和代理服务的应用连接，另一种是支持链路层相应功能的入站连接。在这样的设置下，链路层网关在检查一些请求已禁止功能的入站连接所产生的应用数据时增加了一些额外开销，对于出站的数据不会有这种开销。

链路层网关实现的一个例子是 SOCKS 包[KOBL92]；SOCKS 第 5 版在 RFC 1928 中定义了。SOCKS 协议为 TCP 和 UDP 域中的客户端-服务器应用程序提供框架。它旨在提供对网络级防火墙的方便且安全的访问。该协议占用应用程序与 TCP 或 UDP 之间的薄层，但不提供网络级路由服务，例如转发 ICMP 消息。

SOCKS 包含下列组件。

- SOCKS 服务器，在基于 UNIX 的防火墙上运行。SOCKS 还可以在 Windows 系统实现。
- SOCKS 客户库，在受防火墙保护的内部主机上运行。
- 一些标准客户端程序比如 FTP 和 TELNET 的 SOCKS 修订版。SOCKS 协议的实现一般涉及基于 TCP 的客户端应用程序的重新编译，或重新链接，或使用替代的动态下载的库，使得这些程序可以使用 SOCKS 库中的封装例程。

当基于 TCP 的客户端试图与只能经由防火墙到达的客体建立连接时（这种判断留待执行时进行），它必须与 SOCKS 服务器系统的相应 SOCKS 端口建立 TCP 连接。SOCKS 服务对应的 TCP 端口为 1080。如果连接请求成功了，客户端继续与服务器进行协商，在对选定的方法进行认证之后，发送中继请求。SOCKS 服务器评估这个请求后，建立合适的连接或者禁止它。UDP 交换也可以相似的形式处理。实际上，TCP 连接被打开以对用户发送和接收的 UDP 段进行认证，只要 TCP 连接打开，UDP 段都可被传递。

12.4 防火墙载体

把防火墙安装在一台独立机器上运行流行的操作系统（如 UNIX 或 Linux）是很普遍的做法。防火墙功能还可以作为一个软件模块在一个路由器或局域网（LAN）开关中实现。本节考察一些其他防火墙实现载体。

12.4.1 堡垒主机

在防火墙管理员看来，**堡垒主机**在网络安全中起着很重要的作用。典型情况下，堡垒主机可以作为应用层或链路层网关平台。堡垒主机的共同属性如下：

- 堡垒主机硬件系统执行其操作系统的安全版本，令其成为可信系统。
- 只有网络管理者认为是基本的服务才能在堡垒主机上安装，这些服务也包括为 DNS、FTP、HTTP 和 SMTP 做的代理应用。
- 在用户被允许访问代理服务之前，堡垒主机可能需要对其进行附加的认证。另外，在允许用户访问之前，各个代理服务可能需要各自的认证。
- 每个代理被设为只支持标准应用命令集的子集。
- 每个代理被设为只允许特定主机系统的访问。这意味着有限的命令/特性集可能只应用于受保护网络的部分系统。
- 每个代理通过记录所有通信、每个连接以及每个连接的持续时间维持详细的消息审计记录。审计记录是发现和终止入侵攻击的基本工具。
- 每个代理模块是专门为网络安全设计的非常小的软件包。由于它相对简单，检查这样的模块的安全缺陷比较容易。例如，一个典型的 UNIX 邮件应用程序可能包含超过 20 000 行代码，但一个邮件代理可能包含不超过 1000 行。
- 在堡垒主机中每个代理都独立于其他代理。如果某一代理的操作有问题，或者发现了一个将来的漏洞，它可以被卸载，而不影响其他代理应用程序的操作。同样，如果用户群需要一个新服务的支持，网络管理者可以容易地在堡垒主机上安装需要的代理。
- 代理通常除了读自己的初始配置文件以外不进行磁盘读取操作。这使得入侵者难于在堡垒主机上安装后门探测器或其他的危险文件。
- 每个代理在堡垒主机上一个专用而安全的目录中以一个无特权的用户运行。

12.4.2 主机防火墙

主机防火墙是用来保护个人主机的软件模块。该模块可以在多种操作系统中应用，也可以作为附加包。和简便独立防火墙一样，主机防火墙也对数据包进行过滤和限制。主机防火墙一般位于服务器中。使用基于服务器或工作站的防火墙有如下几种优点。

- 过滤规则可以符合主机环境。对于服务器的 Corporate 安全策略得以执行，并且不同应用的服务器使用不同的过滤器。
- 保护的提供是独立于拓扑结构的。因此，内部和外部的攻击都需要经过防火墙。
- 和独立防火墙一起使用，主机防火墙可以提供额外的层保护。一种新型的服务器连同自身防火墙可以加到网络中，而不需要改变网络防火墙的配置。

12.4.3 个人防火墙

个人防火墙可以控制一边是个人计算机或工作站，而另一边是因特网或者企业网络之间的通信。个人防火墙可以用在家庭环境以及公司内网中。实际上，个人防火墙是个人计算机上的软件模块。在一个有多台计算机连接到因特网的家庭环境中，防火墙可以放置在路由器中，以便将所有的家庭计算机连接到数字用户环路（DSL）、调制解调器或者其他网络接口。

个人防火墙要比基于服务器的防火墙和独立防火墙简单。个人防火墙的基本功能是防止未经认证的远程接入计算机。防火墙还可以监测出具有检测功能的活动，阻止蠕虫和其他计算机病毒。

个人防火墙功能由 Linux 系统上的 netfilter 软件包或 BSD 和 Mac OS X 系统上的 pf 软件包提供。这些包可以在命令行上配置，也可以在 GUI 前端配置。启用此类个人防火墙后，除用户明确允许的情况外，通常会拒绝所有入站连接。出站连接通常是允许的。可以选择性地重新启用的入站服务列表及其端口号，可能包括以下常见服务：

- 个人文件共享（548,427）。
- Windows 共享（139）。
- 个人网络共享（80,427）。
- 远程登录-SSH（22）。
- FTP 访问（20～21,1024～65535）。
- 打印机共享（631,515）。
- iChat Rendezvous（5297,5298）。
- iTunes 音乐分享（3869）。
- CVS（2401）。
- Gnutella/ Limewire（6346）。
- ICQ（4000）。
- IRC（194）。
- MSN Messenger（6891～6900）。
- 网络时间（123）。
- 回顾（497）。
- SMB（没有 netbios; 445）。
- Timbuktu（407）。
- VNC（5900-5902）。
- WebSTAR 管理员（1080,1443）。

启用 FTP 访问后，本地计算机上的端口 20 和 21 将打开 FTP; 如果其他人从端口 20 或 21 连接此计算机，则端口 1024～65535 打开。

为了增强保护，可以配置高级防火墙功能。例如，隐藏模式通过丢弃未经请求的通信数据包来隐藏 Internet 上的系统，使其看起来好像系统不存在。可以阻止 UDP 数据包，仅针对开放端口将网络流量限制为 TCP 数据包。防火墙还支持日志记录，这是检查不需要的活动的重要工具。其他类型的个人防火墙允许用户指定只有选定的应用程序，或由有效证书颁发机构签名的应用程序，可以提供网络访问的服务。

12.5　防火墙的位置和配置

如图 12.1（a）所示，一个防火墙的定位提供了不可信任的外部和内部网络之间的保护边界。基于该原则，安全管理者需要决定防火墙的位置和个数。在本节中，我们看一些普通的选择。

12.5.1　停火区网段

图 12.2 显示了内部防火墙和外部防火墙之间最普通的区别。外部防火墙放置在本地或者企业网络的边缘，在连接到因特网或者一些广域网的边界路由器之内。一个或多个内部防火墙保护企业网络的大部分。在这两种防火墙之间有一个或多个网络设备，该区域被称为停火区网段（DMZ Networks）。一些外部可接入并且需要保护的系统一般放置在停火区网段。实际上，停火区的系统需要外部连接，如企业网址、E-mail 服务器或者是 DNS 服务器。

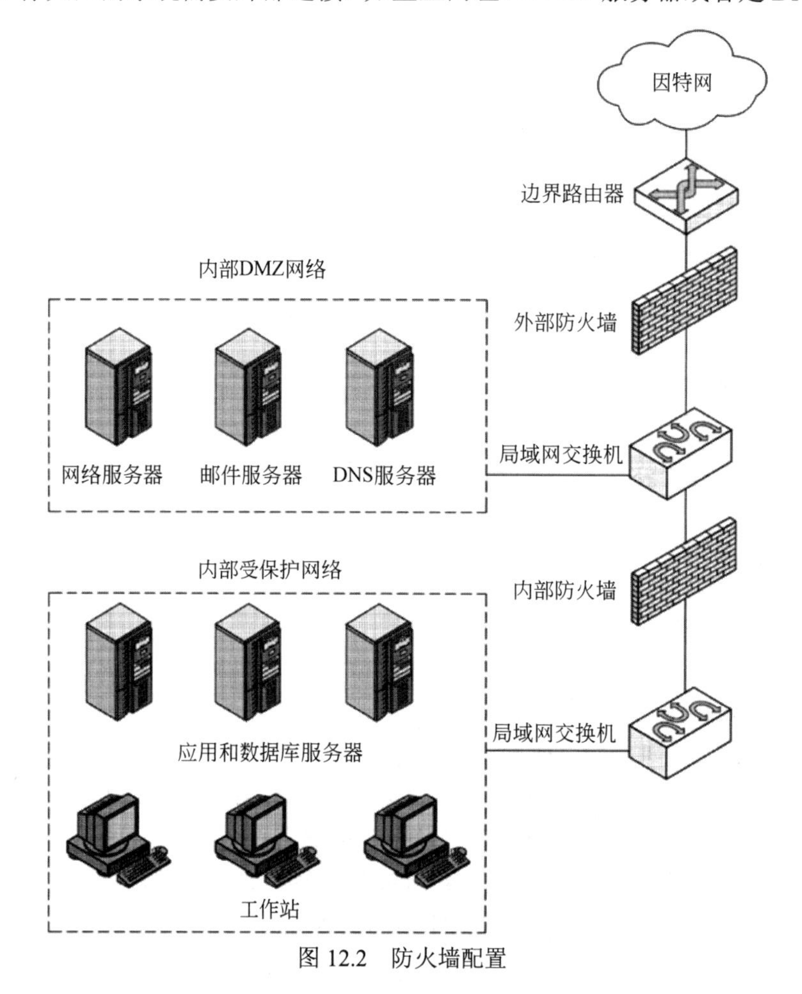

图 12.2　防火墙配置

外部防火墙提供接入控制措施以及对停火区系统所需外部连接相协调的保护。外部防火墙为剩余部分的企业网络提供基本保护。在该种配置中，内部防火墙有如下三个目标。

（1）与外部防火墙相比，内部防火墙增加了更严格的过滤能力，以保护企业服务器和工作站免于外部攻击。

（2）内部防火墙提供了与 DMZ 相关的双向保护。第一，内部防火墙保护剩余网络免于来自于 DMZ 系统的攻击。这些攻击可能产自于蠕虫、Rootkit、Bot 或者其他存在于 DMZ 系统的病毒。第二，内部防火墙保护 DMZ 系统免于来自于内部保护网络的攻击。

（3）多个内部防火墙可以用来对内部网络各部分之间进行保护。例如，对防火墙进行配置，以保护内部服务器免于内部站点的攻击，反之亦然。一个普通的例子是将 DMZ 放置在与用来接入内部网络不同的外部防火墙网络接口处。

12.5.2 虚拟私有网

在今天的分布式计算环境中，虚拟私有网（VPN）为网络管理提供了一种有吸引力的解决方案。实际上，VPN 包含一系列通过相对不安全的网络相互连接，并使用解密和一些协议来提供安全的计算机。在每个企业地址，工作站、服务器和数据库通过一个人或多个局域网连接起来。因特网或者其他公用网可以用来连接这些地址，比起使用私有网要节约资源，并将广域网管理任务转移给了公用网提供者。该公用网为在家工作者和其他移动用户提供一个接入通道，以便从遥远地址登入企业系统。

但是管理者面临一个重要需求：安全。公用网的使用将企业传输暴露给了窃听者，并为未授权用户提供了安全接入点。为了解决该问题，需要使用 VPN。实质上，VPN 在低协议层使用加密和认证并通过因特网这种不太安全的网络来提供安全连接。VPN 要比使用私有线路的真正私有网络廉价，但依赖于两端有相同的加密和认证系统。加密通过防火墙软件或者是路由器来执行。实现该目的最常用的协议机制是在 IP 层，也就是大家所知的 IPSec。

图 12.3（比较图 9.1）是 IPSec 使用的典型场景[1]。组织在分散的位置维护 LAN。每个 LAN 上都执行有不安全的 IP 流量。对通过某种私有或公共 WAN 的非现场流量，使用 IPSec 协议。这些协议在将每个 LAN 连接到外部世界的网络设备（例如路由器或防火墙）中运行。IPSec 网络设备通常会加密和压缩进入 WAN 的所有流量，并解密和解压来自 WAN 的流量；还可以提供认证。这些操作对 LAN 上的工作站和服务器是透明的。拨入 WAN 的个人用户也可以进行安全传输。此类用户工作站必须实现 IPSec 协议以提供安全性。它们还必须实现高级别的主机安全性，因为它们直接连接到更广泛的 Internet。这使得它们成为试图访问企业网络的攻击者的极具吸引力的目标。

实现 IPSec 的一种逻辑方法是在防火墙中，如图 12.3 所示。如果 IPSec 是在防火墙之后的一个独立模块执行，则通过防火墙的 VPN 传输在两个方向上均需要加密。在这种情况下，防火墙不能执行过滤功能和其他的安全功能，比如接入控制、登录或者是扫描病毒。IPSec 可以在防火墙之外，边界路由中执行。但是，边界路由没有防火墙那么安全，因此不作为 IPSec 的执行平台。

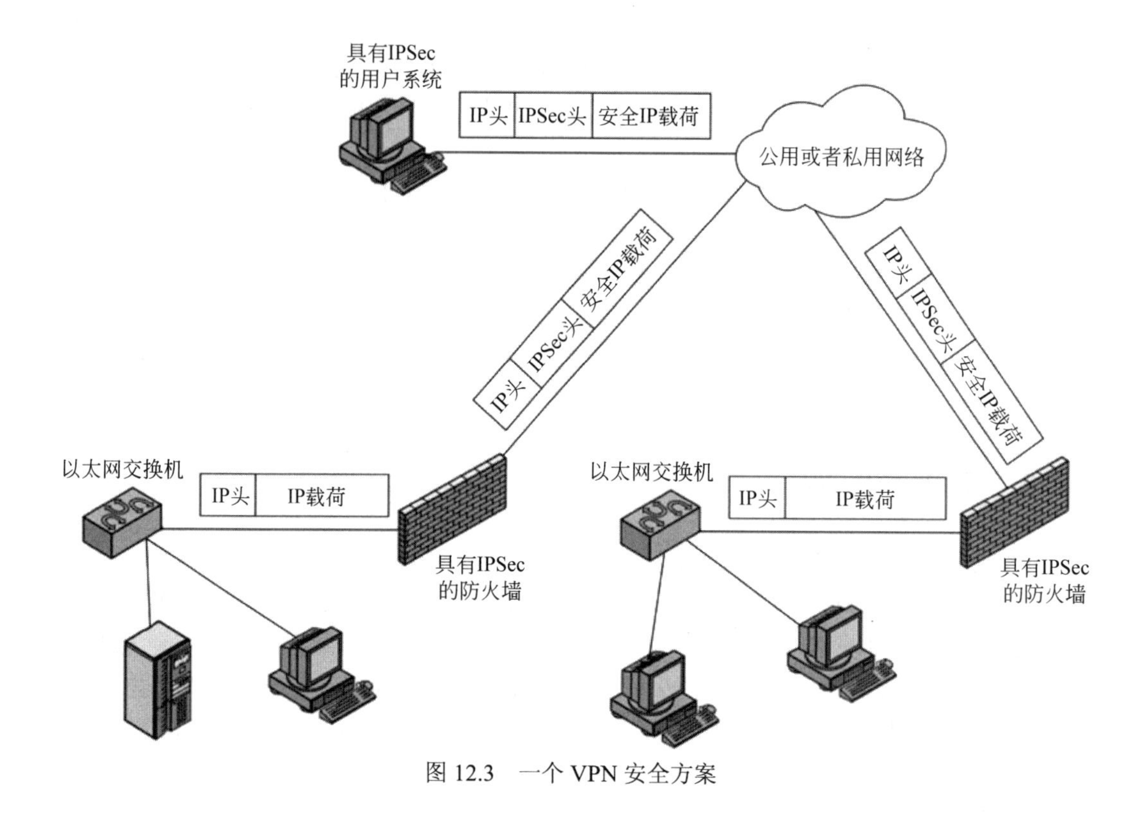

图 12.3 一个 VPN 安全方案

12.5.3 分布式防火墙

一个分布式防火墙的配置包含在中心管理控制之下在一起工作的独立防火墙和主机防火墙。图 12.5 显示了分布式防火墙的配置。管理者可以在成百的服务器和工作站上配置主机防火墙，也可以在本地和远程用户系统上配置个人防火墙。这些工具使网络管理者制定策略并监测整个网络的安全。这些防火墙阻止内部攻击，并提供符合具体设备和应用的保护。独立防火墙提供全局保护，包含内部防火墙和外部防火墙，前面已经介绍过了。

对于分布式防火墙，能够同时建立内部 DMZ 和外部 DMZ。因为具有较少的关键信息而需要较少保护的网络服务器，可以放置在外部 DMZ 中。真正需要的保护由这些服务器上的主机防火墙提供。

分布式防火墙配置的一个重要方面是安全监测。监测通常包含日志聚合和分析、防火墙统计和对个人主机的细致远程监测（如果需要）。

12.5.4 防火墙位置和拓扑结构总结

基于 12.4 节和 12.5 节的讨论，可以对防火墙位置和拓扑结构进行总结。包含以下类型：

- **主机防火墙**：该类型包含个人防火墙软件和服务器上的防火墙软件。这种防火墙可以单独使用，也可以作为深度防火墙部署的一部分。

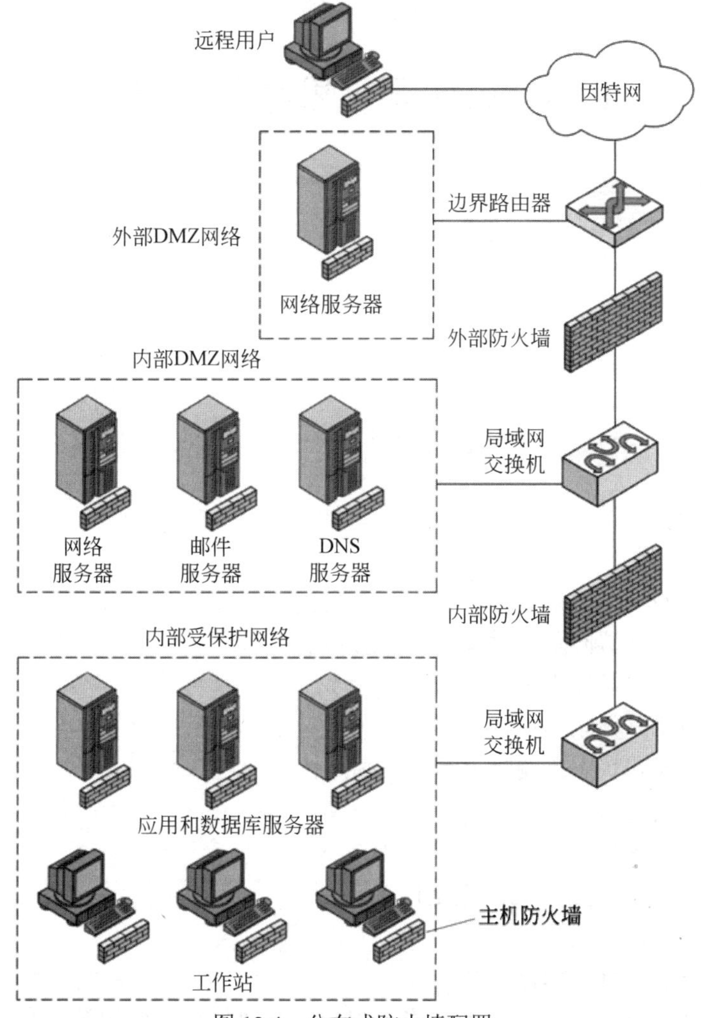

图 12.4 分布式防火墙配置

- **屏蔽路由器**：位于内部网络和外部网络之间的单独路由器，可以进行无状态包过滤或者全包过滤。该情况用于家居办公。
- **单堡垒防火墙**：内部路由器和外部路由器之间的单个防火墙设备（见图 12.1（a））。防火墙执行状态包过滤和/或者应用代理。这是适用于小到中型组织的典型的防火墙设备配置。
- **单堡垒 T 防火墙**：与单堡垒防火墙相似，但在堡垒上有到 DMZ 的第三个网络接口，并有外部可见服务器位于 DMZ 上。该类型是适用于中到大型组织的普通防火墙设备配置。
- **双堡垒防火墙**：图 12.3 显示了该种配置，其中 DMZ 在堡垒防火墙之间。该类型适用于大型公司和政府机构。
- **双堡垒 T 防火墙**：DMZ 在堡垒防火墙的独立的网络接口中。该类型常见于大型公司和政府机构，也可能是必需的。例如，该配置为澳大利亚政府所用（澳大利亚政府信息科技安全指南-ACSI33）。

- **分布式防火墙配置**：如图 12.4 所示。该配置为一些大型企业和政府机构所用。

12.6 关键词、思考题和习题

12.6.1 关键词

应用层网关	防火墙	个人防火墙
堡垒主机	主机防火墙	代理
链路层网关	IP 地址蒙骗	状态检查防火墙
分布式防火墙	IP 安全（IPSec）	微帧攻击
DMZ	包过滤防火墙	虚拟私有网（VPN）

12.6.2 思考题

12.1 列出防火墙的三个设计目标。
12.2 列出防火墙控制访问及执行安全策略的四个技术。
12.3 典型包过滤路由器使用了什么信息？
12.4 包过滤路由器有哪些弱点？
12.5 包过滤路由器和状态检测防火墙的区别是什么？
12.6 什么是应用层网关？
12.7 什么是链路层网关？
12.8 图 12.1 的三个配置之间的区别是什么？
12.9 什么是堡垒主机的共同特性？
12.10 为什么主机防火墙是有用的？
12.11 什么是 DMZ 网络？在这样的网络上你想能发现什么类型的系统？
12.12 内部防火墙和外部防火墙的区别是什么？

12.6.3 习题

12.1 12.3 节中提到的一个防止细小帧攻击的方法是限定 IP 包第一帧必须包含的传输字头的最小长度。如果第一帧被拒绝了，所有接下来的帧都会被拒绝。但是 IP 的性质是帧可以不按照顺序到达。因此，中间的帧可能在第一帧被拒绝之前通过过滤器。怎样处理这种情况？

12.2 在 IPv4 包中，第一帧的荷载（payload）长度，以字节计，与总长度（Total Length）——（4×IHL）相等。如果这个值小于需要的最小长度（对于 TCP 是 8 字节），那么这个帧和整个包都会被拒绝。请设计一个只使用帧偏移（Fragment Offset）域实现相同结果的可选方法。

12.3 RFC 791，IPv4 协议规范，描述了一个重组算法，此算法会导致新帧覆盖掉之前接收到的帧的任意交叠部分。攻击者可以利用给定的这个重组算法构造一系列包，其中最低的帧（零偏移）包含无害的数据（因此能够通过包过滤器），接下来某个非零偏移的包会与 TCP 字头信息（例如目的端口）交叠并将其修改。由于第二个包不是零帧偏移的，它可以通过大多数过滤器。请设计一个可以抵抗这种攻击的包过滤器方法。

12.4　表 12.3 显示了一个 IP 地址从 192.168.1.0 到 192.168.1.254 的想象网络的包过滤规则集例子。描述每条规则的作用。

表 12.3　包过滤规则集

	源地址	源端口	目的地址	目的端口	动　作
1	任意	任意	192.168.1.0	>1023	允许
2	192.168.1.1	任意	任意	任意	拒绝
3	任意	任意	192.168.1.1	任意	拒绝
4	192.168.1.0	任意	任意	任意	允许
5	任意	任意	192.168.1.2	SMTP	允许
6	任意	任意	192.168.1.3	HTTP	允许
7	任意	任意	任意	任意	拒绝

12.5　简单邮件传输协议（SMTP）是通过 TCP 在主机之间传输邮件的标准协议。一个 TCP 连接在用户代理和服务器程序之间建立。服务器通过 TCP 端口 25 收到到来的连接请求。连接的用户端的 TCP 端口数字大于 1023。假设你要建立允许进入和输出 SMTP 传输的包过滤规则集。产生了以下规则集：

规则	方向	源地址	目的地址	协议	目的端口	动作
A	进	外部	内部	TCP	25	允许
B	出	内部	外部	TCP	>1023	允许
C	出	内部	外部	TCP	25	允许
D	进	外部	内部	TCP	>1023	允许
E	进或出	任意	任意	任意	任意	拒绝

a. 描述每条规则的作用。

b. 本题中你的主机 IP 地址为 172.16.1.1。一个 IP 地址为 192.168.3.4 的远程主机欲发送 E-mail。如果成功，则会在远程用户和你主机上的 SMTP 服务器之间建立包含 SMTP 命令和信件的 SMTP 对话。此外，假设在你主机上有一用户要发送 E-mail 到远程系统的 SMTP 服务器。该方案的 4 个包如下：

包	方向	源地址	目的地址	协议	目的端口	动作
1	进	192.168.3.4	172.16.1.1	TCP	25	?
2	出	172.16.1.1	192.168.3.4	TCP	1024	?
3	出	172.16.1.1	192.168.3.4	TCP	25	?
4	进	192.168.3.4	172.16.1.1	TCP	1357	?

标出哪个包是允许的，哪个包被拒绝，以及每种情况使用的哪种规则。

c. 有人从外部（10.1.2.3）想要从一个远程主机的 5150 端口到你的一个当地主机（172.16.3.4）的 8080 端口的网络代理服务器开通一个连接，以便输送一个攻击。数据包如下：

包	方向	源地址	目的地址	协议	目的端口	动作
5	进	10.1.2.3	172.16.3.4	TCP	8080	?
6	出	172.16.3.4	10.1.2.3	TCP	5150	?

攻击会成功吗？给出细节。

12.6 为了提供更多的保护，上题的规则集改动如下：

规则	方向	源地址	目的地址	协议	源端口	目的端口	动作
A	进	外部	内部	TCP	>1023	25	允许
B	出	内部	外部	TCP	25	>1023	允许
C	出	内部	外部	TCP	>1023	25	允许
D	进	外部	内部	TCP	25	>1023	允许
E	进或出	任意	任意	任意	任意	任意	拒绝

a. 描述变化。

b. 将该规则集用于上题的 6 个包。标出哪个包是允许的，哪个包被拒绝，以及每种情况使用的哪种规则。

12.7 一名黑客使用端口 25 作为他或她的用户端口，想要开通一个连接到你的网络代理服务器。

a. 可能产生以下的包：

包	方向	源地址	目的地址	协议	源端口	目的端口	动作
7	进	10.1.2.3	172.16.3.4	TCP	25	8080	?
8	出	172.16.3.4	10.1.2.3	TCP	8080	25	?

解释一下利用上一题的规则集，攻击为什么会成功。

b. 当一个 TCP 连接刚建立时，在 TCP 头的 ACK 没有设置。随后，所有通过 TCP 连接发送的 TCP 头的 ACK 比特被设置。使用该信息改变上一题的规则集，使得刚刚描述的攻击不成功。

12.8 一个普通的管理要求是“所有的外部网络通信必须流经网络代理”。然而，该要求描述容易，但实现较难。讨论与该要求有关的多个问题和可能的解决方案和限制条件。特别是考虑一些诸如确认到底什么构成“网络通信”，如何进行监测的问题，在此过程中，要考虑网络浏览器和服务器使用的大部分的端口和多种协议。

12.9 考虑“系统关键数据文件的内容或者机密信息被偷窃或者被破坏”的威胁。该破坏可能发生的一种情况是偶然或者故意邮送信息到组织外的用户。对这种情况，一种可能的对策是要求外部 E-mail 在标题上贴上敏感标签，以得到敏感度最低的标签。讨论如何在防火墙中实现该措施，以及需要什么构成要素和结构。

12.10 给你如下防火墙规则细节，可以由图 12.3 的防火墙执行：

（1）E-mail 通过防火墙在两个方向上使用 SMTP 进行发送，但必须经过 DMZ 信件网关的中继来进行头清理和内容过滤。外部 E-mail 必须指定给 DMZ 信件服务器。

（2）内部用户可以使用 POP3 或者 POP3S 从 DMZ 信件网关重获 E-mail，并认证自身。

（3）内部用户只能使用安全 POP3 协议从 DMZ 信件网关重获 E-mail，并认证自身。

（4）来自内部用户的网络请求（安全的和不安全的）允许通过防火墙，但必须通过 DMZ 网络代理以进行内容过滤（注意，对于安全请求是不可能的），用户必须用代理认证以便登录。

（5）来自因特网任意地方的网络请求（安全的和不安全的）允许到 DMZ 网络服务器。

（6）内部用户的 DNS 查询请求允许通过 DMZ DNS 服务器，向因特网查询。

（7）外部 DNS 请求由 DMZ DNS 服务器提供。

（8）DMZ 服务器上信息的管理和更新允许使用内部相关授权用户的安全连接（每个系统可能有不同的用户集）。

（9）从内部管理主机到防火墙的 SNMP 管理请求被允许，并且防火墙被允许发送管理陷阱到管理主机。

设计能够在外部防火墙和内部防火墙执行，并满足上述规则要求的合理的包过滤规则集（同表 12.1 相似）。

附录 A　一些数论结果

A.1　素数和互为素数

A.2　模运算

A.1　素数和互为素数

在这部分，除非特别说明，否则，只针对非负整数。使用负整数也不会有本质差别。

A.1.1　因子

a、b 和 m 均是整数，如果存在一些 m 值使得 $a = mb$ 成立，那么就称 b 整除 a（b 不等于零）。也就是说，作除法时没有余数，我们就认为 b 整除 a。符号 $b|a$ 通常用来表示 b 整除 a。如果 $b|a$，也说 b 是 a 的一个因子。例如，24 的正因子是 1，2，3，4，6，8，12 和 24。

以下关系成立：

- 如果 $a|1$，则 $a = \pm 1$；
- 如果 $a|b$，并且 $b|a$，则 $a = \pm b$；
- 任何 $b \neq 0$ 整除 0；
- 如果 $b|g$，且 $b|h$，则对于任意的整数 m，n 都有 $b|(mg+nh)$。

我们来证明最后一个关系式，注意：

如果 $b|g$，则 $g = b \times g_1$，g_1 为整数；

如果 $b|h$，则 $g = b \times h_1$，h_1 为整数；

所以，$mg + nh = mbg_1 + nbh_1 = b \times (mg_1 + nh_1)$，因此，$b$ 整除 $mg + nh$。

A.1.2　素数

一个大于 1 的整数是素数，当且仅当它的因子只有±1 和±p，素数在数论和在第 3 章讨论的技术中起了关键的作用。

任意的整数 $a>1$，都可以唯一的因子分解为：

$$a = p_1^{a_1} p_2^{a_2} \cdots p_t^{a_t}$$

其中，$p_1 < p_2 \cdots < p_t$ 是素数，a_i 是整数。例如：

$$91 = 7 \times 13;\quad 11011 = 7 \times 11^2 \times 13$$

下面介绍另一种重要的方法。设 p 是所有素数的集合，那么任何正整数都可以唯一的表示成如下的形式：

$$a=\prod_{p\in P}p^{a_p}\text{，其中每一个 }a_p\geqslant 0$$

式子的右边是所有素数的乘积。对于任何一个整数 a，其大多数指数 a_p 是 0。

对于任何一个正整数可以简单地通过上述公式中的非零指数来唯一的表示出来。整数 12 可以用{a_2=2，a_3=1}来表示，整数 18 可以用{a_2=1，a_3=2}来表示。两数相乘和对应的指数相加是等价的。

$$k=mn\rightarrow k_p=m_p+n_p\ \text{对于所有的 }p\text{ 均成立。}$$

从素数因子的角度看，$a|b$ 意味着什么呢？任何形为 p^k 的整数，只能被 p^j 整除，其中 $j\leqslant k$，也就有：

$$a\,|\,b\rightarrow a_p\leqslant b_p\text{，对于所有的 }p\text{ 均成立。}$$

A.1.3　互为素数

我们使用符号 gcd(a，b)表示 a 和 b 的最大公因子。正整数 c 如果能满足下列条件就可以成为 a 和 b 的最大公因子：

（1）c 是 a 和 b 的一个因子；

（2）a 和 b 的任何因子都是 c 的因子。

其等价定义如下：

$$\gcd(a，b)=\max[k，k\text{ 整除 }a\text{ 和 }b]$$

因为要求最大公因子是正的，gcd(a，b)＝gcd(a，－b)＝gcd(－a，－b)＝gcd(－a，b)。一般地，gcd(a，b)＝gcd(|a|,|b|)。例如，gcd(60，24)＝gcd(60，－24)＝12。又因为所有的非零整数整除零，所以有 gcd(a，0)＝|a|。

如果把每个整数表示成素数乘积的形式，就能很容易地求出两个正整数的最大公因子。例如：

$$\begin{aligned}&300=2^2\times 3^1\times 5^2\\&18=2^1\times 3^2\\&\gcd(18,\ 300)=2^1\times 3^1\times 5^0\end{aligned}$$

一般

$$k=\gcd(a,b)\rightarrow k_p=\min(a_p,b_p)\quad\text{对所有 }p\text{ 均成立。}$$

确定一个大数的素因子不是件容易的事情，所以，前述的关系不足以导出计算最大公因子的方法。

当整数 a 和 b 没有除 1 以外的其他公共素因子，我们称 a 和 b 互素。其等价提法是：gcd(a，b)＝1。例如，8 和 15 是互素的，因为 8 的因子是 1，2，4，8。而 15 的因子是 1，3，5，15。1 是唯一的因子。

A.2　模　运　算

假定任意一个正整数 n 和任意一个非负整数 a，如果用 n 除 a，就会得到一个商为 q 的整数和余数为 r 的整数，即满足如下关系：

$$a = qn + r \quad 0 \leqslant r < n; \quad q = \lfloor a/n \rfloor$$

其中$\lfloor x \rfloor$是小于或等于 x 的最大整数。

图 A.1 表明对于给定的 a 和整数 n，总能找到满足前述关系式的 q 和 r。在数轴上的代表整数，a 落在轴上的某个地方（图中表示 a 是正的，相似的方法可以表示负数 a）。起始点是零点，前进到 n，$2n$ 直到 qn，$qn \leqslant a, (q+1)n \geqslant a$，从 qn 到 a 的距离是 r，这样我们就找到了 q 和 r 的唯一值。剩余也叫余数。

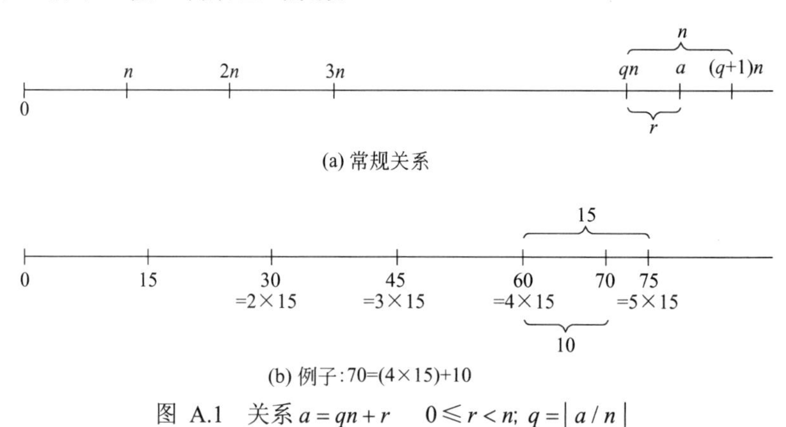

图 A.1　关系 $a = qn + r \quad 0 \leqslant r < n; \ q = \lfloor a/n \rfloor$

如果 a 是整数，n 是正整数，我们定义 $a \bmod n$ 是 a 除以 n 的余数。所以对于任意一个整数 a 我们都能将其写成：

$$a = \lfloor a/n \rfloor \times n + (a \bmod n)$$

如果$(a \bmod n)=(b \bmod n)$，则两个整数 a 和 b 被称为模 n 的同余。写成$a \equiv b \bmod n$，例如，$73 \equiv 4 \bmod 23$，$21 \equiv -9 \bmod 10$，注：如果$a \equiv 0 \bmod n$，则 $n|a$。

模运算有如下特性：

（1）如果 $n|(a-b)$，则$a \equiv b \bmod n$；

（2）如果$(a \bmod n)=(b \bmod n)$则说明$a \equiv b \bmod n$；

（3）如果$a \equiv b \bmod n$，则$b \equiv a \bmod n$；

（4）如果$a \equiv b \bmod n$，且$b \equiv c \bmod n$则$a \equiv c \bmod n$。

证明第一个关系式。如果 $n|(a-b)$，则对一些 k 有$(a-b)=kn$。我们可以写成 $a=b+kn$。因此，$(a \bmod n)=(b+kn$ 被 n 除所得的余数$)=(b$ 被 n 除所得的余数$)=(b \bmod n)$。其余的关系式很容易证明。

模 n 运算把所有的整数都映射到一个整数集合即$\{0,1,\cdots,(n-1)\}$。这就引发一个问题：我们是否能在这个集合上作算术运算？可以，这种技术称为模算术。

模算术有如下特性：

（1）$[(a \bmod n) + (b \bmod n)] \bmod n = (a + b) \bmod n$

（2）$[(a \bmod n) - (b \bmod n)] \bmod n = (a - b) \bmod n$

（3）$[(a \bmod n) \times (b \bmod n)] \bmod n = (a \times b) \bmod n$

我们来证明第一个性质。定义$(a \bmod n) = r_a$，$(b \bmod n) = r_b$于是存在一些整数j和k使$a = r_a + jn,\ b = r_b + kn$，那么

$$\begin{aligned}(a+b) \bmod n &= (r_a + jn + r_b + kn) \bmod n = (r_a + r_b + (k+j)n) \bmod n \\ &= (r_a + r_b) \bmod n = [(a \bmod n) + (b \bmod n)] \bmod n\end{aligned}$$

其他的性质很容易证明。

附录 B　网络安全教学项目

B.1　研究项目
B.2　黑客项目
B.3　编程项目
B.4　实验训练
B.5　实际安全评估
B.6　防火墙项目
B.7　案例学习
B.8　写作作业
B.9　阅读/报告作业

很多讲师认为研究或者实现一个项目对于清楚地理解网络安全是很关键的。没有项目，学生很难理解一些基本的概念和设备之间的相互作用。项目可以加深学生对本书所提出概念的理解，并使学生更好地理解密码算法和协议的工作原理。这样可以激励学生并使他们相信自己不但能理解而且有能力实现网络安全方面的技术细节。

在本书里，已经尽可能清晰地介绍了网络安全的基本概念并提供了很多家庭作业来加强这些概念。然而很多讲师希望补充一些项目，这部分附录提供了一些这方面的指导，并描述了教师手册中可用的材料，这些材料包括如下 9 种类型的项目。

- 研究项目；
- 黑客项目；
- 编程项目；
- 实验训练；
- 实际安全评估；
- 防火墙项目；
- 案例学习；
- 写作作业；
- 阅读/报告作业。

B.1　研究项目

加强理解课程中的基本概念和教授学生研究技巧的一个有效方法就是布置一个研究项目。这样的项目可以是文献研究也可以是网上搜索产品供应商、研究实验室的活动和标准化成果等。项目可以分给一个组，对于一个较小的项目可以分给个人。无论怎样，最好在学期的早期做好各种项目的建议，并让教师有足够的时间评估相应的主题和学生所取得的相应成果。学生的科研报告应该包括：

- 观点的格式。
- 最终报告的格式。
- 中期和最后期限的时间表。
- 可能的项目主题列表。

学生可以从教师手册的项目列表中选择一个或者自己设计一个相应的项目。教师的工作就是为提议和最终报告推荐一个格式，以及 15 个研究性主题的列表。

B.2 黑 客 项 目

这个项目的目的是作为黑客通过一系列步骤进入一个公司网站。该公司名称叫“激进安全公司”。正如其名字所预示的，该公司网站有一些安全漏洞，一个聪明的黑客通过攻击进入其网络可以访问到关键信息。IRC 包括建立该网站所必需的东西。学生的目标是获取该公司的秘密信息。该秘密信息是该公司为获得一个政府项目合同将要在下周给出的报价。

学生应该从该网站开始，找到他或她进入该网站的方法。在每一步，如果学生成功了，则有提示信息告诉下一步如何做，直到最后目标。

该项目可以通过三种方式去尝试：

（1）不寻求任何形式的帮助。

（2）利用一些提供的启示。

（3）利用明确的指导。

IRC 包括一些该项目需要的文件：

（1）Web 安全项目。

（2）Web 黑客训练，分别包括客户端和服务端有用的弱点。

（3）安装和使用上面工具的文档。

（4）一个描述 Web 黑客的 PPT 文件。该文件对于理解如何利用练习是重要的。因为它清楚地解释了显示屏上的操作。

该项目由达科他（Dakota）州立大学 S. Malladi 教授设计和实现。

B.3 编 程 项 目

编程项目是个很好的教学工具。独立编写一个还不存在的安全工具的项目有几个吸引点：

（1）教师可以从各种密码编码学和网络安全中选择来布置项目。

（2）学生可以在可用的任何一台计算机上，用适当的语言编程，他们独立于语言和平台。

（3）教师不需要为单独的编程项目下载、安装和配置基础环境。

项目的大小有一定的灵活性。较大的项目能给学生很多的成就感，但是对于能力不足的或者组织能力差的学生可能被落在后面。较大的项目能激发好学生在项目上做出全方面的努力。较小的项目有更高的代码率，因为多数的项目都能分配下去，所以有很多涉及各种不同领域的机会。

再次，与研究项目一样，学生应该首先交一个提议。学生报告应该包括在附录 A.1 中列出的所有部分。教师手册包含 12 个可能的编程项目。下面这些人提供了教师手册推荐的研究和编程项目：哥伦比亚大学的 Henning Schulzrinne、俄勒冈州立大学的 Cetin Kaya Koc、可信信息系统公司和华盛顿大学的 David M.Balenson。

B.4 实验训练

普渡大学的 Ruben Torres 和 Sanjay Rao 教授准备了很多实践练习，这些练习是教师手册的一部分，其中有几个项目要在 Linux 下编程实现，但是也适合任何 UNIX 环境。这些实践练习运用了在实现安全功能和应用中真实的经验。

B.5 实际安全评估

检查当前一个真实组织的设施及其使用情况是通过评估其安全状况提高技能的最佳方式之一。IRC 列出了这样一些活动。学生们，或者单独，或者分成小的小组，选择一个合适的不超中等规模的组织。然后，他们访问该组织中一些关键人物，以便对安全风险评估的选择理出一个头绪，以及评估与该组织 IT 设施及使用有关的任务。这之后，他们则可以提出一些适当的建议，以提高该组织的 IT 安全。这种活动能让学生形成对当前安全状况的认识和做出这种评估与建议时所需要的技能。

B.6 防火墙项目

网络防火墙的实现，对于初学者来说是一个难以理解的概念。IRC 有一套网络防火墙可视化工具来传达和进行网络安全和防火墙配置的教学。这个工具旨在指导和强化一些关键概念，包括边界防火墙的使用和目的、隔离子网的使用、数据包过滤背后的目的，以及简单包过滤防火墙的缺点。

IRC 包括一个完全可移植的 Java 文件和一系列练习题。工具包和练习题由 U.S. Air Force Academy 开发。

B.7 案例学习

通过案例学习，可以充分调动学生的学习积极性。IRC 包括以下领域的案例学习：

- 灾难复原；
- 防火墙；
- 事件响应；

- 物理安全；
- 风险；
- 安全政策；
- 虚拟化。

以上每一个研究案例都包括学习目标、案例描述，以及一系列案例讨论题。每一个研究案例都是以真实世界环境为基础的，并且有相关的论文和报告。

研究案例由 North Carolina A&T State University 开发。

B.8　写 作 作 业

写作作业在学习中可以起到很大作用，尤其在像密码学和网络安全这样的技术学科中，跨课程写作运动的追随者（WAC）（http://wac.colostate.edu/）报告了关于写作作业在快捷的学习中所具有的重大意义。写作作业可以引发我们关于特定课题的详细而全面的思考。写作作业阻止了学生们想要只懂常识和解决手段，从而缩短学习时间的趋势，它可以让学生们对于所学课程有更深入了解。

IRC 包括大量练习题，按章组织。老师们会发现这对他们的课程教学有很大帮助，有关附加习题的反馈和建议欢迎联系我们。

B.9　阅读/报告作业

另一个强化课程中概念并且给予学生研究经验的好方法是指定文献中的论文，让学生进行阅读并分析。IRC 包括一个推荐阅读的论文清单，每一章都有一到两篇指定论文。IRC 提供每篇论文的 PDF 版本。IRC 也有一些推荐的指定语法。

参 考 文 献

ALVA90 Alvare, A. "How Crackers Crack Passwords or What Passwords to Avoid." *Proceedings, UNIX Security Workshop II*, August 1990.

ANDE80 Anderson, J. *Computer Security Threat Monitoring and Surveillance.* Fort Washington, PA: James P. Anderson Co., April 1980.

ANDE95 Anderson, D., et al. *Detecting Unusual Program Behavior Using the Statistical Component of the Next-generation Intrusion Detection Expert System (NIDES).* Technical Report SRI-CSL-95-06, SRI Computer Science Laboratory, May 1995. www.csl.sri.com/programs/intrusion.

ANTE06 Ante, S., and Grow, B. "Meet the Hackers." *Business Week*, May 29, 2006.

AROR12 Arora, M. "How Secure is AES against Brute-Force Attack?" *EE Times*, May 7, 2012.

AXEL00 Axelsson, S. "The Base-Rate Fallacy and the Difficulty of Intrusion Detection." *ACM Transactions and Information and System Security*, August 2000.

AYCO06 Aycock, J. *Computer Viruses and Malware.* New York: Springer, 2006.

BALA98 Balasubramaniyan, J., et al. "An Architecture for Intrusion Detection Using Autonomous Agents." *Proceedings, 14th Annual Computer Security Applications Conference*, 1998.

BARD12 Bardou, R., et al. "Efficient Padding Oracle Attacks on Cryptographic Hardware," INRIA, Rapport de recherche RR-7944, Apr. 2012. http://hal.inria.fr/hal-00691958.

BASU12 Basu, A. *Intel AES-NI Performance Testing over Full Disk Encryption.* Intel Corp. May 2012.

BAUE88 Bauer, D., and Koblentz, M. "NIDX—An Expert System for Real-Time Network Intrusion Detection." *Proceedings, Computer Networking Symposium*, April 1988.

BELL90 Bellovin, S., and Merritt, M. "Limitations of the Kerberos Authentication System." *Computer Communications Review*, October 1990.

BELL94a Bellare, M., and Rogaway, P. "Optimal Asymmetric Encryption—How to Encrypt with RSA." *Proceedings, Eurocrypt '94*, 1994.

BELL94b Bellovin, S., and Cheswick, W. "Network Firewalls." *IEEE Communications Magazine*, September 1994.

BELL96a Bellare, M.; Canetti, R.; and Krawczyk, H. "Keying Hash Functions for Message Authentication." *Proceedings, CRYPTO '96*, August 1996; published by Springer-Verlag. An expanded version is available at http://www-cse.ucsd.edu/users/mihir.

BELL96b Bellare, M.; Canetti, R.; and Krawczyk, H. "The HMAC Construction." *CryptoBytes*, Spring 1996.

BINS10 Binsalleeh, H., et al. "On the Analysis of the Zeus Botnet Crimeware Toolkit." *Proceedings of the 8th Annual International Conference on Privacy, Security and Trust*, IEEE, September 2010.

BLEI98 Bleichenbacher, D. "Chosen Ciphertext Attacks against Protocols Based on the RSA Encryption Standard PKCS #1," *CRYPTO '98*, 1998.

BLOO70 Bloom, B. "Space/time Trade-offs in Hash Coding with Allowable Errors." *Communications of the ACM*, July 1970.

BRYA88 Bryant, W. *Designing an Authentication System: A Dialogue in Four Scenes.* Project Athena document, February 1988. Available at http://web.mit.edu/kerberos/www/dialogue.html.

CERT01 CERT Coordination Center. "Denial of Service Attacks." June 2001. http://www.cert.org/tech_tips/denial_of_service.html.

CHAN02 Chang, R. "Defending against Flooding-Based Distributed Denial-of-Service Attacks: A Tutorial." *IEEE Communications Magazine*, October 2002.

CHEN04 Chen, S., and Tang, T. "Slowing Down Internet Worms," *Proceedings of the 24th International Conference on Distributed Computing Systems*, 2004.

CHEN11 Chen, T., and Abu-Nimeh, S. "Lessons from Stuxnet." *IEEE Computer*, 44(4), pp. 91–93, April 2011.

CHIN05 Chinchani, R., and Berg, E. "A Fast Static Analysis Approach to Detect Exploit Code Inside Network Flows." *Recent Advances in Intrusion Detection, 8th International Symposium*, 2005.

CHOI08 Choi, M., et al. "Wireless Network Security: Vulnerabilities, Threats and Countermeasures." *International Journal of Multimedia and Ubiquitous Engineering*, July 2008.

COMP06 Computer Associates International. *The Business Value of Identity Federation.* White Paper, January 2006.

CONR02 Conry-Murray, A. "Behavior-Blocking Stops Unknown Malicious Code." *Network Magazine*, June 2002.

COST05 Costa, M., et al. "Vigilante: End-to-End Containment of Internet Worms." *ACM Symposium on Operating Systems Principles*, 2005.

CSA10 Cloud Security Alliance. *Top Threats to Cloud Computing V1.0.* CSA Report, March 2010.

CSA11a Cloud Security Alliance. *Security Guidance for Critical Areas of Focus in Cloud Computing V3.0.* CSA Report, 2011.

CSA11b Cloud Security Alliance. *Security as a Service (SecaaS).* CSA Report, 2011.

DAMI03 Damiani, E., et al. "Balancing Confidentiality and Efficiency in Untrusted Relational Databases." *Proceedings, Tenth ACM Conference on Computer and Communications Security*, 2003.

DAMI05 Damiani, E., et al. "Key Management for Multi-User Encrypted Databases." *Proceedings, 2005 ACM Workshop on Storage Security and Survivability*, 2005.

DAVI89 Davies, D., and Price, W. *Security for Computer Networks.* New York: Wiley, 1989.

DAWS96 Dawson, E., and Nielsen, L. "Automated Cryptoanalysis of XOR Plaintext Strings." *Cryptologia*, April 1996.

DENN87 Denning, D. "An Intrusion-Detection Model." *IEEE Transactions on Software Engineering*, February 1987.

DIFF76 Diffie, W., and Hellman, M. "Multiuser Cryptographic Techniques." *IEEE Transactions on Information Theory*, November 1976.

DIFF79 Diffie, W., and Hellman, M. "Privacy and Authentication: An Introduction to Cryptography." *Proceedings of the IEEE*, March 1979.

DIMI07 Dimitriadis, C. "Analyzing the Security of Internet Banking Authentication Mechanisms." *Information Systems Control Journal*, Vol. 3, 2007.

EFF98 Electronic Frontier Foundation. *Cracking DES: Secrets of Encryption Research, Wiretap Politics, and Chip Design.* Sebastopol, CA: O'Reilly, 1998.

ENIS09 European Network and Information Security Agency. *Cloud Computing: Benefits, Risks and Recommendations for Information Security.* ENISA Report, November 2009.

FEIS73 Feistel, H. "Cryptography and Computer Privacy." *Scientific American*, May 1973.

FLUH00 Fluhrer, S., and McGrew, D. "Statistical Analysis of the Alleged RC4 Key Stream Generator." *Proceedings, Fast Software Encryption 2000*, 2000.

FLUH01 Fluhrer, S.; Mantin, I.; and Shamir, A. "Weakness in the Key Scheduling Algorithm of RC4." *Proceedings, Workshop in Selected Areas of Cryptography,* 2001.

FORD95 Ford, W. "Advances in Public-Key Certificate Standards." *ACM SIGSAC Review*, July 1995.

FOSS10 Fossi, M., et al. "Symantec Report on Attack Kits and Malicious Websites." Symantec, 2010.

FRAN07 Frankel, S., et al. *Establishing Wireless Robust Security Networks: A Guide to IEEE 802.11i.* NIST Special Publication 800-97, February 2007.

GARD77 Gardner, M. "A New Kind of Cipher That Would Take Millions of Years to Break." *Scientific American*, August 1977.

GOLD10 Gold, S. "Social Engineering Today: Psychology, Strategies and Tricks." *Network Security*, November 2010.

GOOD11 Goodin, D. "Hackers Break SSL Encryption Used by Millions of Sites." *The Register*, September 19, 2011.

GOOD12a Goodin, D. "Why Passwords Have Never Been Weaker—and Crackers Have Never Been Stronger." *Ars Technica*, August 20, 2012.

GOOD12b Goodin, D. "Crack in Internet's Foundation of Trust Allows HTTPS Session Hijacking." *Ars Technica*, September 13, 2012.

GRAN04 Grance, T.; Kent, K.; and Kim, B. *Computer Security Incident Handling Guide.* NIST Special Publication 800-61, January 2004.

HACI02 Hacigumus, H., et al. "Executing SQL over Encrypted Data in the Database-Service-Provider Model." *Proceedings, 2002 ACM SIGMOD International Conference on Management of Data*, 2002.

HEBE92 Heberlein, L.; Mukherjee, B.; and Levitt, K. "Internetwork Security Monitor: An Intrusion-Detection System for Large-Scale Networks." *Proceedings, 15th National Computer Security Conference,* October 1992.

HILT06 Hiltgen, A.; Kramp, T.; and Wiegold, T. "Secure Internet Banking Authentication." *IEEE Security and Privacy*, Vol. 4, No. 2, 2006.

HONE05 The Honeynet Project. "Knowing Your Enemy: Tracking Botnets." *Honeynet White Paper*, March 2005. http://honeynet.org/papers/bots.

HOWA03 Howard, M.; Pincus, J.; and Wing, J. "Measuring Relative Attack Surfaces." *Proceedings, Workshop on Advanced Developments in Software and Systems Security*, 2003.

HUIT98 Huitema, C. *IPv6: The New Internet Protocol.* Upper Saddle River, NJ: Prentice Hall, 1998.

IANS90 I'Anson, C., and Mitchell, C. "Security Defects in CCITT Recommendation X.509 – The Directory Authentication Framework." *Computer Communications Review*, April 1990.

ILGU95 Ilgun, K.; Kemmerer, R.; and Porras, P. "State Transition Analysis: A Rule-Based Intrusion Detection Approach." *IEEE Transaction on Software Engineering,* March 1995.

JANS11 Jansen, W., and Grance, T. *Guidelines on Security and Privacy in Public Cloud Computing.* NIST Special Publication 800-144, January 2011.

JAVI91 Javitz, H., and Valdes, A. "The SRI IDES Statistical Anomaly Detector." *Proceedings, 1991 IEEE Computer Society Symposium on Research in Security and Privacy*, May 1991.

JHI07 Jhi, Y., and Liu, P. "PWC: A Proactive Worm Containment Solution for Enterprise Networks." *Third International Conference on Security and Privacy in Communications Networks*, 2007.

JUEN85 Jueneman, R.; Matyas, S.; and Meyer, C. "Message Authentication." *IEEE Communications Magazine*, September 1988.

JUNG04 Jung, J., et al. "Fast Portscan Detection Using Sequential Hypothesis Testing," *Proceedings, IEEE Symposium on Security and Privacy*, 2004.

KLEI90 Klein, D. "Foiling the Cracker: A Survey of, and Improvements to, Password Security." *Proceedings, UNIX Security Workshop II*, August 1990.

KNUD98 Knudsen, L., et al. "Analysis Method for Alleged RC4." *Proceedings, ASIACRYPT '98*, 1998.

KOBL92 Koblas, D., and Koblas, M. "SOCKS." *Proceedings, UNIX Security Symposium III*, September 1992.

KOHL89 Kohl, J. "The Use of Encryption in Kerberos for Network Authentication." *Proceedings, Crypto '89*, 1989; published by Springer-Verlag.

KOHL94 Kohl, J.; Neuman, B.; and Ts'o, T. "The Evolution of the Kerberos Authentication Service." In Brazier, F., and Johansen, D. eds., *Distributed Open Systems.* Los Alamitos, CA: IEEE Computer Society Press, 1994. Available at http://web.mit.edu/kerberos/www/papers.html.

KUMA97 Kumar, I. *Cryptology.* Laguna Hills, CA: Aegean Park Press, 1997.

KUMA11 Kumar, M. "The Hacker's Choice Releases SSL DOS Tool." The *Hacker News*, October 24, 2011. http://thehackernews.com/2011/10/hackers-choice-releases-ssl-ddos-tool.html#.

LATT09 Lattin, B. "Upgrade to Suite B Security Algorithms." *Network World*, June 1, 2009.

LEUT94 Leutwyler, K. "Superhack." *Scientific American*, July 1994.

LINN06 Linn, J. "Identity Management." In Bidgoli, H., ed., *Handbook of Information Security.* New York: Wiley, 2006.

LIPM00 Lipmaa, H.; Rogaway, P.; and Wagner, D. "CTR Mode Encryption." *NIST First Modes of Operation Workshop*, October 2000. http://csrc.nist.gov/encryption/modes.

MA10 Ma, D., and Tsudik, G. "Security and Privacy in Emerging Wireless Networks." *IEEE Wireless Communications*, October 2010.

MANA11 Manadhata, P., and Wing, J. "An Attack Surface Metric." *IEEE Transactions on Software Engineering*, Vol. 37, No. 3, 2011.

MAND13 Mandiant "APT1: Exposing One of China's Cyber Espionage Units," 2013. http://intelreport.mandiant.com.

MAUW05 Mauw, S., and Oostdijk, M. "Foundations of Attack Trees." *International Conference on Information Security and Cryptology*, 2005.

MEYE13 Meyer, C.; Schwenk, J.; and Gortz, H. "Lessons Learned from Previous SSL/TLS Attacks A Brief Chronology of Attacks and Weaknesses." *Cryptology ePrint Archive*, 2013. http://eprint.iacr.org/2013/.

MILL88 Miller, S.; Neuman, B.; Schiller, J.; and Saltzer, J. "Kerberos Authentication and Authorization System." *Section E.2.1, Project Athena Technical Plan*, M.I.T. Project Athena, Cambridge, MA, 27 October 1988.

MIRK04 Mirkovic, J., and Relher, P. "A Taxonomy of DDoS Attack and DDoS Defense Mechanisms." *ACM SIGCOMM Computer Communications Review*, April 2004.

MITC90 Mitchell, C.; Walker, M.; and Rush, D. "CCITT/ISO Standards for Secure Message Handling." *IEEE Journal on Selected Areas in Communications*, May 1989.

MOOR01 Moore, A.; Ellison, R.; and Linger, R. "Attack Modeling for Information Security and Survivability." *Carnegie-Mellon University Technical Note CMU/SEI-2001-TN-001*, March 2001.

MORR79 Morris, R., and Thompson, K. "Password Security: A Case History." *Communications of the ACM*, November 1979.

NACH02 Nachenberg, C. "Behavior Blocking: The Next Step in Anti-Virus Protection." *White Paper*, SecurityFocus.com, March 2002.

NCAE13 National Centers of Academic Excellence in Information Assurance/Cyber Defense. *NCAE IA/CD Knowledge Units.* June 2013.

NEUM99 Neumann, P., and Porras, P. "Experience with EMERALD to Date." *Proceedings, 1st USENIX Workshop on Intrusion Detection and Network Monitoring*, April 1999.

NEWS05 Newsome, J.; Karp, B.; and Song, D. "Polygraph: Automatically Generating Signatures for Polymorphic Worms." *IEEE Symposium on Security and Privacy*, 2005.

NIST95 National Institute of Standards and Technology. *An Introduction to Computer Security: The NIST Handbook.* Special Publication 800-12. October 1995.

OECH03 Oechslin, P. "Making a Faster Cryptanalytic Time-Memory Trade-Off." *Proceedings, Crypto 03*, 2003.

ORMA03 Orman, H. "The Morris Worm: A Fifteen-Year Perspective." *IEEE Security and Privacy*, September/October 2003.

PARZ06 Parziale, L., et al. *TCP/IP Tutorial and Technical Overview, 2006.* ibm.com/redbooks.

PELT07 Peltier, J. "Identity Management." *SC Magazine*, February 2007.

PERR03 Perrine, T. "The End of Crypt () Passwords . . . Please?" *;login:*, December 2003.

POIN02 Pointcheval, D. "How to Encrypt Properly with RSA." *CryptoBytes*, Winter/Spring 2002. http://www.rsasecurity.com/rsalabs.

PORR92 Porras, P. *STAT: A State Transition Analysis Tool for Intrusion Detection.* Master's Thesis, University of California at Santa Barbara, July 1992.

PROV99 Provos, N., and Mazieres, D. "A Future-Adaptable Password Scheme." *Proceedings of the 1999 USENIX Annual Technical Conference*, 1999.

RADC04 Radcliff, D. "What Are They Thinking?" *Network World*, March 1, 2004.

RIVE78 Rivest, R.; Shamir, A.; and Adleman, L. "A Method for Obtaining Digital Signatures and Public Key Cryptosystems." *Communications of the ACM*, February 1978.

ROBS95a Robshaw, M. *Stream Ciphers.* RSA Laboratories Technical Report TR-701, July 1995.

ROBS95b Robshaw, M. *Block Ciphers.* RSA Laboratories Technical Report TR-601, August 1995.

ROS06 Ros, S. "Boosting the SOA with XML Networking." *The Internet Protocol Journal*, December 2006. cisco.com/ipj.

SALT75 Saltzer, J., and Schroeder, M. "The Protection of Information in Computer Systems." *Proceedings of the IEEE*, September 1975.

SCHN99 Schneier, B. "Attack Trees: Modeling Security Threats." *Dr. Dobb's Journal*, December 1999.

SEAG08 Seagate Technology. *128-Bit Versus 256-Bit AES Encryption*. Seagate Technology Paper, 2008.

SIDI05 Sidiroglou, S., and Keromytis, A. "Countering Network Worms Through Automatic Patch Generation." *IEEE Security and Privacy*, November-December 2005.

SING99 Singh, S. *The Code Book: The Science of Secrecy from Ancient Egypt to Quantum Cryptography*. New York: Anchor Books, 1999.

SNAP91 Snapp, S., et al. "A System for Distributed Intrusion Detection." *Proceedings, COMPCON Spring '91*, 1991.

SPAF92a Spafford, E. "Observing Reusable Password Choices." *Proceedings, UNIX Security Symposium III*, September 1992.

SPAF92b Spafford, E. "OPUS: Preventing Weak Password Choices." *Computers and Security*, No. 3, 1992.

SPAF00 Spafford, E., and Zamboni, D. "Intrusion Detection Using Autonomous Agents." *Computer Networks*, October 2000.

STAL15 Stallings, W., and Brown, L. *Computer Security*. Upper Saddle River, NJ: Pearson, 2015.

STAL16 Stallings, W. *Cryptography and Network Security: Principles and Practice, Seventh Edition*. Upper Saddle River, NJ: Pearson, 2016.

STAL16b

STEI88 Steiner, J.; Neuman, C.; and Schiller, J. "Kerberos: An Authentication Service for Open Networked Systems." *Proceedings of the Winter 1988 USENIX Conference*, February 1988.

STEP93 Stephenson, P. "Preventive Medicine." *LAN Magazine*, November 1993.

STEV11 Stevens, D. "Malicious PDF Documents Explained," *IEEE Security & Privacy*, January/February 2011.

SYMA13 Symantec, "Internet Security Threat Report, Vol. 18." April 2013.

TSUD92 Tsudik, G. "Message Authentication with One-Way Hash Functions." *Proceedings, INFOCOM '92*, May 1992.

VACC89 Vaccaro, H., and Liepins, G. "Detection of Anomalous Computer Session Activity." *Proceedings of the IEEE Symposium on Research in Security and Privacy*, May 1989.

VANO94 van Oorschot, P., and Wiener, M. "Parallel Collision Search with Application to Hash Functions and Discrete Logarithms." *Proceedings, Second ACM Conference on Computer and Communications Security*, 1994.

VIGN02 Vigna, G.; Cassell, B.; and Fayram, D. "An Intrusion Detection System for Aglets." *Proceedings of the International Conference on Mobile Agents*, October 2002.

WAGN00 Wagner, D., and Goldberg, I. "Proofs of Security for the UNIX Password Hashing Algorithm." *Proceedings, ASIACRYPT '00*, 2000.

WANG05 Wang, X.; Yin, Y.; and Yu, H. "Finding Collisions in the Full SHA-1." *Proceedings, Crypto '05*, 2005; published by Springer-Verlag.

WEAV03 Weaver, N., et al. "A Taxonomy of Computer Worms." *The First ACM Workshop on Rapid Malcode (WORM)*, 2003.

WOOD10 Wood, T., et al. "Disaster Recovery as a Cloud Service Economic Benefits & Deployment Challenges." *Proceedings, USENIX HotCloud '10*, 2010.

XU10 Xu, L. *Securing the Enterprise with Intel AES-NI*. Intel White Paper, September 2010.

ZOU05 Zou, C., et al. "The Monitoring and Early Detection of Internet Worms." *IEEE/ACM Transactions on Networking*, October 2005.